L: Hinweis auf Lösungsteil
Du findest die Lösung dieser Aufgabe oder eines Aufgabenteils im Anhang des Buches.

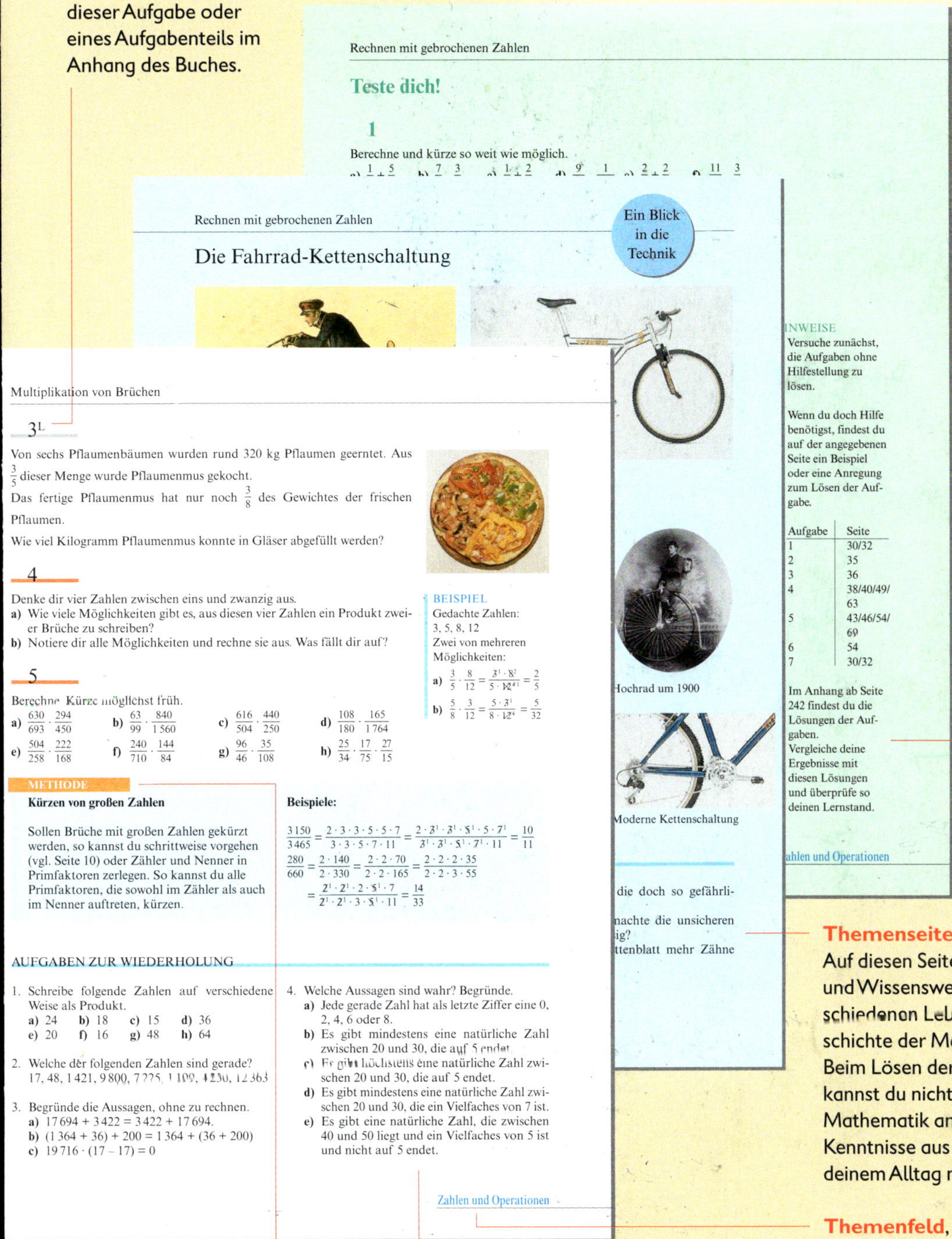
Rechnen mit gebrochenen Zahlen

Teste dich!

1

Berechne und kürze so weit wie möglich.

Rechnen mit gebrochenen Zahlen

Die Fahrrad-Kettenschaltung

Ein Blick in die Technik

Hochrad um 1900

Moderne Kettenschaltung

HINWEISE
Versuche zunächst, die Aufgaben ohne Hilfestellung zu lösen.

Wenn du doch Hilfe benötigst, findest du auf der angegebenen Seite ein Beispiel oder eine Anregung zum Lösen der Aufgabe.

Aufgabe	Seite
1	30/32
2	35
3	36
4	38/40/49/63
5	43/46/54/69
6	54
7	30/32

Im Anhang ab Seite 242 findest du die Lösungen der Aufgaben. Vergleiche deine Ergebnisse mit diesen Lösungen und überprüfe so deinen Lernstand.

Zahlen und Operationen

... die doch so gefährli- ... machte die unsicheren ... ig? ... ttenblatt mehr Zähne

Multiplikation von Brüchen

3[L]

Von sechs Pflaumenbäumen wurden rund 320 kg Pflaumen geerntet. Aus $\frac{3}{5}$ dieser Menge wurde Pflaumenmus gekocht.
Das fertige Pflaumenmus hat nur noch $\frac{3}{8}$ des Gewichtes der frischen Pflaumen.
Wie viel Kilogramm Pflaumenmus konnte in Gläser abgefüllt werden?

4

Denke dir vier Zahlen zwischen eins und zwanzig aus.
a) Wie viele Möglichkeiten gibt es, aus diesen vier Zahlen ein Produkt zweier Brüche zu schreiben?
b) Notiere dir alle Möglichkeiten und rechne sie aus. Was fällt dir auf?

BEISPIEL
Gedachte Zahlen: 3, 5, 8, 12
Zwei von mehreren Möglichkeiten:
a) $\frac{3}{5} \cdot \frac{8}{12} = \frac{3^1 \cdot 8^2}{5 \cdot 12^{4\,1}} = \frac{2}{5}$
b) $\frac{5}{8} \cdot \frac{3}{12} = \frac{5 \cdot 3^1}{8 \cdot 12^4} = \frac{5}{32}$

5

Berechne. Kürze möglichst früh.
a) $\frac{630}{693} \cdot \frac{294}{450}$ b) $\frac{63}{99} \cdot \frac{840}{1560}$ c) $\frac{616}{504} \cdot \frac{440}{250}$ d) $\frac{108}{180} \cdot \frac{165}{1764}$
e) $\frac{504}{258} \cdot \frac{222}{168}$ f) $\frac{240}{710} \cdot \frac{144}{84}$ g) $\frac{96}{46} \cdot \frac{35}{108}$ h) $\frac{25}{34} \cdot \frac{17}{75} \cdot \frac{27}{15}$

METHODE
Kürzen von großen Zahlen

Sollen Brüche mit großen Zahlen gekürzt werden, so kannst du schrittweise vorgehen (vgl. Seite 10) oder Zähler und Nenner in Primfaktoren zerlegen. So kannst du alle Primfaktoren, die sowohl im Zähler als auch im Nenner auftreten, kürzen.

Beispiele:

$\frac{3150}{3465} = \frac{2 \cdot 3 \cdot 3 \cdot 5 \cdot 5 \cdot 7}{3 \cdot 3 \cdot 5 \cdot 7 \cdot 11} = \frac{2 \cdot 3^1 \cdot 3^1 \cdot 5^1 \cdot 5 \cdot 7^1}{3^1 \cdot 3^1 \cdot 5^1 \cdot 7^1 \cdot 11} = \frac{10}{11}$

$\frac{280}{660} = \frac{2 \cdot 140}{2 \cdot 330} = \frac{2 \cdot 2 \cdot 70}{2 \cdot 2 \cdot 165} = \frac{2 \cdot 2 \cdot 2 \cdot 35}{2 \cdot 2 \cdot 3 \cdot 55} = \frac{2^1 \cdot 2^1 \cdot 2 \cdot 5^1 \cdot 7}{2^1 \cdot 2^1 \cdot 3 \cdot 5^1 \cdot 11} = \frac{14}{33}$

AUFGABEN ZUR WIEDERHOLUNG

1. Schreibe folgende Zahlen auf verschiedene Weise als Produkt.
a) 24 b) 18 c) 15 d) 36
e) 20 f) 16 g) 48 h) 64

2. Welche der folgenden Zahlen sind gerade?
17, 48, 1421, 9800, 7225, 1109, 4230, 12363

3. Begründe die Aussagen, ohne zu rechnen.
a) 17694 + 3422 = 3422 + 17694
b) (1364 + 36) + 200 = 1364 + (36 + 200)
c) 19716 · (17 − 17) = 0

4. Welche Aussagen sind wahr? Begründe.
a) Jede gerade Zahl hat als letzte Ziffer eine 0, 2, 4, 6 oder 8.
b) Es gibt mindestens eine natürliche Zahl zwischen 20 und 30, die auf 5 endet.
c) Es gibt höchstens eine natürliche Zahl zwischen 20 und 30, die auf 5 endet.
d) Es gibt mindestens eine natürliche Zahl zwischen 20 und 30, die ein Vielfaches von 7 ist.
e) Es gibt eine natürliche Zahl, die zwischen 40 und 50 liegt und ein Vielfaches von 5 ist und nicht auf 5 endet.

Zahlen und Operationen

Teste dich!
Hier kannst du deinen Wissensstand selbst überprüfen.

Themenseiten
Auf diesen Seiten erfährst du Interessantes und Wissenswertes zu Themen aus verschiedenen Lebensbereichen und zur Geschichte der Mathematik.
Beim Lösen der Aufgaben auf diesen Seiten kannst du nicht nur dein Wissen aus der Mathematik anwenden, sondern auch Kenntnisse aus anderen Fächern und aus deinem Alltag nutzen und vertiefen.

Themenfeld,
dem der Inhalt dieser Seite zuzuordnen ist.

oter Balken:
chwierige
ufgabe

uer Balken:
rmale
ngsaufgabe

Methoden
Hier findest du Werkzeuge, die dir im Mathematikunterricht behilflich sind, aber auch allgemeine Methoden, die dabei helfen, das Lernen abwechslungsreich zu gestalten.

Aufgaben zur Wiederholung
Die Aufgaben unter dieser Überschrift gehören nicht zum gerade behandelten Stoff. Hier kannst du früher Gelerntes wiederholen und üben.

Multimediales Zusatzangebot
Über Webcode im Internet: 110-1
1. Webseite **www.cornelsen.de/mathematik-plus** aufrufen
2. Buchkennung eingeben: **MPL 000665**
3. Mediencode eingeben: z. B. 053-1

Mathematik *plus*

Grundschule Klasse 6
Berlin/Brandenburg

Herausgegeben von StD Dietrich Pohlmann
und Prof. Dr. Werner Stoye

VOLK UND WISSEN

Autoren:
Susanne Bluhm, StD Karl Udo Bromm, OStR Robert Domine, Angela Eggers, Dr. Ronald Elstermann,
Prof. Dr. Marianne Grassmann, StDn Gaby Heintz, Erika Hellwig, StRn Ingrid Kasten,
Dr. Gerhard Koenig, OStR Peter Krull, StD Jochen Leßmann, StD Dietrich Pohlmann, StD Dieter Rüthing,
Dr. Uwe Sonnemann, Prof. Dr. Werner Stoye
unter Planung und Mitarbeit der Verlagsredaktion Mathematik

Herausgeber:
StD Dietrich Pohlmann,
Prof. Dr. Werner Stoye

Redaktion: Heike Dallmann, Grit Weber
Illustration: Roland Beier
Grafik: Rainer Götze, Rita Schüler
Typographie: Manfred Behrendt, Wolfgang Lorenz, Sabine Matthes
Umschlaggestaltung: Wolfgang Lorenz
Bildrecherche: Peter Hartmann
Herstellung: Hans Herschelmann
Technische Umsetzung: Stürtz GmbH, Würzburg

Titelbild: Ontario Place Cinesphere Toronto

Dieses Schulbuch Mathematik plus, Grundschule Klasse 6, Berlin/Brandenburg, wurde bearbeitet für den neuen Rahmenlehrplan Grundschule Mathematik (erschienen 2004).

Begleitmaterialien zum Lehrwerk

für Schülerinnen und Schüler		**für Schülerinnen und Schüler**	
Arbeitsheft 6 mit CD-Rom (neue Ausgabe)	978-3-06-000578-9	Lösungsheft 6	978-3-06-002477-3
Arbeitsheft 6 mit (alte Ausgabe)	978-3-06-000669-4	Kopiervolagen 6	978-3-06-002476-6

www.cornelsen.de
www.vwv.de

Unter der folgenden Adresse befinden sich multimediale Zusatzangebote für die Arbeit mit dem Schülerbuch:
www.cornelsen.de/mathematik-plus
Die Buchkennung ist **MPL000665.**

Die Links zu externen Webseiten Dritter, die in diesem Lehrwerk angegeben sind, wurden vor Drucklegung sorgfältig auf ihre Aktualität geprüft. Der Verlag übernimmt keine Gewähr für die Aktualität und den Inhalt dieser Adressen und Dateien oder solcher, die mit ihnen verlinkt sind.

1. Auflage, 10. Druck 2014

Alle Drucke dieser Auflage sind inhaltlich unverändert und können im Unterricht nebeneinander verwendet werden.

Druck: Firmengruppe APPL, aprinta druck, Wemding

ISBN 978-3-06-000665-6

PEFC zertifiziert
Dieses Produkt stammt aus nachhaltig bewirtschafteten Wäldern und kontrollierten Quellen.
www.pefc.de

Inhalt

Gebrochene Zahlen

Der Anteil des Wassers am menschlichen Körper beträgt $\frac{3}{5}$.

Das Gehirn hat einen Anteil von $\frac{1}{50}$.

Die Muskelmasse nimmt $\frac{4}{10}$ ein

und nur $\frac{3}{25}$ entfallen auf das Skelett.

6,4 Milliarden Menschen leben auf der Erde.

1,3 Milliarden leben allein in China.

Nur **0,08** Milliarden wohnen in Deutschland.

Bekanntes über Brüche

Der Bruchbegriff

1

Brüche kommen vielfach in deiner Umwelt und im Sprachgebrauch vor. Einige Beispiele sind:
„Ich treffe mich mit Felix um viertel Drei."
„Das Glas ist halb voll."
„Ich habe ein Drittel der Schokolade allein gegessen."
„Ich war eine Zehntelsekunde schneller als Lea und zwei Zehntelsekunden langsamer als Paul."
„Die Mannschaft steht im Achtelfinale."

a) Setze in den gegebenen Beispielen sinnvolle andere Brüche ein.
b) Finde andere Situationen aus dem Alltag, in denen Brüche auftauchen.

2

Durch das Falten von Papier kannst du Brüche und Bruchteile anschaulich darstellen.

a) Falte ein Blatt Papier zweimal nacheinander in der Mitte.
In wie viele Teile hast du das Blatt geteilt?
b) Welchen Anteil hat eines der Teile am gesamten Blatt?
c) Welchen Anteil hat ein Teil, wenn du noch einmal faltest?
d) Denke dir mit deinem Nachbarn weitere Möglichkeiten aus, ein Blatt Papier zu falten und gib die jeweiligen Bruchteile an.

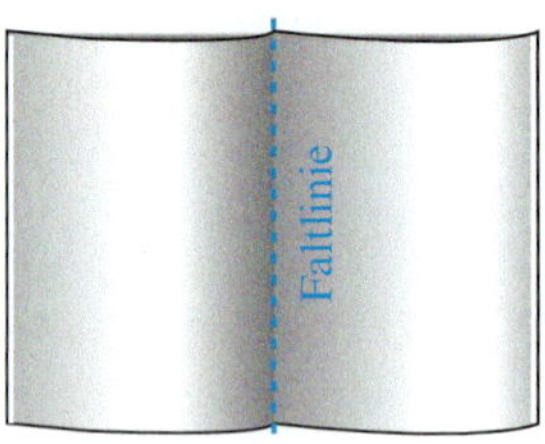

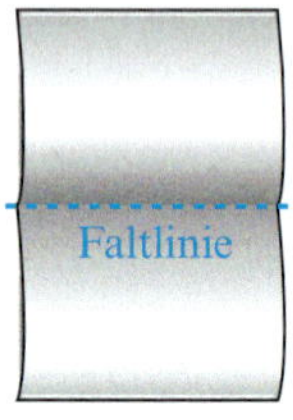

3

In einer Klasse sind 24 Kinder. Ein Drittel von ihnen ist blond und ein Sechstel ist braunhaarig. Zwei von drei Kindern tragen Turnschuhe. Jedes vierte Kind fährt mit dem Fahrrad zur Schule.
Gib für jede Gruppe die Anzahl der zugehörigen Kinder an.

WISSEN

Zur Darstellung von Bruchteilen eines Ganzen werden **Brüche** verwendet.

Der **Nenner** eines Bruches gibt an, in wie viele Teile ein Ganzes zerlegt wird.

Der **Zähler** gibt an, wie viele Teile davon genommen werden.

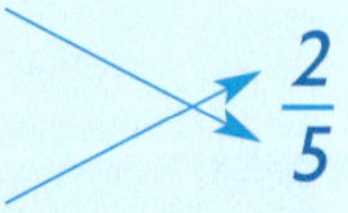

Brüche mit dem Nenner 10 heißen **Zehnerbrüche**.

BEISPIEL

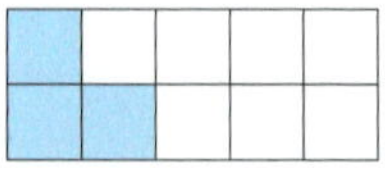

Im Bild sind $\frac{3}{10}$ des Rechtecks gefärbt. Dazu wurde das Ganze in 10 gleich große Teile geteilt und drei davon wurden farbig hervorgehoben.

4

Im unten stehenden Bild wurden ebene Figuren und Körper in gleich große Teile geteilt. Einzelne Teile sind farbig hervorgehoben worden.
Gib an, der wievielte Teil jeweils eingefärbt wurde. Notiere das Ergebnis als Bruch.

a) **b)** **c)** **d)** **e)** **f)**

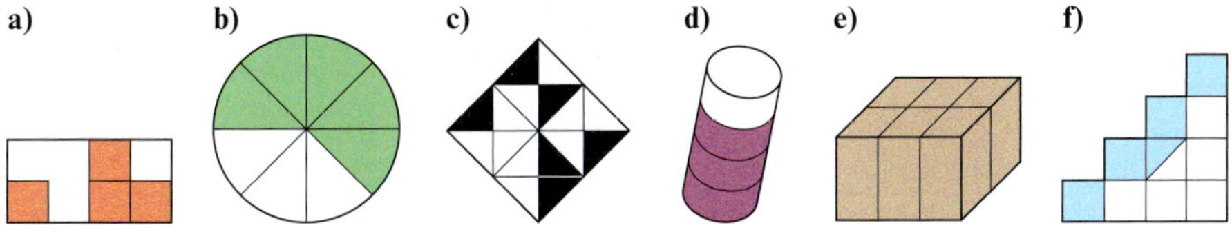

5

Veranschauliche folgende Brüche an Rechtecken

a) $\frac{1}{2}$ **b)** $\frac{8}{10}$ **c)** $\frac{3}{8}$ **d)** $\frac{5}{7}$ **e)** $\frac{7}{12}$ **f)** $\frac{3}{9}$ **g)** $\frac{2}{3}$ **h)** $\frac{9}{6}$

6

Das Bild zeigt ein Glücksrad.
Der Zeiger steht auf der „0“.
Welche Zahl wird angezeigt, wenn das Rad
- **a)** eine viertel Drehung nach links,
- **b)** fünf sechstel Drehungen nach rechts,
- **c)** zwei drittel Drehungen nach links,
- **d)** zwei ein drittel Drehungen nach rechts

gedreht wird?

7

Manuel hat für eine 5-tägige Exkursion 36 € zur Verfügung. Am 1. Tag gibt er ein Drittel des Geldes aus, am 2. Tag ein Viertel des Restgeldes vom Vortag, am 3. Tag die Hälfte des Restgeldes vom 2. Tag. Am 4. Tag verbraucht er ein Drittel des Restgeldes vom 3. Tag und am letzten Tag gibt er drei Viertel des übrigen Geldes aus.
Wie viel Geld bringt Manuel wieder mit nach Hause?

8

Annas großer Bruder ist gerade 18 geworden und möchte die Führerscheinprüfung ablegen. Im theoretischen Teil muss er 30 Fragen mit unterschiedlichem Schwierigkeitsgrad beantworten. Von den Fragen werden zwei Fünftel mit je 3 Punkten, ein Sechstel mit je 2 Punkten und die restlichen mit je 4 Punkten bewertet.
- **a)** Wie hoch ist die zu erreichende Gesamtpunktzahl?
- **b)** Welchen Bruchteil der Gesamtpunktzahl nehmen jeweils die Punkte aus den Fragen zu 4 Punkten, 3 Punkten und 2 Punkten ein?
- **c)** Welchen Bruchteil der Gesamtpunktzahl muss man mindestens erreichen, wenn insgesamt höchstens 8 Punkte fehlen dürfen?

ERINNERE DICH

Echte Brüche:
Zähler kleiner als Nenner, z. B. $\frac{2}{9}$

Unechte Brüche:
Zähler gleich Nenner, z. B. $\frac{4}{4}$
oder größer als Nenner, z. B. $\frac{7}{3}$

Unechte Brüche können auch als gemischte Zahlen geschrieben werden,
z. B. $\frac{11}{4} = 2\frac{3}{4}$

Ein neuer Zahlbereich

9

Gib das Ergebnis jeweils als natürliche Zahl oder als Bruch an.

a) 8 : 2 **b)** 11 : 8 **c)** 15 : 1 **d)** 22 : 4
e) 48 : 6 **f)** 23 : 25 **g)** 158 : 10 **h)** 2 : 3

10

Gegeben ist eine Divisionstabelle (siehe rechts).

a) Übertrage die Tabelle in dein Heft und vervollständige sie. Kürze dabei so weit wie möglich (vgl. Seite 9).

b) Färbe alle Kästchen, die keine natürliche Zahl als Ergebnis enthalten. Gib ihren Anteil an allen Ergebnissen als Bruch an.

c) Stelle mit 5 beliebigen Zahlen eine eigene Divisionstabelle auf und berechne sie. Markiere anschließend mit einem farbigen Stift alle Kästchen, die eine natürliche Zahl enthalten.

:	1	2	3	4	5	6	7	8
1								
2					$\frac{2}{5}$			
3								
4								
5								
6		3						
7								
8								

WISSEN

Ein neuer Zahlbereich – die gebrochenen Zahlen

Alle Zahlen, die sich als Bruch darstellen lassen, werden zum Bereich der gebrochenen Zahlen zusammengefasst. Zu ihm gehören auch die natürlichen Zahlen 0, 1, 2, …, denn jede natürliche Zahl kann auch als Bruch geschrieben werden, z. B.

$12 = \frac{12}{1}$ („zwölf Eintel"), da 12 : 1 = 12,

Im Bereich der natürlichen Zahlen ist nicht jede Zahl durch eine beliebige andere teilbar, wie z. B. 2 : 5.
Dies ist im neuen Zahlenbereich der gebrochenen Zahlen möglich, mit Ausnahme der Division durch null.

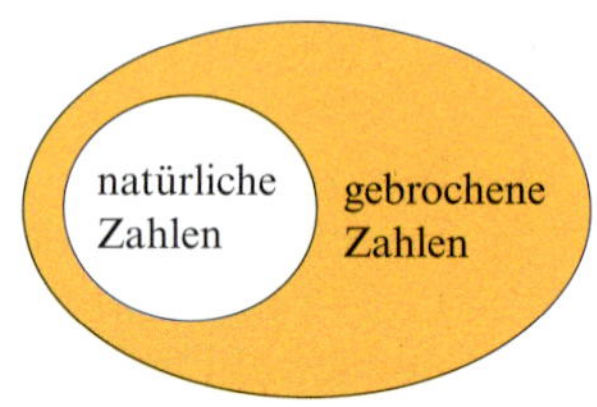

Die natürlichen Zahlen sind eine Teilmenge der gebrochenen Zahlen.

NACHGEDACHT
Erhält man wieder eine natürliche Zahl, wenn man zwei natürliche Zahlen addiert (subtrahiert, multipliziert)? Begründe.

11

Welche der angegebenen Brüche sind auch natürliche Zahlen?

a) $\frac{2}{3}$ **b)** $\frac{8}{4}$ **c)** $\frac{15}{5}$ **d)** $\frac{7}{14}$ **e)** $\frac{16}{30}$ **f)** $\frac{225}{25}$

12

Stelle die gegebene Zahl durch drei verschiedene Brüche dar (s. Beispiel).

a) 4 **b)** 3 **c)** 5 **d)** 15 **e)** 7 **f)** 20
g) 6 **h)** 1 **i)** 32 **j)** 0 **k)** 11 **l)** $\frac{1}{2}$

BEISPIEL
$8 = \frac{8}{1} = \frac{16}{2} = \frac{72}{9}$

13

Gib für jede Divisionsaufgabe drei verschiedene Bruchdarstellungen an.

a) 26 : 13 **b)** 8 : 9 **c)** 1 : 3 **d)** 40 : 20 **e)** 15 : 10
f) 6 : 9 **g)** 11 : 20 **h)** 2 : 4 **i)** 21 : 7 **j)** 12 : 4

BEACHTE
Divisionszeichen und Bruchstrich bedeuten das Gleiche:
$2 : 5 = \frac{2}{5}$.

Kürzen und Erweitern von Brüchen

14

Am 21. August siegte bei den Olympischen Spielen 2004 in Athen (Griechenland) Yuliya Nesterenko aus Weißrussland im 100-m-Sprint-Finale der Frauen. Veronica Campbell (Jamaika) war $\frac{3}{100}$ s und Lauryn Williams (USA) war $\frac{1}{25}$ s langsamer.
Welche Läuferin bekam die Silber-Medaille und welche erhielt Bronze?

15

In den Ferien fährt Jan mit dem Zug zur Oma. Die Fahrt dauert 3 Stunden und 20 Minuten und er vertreibt sich die Zeit mit Bruchrechenaufgaben. Jedes Mal, wenn er auf die Uhr schaut, berechnet er den Bruchteil der schon verstrichenen Zeit an der gesamten Fahrtzeit.
Er schaut nach 20 Minuten, 50 Minuten und 2 Stunden auf die Uhr. Welcher Bruchteil ist bis dahin jeweils vergangen?
Gib die Brüche soweit wie möglich gekürzt an.

WISSEN

Beim **Erweitern von Brüchen** werden Zähler und Nenner mit der gleichen Zahl multipliziert.

$$\frac{4}{5} = \frac{4 \cdot 3}{5 \cdot 3} = \frac{12}{15}$$

Beim **Kürzen von Brüchen** werden Zähler und Nenner durch die gleiche Zahl dividiert.

$$\frac{6}{8} = \frac{6 : 2}{8 : 2} = \frac{3}{4}$$

BEISPIELE

$\frac{4}{5}$, $\frac{12}{15}$, $\frac{6}{8}$, $\frac{3}{4}$

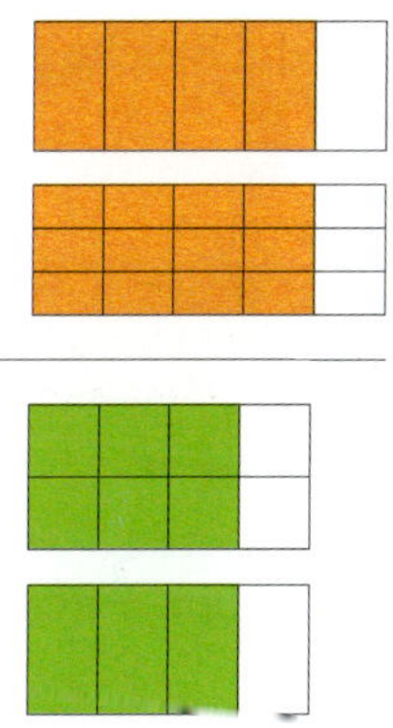

16

Kürze so weit wie möglich.

a) $\frac{7}{21}$ b) $\frac{16}{24}$ c) $\frac{72}{24}$ d) $\frac{50}{75}$ e) $\frac{273}{26}$ f) $\frac{21}{35}$

17

Erweitere den Bruch mit der gegebenen Zahl.

a) $\frac{6}{18}$; 2 b) $\frac{8}{24}$; 5 c) $\frac{67}{5}$; 3 d) $\frac{250}{100}$; 1 e) $\frac{276}{147}$; 10 f) $\frac{35}{67}$; 8

18

Mit welcher Zahl wurde erweitert bzw. gekürzt?

a) $\frac{4}{5} = \frac{20}{25}$ b) $\frac{3}{7} = \frac{21}{49}$ c) $\frac{72}{45} = \frac{8}{5}$ d) $\frac{16}{21} = \frac{64}{84}$ e) $\frac{0}{6} = \frac{0}{54}$ f) $\frac{8}{13} = \frac{8}{13}$

19

a) Kürze mit 4: $\frac{12}{16}, \frac{4}{8}, \frac{4}{92}, \frac{32}{56}, \frac{44}{96}, \frac{52}{32}, \frac{28}{36}, \frac{20}{4}, \frac{48}{56}, \frac{72}{16}, \frac{64}{108}, \frac{128}{68}$

b) Erweitere mit 3: $\frac{1}{14}, \frac{6}{7}, \frac{15}{13}, \frac{32}{34}, \frac{28}{30}, \frac{25}{36}, \frac{40}{45}, \frac{23}{41}, \frac{48}{56}, \frac{17}{19}, \frac{42}{112}$

20

Mache die Brüche gleichnamig.

a) $\frac{2}{3}, \frac{2}{12}$ **b)** $\frac{3}{15}, \frac{4}{45}$ **c)** $\frac{24}{14}, \frac{6}{21}$ **d)** $\frac{5}{16}, \frac{7}{12}$ **e)** $\frac{6}{4}, \frac{13}{22}$

f) $\frac{6}{32}, \frac{18}{24}$ **g)** $\frac{3}{7}, \frac{4}{28}$ **h)** $\frac{2}{9}, \frac{11}{30}$ **i)** $\frac{21}{60}, \frac{9}{12}$ **j)** $\frac{12}{110}, \frac{40}{20}$

21

Stelle jeweils beide Brüche als Anteile in gleich großen Rechtecken auf Karopapier dar. Sind die Brüche wirklich gleich?

a) $\frac{1}{4} = \frac{2}{8}$ **b)** $\frac{4}{6} = \frac{2}{3}$ **c)** $\frac{3}{5} = \frac{6}{10}$ **d)** $\frac{3}{4} = \frac{9}{12}$ **e)** $\frac{12}{9} = \frac{4}{3}$

22

Sind die Brüche gleich groß? Überprüfe durch Kürzen oder Erweitern.

a) $\frac{2}{6}, \frac{14}{48}$ **b)** $\frac{12}{15}, \frac{20}{25}$ **c)** $\frac{24}{14}, \frac{6}{7}$ **d)** $\frac{72}{16}, \frac{18}{4}$ **e)** $\frac{8}{17}, \frac{88}{187}$

f) $\frac{14}{32}, \frac{21}{48}$ **g)** $\frac{48}{128}, \frac{33}{88}$ **h)** $\frac{20}{4}, \frac{510}{102}$ **i)** $\frac{273}{45}, \frac{91}{15}$ **j)** $\frac{225}{95}, \frac{45}{20}$

23

Gib für jede Farbe den Anteil am Ganzen an. Kürze so weit wie möglich.
Wie verändern sich die Anteile, wenn die vier Kästchen in der Mitte gelb gefärbt werden?
Zeichne selbst ein Muster für das dein Nachbar die Anteile angibt.

24

Kürze so weit wie möglich.

a) $\frac{252}{336}$ **b)** $\frac{120}{288}$ **c)** $\frac{192}{324}$ **d)** $\frac{1\,260}{8\,820}$ **e)** $\frac{384}{216}$ **f)** $\frac{321}{654}$

25

Welche Brüche lassen sich nicht in Zehnerbrüche umwandeln?

a) $\frac{1}{20}, \frac{30}{50}, \frac{20}{25}, \frac{3}{4}, \frac{3}{333}, \frac{7}{8}, \frac{3}{6}, \frac{5}{125}$ **b)** $\frac{6}{3}, \frac{15}{4}, \frac{4}{3}, \frac{5}{6}, \frac{11}{7}, \frac{35}{7}, \frac{124}{125}, \frac{6}{3\,000}$

ERINNERE DICH
Brüche mit gleichem Nenner, z. B. $\frac{4}{6}, \frac{3}{6}$, heißen **gleichnamige** Brüche, sonst heißen sie **ungleichnamige** Brüche, z. B. $\frac{2}{3}, \frac{1}{2}$.

TIPP
Kürzen von Brüchen mit großen Zahlen
Schaue dir die Zahlen im Zähler und im Nenner genau an.

Zähler und Nenner	kürzen durch
a) Endziffer 0	10
b) Endziffer 0 oder 5	5
c) gerade	2
d) 3 teilt Quersumme	3

Beispiele

$\frac{480 : 10}{200 : 10} = \frac{48 : 2}{20 : 2} = \frac{24 : 2}{10 : 2} = \frac{12}{5}$

a) **c)** **c)**

$\frac{105 : 5}{420 : 5} = \frac{21 : 3}{84 : 3} = \frac{7 : 7}{28 : 7} = \frac{1}{4}$

b) **d)**

ERINNERE DICH
Bei **Zehnerbrüchen** steht im Nenner eine Zehnerpotenz (10, 100, 1 000 …).

26[L]

Ergänze die fehlenden Zahlen, indem du die Brüche erweiterst oder kürzt.

a) $\frac{3}{5} = \frac{\square}{55}$ **b)** $\frac{\square}{126} = \frac{5}{14}$ **c)** $\frac{9}{13} = \frac{\square}{143}$ **d)** $1\frac{3}{11} = \frac{\square}{33}$ **e)** $\frac{21}{49} = \frac{9}{\square}$

f) $5\frac{1}{7} = \frac{72}{\square}$ **g)** $\frac{7}{25} = \frac{\square}{100}$ **h)** $\frac{0}{7} = \frac{\square}{161}$ **i)** $\frac{72}{48} = \frac{12}{\square}$ **j)** $\frac{16}{20} = \frac{\square}{30}$

27

Welche der Brüche sind gleich groß? Notiere zusammengehörende Brüche.

$\frac{2}{25}$ $\frac{49}{63}$ $\frac{48}{28}$ $\frac{30}{40}$ $\frac{7}{9}$ $\frac{12}{16}$ $\frac{24}{14}$ $\frac{8}{100}$ $\frac{16}{200}$ $\frac{18}{32}$ $\frac{9}{16}$ $\frac{3}{4}$

TIPP
Kürze zunächst so weit wie möglich, um dann zu vergleichen.

28

Finde die Fehler und korrigiere sie.

a) $\frac{6}{12}\,\text{m} = \frac{1}{2}\,\text{m}$ **b)** $\frac{7}{8}\,\text{km} = \frac{49}{56}\,\text{km}$ **c)** $\frac{24}{28}\,\text{l} = \frac{38}{42}\,\text{l}$ **d)** $\frac{45}{18}\,\text{h} = \frac{10}{4}\,\text{h}$

e) $\frac{66}{110}\,\text{cm} = \frac{9}{15}\,\text{cm}$ **f)** $\frac{1}{17}\,\text{m}^2 = \frac{6}{116}\,\text{m}^2$ **g)** $\frac{5}{12}\,\text{h} = \frac{25}{1}\,\text{min}$ **h)** $\frac{3}{4}\,\text{cm} = \frac{3}{4}\,\text{dm}$

29

Finde das Lösungswort, indem du den Brüchen von a) bis h) jeweils einen gleich großen Bruch aus der Tabelle zuordnest.

a) $\frac{5}{9}$ **b)** $\frac{14}{26}$ **c)** $\frac{9}{13}$ **d)** $\frac{7}{10}$ **e)** $\frac{9}{27}$ **f)** $\frac{16}{56}$ **g)** $\frac{32}{40}$ **h)** $\frac{63}{49}$

$\frac{4}{14}$	$\frac{81}{117}$	$\frac{45}{35}$	$\frac{77}{110}$	$\frac{30}{54}$	$\frac{2}{6}$	$\frac{12}{15}$	$\frac{42}{78}$
O	E	L	P	C	C	O	E

ZUM KNOBELN
Tobias kürzt den Bruch $\frac{16}{64}$ indem er die beiden Sechsen wegstreicht: $\frac{1\not{6}}{\not{6}4} = \frac{1}{4}$.
Obwohl er falsch kürzt, ist das Ergebnis richtig.
Findest du weitere Brüche, wo man ungestraft falsch „kürzen“ kann?

30

In verschieden großen Bonbonpackungen soll der Anteil an roten Bonbons immer gleich sein. Berechne die fehlenden Zahlen in der Tabelle.

	a)	b)	c)	d)	e)	f)
Anzahl der roten Bonbons	50	500		300		1 500
Anzahl aller Bonbons	120		48		180	

Dezimalbrüche

1

Jeden Dienstag fährt Familie Petermann zum Supermarkt. Hendrik begleitet seine Eltern gern, denn er darf die mit Obst und Gemüse gefüllten Einkaufsbeutel auf die Waage legen und Quittungsaufkleber anheften.

a) Was bedeuten die Angaben auf dem Aufkleber?
b) Die Zahlenangaben enthalten ein Komma. Lies diese Zahlen vor.
c) Könnte der Preis 1,23 € auch anders geschrieben werden?
d) Was bedeutet bei der Gewichtsangabe 0,620 kg die Null vor dem Komma?

WISSEN

Zahlen mit einem Komma heißen **Dezimalbrüche**.

HINWEIS
Warum heißen Zahlen mit Komma Dezimalbrüche?
1) decem (lat.) = zehn
2) Sie sind eine andere Schreibweise für Zehnerbrüche, z. B.
$\frac{2}{10} = 0{,}2$
$\frac{543}{100} = 5{,}43$
$\frac{5}{1000} = 0{,}005$

2

Suche alle Dezimalbrüche auf dieser Seite und schreibe sie als Zehnerbrüche. Vergleiche dazu die Beispiele in der Randspalte.

3

Schreibe folgende Zehnerbrüche als Dezimalbrüche.

a) $\frac{3}{10}$ **b)** $\frac{27}{100}$ **c)** $\frac{5}{100}$ **d)** $\frac{270}{1000}$ **e)** $\frac{3}{1000}$ **f)** $\frac{35}{10}$

WISSEN

Dezimalbrüche lassen sich wie natürliche Zahlen in einer Stellentafel darstellen. Wir erweitern dazu die uns bekannte Stellentafel nach rechts. In der ersten Spalte sollen die Zehntel (z) stehen, in der zweiten die Hundertstel (h), in der dritten die Tausendstel (t) usw.

	T	H	Z	E	z	h	t
a)				0	1		
b)				0	0	5	
c)				1	3		
d)				0	0	0	7

In dieser Stellentafel sind folgende Dezimalbrüche dargestellt:

a) $0{,}1 = \frac{1}{10}$ **b)** $0{,}05 = \frac{5}{100}$

c) $1{,}3 = \frac{13}{10}$ **d)** $0{,}007 = \frac{7}{1000}$

Die fette Linie in der Stellentafel zeigt das Komma an.

BEACHTE
5,43 spricht man so:
Fünf Komma Vier Drei;
und nicht:
Fünf Komma Dreiundvierzig.

4

T	H	Z	E	z	h	t
		1	0	0	0	1
			0	5	0	5
2	3	4	0	1		
			0	0	2	1

Welche Zahlen sind in dieser Stellentafel dargestellt? Gib die Zahlen jeweils als Dezimalbruch und als Zehnerbruch an.

5

Trage die folgenden Dezimalbrüche in eine Stellentafel ein.
a) 0,07 **b)** 0,006 **c)** 3,5 **d)** 1,01 **e)** 15,007 **f)** 2,0 **g)** 20,20 **h)** 70,1 **i)** 0,505

6

Fertige eine Stellentafel an und trage folgende Zehnerbrüche ein.
a) $\frac{3}{10}$ **b)** $\frac{1}{1\,000}$ **c)** $\frac{3}{100}$ **d)** $\frac{7}{10}$ **e)** $\frac{45}{100}$ **f)** $\frac{11}{10}$ **g)** $\frac{203}{100}$

7

Schreibe die Dezimalbrüche als Zehnerbrüche.
a) 0,29 **b)** 3,001 **c)** 123 **d)** 61,01
e) 0,078 **f)** 3,030 **g)** 0,700 **h)** 0,0202
i) 132,095 **j)** 1,400 **k)** 47,11 **l)** 0,9999

NACHGEDACHT
Hätte man beim Schreiben der nebenstehenden Dezimalbrüche auch Nullen „einsparen“ können?

WISSEN

Man darf nur am Ende von Dezimalbrüchen Nullen anhängen oder streichen, auf keinen Fall dürfen zwischendrin Nullen weggelassen werden.
Zum Beispiel ist 0,4 = 0,40 = 0,400 … und 0,800 = 0,80 = 0,8
aber: 1,05 ≠ 1,5 sowie 20,3 ≠ 2,3

8

Welche Dezimalbrüche kann man kürzer schreiben?
a) 0,04 **c)** 240,0 **e)** 107,007000 **g)** 2,0001
b) 2,040 **d)** 17,08305 **f)** 75,07 **h)** 35,000

9

Jan hat einen Euro und 5 Cent in der Tasche. Er behauptet, dass er 1,5 Euro hat. Was sagst du dazu?

10

Schreibe den Geldbetrag als Dezimalbruch.
a) 5 € 21 ct **b)** 2 € 3 ct **c)** 6 ct **d)** 333 ct **e)** 20 € 6 ct

11

Trage die Summen in eine Stellentafel ein.
Gib dann die Summen als Dezimalbruch an.

a) $2 + \frac{3}{10} + \frac{3}{100} + \frac{7}{1\,000}$ **b)** $17 + \frac{2}{100}$

c) $8 \cdot 100 + 4 \cdot 10 + \frac{5}{10}$ **d)** $\frac{4}{10} + \frac{9}{100} + \frac{1}{1\,000}$

e) $5 + \frac{3}{10} + \frac{9}{1\,000}$ **f)** $6 \cdot 100 + 7 \cdot 1 + \frac{3}{100} + \frac{8}{1\,000}$

BEISPIEL
$3 + \frac{4}{10} + \frac{7}{100}$

H	Z	E	z	h	t
		3	4	7	

Dezimalbruch 3,47

WISSEN

Zehnerbrüche lassen sich als Dezimalbrüche schreiben.

Lassen sich auch Brüche wie $\frac{1}{2}$, $\frac{3}{4}$ oder $\frac{6}{30}$ als Dezimalbrüche schreiben?

Wir erweitern oder kürzen den Bruch bis ein Zehnerbruch entsteht.

$\frac{1}{2} \overset{\cdot 5}{=} \frac{5}{10} = 0{,}5$ $\qquad$ $\frac{6}{30} \overset{:3}{=} \frac{2}{10} = 0{,}2$

Nicht alle Brüche lassen sich in Zehnerbrüche umwandeln.

Man kann z. B. $\frac{1}{3}$, $\frac{1}{6}$ und $\frac{2}{7}$ nicht als Zehnerbrüche schreiben.

ZUM KNOBELN

Finde weitere Brüche, die nicht als Zehnerbrüche geschrieben werden können.

12

Schreibe erst als Zehnerbruch und dann als Dezimalbruch.

a) $\frac{5}{2}$ **b)** $\frac{4}{5}$ **c)** $\frac{5}{50}$ **d)** $\frac{3}{1}$ **e)** $\frac{5}{4}$ **f)** $\frac{6}{5}$

g) $\frac{17}{2}$ **h)** $\frac{12}{30}$ **i)** $\frac{15}{25}$ **j)** $\frac{2}{20}$ **k)** $\frac{3}{25}$ **l)** $\frac{90}{50}$

ERINNERE DICH

Ist bei einem Bruch der Zähler größer als der Nenner, kann er als gemischte Zahl geschrieben werden, z. B. $\frac{11}{4} = 2\frac{3}{4}$

13

Schreibe als Dezimalbruch.

a) $1\frac{1}{2}$ **b)** $3\frac{3}{4}$ **c)** $\frac{5}{8}$ **d)** $\frac{17}{20}$ **e)** $\frac{125}{25}$ **f)** $3\frac{3}{50}$

g) $\frac{100}{8}$ **h)** $2\frac{1}{4}$ **i)** $\frac{11}{2}$ **j)** $10\frac{2}{5}$ **k)** $\frac{12}{10}$ **l)** $\frac{5}{25}$

14

Gib an, welche Dezimalbrüche an dem Geobrett dargestellt sind. Stelle deinem Nachbarn weitere Aufgaben.

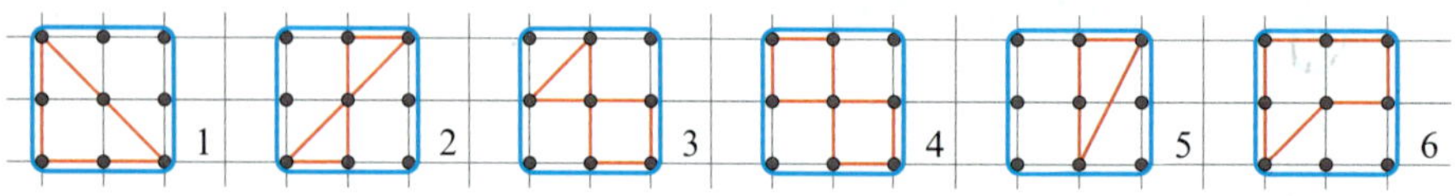

ERINNERE DICH

Um das Ganze liegt ein blauer Gummi, um den Bruchteil ein roter.

15

Veranschauliche die Dezimalbrüche 1,5; 1,75; 0,75; 0,125 und 1,125 mit Kreisteilen. Ein Beispiel findest du in der Randspalte.

BEISPIEL

$0{,}375 = \frac{375}{1\,000} = \frac{3}{8}$

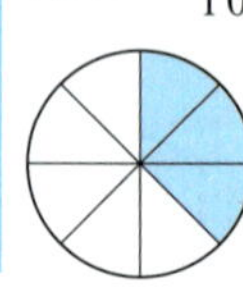

16

Übertrage die Aufgaben in dein Heft und fülle die Lücken aus.

a) $0{,}5 = \frac{1}{\square} = \frac{\square}{8} = \frac{\square}{1\,000} = \frac{1\,500}{\square}$ **b)** $\frac{3}{4} = 0{,}\square = \frac{\square}{1\,000} = \frac{30}{\square}$

c) $0{,}25 = \frac{5}{\square} = \frac{\square}{56} = \frac{70}{\square}$ **d)** $\frac{9}{15} = \frac{\square}{10} = 0{,}\square = \frac{3}{\square}$

17

Finde die Fehler und korrigiere sie.

a) $2{,}0 = \frac{40}{20}$ **b)** $\frac{37}{10} = 0{,}37$ **c)** $5{,}208\,0 = 5{,}280$

d) $5\frac{2}{5} = 5{,}4$ **e)** $\frac{9}{1\,000} = 0{,}0090$ **f)** $2 + \frac{170}{10} + \frac{3}{100} = 2{,}173$

18L

Gib in der nächstgrößeren Einheit (als Dezimalbruch) an.

a) 29 cm **b)** 52 102 g **c)** $\frac{7}{100}$ m **d)** 40 ct **e)** 1 cm 14 mm

f) 0,8 ml **g)** 6 h **h)** 0,78 dm **i)** $\frac{111}{10}$ kg **j)** 4 kg 4 000 mg

k) 2 705 m **l)** 150 s **m)** 950 dm^2 **n)** $\frac{9}{10}$ cm **o)** 3 Monate

ERINNERE DICH

1 Jahr ≈ 360 Tage
1 Monat ≈ 30 Tage
1 Quartal = $\frac{1}{4}$ Jahr
1 Tag = 24 Stunden
1 Stunde = 60 Minuten
1 Minute = 60 Sekunden

1 km = 1 000 m
1 m = 10 dm
1 dm = 10 cm
1 cm = 10 mm

1 t = 1 000 kg
1 kg = 1 000 g
1 g = 1 000 mg

METHODE

Brüche und Dezimalbrüche im Taschenrechner

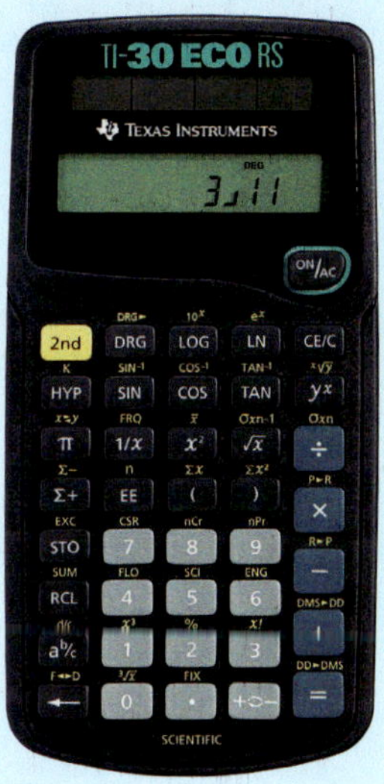

Mit der Taste [a b/c] kannst du im Taschenrechner echte und unechte Brüche sowie gemischte Zahlen eingeben.

Bruch	Tastenfolge	Display
$\frac{3}{11}$	[3] [a b/c] [1] [1]	3⌟11
$\frac{14}{5}$	[1] [4] [a b/c] [5]	14⌟5
$4\frac{1}{3}$	[4] [a b/c] [1] [a b/c] [3]	4⌞1⌟3

Mit der Tastenfolge [2nd] [a b/c] wandelst du einen unechten Bruch in eine gemischte Zahl um, siehe a), und umgekehrt, siehe b).

a) $\frac{14}{5}$ [1] [4] [a b/c] [5] und [2nd] [a b/c] — 14⌟5 wird zu 2⌞4⌟5

b) $2\frac{4}{5}$ [2] [a b/c] [4] [a b/c] [5] und [2nd] [a b/c] — 2⌞4⌟5 wird zu 14⌟5

Mit der Tastenfolge [2nd] [←] wandelst du einen Bruch in einen Dezimalbruch um, siehe a), und umgekehrt, siehe b).

a) $\frac{3}{12}$ [3] [a b/c] [1] [2] und [2nd] [←] — 3⌟12 wird zu 0.25

b) 0,25 [0] [.] [2] [5] und [2nd] [←] — 0.25 wird zu 3⌟12

Vergleichen und Ordnen gebrochener Zahlen

1

Ina, Paul, Lea und Ben machen beim Waldlauf der Schulen mit. Zusammen addiert sollen ihre Laufstrecken eine Länge von 5 km ergeben. Ina läuft ein Zehntel der Strecke, Paul ein Drittel, Lea zwei Fünftel und Ben ein Sechstel. Wer hat den größten Teil der Strecke zurückgelegt?

WISSEN

Gleichnamige Brüche lassen sich leicht vergleichen.
Ungleichnamige Brüche müssen zunächst gleichnamig gemacht werden.
Danach gibt der größere Zähler den größeren Bruch an.

BEISPIEL

$\frac{2}{3} \;?\; \frac{3}{4}$

$\frac{2}{3} = \frac{8}{12} < \frac{9}{12} = \frac{3}{4}$,

da $8 < 9$

also: $\frac{2}{3} < \frac{3}{4}$

2

Übertrage ins Heft und setze das richtige Zeichen (<, =, >) ein.

a) $\frac{4}{5} \;\square\; \frac{2}{5}$ **b)** $\frac{1}{7} \;\square\; \frac{6}{7}$ **c)** $\frac{9}{2} \;\square\; \frac{4}{2}$ **d)** $\frac{8}{31} \;\square\; \frac{0}{31}$ **e)** $\frac{66}{102} \;\square\; \frac{67}{102}$

3[L]

Vergleiche. Ermittle zuerst den Hauptnenner der Brüche.

a) $\frac{5}{6}; \frac{2}{3}$ **b)** $\frac{9}{35}; \frac{5}{28}$ **c)** $\frac{5}{4}; \frac{9}{8}$ **d)** $\frac{11}{32}; \frac{7}{24}$ **e)** $\frac{5}{11}; \frac{4}{9}$ **f)** $\frac{92}{105}; \frac{31}{35}$

g) $\frac{2}{3}; \frac{5}{7}$ **h)** $\frac{5}{6}; \frac{6}{8}$ **i)** $\frac{4}{20}; \frac{2}{5}$ **j)** $\frac{5}{18}; \frac{7}{24}$ **k)** $\frac{7}{10}; \frac{8}{15}$ **l)** $\frac{7}{12}; \frac{11}{18}$

HINWEIS

Der kleinste gemeinsame Nenner ist das kleinste gemeinsame Vielfache (kurz: kgV) der beiden Nenner. Er wird **Hauptnenner** genannt.

4

Welche natürlichen Zahlen können eingesetzt werden?

a) $\frac{\square}{7} < \frac{3}{7}$ **b)** $\frac{\square}{15} > \frac{4}{3}$ **c)** $\frac{2}{9} < \frac{\square}{9}$ **d)** $\frac{2}{\square} < \frac{2}{7}$ **e)** $\frac{7}{\square} > \frac{4}{3}$ **f)** $\frac{\square}{12} > \frac{13}{18}$

g) $\frac{3}{\square} < \frac{3}{8}$ **h)** $\frac{9}{\square} > \frac{6}{5}$ **i)** $\frac{4}{5} < \frac{\square}{7}$ **j)** $\frac{4}{7} > \frac{5}{\square}$ **k)** $\frac{3}{8} < \frac{\square}{9}$ **l)** $\frac{13}{12} > \frac{14}{\square}$

5

Übertrage ins Heft und setze das richtige Zeichen (<, = , >) ein.

a) $\frac{5}{6} \;\square\; \frac{13}{18}$ **b)** $\frac{27}{36} \;\square\; \frac{12}{16}$ **c)** $\frac{4}{5} \;\square\; \frac{17}{20}$ **d)** $\frac{39}{42} \;\square\; \frac{19}{21}$

e) $\frac{2}{3} \;\square\; \frac{3}{4}$ **f)** $\frac{0}{9} \;\square\; \frac{1}{1000}$ **g)** $\frac{3}{5} \;\square\; \frac{4}{7}$ **h)** $\frac{32}{56} \;\square\; \frac{28}{35}$

6

Ordne der Größe nach. Beginne mit der kleinsten Zahl.

a) $\frac{7}{10}; \frac{5}{8}; \frac{3}{4}; \frac{4}{5}; \frac{1}{2}$ **b)** $\frac{1}{3}; \frac{2}{5}; \frac{3}{10}; \frac{1}{2}; \frac{5}{6}$ **c)** $\frac{17}{18}; \frac{5}{6}; \frac{5}{4}; \frac{8}{9}; \frac{11}{12}$

d) $\frac{5}{6}; \frac{17}{21}; \frac{2}{3}; \frac{5}{7}; \frac{31}{42}$ **e)** $\frac{5}{18}; \frac{1}{9}; \frac{1}{3}; \frac{7}{27}; \frac{5}{12}$ **f)** $\frac{37}{11}; \frac{43}{14}; \frac{23}{7}; \frac{65}{22}; 3\frac{1}{2}$

7

Maik hält einen Kurzvortrag über Pinguine. Zunächst berichtet er über die verschiedenen Arten und erstellt folgende Größentabelle:

Königspinguin	0,95 m	Eselspinguin	0,75 m
Brillenpinguin	0,65 m	Felsenpinguin	0,65 m
Kaiserpinguin	1,20 m	Haubenpinguin	0,80 m

Wie lautet die Reihenfolge in der Größentabelle, wenn mit der größten Pinguinart begonnen wird?

WISSEN

Dezimalbrüche werden von links beginnend stellenweise so weit verglichen, bis sich die Ziffern unterscheiden. Alle Ziffern weiter rechts interessieren dann nicht mehr.

$$6{,}437 < 6{,}45$$
$$\uparrow \qquad \uparrow$$
$$\text{denn } 3 < 5$$

BEISPIELE

123,6
12,36 → 123,6 > 12,36

8,4
8,43 → 8,4 < 8,43

8

Vergleiche die Dezimalbrüche miteinander.

a) 12,03 und 0,21 **b)** 5,23 und 5,33 **c)** 2,349 und 2,35
d) 0,021 und 0,201 **e)** 47,334 und 46,334 **f)** 5,1 und 5,10
g) 0,7 und 0,69 **h)** 0,70 und 0,07 **i)** 1,32 und 1,321

9

Heute kann sich Britta nicht konzentrieren und der Mathelehrer bittet sie auch noch, den größeren der Dezimalbrüche von 0,721 und 0,93 zu nennen. Schnell antwortet Britta: „Null Komma siebenhunderteinundzwanzig ist größer, denn siebenhunderteinundzwanzig ist größer als dreiundneunzig!“ Banknachbar Peter stößt Britta an: „He, Britta, wach auf!“ Warum?

10

Ordne die Zahlen der Größe nach. Beginne mit der kleinsten Zahl.

a) 12,03; 0,21 **b)** 5,23; 5,33
c) 9,621; 9,6209 **d)** 1,16; 1,106; 1,10
e) 15,03; 15,3; 15,35; 14,98 **f)** 1,999; 2,001; 1,989; 2,000; 1,899

11

Für die Selbstbedienungstruhe in der Kaufhalle wurde Käse in Portionen geschnitten und gewogen.
Welches Preisschild gehört zu welcher Portion?

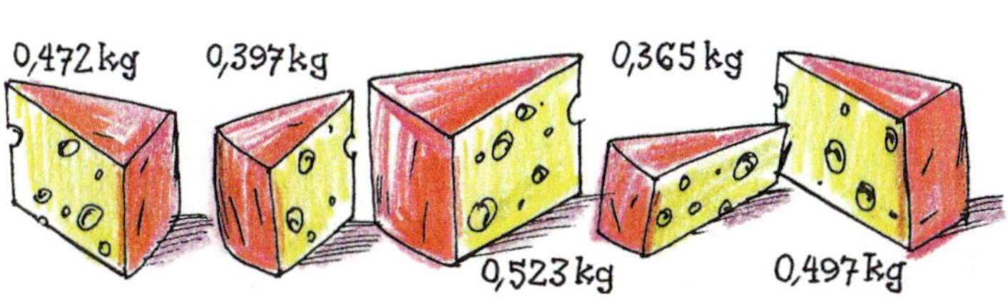

12

Franzi sucht für ihr Geburtstagsfest aus Muttis Schrank verschiedene schön geformte Gläser heraus. Sie stellt diese Gläser der Größe nach auf und überlegt, ob in das „größte" Glas auch am meisten Saft hineinpasst. Wie müsste Franzi die Gläser aufstellen, damit sie nach ihrem Fassungsvermögen geordnet sind?

WISSEN

Zum **Vergleich von Brüchen und Dezimalbrüchen** kann man sie als
a) gleichnamige Brüche darstellen und deren Zähler vergleichen,
b) Dezimalbrüche notieren und deren Ziffernfolgen gegenüberstellen.

BEISPIEL

$\frac{2}{5}$? 0,3

a) $\frac{2}{5} = \frac{4}{10} > \frac{3}{10} = 0{,}3$

b) $\frac{2}{5} = 0{,}4 > 0{,}3$

13

Übertrage ins Heft und setze das richtige Zeichen (<, =, >) ein.

a) $\frac{1}{4}$ ☐ 0,24 **b)** 0,625 ☐ $\frac{3}{20}$ **c)** $\frac{1}{5}$ ☐ 0,19 **d)** 0,220 ☐ $\frac{22}{100}$

e) 0,36 ☐ $\frac{17}{50}$ **f)** $\frac{1}{4}$ ☐ 0,26 **g)** 2,6 ☐ $\frac{5}{2}$ **h)** $\frac{225}{125}$ ☐ 1,85

i) $\frac{9}{4}$ ☐ 2,125 **j)** 0,24 ☐ $\frac{3}{12}$ **k)** $\frac{13}{4}$ ☐ 3,2 **l)** 8,2 ☐ $\frac{24}{3}$

14

Ordne die Zahlen der Größe nach, beginne mit der kleinsten.

a) $\frac{2}{5}$; 0,39; $\frac{1}{2}$; 0,41; $\frac{420}{1\,000}$; $\frac{4}{10}$

b) $\frac{112}{10}$; $11\frac{1}{4}$; 11,23; 11,32; $\frac{55}{5}$; $\frac{123}{100}$

c) $\frac{5}{12}$; $\frac{6}{15}$; 0,66; 0,82; $\frac{7}{5}$; $\frac{99}{100}$

d) 0,63; $\frac{64}{100}$; 0,66; $\frac{32}{50}$; 0,59; $\frac{3}{4}$

15

Ordne der Größe nach. Achte auf die Maßeinheiten.

a) $1\frac{4}{5}$ kg; 1,850 kg; 80 010 mg; 1 800 g; $1\frac{7}{10}$ kg

b) 37,3 cm; 37 dm; 0,372 9 m; 0,000 27 km; $\frac{2}{5}$ m

c) 1,3 l; 1250 ml; 1,26 dm³; 1,33 l

AUFGABE

Bei welcher Losbude würdest du Lose kaufen?

Jedes vierte Los gewinnt

35 Gewinne je 100 Lose

Auf 20 Lose – 6 Gewinne!

16

Welche der gegebenen gebrochenen Zahlen liegen zwischen 0,25 und $\frac{2}{3}$?

a) $\frac{1}{3}$; $\frac{4}{5}$; 0,5; $\frac{7}{24}$; 0,375; $\frac{3}{4}$; $\frac{29}{96}$; $\frac{6}{9}$

b) 0,4; $\frac{12}{36}$; $\frac{3}{5}$; $\frac{45}{144}$; 0,55; $\frac{35}{100}$; $\frac{4}{12}$

c) $\frac{25}{100}$; 0,225; $\frac{3}{3}$; 0,3; $\frac{16}{45}$; 0,34

d) 0,33; $\frac{66}{200}$; $\frac{12}{32}$; $\frac{1}{2}$; 0,31; $\frac{3}{9}$

17

Wahr oder falsch?

a) Die natürliche Zahl 4 ist der Vorgänger der natürlichen Zahl 5.

b) $\frac{4}{10}$ ist der Nachfolger von $\frac{3}{10}$.

c) Zwischen den gebrochenen Zahlen 2,1 und 2,5 liegt 2,25.

d) Die nächstgrößere Zahl nach $\frac{11}{4}$ ist 3.

e) Auf dem Zahlenstrahl liegt 1,25 vor 1,3.

ERINNERE DICH

Jede natürliche Zahl hat einen Nachfolger. Jede natürliche Zahl (außer der Null) hat einen Vorgänger. Zwischen zwei aufeinanderfolgenden natürlichen Zahlen liegt keine weitere natürliche Zahl.

18

Gegeben ist ein Zahlenstrahl.

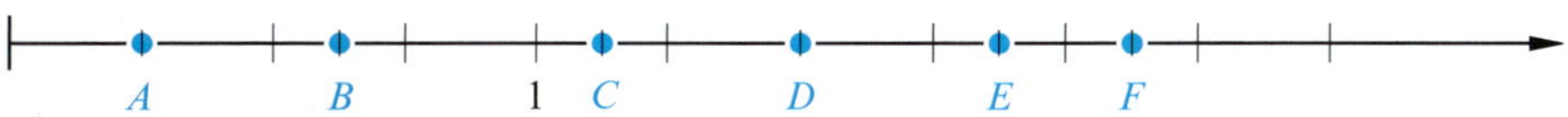

a) Welche Brüche und Dezimalbrüche gehören zu den Punkten *A*, *B*, *C*, *D*, *E* und *F*?

b) Nenne drei Zahlen, die zwischen den Punkten *C* und *D* liegen.

ZUM KNOBELN

Finde mithilfe des Zahlenstrahls 3 Dezimalbrüche, die zwischen $\frac{1}{4}$ und $\frac{3}{4}$ liegen.

WISSEN

Gebrochene Zahlen kann man wie natürliche Zahlen auf dem Zahlenstrahl darstellen.

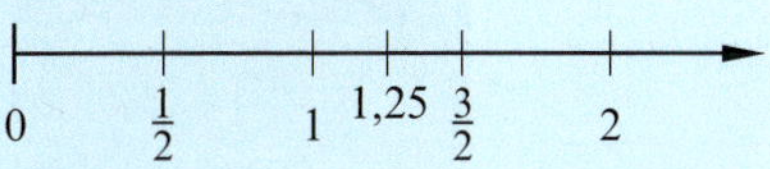

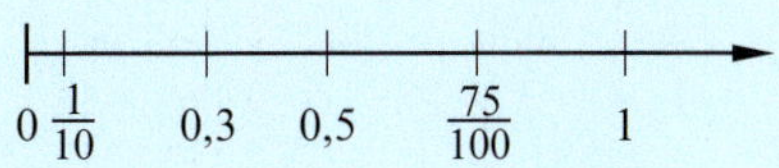

Eine gebrochene Zahl ist kleiner als eine andere, wenn sie auf dem Zahlenstrahl weiter links als die andere liegt, z. B. $\frac{1}{2} < 1{,}25$.

Eine gebrochene Zahl hat keinen Vorgänger oder Nachfolger. Zwischen zwei gebrochenen Zahlen liegen stets noch viele weitere. Man sagt: **Die gebrochenen Zahlen liegen dicht.**

BEISPIEL

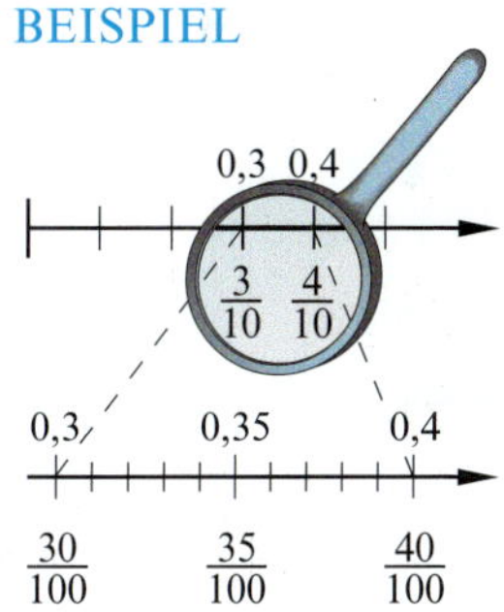

19

Stelle die Zahlen an einem geeigneten Zahlenstrahl dar.

a) 0,125; $\frac{3}{4}$; 1,25; 2; $\frac{5}{8}$; 1,5; 3; $2\frac{1}{8}$

b) $\frac{2}{7}$; 0,5; $\frac{10}{14}$; 1; $\frac{11}{7}$; $\frac{6}{3}$; $2\frac{1}{7}$; $\frac{16}{7}$

c) $1\frac{1}{10}$; $\frac{3}{10}$; $\frac{3}{4}$; 0,65; $\frac{6}{5}$; 1,00

d) $\frac{1}{10}$; $\frac{1}{5}$; 0,12; $\frac{4}{10}$; $\frac{11}{100}$; $\frac{1}{2}$

WUSSTEST DU SCHON?

Dezimal geteilte Skalen findet man an vielen Messgeräten.

Lineal

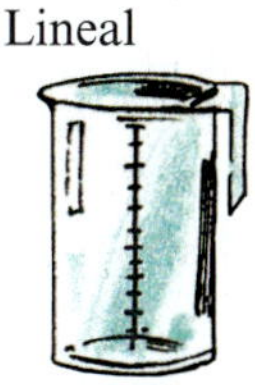

Messbecher

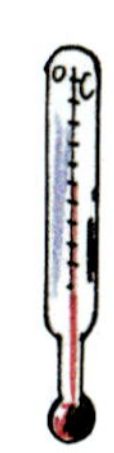

Fieberthermometer

20

Welche gebrochene Zahl liegt genau in der Mitte zwischen den gegebenen Zahlen?

a) $\frac{1}{2}$; $\frac{3}{2}$ **b)** $\frac{3}{10}$; $\frac{4}{5}$ **c)** $\frac{2}{3}$; $\frac{4}{3}$ **d)** $\frac{7}{12}$; $\frac{5}{6}$ **e)** 0,2; 0,4 **f)** $\frac{8}{11}$; $\frac{16}{22}$

g) 0,05; 0,07 **h)** $\frac{2}{7}$; $\frac{6}{7}$ **i)** $\frac{7}{25}$; $\frac{26}{75}$ **j)** $\frac{3}{5}$; 1 **k)** $\frac{3}{4}$; 0,9 **l)** $\frac{4}{9}$; $\frac{5}{9}$

Ein Blick in die Natur

Ohne Bäume gibt es kein Leben auf unserer Erde.
Der Wald filtert die Luft,
produziert Sauerstoff,
speichert und reinigt das Wasser.
Er reguliert unser Klima.

Unser Wald

Die Wälder auf unserer Erde nehmen eine Fläche von 3,9 Milliarden Hektar ein. Das ist ein Drittel der gesamten Landfläche.
In Deutschland verteilt sich der Wald auf $\frac{3}{10}$ der Landfläche, das entspricht ungefähr 10 Millionen Hektar. Dabei haben die einzelnen Bundesländer einen ganz unterschiedlichen Waldanteil, wie an Beispielen in der Übersicht zu sehen ist.

Bayern	$\frac{9}{25}$	Sachsen	$\frac{27}{100}$
Brandenburg	$\frac{37}{100}$	Sachsen-Anhalt	$\frac{23}{100}$
Berlin	$\frac{9}{50}$	Schleswig-Holstein	$\frac{1}{10}$
Saarland	$\frac{7}{20}$	Thüringen	$\frac{1}{3}$

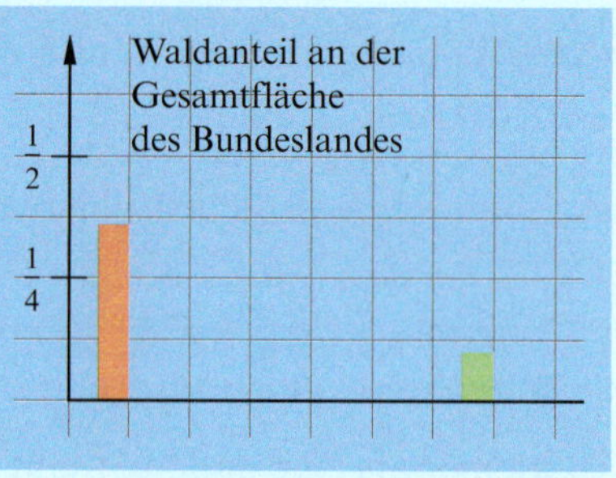

Waldweg vorbei an einer Lichtung

Setzt man die Waldfläche in ein Verhältnis mit der Bevölkerung, so kommen in Deutschland auf jeden Einwohner 1300 m^2 Wald. In Berlin stehen jedem Einwohner 0,043 ha Wald zur Verfügung, in Brandenburg sind es 0,420 ha.

AUFGABEN

1. **a)** Wie groß ist die Landfläche unserer Erde?
   b) Wie groß ist die Landfläche Deutschlands?
   c) Verdeutliche dir die Ergebnisse aus a) und b), indem du die Flächen in km^2 angibst.

2. **a)** Übertrage das Diagramm über die Waldanteile der Bundesländer in dein Heft und vervollständige es.
   b) Welches der dargestellten Bundesländer hat den geringsten Waldanteil?
   c) Welches der dargestellten Bundesländer liegt im bundesweiten Durchschnitt?

3. **a)** Gib die Waldfläche, die auf jeden Bürger Deutschlands kommt, in Hektar an.
   b) Vergleiche die Waldfläche pro Einwohner in Berlin und Brandenburg.
   c) Vergleiche die Waldfläche pro Einwohner von Berlin und Brandenburg mit dem bundesweiten Durchschnitt.

4. Kann die Angabe zur Waldfläche von 1300 m^2 pro Einwohner stimmen?
   Vergleiche deine Antwort zu dieser Frage mit offiziellen Zahlen. Gib dabei an, wie du an die Informationen gelangt bist.

Die Wälder unserer Erde unterscheiden sich je nach Klima, Bodenbeschaffenheit und Waldgeschichte stark voneinander. Der blaue Kasten zeigt die Verteilung der Baumarten für Deutschland.

Kiefer $\frac{7}{25}$	Buche $\frac{7}{50}$	Fichte $\frac{1}{3}$	Eiche $\frac{9}{100}$
sonstige Nadelhölzer $\frac{1}{20}$		sonstige Laubhölzer $\frac{11}{100}$	

Bäume können sehr alt werden. In Deutschland existieren zwei 1000-jährige Eichen. In Kalifornien soll eine Graunenkiefer sogar noch 3900 Jahre älter als diese Eichen sein.
Die höchsten Bäume der Welt, die Redwoods, stehen ebenfalls in Kalifornien. Sie werden über 100 m hoch und sind bis zu 2 000 Jahre alt. Der größte Baum von ihnen misst 112 m mit einem Stammdurchmesser von 6 m.

Ein schlimmes Beispiel ist der Erzgebirgswald. Besonders in den Kammlagen sind extreme Schädigungen zu verzeichnen.

Die Luftverschmutzung ist ein großer Feind des Waldes. Aber auch Sturm, Schnee oder Waldbrände vernichten so manches Waldstück. Zudem wird der Wald von Nadel- und Stammschädlingen, Pilzen und Wild geschädigt.
Durch illegalen Holzeinschlag, Waldbrände, Umwandlung in Agrarland sowie Straßen- und Bergbau verliert die Erde in jeder Minute mindestens 28 Hektar Wald. Das sind ungefähr 38 Fußballfelder. Vor 10 000 Jahren existierte noch doppelt so viel Wald wie heute.

In Deutschland brachte eine Waldschadenserhebung im Jahr 2001 folgendes Ergebnis:
$\frac{11}{50}$ der Bäume zeigten deutliche Schäden (mehr als $\frac{1}{4}$ Nadel- und Blattverlust gegenüber nicht geschädigten Baumkronen).
$\frac{21}{50}$ der Bäume entsprachen der „Warnstufe" (bis zu $\frac{1}{4}$ Nadel- und Blattverlust).
Da es sehr lange dauert, bevor aus einem kleinen Samenkorn ein großer, starker Baum wird, ist es die Aufgabe der Forstwirtschaft, unsere Wälder geplant und sinnvoll zu bewirtschaften. Es darf nur so viel Holz eingeschlagen werden, wie nachwächst.

WUSSTEST DU SCHON?
Die Deutschen verbrauchen rund 220 kg Papier pro Kopf und Jahr. 1950 waren es noch 32 kg. Zur Herstellung von einer Tonne Papier benötigt man rund zwei Tonnen Holz.

WEITERE AUFGABEN

5. Stelle für die Baumarten Deutschlands eine Rangfolge ihrer Häufigkeit auf.
6. **a)** Wie alt ist der älteste Baum der Welt und welchen Alters-Anteil haben die 1000-jährigen Eichen an seinem Alter erreicht?
   b) Wie viele Stockwerke hat ein Haus, das so groß wie der höchste Baum der Welt ist?
7. **a)** Wie viel Hektar Wald verschwinden auf der Erde am Tag und wie viel im Jahr?
   b) Welcher Anteil der Bäume Deutschlands war 2001 ohne sichtbare Schäden?
8. **a)** Um wie viel Kilogramm stieg der Papierverbrauch pro Kopf von 1950 bis jetzt?
   b) Für wie viele Menschen reichen 2 t Holz?

Runden von Dezimalbrüchen

1

Tim wird von seinen Großeltern zum Mittagessen in ein griechisches Restaurant eingeladen.
Bevor der Kellner die Rechnung bringt, schaut Tim nochmals in die Speisenkarte, um zu überschlagen, welchen Preis sie für die Speisen und Getränke zahlen müssen. Dazu rundet Tim die Preise für 1 Mineralwasser, 2 Cola, 1 Gyros, 2 gegrillte Garnelen und 1 Zaziki so, dass er leicht im Kopf addieren kann. Wie geht Tim vor und zu welchem Ergebnis kommt er dabei?

2

Herr Neumann wertet die letzte Mathe-Kontrollarbeit aus. An der Tafel steht eine Übersicht der in der Klasse erreichten Noten. Mit dem Taschenrechner hat er als Durchschnittsnote 2,8333333 ermittelt.

Note	1	2	3	4	5	6
Anzahl	3	7	9	2	2	1

Er fordert die Kinder seiner Klasse auf, eine sinnvoll gerundete Durchschnittsnote anzugeben. Welche würdest du vorschlagen?

NACHGEDACHT
Warum gibt man oftmals Durchschnittswerte an?
Suche weitere Beispiele, wo Durchschnittswerte eine Rolle spielen.

WISSEN

Beim **Runden von Dezimalbrüchen** muss zuerst angegeben werden, auf wie viele Stellen nach dem Komma gerundet werden soll, beispielsweise auf Zehntel (1 Stelle) oder Hundertstel (2 Stellen).
Für das Runden ist dann die nachfolgende Stelle entscheidend.

- Ist die nachfolgende Stelle kleiner als 5, also **0**, **1**, **2**, **3** oder **4**, wird abgerundet.
- Ist die nachfolgende Stelle größer oder gleich **5**, also **6**, **7**, **8** oder **9**, wird aufgerundet.

BEISPIEL
Runden auf Zehntel
3,4**3** ≈ 3,4
21,7**9**4 ≈ 21,8
Runden auf Hundertstel
2,35**8**3 ≈ 2,36
10,12**3** ≈ 10,12

3

Runde jede Zahl einmal auf Zehntel, einmal auf Hundertstel und einmal auf Tausendstel.

a) 9,247 **b)** 0,0656 **c)** 15,002 **d)** 25,1111 **e)** 6,138
f) 0,7045 **g)** 0,0209 **h)** 5,4692 **i)** 1,206 **j)** 10,010
k) 0,9989 **l)** 15,009 **m)** 0,0777 **n)** 1,8299 **o)** 3,7768

4

Runde zuerst auf Einer und dann auf Zehner.

a) 17,85 **b)** 392,03 **c)** 0,002 **d)** 101,49 **e)** 12,09
f) 48,93 **g)** 1,52 **h)** 35,52 **i)** 419,498 **j)** 26,643

WISSEN

Beim Runden gibt man immer die Dezimalstelle an, auf die gerundet wird, auch wenn an dieser Stelle eine Null steht.

Beispiele:	7,5904	gerundet auf Tausendstel:	7,590
	12,0029	gerundet auf Hundertstel:	12,00

BEACHTE

Manchmal kommt es beim Runden zu „Kettenreaktionen“. Beispielsweise ist 0,499 gerundet auf Hundertstel 0,50 und 19,995 gerundet auf Hundertstel 20,00.

5

Runde auf Zehntel, Hundertstel und Tausendstel.

a) 6,9595 **b)** 5,9982 **c)** 13,9555 **d)** 99,9999
e) 0,9898 **f)** 3,9905 **g)** 41,1999 **h)** 9,9995
i) 25 **j)** 6,876 **k)** 27,0098 **l)** 17,888

6

Gib jeweils drei Beispiele für Dezimalbrüche an, aus denen die nachfolgenden Dezimalzahlen durch Runden entstanden sein können.

a) 28,4 **b)** 0,99 **c)** 43,80 **d)** 1,00
e) 1,74 **f)** 5,09 **g)** 0,10 **h)** 98,00

7

Runde auf ganze Liter.

a) 4,52 l **b)** 0,950 l **c)** 2 000 ml **d)** $5\frac{3}{4}$ l
e) 12,75 l **f)** $2\frac{4}{5}$ l **g)** 13 085 ml **h)** 49 950 ml

8

Runde auf ganze Meter.

a) 20,50 m **b)** 48,9 dm **c)** 8,743 2 km **d)** 3 m 12 dm
e) 4,5 km **f)** 0,69 m **g)** 1,35 dm **h)** 39 m 720 cm
i) 17789 mm **j)** 79,5 cm **k)** 5 dm **l)** 49 cm

WUSSTEST DU SCHON?

Die längste Bratwurst der Welt, die bis 1999 angefertigt wurde, beinhaltete 1,7 t Schweinefleisch.
Die 5,88 km lange Bratwurst wurde im bayerischen Kumhausen hergestellt.

9L

Schreibe als Dezimalbrüche. Runde erst auf Zehner und dann auf Zehntel.

a) $109\frac{9}{100}$ **b)** $\frac{1154}{25}$ **c)** $\frac{89998}{1000}$ **d)** $\frac{100}{4}$ **e)** $\frac{4995}{100}$ **f)** $142\frac{21}{50}$
g) $55\frac{95}{100}$ **h)** $\frac{10001}{1000}$ **i)** $\frac{333}{20}$ **j)** $10\frac{7}{8}$ **k)** $\frac{100}{7}$ **l)** $75\frac{3}{4}$

10

Der Schulförderverein hat Spendengeld gesammelt, um der Schulbibliothek den Kauf neuer Spiele für die Freistunden- und Nachmittagsbeschäftigung der Schülerinnen und Schüler zu ermöglichen.
Bei der Zahlenangabe an der Schulwandzeitung (vgl. Randspalte) wurde auf ganze 10 € gerundet.
Zwischen welchen Beträgen lag der Wert der Spendengelder?

11

Thomas möchte sein Zimmer neu tapezieren. Nach dem Vermessen und Berechnen seiner Wände stellt er fest, dass er 5,2 Rollen Tapete benötigt. Wie viele Rollen soll er kaufen?

12

Warum sind folgende Größenangaben im Alltag nicht sinnvoll?

a) Anna ist 1,3445 m groß.
b) Heiko wiegt 45,639 kg.
c) Das Schulbuch hat 248,5 Seiten.
d) Im Schnitt haben an der Schule 35,7 Schüler blonde Haare.

13

Runde die Angaben sinnvoll.

a) Für die Umlage beim Wandertag muss jeder Schüler 2,45837 € zahlen.
b) Die Vorführung dauert 1,488 Stunden.
c) Die Wanderstrecke ist 9,5178 km lang.
d) Die Diagonale des Quadrats ist 12,375 cm lang.
e) Die Farbeimer reichen noch, um 4,262 Büro-Zimmer zu streichen.
f) Berlin hat 3 475 392 Einwohner.

14

Entscheide, bei welchen Größenangaben nicht gerundet werden darf und bei welchen es sinnvoller wäre, gerundete Werte zu verwenden.

a) Peter behauptet: „Unser Auto wiegt 1 285,670 kg."
b) Rudolfs Vater ärgert sich: „Durch die Winterreifen und das ständige Fahren in der Stadt hatte unser Auto in diesem Monat einen Benzinverbrauch von 10,843 Liter pro 100 km."
c) Die Entfernung zwischen Dresden und Potsdam beträgt 193,875 km.
d) Der Apotheker benötigt für die Herstellung der Arznei 0,082 g einer Substanz.
e) Opas Kleingarten umfasst eine Fläche von 452,85 m^2.

15

Denke dir zu Aufgabe 14 ähnliche Beispiele aus, bei denen du sinnvoll runden musst oder bei denen du nicht runden solltest.

16

Runde auf zwei geltende Ziffern (beachte den Hinweis). Wandle gegebenenfalls zuerst in einen Dezimalbruch um.

a) 0,322 m **b)** 0,004 516 dm^2 **c)** 0,020 49 cm **d)** 1,356 mm
e) $\frac{126}{1000}$ km **f)** $\frac{3}{45}$ l **g)** $\frac{1277}{1000}$ min **h)** $\frac{4}{128}$ s
i) 0,7 s **j)** 2,3003 km **k)** 0,00377 cm **l)** $\frac{2}{7}$ km

BEACHTE
Beim Runden von Dezimalbrüchen musst du überlegen, ob das Anwenden der Rundungsregeln sinnvoll ist.

HINWEIS
Von links betrachtet ist die erste von null verschiedene Ziffer die erste **geltende Ziffer** einer Zahl. Jede weitere Ziffer, auch die Null, ist eine geltende Ziffer. Manchmal ist es sinnvoll, auf geltende Ziffern zu runden, anstatt die Stellen nach dem Komma anzugeben.
Beispiele:
Runde die Zahl auf zwei geltende Ziffern.
0,0006782 ≈ 0,00068
3,045 ≈ 3,0
12,076 ≈ 12

17

Die Geschwister Jan, Sarah und Jennifer kaufen für ihre Mutter zum Geburtstag ein Buch für 10,00 €. Rechne aus, wie viel jeder von den Dreien dazu geben muss.

18

Gib die Dezimalbrüche zu folgenden Brüchen an.

a) $\frac{15}{25}$ **b)** $\frac{7}{16}$ **c)** $\frac{13}{8}$ **d)** $\frac{28}{125}$ **e)** $\frac{7}{9}$ **f)** $\frac{10}{11}$

BEISPIEL

Wir wandeln den Bruch $\frac{6}{81}$ in einen Dezimalbruch um.

$\frac{6}{81} = 6 : 81 = 0{,}074\,0..$

```
 0
 60
 00
 600
 567
  330
  324
   60
```

Die erste Null nach dem Komma ist entstanden, weil im Schritt vorher der Rest 6 geblieben war. Nach drei weiteren Rechenschritten gab es wieder den Rest 6 und deshalb wieder eine Null im Ergebnis.
Die Rechnung wiederholt sich also und im Ergebnis ergibt sich immer wieder die gleiche Zifferngruppe: 074.

MERKE
Dezimalbrüche kann man unterscheiden in:
1) endliche Dezimalbrüche, die eine bestimmte Anzahl von Ziffern nach dem Komma haben;
2) periodische Dezimalbrüche, die nicht enden. Hierbei gibt es
a) rein-periodische, bei denen die Periode direkt nach dem Komma beginnt (z. B. $0,\overline{35}$) und
b) gemischt-periodische, bei denen nach dem Komma noch Ziffern auftreten, die nicht zur Periode gehören (z. B. $3,5\overline{2}$).

WISSEN

Wenn sich bei einem Dezimalbruch bestimmte Zifferngruppen (oder auch eine einzelne Ziffer) nach dem Komma ständig wiederholen, so heißt er **periodischer Dezimalbruch**.
Die sich wiederholende Zifferngruppe heißt **Periode**.
Die Anzahl der Ziffern in der Periode nennt man die **Periodenlänge**.

Beispiele:	Man spricht:
a) $\frac{6}{81} = 0{,}0740740\ldots = 0,\overline{074}$	Null komma Periode null sieben vier
b) $\frac{35}{18} = 1{,}944444\ldots = 1,9\overline{4}$	Eins komma neun Periode vier

HINWEIS
periodos (griech.) Wiederkehr

19^L

Welche der in Aufgabe 18 entstandenen Dezimalbrüche sind periodisch, welche endlich? Nenne gegebenenfalls die Periode.

20

Um welche Art von Dezimalbrüchen handelt es sich?

a) 1,35 **b)** $4,\overline{2}$ **c)** 5,0 **d)** $13,\overline{12}$ **e)** $5,67\overline{4}$ **f)** $9,\overline{366}$
g) $3,4\overline{2}$ **h)** $0,0\overline{1}$ **i)** $1,\overline{135}$ **j)** 123,6 **k)** $7,\overline{8}$ **l)** $3,3\overline{45}$

21

Ergeben folgende Brüche endliche oder periodische Dezimalbrüche?

a) $\frac{5}{11}$ **b)** $3\frac{7}{8}$ **c)** $\frac{6}{5}$ **d)** $\frac{5}{22}$ **e)** $\frac{5}{6}$ **f)** $11\frac{5}{7}$ **g)** $\frac{14}{15}$ **h)** $\frac{12}{15}$

22

Runde $2,\overline{6}$; $0,\overline{45}$; $0,3\overline{18}$; $0,0\overline{63}$; $0,3\overline{8}$

a) auf Zehntel **b)** auf Hundertstel **c)** auf Tausendstel.

23

Ordne die Zahlen nach der Größe. Beginne mit der kleinsten.

a) $0,\overline{6}$; $\frac{1}{6}$; $0,6666$; $0,667$; $\frac{2}{3}$

b) $0,\overline{63}$; $0,5\overline{6}$; $0,6$; $0,66$; $0,6\overline{3}$

c) $0,\overline{09}$; $0,1$; $0,09091$; $0,\overline{1}$

d) $2,4\overline{7}$; $2\frac{7}{15}$; $2,4\overline{76}$; $2,4776$; $2,4\overline{677}$

24

a) Forme in einen Dezimalbruch um: $\frac{4}{3}$; $\frac{6}{11}$; $\frac{25}{27}$; $\frac{2}{7}$; $\frac{5}{63}$; $\frac{1}{73}$.

b) Wie viele verschiedene Reste und welche Periodenlänge treten jeweils auf? Vergleiche.

25

Dividiere die Zahlen 1, 2, 3, 4, 5, 6, 7 und 8 nacheinander durch 9 (99 bzw. 999). Was fällt dir auf?

WISSEN

Bei der Umformung eines rein-periodischen Dezimalbruchs in einen Bruch besteht der Zähler aus der Ziffergruppe der Periode und der Nenner hat so viele Neunen, wie die Periodenlänge angibt.

Zum Beispiel: $0,\overline{7} = \frac{7}{9}$; $0,\overline{12} = \frac{12}{99} = \frac{4}{33}$; $4,\overline{003} = 4\frac{3}{999} = 4\frac{1}{333}$

Bei gemischt-periodischen Dezimalbrüchen wandelt man den Bruch zunächst in einen rein-periodischen Dezimalbruch um.

Zum Beispiel: $0,4\overline{1} = 4,\overline{1} : 10 = 4\frac{1}{9} : 10 = \frac{37}{9} : 10 = \frac{37}{90}$

26

Forme in einen Bruch um.

a) $0,\overline{23}$ **b)** $0,\overline{5}$ **c)** $0,\overline{708}$ **d)** $2,\overline{33}$ **e)** $0,\overline{101}$ **f)** $0,\overline{07}$

g) $0,\overline{007}$ **h)** $7,\overline{0071}$ **i)** $0,\overline{428}$ **j)** $0,\overline{45}$ **k)** $0,\overline{145}$ **l)** $1,\overline{413}$

27

Forme in einen Bruch um. Lass deinen Nachbarn die Brüche überprüfen,

a) $0,5\overline{2}$ **b)** $0,1\overline{12}$ **c)** $6,0\overline{7}$ **d)** $0,34\overline{8}$ **e)** $0,1\overline{54}$ **f)** $3,2\overline{63}$

WUSSTEST DU SCHON?

Man nennt Vorgänge periodisch, wenn sie sich in gleicher Weise wiederholen.
Z. B. ist die Bewegung der Erde um die Sonne eine periodische Bewegung, ebenso ist die Bewegung des Uhrzeigers eine periodische Bewegung.
Kennst du weitere Beispiele für periodische Vorgänge?

BEACHTE

Bisher sind gemeine Brüche in Dezimalbrüche umgeformt worden.
Aus den Ergebnissen der Aufgabe 25 kann man erkennen, wie ein periodischer Dezimalbruchin einen Bruch umzuwandeln ist.

Teste dich!

1

Welcher Bruchteil der Gesamtfläche ist blau eingefärbt?

a) 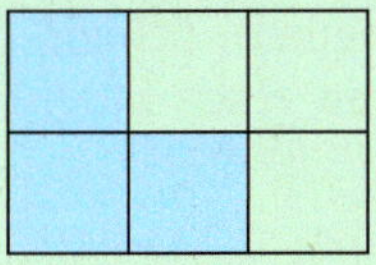 **b)** 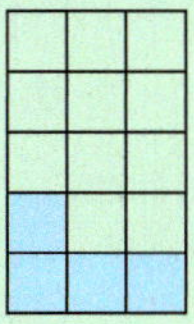 **c)** 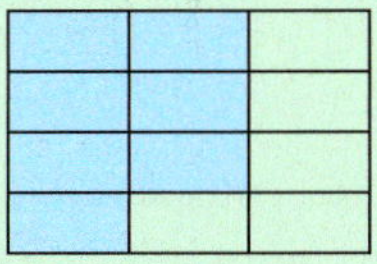 **d)** 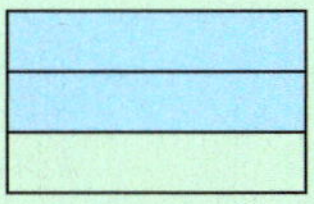

2

Setze die richtigen natürlichen Zahlen ein.

a) $2 = \frac{\square}{4} = \frac{\square}{7} = \frac{\square}{20} = \frac{20}{\square} = \frac{42}{\square} = \frac{100}{\square}$ **b)** $\frac{1}{3} = \frac{\square}{6} = \frac{\square}{36} = \frac{\square}{300} = \frac{8}{\square} = \frac{50}{\square} = \frac{63}{\square}$

c) $\frac{2}{5} = \frac{8}{\square} = \frac{\square}{40} = \frac{\square}{10} = \frac{20}{\square} = \frac{\square}{150} = \frac{360}{\square}$ **d)** $\frac{3}{4} = \frac{\square}{16} = \frac{\square}{48} = \frac{18}{\square} = \frac{\square}{8} = \frac{\square}{64} = \frac{\square}{192}$

3

Setze das richtige Relationszeichen (<, =, >) ein.

a) $\frac{13}{15} \;\square\; \frac{19}{15}$ **b)** $\frac{2}{9} \;\square\; \frac{6}{9}$ **c)** $1\frac{3}{4} \;\square\; 1{,}5$ **d)** $\frac{3}{23} \;\square\; \frac{3}{24}$

e) $\frac{5}{71} \;\square\; \frac{5}{70}$ **f)** $\frac{9}{4} \;\square\; 1{,}25$ **g)** $9{,}878 \;\square\; 8{,}878$ **h)** $0{,}330 \;\square\; 0{,}303$

i) $5{,}013 \;\square\; 5{,}031$ **j)** $0{,}45 \;\square\; \frac{4}{25}$ **k)** $2\frac{4}{5} \;\square\; 2{,}08$ **l)** $0{,}001 \;\square\; \frac{1}{1000}$

4

Welche Dezimalbrüche gehören zu den blau markierten Punkten auf dem Zahlenstrahl? Schreibe die Dezimalbrüche als Zehnerbrüche und kürze so weit wie möglich.

a) 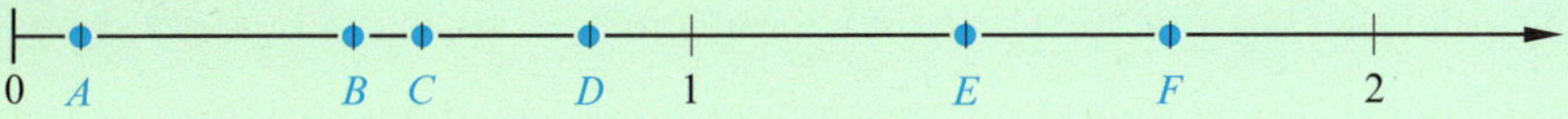

b) 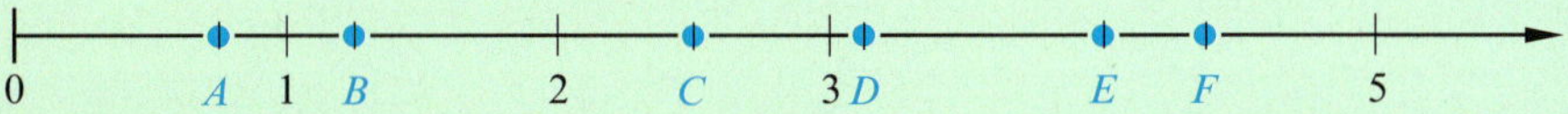

5

Runde auf Hundertstel. Wandle die gemeinen Brüche zunächst in Dezimalbrüche um.

a) 3,5689 **b)** 0,8347 **c)** 5,798 **d)** $1,\overline{4}$ **e)** $7,5\overline{67}$

f) $\frac{2}{15}$ **g)** $\frac{7}{12}$ **h)** $\frac{5}{6}$ **i)** $\frac{2}{7}$ **j)** $\frac{8}{3}$

k) $\frac{1}{4}$ **l)** $\frac{2}{6}$ **m)** $\frac{4}{9}$ **n)** $\frac{10}{9}$ **o)** $\frac{3}{40}$

HINWEISE

1) Versuche zunächst, die Aufgaben ohne Hilfestellung zu lösen.

2) Wenn du doch Hilfe benötigst, findest du auf der angegebenen Seite ein Beispiel oder eine Anregung zum Lösen der Aufgabe.

Aufgabe	Seite
1	6
2	9
3	9/16–18
4	14/19
5	22/25

3) Im Anhang ab Seite 242 findest du die Lösungen der Aufgaben. Vergleiche deine Ergebnisse mit diesen Lösungen und überprüfe so deinen Lernstand.

ZUSAMMENFASSUNG

Darstellung gebrochener Zahlen

Zur Darstellung von Bruchteilen eines Ganzen werden **Brüche** verwendet.

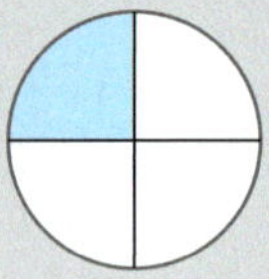

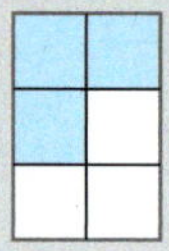

Brüche mit dem Nenner 10, 100, 1 000 usw. heißen **Zehnerbrüche.** Zehnerbrüche können als **Dezimalbrüche** geschrieben werden.

$\frac{1}{10} = 0{,}1$; $\frac{3}{100} = 0{,}03$; $\frac{45}{10} = 4{,}5$; $\frac{2}{5} = \frac{4}{10} = 0{,}4$

Brüche und Dezimalbrüche bilden den Zahlbereich der gebrochenen Zahlen.

Erweitern und Kürzen von Brüchen

Ein Bruch wird **erweitert,** indem Zähler und Nenner mit der gleichen Zahl (außer 0) multipliziert werden.

$\frac{2}{5} \overset{\cdot 2}{=} \frac{4}{10}$ $\frac{3}{4} \overset{\cdot 25}{=} \frac{75}{100}$

Ein Bruch wird **gekürzt,** indem Zähler und Nenner durch die gleiche Zahl (außer 0) dividiert werden.

$\frac{9}{12} \overset{:3}{=} \frac{3}{4}$ $\frac{4}{20} \overset{:4}{=} \frac{1}{5}$

Brüche, die durch Erweitern oder Kürzen auseinander hervorgehen, verändern ihren Wert nicht. Diese Brüche bezeichnen dieselbe **Bruchzahl**.

Beispiel: $\frac{1}{3} = \frac{2}{6} = \frac{10}{30} = \frac{15}{45}$ Diese vier Brüche bezeichnen dieselbe Bruchzahl $\frac{1}{3}$.

Vergleichen von gebrochenen Zahlen

Gleichnamige Brüche werden verglichen, indem man die Zähler vergleicht.

$\frac{3}{5} > \frac{2}{5}$, weil $3 > 2$

$\frac{15}{9} < \frac{17}{9}$, weil $15 < 17$

Ungleichnamige Brüche werden verglichen, indem man sie vorher gleichnamig macht und dann die Zähler vergleicht.

$\frac{2}{3} = \frac{8}{12} < \frac{9}{12} = \frac{3}{4}$

Dezimalbrüche werden von links beginnend stellenweise verglichen.

$2{,}137 > 2{,}136$ $7{,}12 < 71{,}2$

Von zwei Brüchen ist derjenige kleiner, der auf dem **Zahlenstrahl** weiter links liegt.

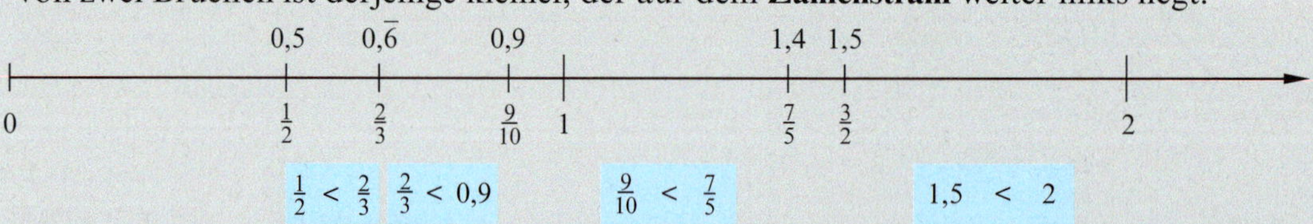

Runden von Dezimalbrüchen

Für das Runden von Dezimalbrüchen ist die nachfolgende Dezimalstelle entscheidend.

Ist die Ziffer nach der Rundungsstelle kleiner als 5, so wird abgerundet. $0{,}374 \approx 0{,}37$

Ist die Ziffer nach der Rundungsstelle größer oder gleich 5, so wird aufgerundet. $1{,}376 \approx 1{,}38$

Rechnen mit gebrochenen Zahlen

Im Alltag treten häufig gebrochene Zahlen auf, mit denen dann gerechnet wird. Gerade beim Einkaufen trifft man selten auf ganze Zahlen. Durch den Preis 4,99 € soll z. B. dem Kunden vermittelt werden, dass das Produkt günstiger ist, da vielfach zuerst auf die Zahl vor dem Komma geschaut wird.

Addition und Subtraktion von Brüchen

1

Im Nationalpark

Steffens Klasse ist zum Ausflug in die Sächsische Schweiz gefahren. In zwei Gruppen wandern sie auf verschiedenen Wegen zu einem Felsen, um Bergsteiger beim Klettern zu beobachten. Die erste Gruppe läuft entlang der blau markierten Strecke und die zweite Gruppe wählt die rot markierte Wanderung. Welche Gruppe ist eher da? Wie lange muss sie auf die andere warten?

WUSSTEST DU SCHON?
Der Nationalpark „Sächsische Schweiz“ verdankt seinen Namen den Schweizer Malern Graff und Zingg, die um 1766 an der Dresdner Kunstakademie lehrten und die Schönheit des Landes mit ihrer Heimat verglichen. Hohe Felsen in dem beliebten Klettergebiet sind: Zschirnstein (561 m), Papststein (451 m), Katzstein (448 m) und Pfaffenstein (427 m).

WISSEN

Addition und **Subtraktion** gleichnamiger Brüche:

Addition:
- Zähler addieren
- Nenner beibehalten

Zum Beispiel:
$$\frac{5}{11} + \frac{4}{11} = \frac{5+4}{11} = \frac{9}{11}$$

Subtraktion:
- Zähler subtrahieren
- Nenner beibehalten

Zum Beispiel:
$$\frac{11}{14} - \frac{3}{14} = \frac{11-3}{14} = \frac{8}{14} = \frac{4}{7}$$

BEACHTE
Das Ergebnis jeder Rechnung soll so weit wie möglich gekürzt werden.

BEISPIEL

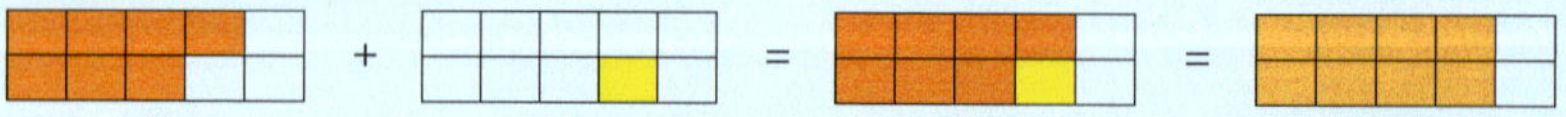

$$\frac{7}{10} + \frac{1}{10} = \frac{7+1}{10} = \frac{8}{10} = \frac{4}{5}$$

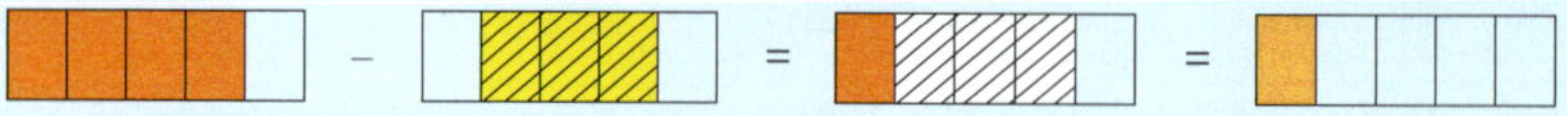

$$\frac{4}{5} - \frac{3}{5} = \frac{4-3}{5} = \frac{1}{5}$$

2

a) $\frac{2}{6} + \frac{3}{6}$ **b)** $\frac{7}{9} - \frac{5}{9}$ **c)** $\frac{3}{10} + \frac{8}{10}$ **d)** $\frac{4}{11} + \frac{6}{11}$

e) $\frac{3}{13} - \frac{5}{13}$ **f)** $\frac{8}{7} + \frac{0}{7}$ **g)** $\frac{1}{5} + \frac{3}{5}$ **h)** $\frac{14}{15} - \frac{7}{15}$

i) $\frac{14}{20} + \frac{7}{20}$ **j)** $\frac{5}{8} + \frac{3}{8}$ **k)** $\frac{193}{100} - \frac{97}{100}$ **l)** $\frac{0}{5} - \frac{1}{5}$

HINWEIS
Beachte, dass nicht jede Subtraktionsaufgabe lösbar ist.

3

Zeichne zwei Rechtecke (2 cm mal 3 cm) und teile jedes in 12 gleich große Teile.

a) Färbe $\frac{1}{3}$ des ersten Rechtecks grün und $\frac{1}{3}$ gelb.

b) Färbe $\frac{1}{4}$ des zweiten Rechtecks grün und $\frac{1}{2}$ gelb.

Welcher Anteil wurde jeweils gefärbt? Welcher Anteil bleibt ungefärbt?

AUFGABE

Schreibe zu Aufgabe 3 jeweils Additions- und Subtraktionsaufgaben zu deinen Zeichnungen auf.

4

a) $3 + \frac{2}{3}$ **b)** $2\frac{1}{2} + 1\frac{1}{2}$ **c)** $4\frac{1}{5} + 5$ **d)** $7\frac{5}{7} - 3\frac{4}{7}$

e) $5\frac{1}{4} - 2\frac{3}{4}$ **f)** $13 - 1\frac{3}{8}$ **g)** $1 + \frac{5}{7}$ **h)** $1\frac{1}{3} + 2\frac{2}{3}$

5

a) $\frac{4}{5} + \frac{8}{5} + \frac{3}{5}$ **b)** $\left(\frac{5}{3} - \frac{1}{3}\right) + \frac{7}{3}$ **c)** $1\frac{5}{7} - \left(\frac{6}{7} + \frac{3}{7}\right)$ **d)** $3\frac{1}{2} + 4\frac{1}{4} - \frac{3}{2}$

e) $\frac{13}{4} - \frac{5}{4} + 1\frac{1}{4}$ **f)** $\frac{8}{19} - \frac{5}{19} - \frac{3}{19}$ **g)** $\frac{15}{4} - \left(\frac{3}{4} + 1\frac{3}{4}\right)$ **h)** $2\frac{2}{3} + \frac{5}{6} - 1\frac{1}{3}$

$\frac{15}{4} - \frac{10}{4} = \frac{5}{4}$

HINWEIS

Man kann auch ungleichnamige Brüche addieren oder subtrahieren, wenn man sie zuerst durch geschicktes Erweitern oder Kürzen gleichnamig macht.

Beispiel:

$\frac{1}{2} + \frac{1}{4} = ?$

Wir überlegen:

$\frac{1}{2}$ ist das Gleiche wie $\frac{2}{4}$.

Wir rechnen:

$\frac{2}{4} + \frac{1}{4} = \frac{3}{4}$

6

Suche selbst Additions- und Subtraktionsaufgaben mit dem Ergebnis:

a) $\frac{1}{2}$ **b)** 1 **c)** $\frac{3}{4}$ **d)** $\frac{7}{4}$ **e)** $\frac{5}{8}$ **f)** $\frac{10}{8}$

7

Sven übt für eine Mathearbeit. Überprüfe, ob er richtig gerechnet hat.

a) $\frac{9}{8} - \frac{7}{8} = \frac{1}{4}$ **b)** $\frac{9}{4} - 1 + \frac{3}{4} = 2$

c) $\frac{19}{10}$ ist um $\frac{9}{10}$ größer als $\frac{8}{10}$ **d)** $1\frac{1}{2}$ kg + $\frac{3}{4}$ kg + $\frac{1}{2}$ kg + 300 g = $2\frac{1}{4}$ kg

8

A big truck can carry $8\frac{1}{2}$ tons. The driver has to deliver the following:

1 sack

2 barrels

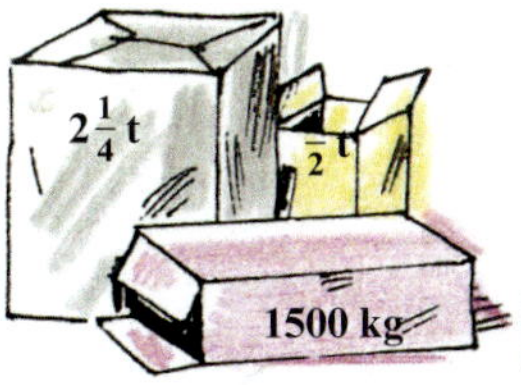

3 boxes

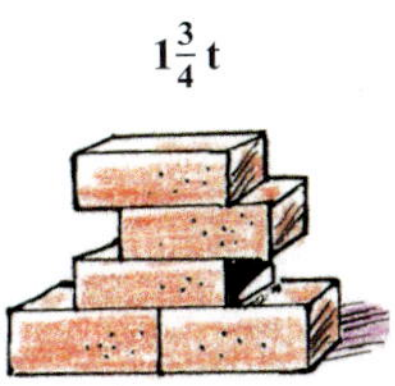

bricks

Can the driver load all these things on his truck?

VOKABELN

to carry: tragen
to deliver: liefern
the following: Folgendes
barrels: Fässer
bricks: Ziegelsteine

9

Auf dem Markt verkauft ein Händler frisches Obst und Gemüse. Petra und ihr Vater kaufen für das Wochenende ein. Sie holen

$2\frac{1}{2}$ kg Kartoffeln, $\frac{3}{4}$ kg Chicorée,

$\frac{1}{2}$ kg Tomaten, $\frac{1}{4}$ kg Kirschen und

$\frac{1}{8}$ kg Heidelbeeren.

Wie schwer ist der Inhalt ihres Einkaufsbeutels?

WISSEN

Gleichnamige Brüche können wir bereits addieren und subtrahieren.
Wie aber rechnet man mit ungleichnamigen Brüchen?
Wir machen die Brüche erst gleichnamig und rechnen dann.

Ungleichnamige Brüche werden addiert bzw. subtrahiert, indem man
(1) den Hauptnenner ermittelt,
(2) die Brüche auf diesen Hauptnenner erweitert,
(3) die Zähler dann addiert bzw. subtrahiert und den Nenner beibehält,
(4) das Ergebnis so weit wie möglich kürzt.

BEISPIEL

$\frac{2}{15} + \frac{5}{6}$

(1)
Der Hauptnenner von $\frac{2}{15}$ und $\frac{5}{6}$ ist 30 (kgV).

(2)
Erweitern:

$\frac{2}{15} = \frac{2 \cdot 2}{15 \cdot 2} = \frac{4}{30}$

$\frac{5}{6} = \frac{5 \cdot 5}{6 \cdot 5} = \frac{25}{30}$

(3)
Rechnen:

$\frac{2}{15} + \frac{5}{6} =$

$\frac{4}{30} + \frac{25}{30} = \frac{29}{30}$

10[L]

Berechne. Kürze, wenn möglich.

a) $\frac{1}{3} + \frac{1}{4}$ **b)** $\frac{11}{10} + \frac{2}{5}$ **c)** $\frac{1}{5} + \frac{1}{6}$ **d)** $\frac{2}{3} - \frac{1}{6}$ **e)** $\frac{3}{7} + \frac{1}{14}$ **f)** $\frac{17}{4} - \frac{5}{6}$

g) $\frac{3}{4} - \frac{1}{8}$ **h)** $\frac{7}{12} - \frac{5}{9}$ **i)** $\frac{3}{8} + \frac{5}{12}$ **j)** $\frac{11}{5} - \frac{7}{4}$ **k)** $\frac{1}{9} - \frac{1}{33}$ **l)** $\frac{7}{10} + \frac{1}{4}$

m) $\frac{5}{7} + \frac{1}{35}$ **n)** $\frac{6}{24} + \frac{1}{4}$ **o)** $\frac{7}{12} + \frac{4}{15}$ **p)** $\frac{1}{6} - \frac{1}{9}$ **q)** $\frac{9}{12} - \frac{3}{4}$ **r)** $1\frac{1}{12} - \frac{5}{10}$

11

Das kannst du bestimmt im Kopf berechnen. Notiere nur das Ergebnis.

a) $\frac{1}{2} + \frac{1}{4}$ **b)** $\frac{2}{5} + \frac{3}{10}$ **c)** $\frac{1}{3} + \frac{1}{6}$ **d)** $\frac{5}{6} + \frac{1}{12}$ **e)** $\frac{3}{8} - \frac{1}{4}$ **f)** $\frac{3}{15} + \frac{2}{3}$

g) $\frac{5}{6} - \frac{1}{2}$ **h)** $\frac{5}{9} + \frac{2}{18}$ **i)** $\frac{4}{3} - 1$ **j)** $\frac{2}{9} - \frac{2}{18}$ **k)** $\frac{2}{5} - \frac{3}{10}$ **l)** $\frac{7}{8} - \frac{8}{7}$

m) $\frac{3}{7} + \frac{1}{14}$ **n)** $\frac{1}{22} + \frac{2}{11}$ **o)** $\frac{7}{9} - \frac{2}{3}$ **p)** $\frac{10}{5} - 1$ **q)** $5 - \frac{8}{16}$ **r)** $\frac{3}{12} - \frac{1}{4}$

AUFGABE

Das Bild zeigt die ersten zwei Takte eines bekannten Kinderliedes.
In welchem Takt ist das Lied komponiert?
Kannst du herausfinden, um welches Lied es sich handelt?

12

Subtrahiere die kleinere Zahl von der größeren.

a) $\frac{5}{36}; 1\frac{1}{18}$ **b)** $\frac{8}{9}; \frac{9}{8}$ **c)** $\frac{3}{14}; \frac{1}{7}$ **d)** $\frac{49}{72}; \frac{28}{54}$ **e)** $\frac{2}{3}; \frac{3}{5}$ **f)** $\frac{2}{5}; \frac{5}{12}$

g) $\frac{4}{7}; \frac{4}{9}$ **h)** $\frac{4}{15}; \frac{9}{25}$ **i)** $\frac{7}{4}; \frac{9}{8}$ **j)** $\frac{29}{100}; \frac{4}{25}$ **k)** $\frac{20}{27}; \frac{13}{14}$ **l)** $\frac{6}{13}; \frac{6}{11}$

13

Setze die Aufgabenreihen um drei Aufgaben fort und berechne.

a) $\frac{1}{2}-\frac{1}{3}$ $\quad\frac{1}{3}-\frac{1}{4}$ $\quad\frac{1}{4}-\frac{1}{5}$ **b)** $\frac{2}{3}-\frac{2}{4}$ $\quad\frac{2}{4}-\frac{2}{5}$ $\quad\frac{2}{5}-\frac{2}{6}$

c) $\frac{3}{4}-\frac{3}{5}$ $\quad\frac{3}{5}-\frac{3}{6}$ $\quad\frac{3}{6}-\frac{3}{7}$ **d)** $\frac{4}{5}-\frac{4}{6}$ $\quad\frac{4}{6}-\frac{4}{7}$ $\quad\frac{4}{7}-\frac{4}{8}$

14

Berechne. Kürze das Ergebnis so weit wie möglich.

a) $7+\frac{7}{12}+\frac{1}{16}$ **b)** $\frac{1}{4}+\frac{2}{5}+\frac{3}{6}$ **c)** $\frac{9}{10}+\frac{115}{100}+\frac{4}{5}$ **d)** $\frac{13}{6}+\frac{11}{7}+\frac{4}{3}$

e) $\frac{25}{24}-\frac{7}{30}-\frac{1}{3}$ **f)** $\frac{7}{4}-\frac{5}{6}-\frac{3}{8}$ **g)** $\frac{7}{30}+\frac{2}{45}-\frac{1}{10}$ **h)** $1-\frac{1}{10}+\frac{1}{100}-\frac{1}{1\,000}$

15

Ermittle die natürliche Zahl n.

a) $\frac{n}{4}+\frac{3}{8}=\frac{9}{8}$ **b)** $\frac{2}{5}+\frac{n}{5}=2\frac{1}{5}$ **c)** $\frac{1}{6}+\frac{n}{3}=\frac{5}{6}$ **d)** $\frac{2}{3}-\frac{1}{n}=\frac{1}{2}$

e) $\frac{3}{4}-\frac{n}{8}=\frac{3}{8}$ **f)** $\frac{5}{6}+\frac{n}{3}=1\frac{1}{2}$ **g)** $\frac{5}{2}+\frac{n}{3}=\frac{11}{15}$ **h)** $\frac{3}{8}+\frac{7}{n}=\frac{29}{40}$

16

Ermittle die gebrochene Zahl x.

a) $\frac{5}{8}+x=\frac{41}{10}$ **b)** $1\frac{4}{7}-x=\frac{9}{14}$ **c)** $x+\frac{2}{3}=\frac{4}{4}$ **d)** $2\frac{1}{3}+x=5\frac{1}{6}$

e) $\frac{49}{100}-x=\frac{1}{2}$ **f)** $x+\frac{1}{2}=\frac{6}{7}$ **g)** $\frac{7}{15}+x=\frac{1}{2}$ **h)** $x-\frac{4}{5}=\frac{3}{8}$

17

Welche gebrochenen Zahlen können für x eingesetzt werden, damit die Ungleichung eine wahre Aussage ist?

a) $\frac{3}{8}+x<1$ **b)** $\frac{3}{2}-x<1$ **c)** $2\frac{1}{2}+x<3\frac{1}{2}$ **d)** $x-\frac{1}{3}<2$

e) $x+\frac{4}{7}<2$ **f)** $\frac{99}{100}+x<1$ **g)** $\frac{4}{3}-x>1$ **h)** $x-1\frac{3}{4}<1$

AUFGEPASST

Wer erreicht beim Durchlaufen des Zahlenlabyrinths die größte (kleinste) Zahl?

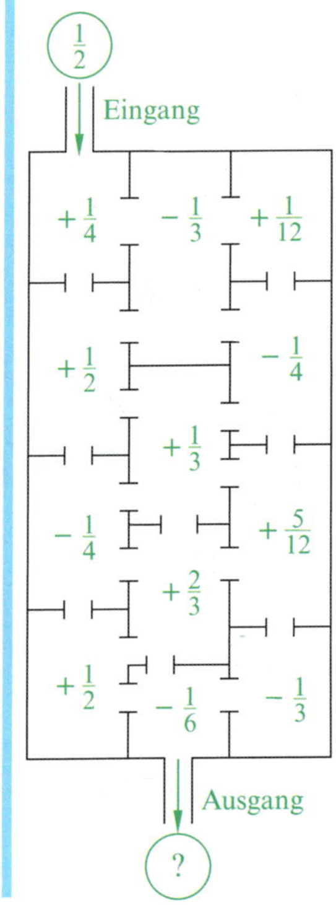

18

Übertrage die Rechenmauern in dein Heft. Die Summe der Brüche auf zwei nebeneinander liegenden Steinen kommt auf den darüber liegenden Stein.

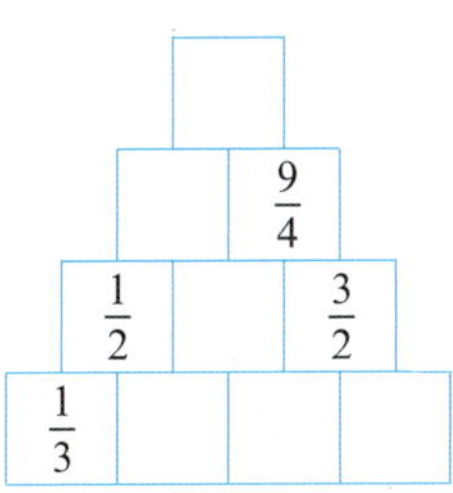

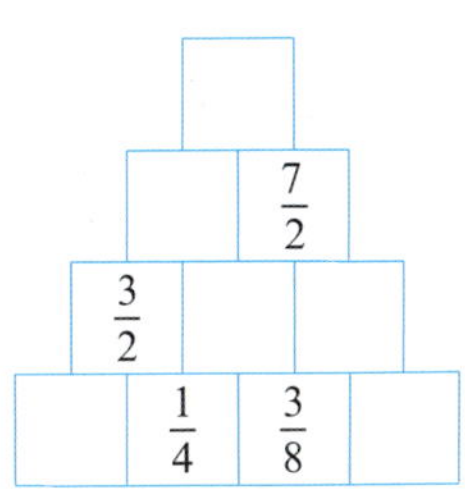

Addition und Subtraktion von Dezimalbrüchen

1

Während der Ferien fahren Ulrike, Fabian und ihre Eltern mit dem Fahrrad durch die Sächsische Schweiz. Zwischendurch wollen sie an einzelnen Stationen auch wandern.

a) Wie viele Kilometer legt die Familie insgesamt mit dem Fahrrad zurück?

b) Bei einer Rast in Stolpen kauft Fabian zwei Bratwürste für je 1,25 €, 1 Paar Wiener für 1,60 €, eine Bockwurst für 1,10 € und zwei Gläser Brause für je 1,20 €, ein Glas Cola für 1,35 € und ein Glas Selters für 0,80 €.
Kann er das alles mit einem 10-Euro-Schein bezahlen?

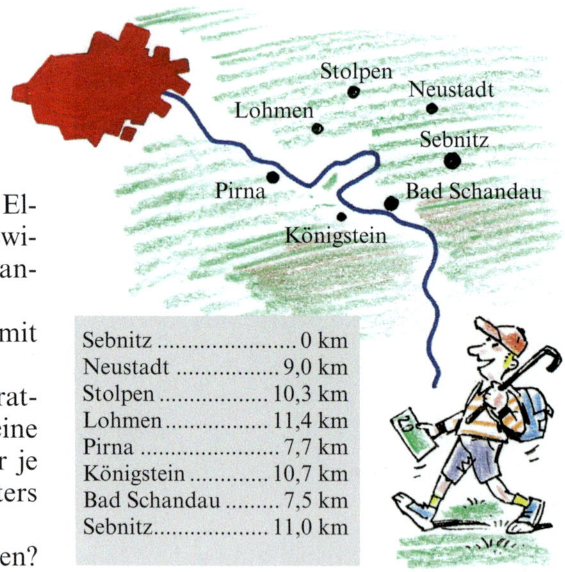

Sebnitz	0 km
Neustadt	9,0 km
Stolpen	10,3 km
Lohmen	11,4 km
Pirna	7,7 km
Königstein	10,7 km
Bad Schandau	7,5 km
Sebnitz	11,0 km

BEISPIEL

Thomas kauft für das Wochenende Obst ein. Brigitte, Andreas, Susi und Nora überlegen, wie viel Kilo Äpfel Thomas gekauft hat.

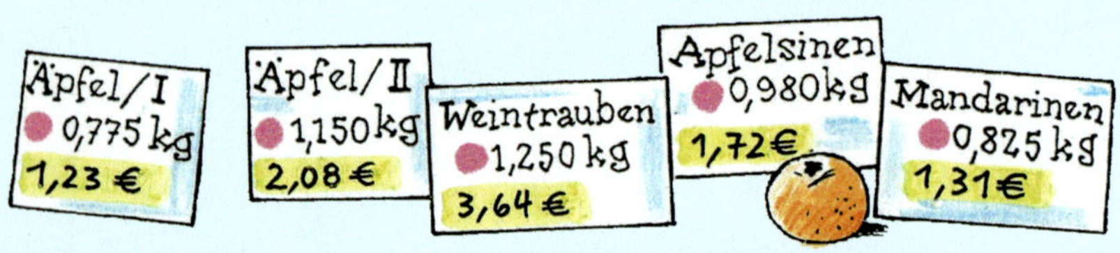

Andreas rechnet zunächst in Gramm um und addiert dann:

$$\begin{array}{r} 775\text{ g} \\ +\ 1\,150\text{ g} \\ \hline 1\,925\text{ g} \end{array} = 1{,}925\text{ kg}$$

Brigitte wandelt die Dezimalbrüche in Zehnerbrüche um und rechnet:

$$\frac{775}{1\,000}\text{ kg} + \frac{1\,150}{1\,000}\text{ kg} = \frac{1\,925}{1\,000}\text{ kg} = 1{,}925\text{ kg}$$

Susi schlägt vor, die Zahlen in eine Stellentafel einzutragen und dann stellenweise zu addieren:

	E	z	h	t	
		7	7	5	kg
+	1	1	5	0	kg
	1	9	2	5	kg

Und Nora meint, dass sie die Dezimalbrüche auch ohne Stellentafel stellenweise addieren kann:

$$\begin{array}{r} 0{,}775\text{ kg} \\ +\ 1{,}150\text{ kg} \\ \hline 1{,}925\text{ kg} \end{array}$$

AUFGABE
Wie viel muss Thomas insgesamt für das Obst bezahlen?

2

Suche dir einen dieser Rechenwege aus und löse folgende Aufgabe.
Was muss Tim für zwei Becher Jogurt zu je 35 Cent, ein Päckchen Margarine für 1,09 Euro, ein Brot für 1,75 Euro und 1 Liter Milch für 0,79 Euro bezahlen?

WISSEN

Dezimalbrüche werden so wie natürliche Zahlen schriftlich addiert oder subtrahiert. Aber Achtung: **Komma gehört unter Komma.**

BEISPIEL

a) Addiere 1,24; 24,3 und 0,789.

```
    1,24
 + 24,3
 +  0,789
 --------
   26,329
```

b) Subtrahiere 8,725 von 27,2.

```
  27,200
 – 8,725
 -------
  18,475
```

3

Schreibe stellengerecht untereinander und berechne.

a) 0,045 + 1,054 **b)** 90,87 + 0,1049 **c)** 13,65 + 24,2 **d)** 12,075 + 3,08
e) 1,005 + 51,53 **f)** 0,0022 + 9,78 **g)** 3,987 + 98,3 **h)** 65,432 + 0,5678
i) 109,075 + 68,5 **j)** 8,8 + 88,888 **k)** 0,0099 + 1,091 **l)** 2 345,9 + 0,987

4

a) 17,85 – 8,7 **b)** 42,7 – 7,083 **c)** 7,403 – 40,3 **d)** 12,05 – 5,931
e) 97,45 – 89,5 **f)** 45 – 5,932 **g)** 23,76 – 9,8 **h)** 74,6 – 15,678
i) 253,49 – 94,75 **j)** 9,89 – 12,7 **k)** 17 + 3,742 **l)** 8,12 – 0,98

5

a) 24,073 + 4,703 **b)** 42,543 – 4,2583 **c)** 60,932 – 39,4069 **d)** 12,2 – 0,999
e) 7,094 + 7,094 **f)** 0,39 + 21,406 **g)** 53,2 + 4,908 **h)** 37,5 – 8,927
i) 15 – 7,782 **j)** 32,5 – 0,8888 **k)** 190,19 + 19,019 **l)** 0,70707 + 23,307

6

Das kannst du bestimmt im Kopf berechnen.

a) 0,4 + 0,5 **b)** 0,04 + 0,5 **c)** 0,04 + 0,07 **d)** 0,9 – 0,3
e) 0,006 + 0,009 **f)** 0,08 – 0,01 **g)** 1,2 – 0,7 **h)** 0,75 – 0,21

7

Berechne. Mache zuerst einen Überschlag.

a) 2,4 + 3,75 + 8,109 + 6,5 **b)** 320,64 + 6,4034 + 0,008 + 1,9072
c) 14,025 + 2,4853 + 920,5 + 1,035 **d)** 3,3 + 30,303 + 2,0535 + 1,09

8

Herr Müller wird von einem Polizisten daran gehindert, in sein Auto zu steigen. Herr Müller: „Drei Gläser Wein habe ich getrunken. Das erste Glas mit 0,25 l und das zweite Glas 0,2 l, das sind zusammen 0,25 l + 0,2 l = 0,27 l. Dann noch einmal 0,2 l, also 0,27 l + 0,2 l = 0,29 l. Das sind nicht einmal 0,3 l Wein, da kann ich doch mit dem Auto fahren.“ Hat er Recht?

WUSSTEST DU SCHON?

Anders als in Deutschland werden in England und Amerika Dezimalbrüche grundsätzlich mit einem Dezimalpunkt anstelle des Kommas geschrieben. Ein Komma wird dagegen zum Abtrennen von Tausendern in großen Zahlen verwendet, z. B. 35,500 = 35 500; 35,500.1 in amerikanischer Schreibweise bedeutet in unserer Schreibweise 35 500,1.

9

Wie groß ist der Umfang der abgebildeten Figuren?
(Die Abbildungen sind nicht maßstabsgerecht; Maße in cm.)

a) Rechteck **b)** regelmäßiges Sechseck **c)** Quadrat **d)** Viereck

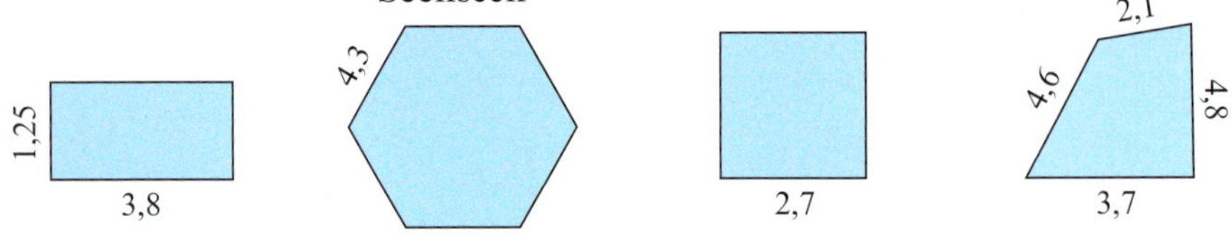

HINWEIS
Der Umfang ist die Summe aller Seitenlängen.

10

Andreas geht einkaufen. Reicht ein 50-Euro-Schein?
Wenn ja, berechne wie viel Geld er zurückbekommt.

a) T-Shirt: 18,95 €
Tennissocken: 5,85 €
T-Shirt: 13,95 €
Sporthose: 15,75 €

b) Duschbad: 3,85 €
Deoroller: 2,95 €
Waschmittel: 8,95 €
4 Zahnbürsten für je 1,85 €
Zahnpasta: 2,20 €
Mundwasser: 3,45 €

11

Martin hat in einer Klassenarbeit Fehler gemacht. Kannst du sie finden? Übertrage die Aufgaben in dein Heft und berechne das richtige Ergebnis.

13,88	80,7	27,0025
+ 3,52	+ 7,36	+ 0,8015
+ 42,72	+ 13,2	+ 1,2000
58,22 f	167,5 f	28,0030 f

12

Was könnte Nadine alles für 20 Euro einkaufen?
Stelle selbst vier Aufgaben und rechne.

13

a) $0{,}75 + \frac{1}{4}$ **b)** $2\frac{3}{4} + 4{,}9 - 0{,}75$ **c)** $\frac{4}{3} - 0{,}3$ **d)** $2{,}25 + 3{,}76 - \frac{1}{4}$

e) $0{,}8 + \frac{5}{6}$ **f)** $1{,}75 + 2\frac{1}{4}$ **g)** $1{,}6 - \frac{3}{9} - \frac{1}{3}$ **h)** $0{,}3 + \frac{1}{7} + 0{,}1$

BEISPIELE
Treten in Aufgaben Dezimalbrüche und Brüche auf, muss man sich für eine Darstellungsform entscheiden. Oft ist es günstig, in Brüchen zu rechnen (siehe b).

a)
$2{,}25 + \frac{3}{4} = 2{,}25 + 0{,}75 = 3$

$2{,}25 + \frac{3}{4} = 2\frac{1}{4} + \frac{3}{4} = 3$

b)
$\frac{2}{3} - 0{,}5 = \frac{2}{3} - \frac{1}{2} = \frac{4-2}{6} = \frac{1}{6}$

Hier wird in Brüchen gerechnet, da $\frac{2}{3}$ einen periodischen Dezimalbruch ergibt, mit dem wir nicht rechnen können.

14

Rechne möglichst vorteilhaft.

a) $2{,}2 + 4{,}7 + 3{,}8 + 5{,}3$ **b)** $\frac{5}{9} + 0{,}6 + \frac{4}{9}$ **c)** $\frac{2}{8} + \frac{5}{8} + 2{,}18$

d) $0{,}02 + 1{,}981 + 8{,}08 + 2{,}019$ **e)** $\frac{2}{3} + 1\frac{1}{4} + \frac{7}{3} + \frac{5}{4}$ **f)** $\frac{3}{10} + \frac{3}{5} + 1{,}7 + \frac{7}{5}$

WISSEN

Für die Addition gebrochener Zahlen gelten folgende Gesetze:
- **Kommutativgesetz** (Vertauschungsgesetz):
Beim Addieren dürfen die Summanden beliebig vertauscht werden.
Für alle gebrochenen Zahlen a und b gilt: $a + b = b + a$.
- **Assoziativgesetz** (Verbindungsgesetz):
Bei der Addition gebrochener Zahlen dürfen Klammern beliebig gesetzt oder weggelassen werden.
Für alle gebrochenen Zahlen a, b, c gilt:
$(a + b) + c = a + (b + c) = a + b + c$.

BEISPIELE

Die Anwendung dieser Gesetze bringt uns häufig Rechenvorteile.
Beispiele:

$\frac{1}{4} + \frac{7}{9} + \frac{3}{4}$
$= \left(\frac{1}{4} + \frac{3}{4}\right) + \frac{7}{9}$
$= 1 + \frac{7}{9} = 1\frac{7}{9}$

$0{,}8 + 1{,}5 + 0{,}2 + \frac{7}{8}$
$+ \frac{3}{2} + 0{,}125$
$= (0{,}8 + 0{,}2)$
$+ \left(1{,}5 + \frac{3}{2}\right)$
$+ \left(\frac{7}{8} + 0{,}125\right)$
$= 1 + 3 + 1 = 5$

15

Berechne möglichst vorteilhaft. Überlege, wie du am besten vorgehst.

a) $\frac{3}{4} + \frac{3}{8} + \frac{7}{4} + \frac{1}{8}$ **b)** $\frac{2}{3} + \frac{5}{6} + \frac{4}{3} + \frac{1}{6}$ **c)** $\frac{1}{2} + \frac{1}{4} + \frac{2}{8} + \frac{3}{2}$

d) $\frac{4}{15} + \frac{2}{3} + \frac{1}{15} + \frac{1}{3}$ **e)** $\frac{4}{9} + \frac{1}{3} + \frac{5}{9} + \frac{1}{6}$ **f)** $\frac{3}{10} + \frac{3}{2} + \frac{2}{10} + \frac{1}{3}$

g) $12{,}075 + 13{,}29 + 3{,}125 + 9{,}71$ **h)** $4{,}823 + 21{,}092 + 3{,}17 + 2{,}208$

i) $13{,}75 + 4{,}293 + 4\frac{1}{4} + 12{,}007$ **j)** $14{,}8 + 3{,}079 + 5\frac{1}{5} + 13{,}921$

16

Berechne. Mache zuerst einen Überschlag.

a) $2{,}4 + 3{,}75 + 8{,}109 + 6{,}5$ **b)** $320{,}64 + 6{,}4034 + 0{,}008 + 1{,}9072$
c) $14{,}025 + 2{,}4853 + 920{,}5 + 1{,}035$ **d)** $3{,}3 + 30{,}303 + 2{,}0535 + 1{,}09$
e) $22{,}09 + 2{,}209 + 9{,}0202 + 3{,}8$ **f)** $7{,}1 + 42{,}05 + 102{,}7078 + 0{,}0909$

17

Gib das Ergebnis als gemeinen Bruch und als Dezimalbruch an.

a) $5\frac{1}{4} + \frac{17}{2} + 2\frac{3}{4} + 1\frac{1}{2}$ **b)** $9\frac{2}{3} + \frac{13}{7} + 2\frac{1}{7} + 1\frac{1}{3}$ **c)** $2\frac{1}{10} + \frac{3}{5} + 1\frac{2}{5} + 2{,}9$

d) $\frac{15}{4} + \frac{1}{2} + 0{,}4 + 0{,}75$ **e)** $0{,}813 + \frac{3}{4} + 1{,}687 + 4$ **f)** $1{,}89 + \frac{1}{2} + \frac{11}{100} + \frac{7}{4}$

18

Berechne. Überlege, ob es sinnvoll ist, den Taschenrechner zu nutzen.

a) $14{,}8 + \frac{7}{5} + 24{,}9 + 2{,}3$ **b)** $4{,}6 + 13{,}7 + \frac{3}{5} + 1{,}06$ **c)** $5{,}3 + 12{,}9 + \frac{7}{10} - 1\frac{3}{5}$

d) $12{,}75 - 4\frac{3}{4}$ **e)** $24{,}675 - 7\frac{3}{8}$ **f)** $\frac{14}{9} + 10{,}5 - 1\frac{1}{3} + \frac{3}{4}$

Vervielfachen und Teilen von Brüchen

1

Jonas und Sandra sollen für das Klassenfest Fruchtmilchgetränke mixen. Sie haben sich aus Omas Kochbuch drei Rezepte ausgesucht. Die Rezepte sind jeweils für zwei Personen berechnet.

Sie wollen jeweils für 10 Personen Fruchtmilch, Zitronenmilch und Nussmilch herstellen. Berechne jeweils die benötigten Zutaten.

BEISPIEL

Peter hat noch drei Flaschen Apfelsaft. In jeder Flasche sind $\frac{3}{4}$ l Saft. Wie viel Liter Saft sind das zusammen?

$3 \cdot \frac{3}{4}\,l = \frac{3}{4}\,l + \frac{3}{4}\,l + \frac{3}{4}\,l = \frac{3+3+3}{4}\,l = \frac{9}{4}\,l = 2\frac{1}{4}\,l$

Wir können auch kürzer rechnen:

$3 \cdot \frac{3}{4}\,l = \frac{3 \cdot 3}{4}\,l = \frac{9}{4}\,l = 2\frac{1}{4}\,l$

AUFGABE

Lege mit Kreisteilen und gib das Ergebnis an.

a) $3 \cdot \frac{1}{4}$ **b)** $4 \cdot \frac{1}{2}$

c) $3 \cdot \frac{2}{4}$ **d)** $2 \cdot \frac{1}{8}$

e) $3 \cdot \frac{3}{8}$ **f)** $4 \cdot \frac{2}{8}$

WISSEN

Beim Vervielfachen von Brüchen wird nur der Zähler multipliziert. Der Nenner bleibt erhalten.

2

Schreibe als Multiplikationsaufgabe und berechne.

a) $\frac{1}{3} + \frac{1}{3} + \frac{1}{3} + \frac{1}{3} + \frac{1}{3}$ **b)** $\frac{3}{4} + \frac{3}{4} + \frac{3}{4} + \frac{3}{4} + \frac{3}{4}$ **c)** $\frac{2}{5} + \frac{2}{5} + \frac{2}{5} + \frac{2}{5}$

d) $\frac{4}{7} + \frac{4}{7} + \frac{4}{7} + \frac{4}{7} + \frac{4}{7}$ **e)** $\frac{6}{11} + \frac{6}{11} + \frac{6}{11}$ **f)** $\frac{7}{12} + \frac{7}{12}$

3[L]

Berechne. Kürze so weit wie möglich.

a) $8 \cdot \frac{5}{6}$ **b)** $9 \cdot \frac{4}{5}$ **c)** $\frac{5}{12} \cdot 8$ **d)** $7 \cdot \frac{14}{35}$ **e)** $12 \cdot \frac{3}{32}$ **f)** $20 \cdot \frac{4}{25}$

g) $9 \cdot \frac{5}{6}$ **h)** $\frac{51}{100} \cdot 5$ **i)** $16 \cdot \frac{3}{24}$ **j)** $4 \cdot \frac{6}{18}$ **k)** $\frac{42}{6} \cdot 21$ **l)** $17 \cdot \frac{7}{77}$

BEISPIEL

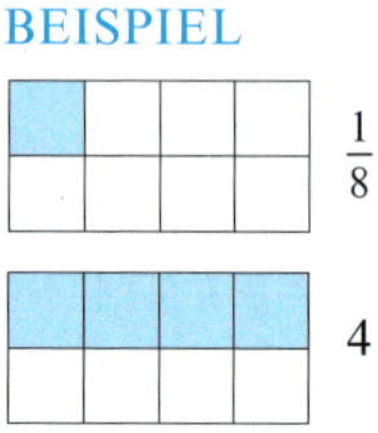

$\frac{1}{8}$

$4 \cdot \frac{1}{8}$

4

Welcher Bruchteil ist jeweils dargestellt? Gib der Reihe nach das Dreifache, Vierfache und Fünffache des dargestellten Bruches an. Schreibe jeweils eine Aufgabe dazu auf und kürze das Ergebnis so weit wie möglich.

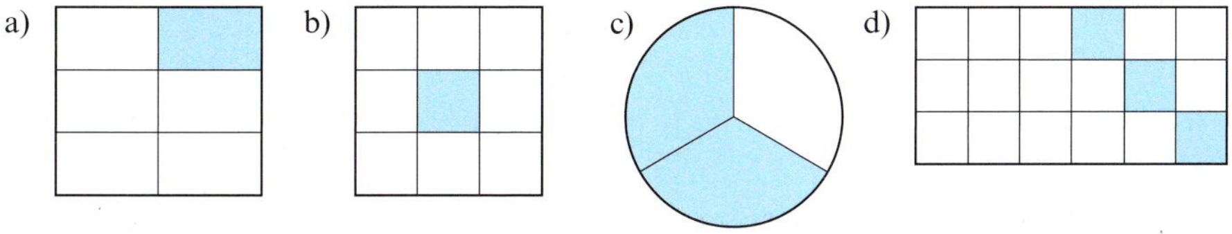

5

Kurz vor Geschäftsschluss sind im Regal des Gemüseladens noch 7 Schälchen mit je $\frac{1}{4}$ kg und 5 Schälchen mit je $\frac{1}{2}$ kg Erdbeeren vorhanden. Wie viel Kilogramm Erdbeeren sind das?

6[L]

Übertrage ins Heft und setze die fehlenden Zahlen ein. Bei welchen Aufgaben findest du mehrere Lösungen?

a) $4 \cdot \frac{\square}{3} = \frac{16}{3}$ **b)** $5 \cdot \frac{4}{\square} = \frac{20}{3}$ **c)** $7 \cdot \frac{\square}{4} = \frac{35}{4}$ **d)** $8 \cdot \frac{\square}{11} = \frac{48}{11}$

e) $7 \cdot \frac{9}{\square} = \frac{9}{7}$ **f)** $9 \cdot \frac{7}{\square} = \frac{7}{6}$ **g)** $8 \cdot \frac{\square}{\square} = \frac{56}{10}$ **h)** $7 \cdot \frac{\square}{\square} = \frac{21}{8}$

i) $11 \cdot \frac{\square}{\square} = \frac{121}{15}$ **j)** $\square \cdot \frac{13}{15} = \frac{78}{\square}$ **k)** $11 \cdot \frac{\square}{12} = \frac{99}{\square}$ **l)** $\square \cdot \frac{4}{5} = \frac{36}{\square}$

ACHTUNG
Denke bei einigen Aufgaben auch ans Kürzen!

7[L]

Mit welcher natürlichen Zahl musst du den gegebenen Bruch jeweils multiplizieren, damit als Ergebnis eine natürliche Zahl entsteht?
Gibt es mehr als eine Möglichkeit?

a) $\frac{4}{7}$ **b)** $\frac{12}{13}$ **c)** $\frac{4}{9}$ **d)** $\frac{3}{20}$ **e)** $\frac{7}{16}$ **f)** $\frac{19}{21}$ **g)** $\frac{9}{5}$ **h)** $\frac{8}{11}$

8

Frau Meier schaut auf die Uhr und stellt fest: „Für die letzten 30 km habe ich eine Viertelstunde gebraucht." Bis zur Autobahnabfahrt sind es noch 90 km. Wie viel Zeit wird Frau Meier benötigen, wenn sie die Geschwindigkeit beibehalten kann?

WUSSTEST DU SCHON?
An Autobahnen findet man im Abstand von 0,5 km kleine Schilder, die die Entfernung vom Anfangspunkt der jeweiligen Autobahn anzeigen.

9

Tobias hat in den letzten Unterrichtsstunden nicht richtig aufgepasst und rechnet:

$4 \cdot \frac{3}{5} = \frac{4 \cdot 3}{4 \cdot 5} = \frac{12}{20}$ und $7 \cdot \frac{5}{8} = \frac{7 \cdot 5}{7 \cdot 8} = \frac{35}{56}$

Was hat Tobias falsch gemacht?

10

Herr Krause verteilt an seine drei Kinder $\frac{3}{4}$ l Saft und das letzte Viertel des gestrigen Geburtstagskuchens. Wie viel Saft und wie viel Kuchen erhält jedes Kind?

BEISPIEL

Vier Freunde wollen sich den Rest einer Tafel Schokolade teilen. Von den ursprünglich zwanzig Stücken sind nur noch 12 übrig. Es gibt zwei Möglichkeiten, den Schokoladenrest zu teilen.

1) Jeder bekommt einen Streifen Schokolade mit 3 Stücken.

$$\frac{12}{20} : 4 = \frac{12 : 4}{20} = \frac{3}{20}$$

2) Jedes Stück wird gedanklich durch 4 geteilt. Also bekommt jeder von jedem Stück $\frac{1}{4}$. Insgesamt sind es dann $12 \cdot 4 = 80$ Stückchen.

$$\frac{12}{20} : 4 = \frac{12}{20 \cdot 4} = \frac{12}{80} = \frac{3}{20}$$

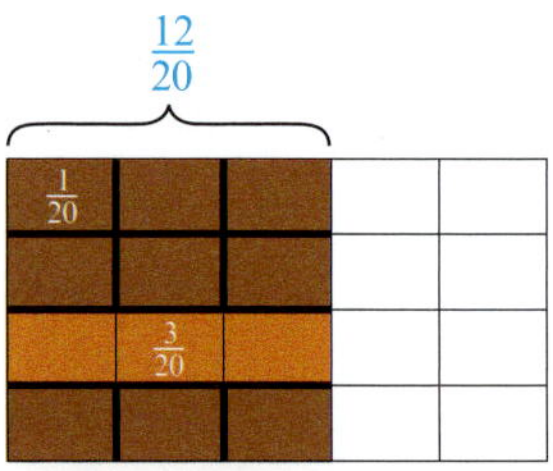

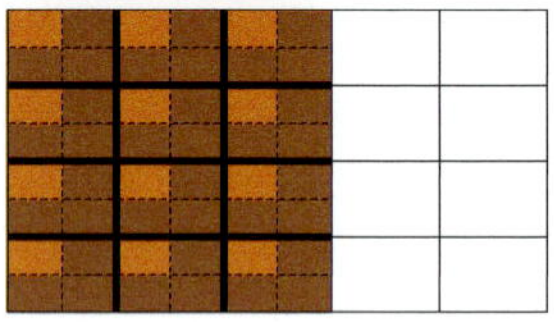

11[L]

Schreibe zu jedem Bild eine Divisionsaufgabe und gib die Ergebnisse an.

a) 

$\frac{1}{5}$ von $\frac{5}{10}$

b) 

$\frac{1}{2}$ von $\frac{2}{3}$

c) 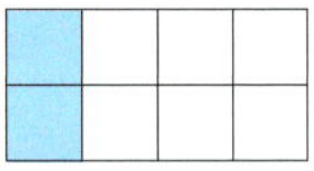

$\frac{1}{2}$ von $\frac{1}{4}$

BEISPIEL

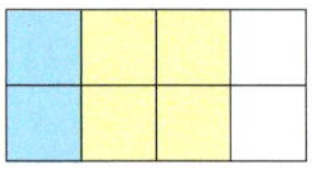

$\frac{1}{3}$ von $\frac{6}{8}$

$\frac{6}{8} : 3 = \frac{2}{8} = \frac{1}{4}$

WISSEN

Werden Brüche durch natürliche Zahlen geteilt, so wird der Nenner mit der natürlichen Zahl multipliziert.

Beispiel: $\frac{5}{3} : 4 = \frac{5}{3 \cdot 4} = \frac{5}{12}$

Tipp: Wenn es möglich ist, kann man auch gleich den Zähler durch die natürliche Zahl teilen und den Nenner beibehalten.

Beispiel: $\frac{4}{7} : 4 = \frac{4 : 4}{7} = \frac{1}{7}$ anstatt: $\frac{4}{7} : 4 = \frac{4}{7 \cdot 4} = \frac{4}{28} = \frac{1}{7}$

12

a) Dividiere $\frac{3}{4}$ der Reihe nach durch 2, 3, 4, 5 und 6 und kürze.

b) Dividiere $\frac{6}{7}$ durch 2, 3, 4, 5, 6 und 20 und kürze.

c) Dividiere $\frac{30}{7}$ durch 2, 4, 5, 6, 15, 20 und 40 und kürze.

d) Dividiere $\frac{4}{9}$, $\frac{10}{13}$ und $\frac{7}{8}$ jeweils durch 2, 5 und 7.

13[L]

Berechne.

a) $\frac{2}{3} : 3$ **b)** $\frac{6}{7} : 6$ **c)** $\frac{4}{5} : 3$ **d)** $\frac{8}{9} : 8$ **e)** $\frac{4}{9} : 2$ **f)** $\frac{12}{9} : 4$

g) $\frac{6}{5} : 3$ **h)** $\frac{18}{7} : 9$ **i)** $\frac{3}{5} : 9$ **j)** $\frac{35}{4} : 14$ **k)** $\frac{12}{5} : 18$ **l)** $\frac{56}{9} : 48$

m) $\frac{30}{37} : 6$ **n)** $\frac{196}{20} : 14$ **o)** $\frac{72}{13} : 12$ **p)** $\frac{108}{25} : 9$

Schnur in 3 gleich lange Stücke teilen

14

Eine $3\frac{1}{2}$ m lange Schnur wird in 2 (3; 4; 5; 6) gleich lange Stücke geteilt. Wie lang ist jedes Stück?

15

Setze die richtigen Zahlen ein.

a) $\frac{4}{3} : \square = \frac{2}{3}$ **b)** $\frac{6}{5} : \square = \frac{2}{5}$ **c)** $\frac{12}{11} : \square = \frac{3}{11}$ **d)** $\frac{8}{5} : \square = \frac{4}{15}$

e) $\frac{10}{3} : \square = \frac{2}{9}$ **f)** $\frac{12}{15} : \square = \frac{4}{5}$ **g)** $\frac{\square}{3} : 4 = \frac{5}{6}$ **h)** $\frac{\square}{5} : 9 = \frac{4}{15}$

i) $\frac{3}{4} : \square = \frac{1}{12}$ **j)** $\frac{6}{\square} : 5 = \frac{3}{35}$ **k)** $\frac{9}{\square} : 4 = \frac{3}{20}$ **l)** $\frac{9}{2} : \square = \frac{3}{14}$

16

Welcher Text passt zu welcher Aufgabe?

a) Was ist der dritte Teil von einem Halben?
b) Was ist die Hälfte von einem Drittel?
c) Was ist ein Fünftel von der Hälfte?
d) Teile drei Viertel in fünf gleiche Teile.
e) Halbiere sechs Neuntel.
f) Was ist der dritte Teil von einem Viertel?

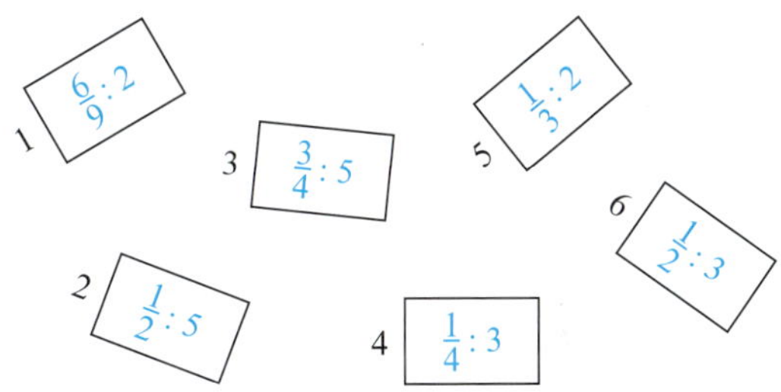

AUFGABEN ZUR WIEDERHOLUNG

1. Welche der Figuren sind achsensymmetrisch? Wie viele Symmetrieachsen kannst du finden?

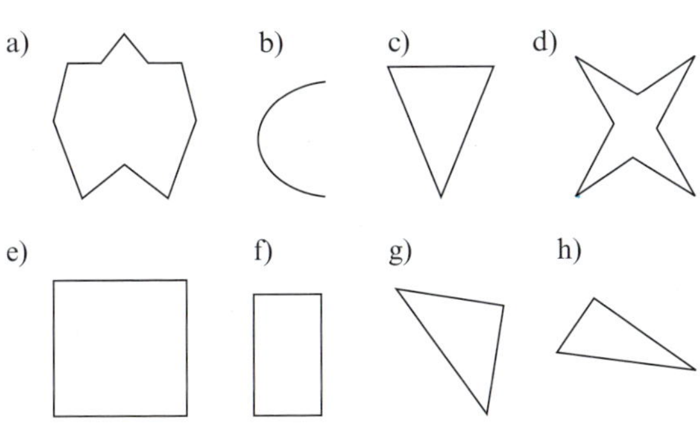

2. Durch welche Einzelheiten bei der Figur wird die Achsensymmetrie gestört?

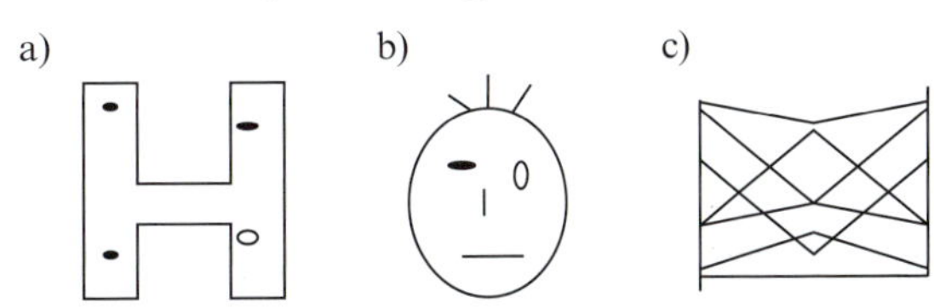

3. **a)** Unter welchen Bedingungen nennt man Figuren *achsensymmetrisch?*
   b) Nenne achsensymmetrische Figuren in deiner Umgebung.

Vervielfachen und Teilen von Dezimalbrüchen

1

Bettina und Hans wollen zum bevorstehenden Osterfest Eier färben. Sie haben 5 verschiedene Farben zur Verfügung und wollen jeweils 6 Eier mit ein- und derselben Farbe färben. Was müssen sie bezahlen, wenn sie

a) nur Eier der Sorte L, **b)** nur Eier der Sorte M,
c) jeweils zur Hälfte Eier der Sorte L und Eier der Sorte M kaufen?

BEISPIEL

Karin steht vor einem Stand mit wunderschön bemalten sorbischen Ostereiern. Sie entscheidet sich, fünf Stück von den blauen Eiern zu kaufen, von denen jedes 2,29 € kostet. Wie viel muss Karin bezahlen?

Wir können diese Aufgabe auf verschiedene Weise lösen.

a) Wir wandeln 2,29 € in Cent um und rechnen:
$5 \cdot 2{,}29\ € = 5 \cdot 229\ \text{ct} = 1\,145\ \text{ct} = 11{,}45\ €$

b) Wir können auch rechnen:
$5 \cdot 2{,}29\ € = 2{,}29\ € + 2{,}29\ € + 2{,}29\ € + 2{,}29\ € + 2{,}29\ € = 11{,}45\ €$

c) Oder wir rechnen:

$$5 \cdot 2{,}29\ € = \frac{229}{100}\ € + \frac{229}{100}\ € + \frac{229}{100}\ € + \frac{229}{100}\ € + \frac{229}{100}\ €$$
$$= \frac{1\,145}{100}\ € = 11{,}45\ €$$

Sorbische Ostereier

2

Wähle einen Lösungsweg aus dem Beispiel und löse folgende Aufgaben.

a) Thomas kauft acht Becher Jogurt. Ein Becher kostet 0,89 €. Wie viel muss Thomas bezahlen?
b) Tanja wählt von den sorbischen Ostereiern vier rote zu je 2,69 € und drei blaue zu je 2,29 €. Wie viel muss sie bezahlen?

WUSSTEST DU SCHON?
Bereits im alten China, in Ägypten und in Persien wurden gefärbte Eier verschenkt. Auch bei Ausgrabungen in Polen und Südmähren fand man verzierte Eier. In Deutschland ist das Verzieren von Ostereiern insbesondere in der Lausitz beheimatet. Dabei werden verschiedene Techniken, z. B. die Wachs-, Kratz- und Ätztechnik angewendet.

3

Berechne. Fällt dir etwas auf?

a) $5 \cdot 70$; $5 \cdot 7$; $5 \cdot 0{,}7$; $5 \cdot 0{,}07$ **b)** $6 \cdot 28$; $6 \cdot 2{,}8$; $6 \cdot 0{,}28$; $6 \cdot 0{,}028$

BEISPIEL

Sandra ist bei $6 \cdot 1{,}4 = 8{,}4$ und $6 \cdot 14 = 84$ etwas aufgefallen. Beide Ergebnisse haben die gleichen Ziffern, im ersten steht jedoch ein Komma. Sandra meint: „Da kann ich ja wie bei natürlichen Zahlen rechnen. Ich darf nur nicht vergessen, im Ergebnis das Komma zu setzen.“
Sie rechnet weitere Beispiele:

$\boxed{5 \cdot 1{,}7}$ $5 \cdot 17 = 85$ und $5 \cdot 1{,}7 \approx 5 \cdot 2 = 10$, also $5 \cdot 1{,}7 = 8{,}5$

$\boxed{6 \cdot 1{,}22}$ $6 \cdot 122 = 732$ und $6 \cdot 1{,}22 \approx 6 \cdot 1 = 6$, also $6 \cdot 1{,}22 = 7{,}32$

NACHGEDACHT
Hat Sandra Recht?

WISSEN

Vervielfachen von Dezimalbrüchen

1. Überschlag machen.
2. Multiplizieren wie bei natürlichen Zahlen.
3. Im Ergebnis das Komma entsprechend dem Überschlag setzen.

MERKE

Im Ergebnis stehen genau so viele Ziffern hinter dem Komma, wie in dem gegebenen Dezimalbruch.

BEISPIELE

Aufgabe: 57 · 3,9

Rechnen ohne Komma:

57 · 39
171
513
2 223

Überschlag: 60 · 4 = 240

⟶ 57 · 3,9 = 222,3

Aufgabe: 306 · 2,75

Rechnen ohne Komma:

306 · 275
612
2142
1530
84 150

Überschlag: 300 · 3 = 900

⟶ 306 · 2,75 = 841,50

4

Mache zuerst einen Überschlag. Berechne dann.

a) 4 · 1,6 **b)** 7 · 2,21 **c)** 8 · 0,52 **d)** 12 · 0,123
e) 25 · 0,075 **f)** 5 · 1,3 **g)** 6 · 2,43 **h)** 8 · 0,49
i) 22 · 0,321 **j)** 17 · 0,092 **k)** 25 · 5,05 **l)** 43 · 5,87

5

Berechne. Denke an den Überschlag.

a) 87 · 5,4321 **b)** 425 · 6,708 **c)** 8,001 · 13
d) 75 · 0,2525 **e)** 398 · 7,403 **f)** 1,009 · 34
g) 9,753 · 67 **h)** 8,642 · 84 **i)** 0,00987 · 10 000

6

Berechne im Kopf. Notiere nur das Ergebnis.

a) 7 · 0,2 **b)** 5 · 0,7 **c)** 6 · 0,4 **d)** 8 · 0,05 **e)** 9 · 0,7
f) 13 · 0,3 **g)** 13 · 0,06 **h)** 7 · 1,1 **i)** 19 · 0,5 **j)** 9 · 0,12

7

Im Oktober 2004 musste man für 1 Dollar 0,81 €, für 1 engl. Pfund 1,47 €, für 100 Schweizer Franken 64,44 €, für 100 japanische Yen 73,04 € bezahlen. Wie viel Euro musste man bezahlen für

a) 100 Dollar, **b)** 10 engl. Pfund, **c)** 10 Schweizer Franken, **d)** 1 000 000 Yen?

WISSEN

Wird ein Dezimalbruch mit 10, 100, 1 000, 10 000 usw. multipliziert, so rückt das Komma um 1, 2, 3, 4 usw. Stellen nach rechts. In manchen Fällen müssen dazu Nullen angehängt werden.

WUSSTEST DU SCHON

Der Wechselkurs gibt den Preis einer Währung im Verhältnis zu einer anderen an. Dabei bezeichnet die Währung („Valuta") die nationale Geldeinheit (z. B. Euro, Kronen, Franken, Dollar, Yen …) sowie ihren Geltungsbereich (z. B. Schwedische Kronen, Norwegische Kronen, US-Dollar, Kanadische Dollar …).
Viele Währungen haben eigenen Schriftzeichen, wie z. B.:
£ für Pfund,
$ für US-Dollar,
¥ für Yen und
€ für Euro.

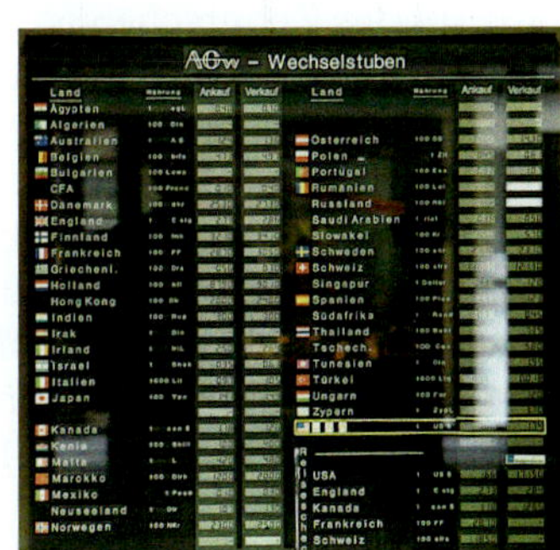

Anzeigetafel für Wechselkurse

BEISPIEL

1,348 · 10 = 13,48
1,348 · 100 = 134,8
1,348 · 1 000 = 1 348
1,348 · 10 000 = 13 480

· 10 000 · 1000 · 100 · 10

ZT	T	H	Z	E	z	h	t
				1	3	4	8
			1	3	4	8	
		1	3	4	8		
	1	3	4	8			
1	3	4	8	0			

8

Berechne im Kopf. Notiere nur das Ergebnis.
a) 10 · 0,94 **b)** 10 · 0,00301 **c)** 100 · 0,0123 **d)** 10 · 0,782
e) 10 · 0,0048 **f)** 0,00231 · 100 **g)** 0,371 · 10 **h)** 17,037 · 10

9

Rechne möglichst im Kopf.
a) 10 · 2,403 **b)** 2,403 · 20 **c)** 200 · 2,403 **d)** 17,074 · 10
e) 5 · 17,074 **f)** 17,074 · 20 **g)** 8,093 · 100 **h)** 50 · 8,093
i) 1 000 · 8,093 **j)** 1 000 · 0,10907 **k)** 500 · 0,10907 **l)** 100 · 0,10907

10

Ein Menschenhaar ist ca. 0,05 mm dick. Wie dick erscheint ein solches Haar unter einem Mikroskop mit
a) 10facher; **b)** 100facher; **c)** 1 000facher Vergrößerung?

WUSSTEST DU SCHON?
Auflösungsvermögen
Auge: 0,1 mm
Lichtmikroskop: 0,0005 mm (z. B. Bakterien)
Elektronenmikroskop: 0,000 003 mm (z. B. Viren)

11

Entscheide dich für ein Ergebnis, indem du nur einen Überschlag machst.

a) 0,789 · 15	11,835	118,35	1,1835	1 183,5
b) 0,0468 · 93	8,7634	0,43524	4,3524	0,87634
c) 34 · 0,1083	3,6822	7,2842	0,3482	34,822

12

Berechne
a) das Zehnfache von 1,038. **b)** das Hundertfache von 4,8.
c) das Tausendfache von 0,00927.

13

Herr Lehmann kauft beim Bäcker 5 Brötchen, 6 Maisbrötchen, 4 Spritzkuchen, 3 Pfannkuchen.
a) Wie viel muss Herr Lehmann bezahlen?
b) Bilde weitere Einkaufsaufgaben, die ihr gemeinsam lösen könnt.

14

Im Getränkemarkt kostet eine 0,7-Liter-Flasche Mineralwasser 0,34 €. Dazu kommen pro Flasche 15 ct Pfand.

a) Ermittle durch einen Überschlag, wie viel 15 Flaschen etwa kosten.

b) Der ganze Kasten mit zwölf Flaschen einschließlich Flaschenpfand und Kastenpfand von 1,50 € wird für 6,99 € angeboten.
Überschlage, ob dieses Angebot günstig ist.

15

Tobias hat für fünf Kugeln Eis 2,50 € bezahlt. Mandy möchte sich zwei Kugeln Eis kaufen und fragt Tobias, wie viel eine Kugel Eis kostet. Tobias weiß den Preis für eine Kugel nicht. Hilf ihm, den Preis herauszufinden.

16

a) Sandra will wissen, wie dick ein 1-Cent-Stück ist. Sie hat zehn 1-Cent-Stücke gestapelt und misst 1,4 cm. Wie dick ist ein 1-Cent-Stück?

b) Stelle nach Sandras Methode fest, wie dick ein 5-Cent-Stück ist.

17

Mandy wundert sich, dass ihr Schreibblock dicker ist als der Rechenblock, obwohl beide Blöcke 100 Blatt haben. Der eine Block ist 9,1 mm, der andere 7,3 mm dick. Wie dick ist jeweils ein einzelnes Blatt?

18

Hans hat von einigen Papiersorten die Dicke von je 100 Blatt gemessen.

Telefonbuch: 4,5 mm Katalog: 4,2 mm Zeichenblock: 1,1 cm
Kopierpapier: 9,2 mm Briefpapier: 1,05 cm Illustrierte: 5 mm

Wie dick sind **a)** 10 Blatt; **b)** 1 Blatt des jeweiligen Papiers?

WISSEN

Wird ein Dezimalbruch durch 10, 100, 1 000, 10 000 usw. dividiert, so rückt das Komma 1, 2, 3, 4 usw. Stellen nach links. In manchen Fällen müssen dazu Nullen eingefügt werden.

Beispiel:

	H	Z	E	z	h	t	zt	ht	m
	2	3	4	7	5				
234,75 : 10 = 23,475		2	3	4	7	5			
234,75 : 100 = 2,347 5			2	3	4	7	5		
234,75 : 1 000 = 0,234 75			0	2	3	4	7	5	

19

Berechne im Kopf. Notiere nur das Ergebnis.

a) 75 : 10 **b)** 9,47 : 100 **c)** 0,48 : 10 **d)** 25 : 10
e) 821 : 10 **f)** 47,82 : 1 000 **g)** 24,73 : 1 000 **h)** 1,25 : 100

AUFGABE

Vergleiche.

a) 7,05 · 0,1 und 7,05 : 10

b) 82,75 · 0,01 und 82,75 : 100

c) 27,6 · 0,001 und 27,6 : 1 000

20

Welches Ergebnis ist größer?

a) 0,092 · 100 oder 9,3 : 10
b) 1,72 : 100 oder 0,00169 · 10
c) 3 424 : 1 000 oder 0,004 321 · 1 000
d) 2,706 · 100 oder 276,07 : 100

21

Dividiere die folgenden Dezimalbrüche der Reihe nach durch 10, 100, 1 000.

a) 273,6 **b)** 4,078 **c)** 9,9 **d)** 5 **e)** 999,9

BEISPIEL

Manuela will für ihre Katze neues Futter kaufen. Da Manuela das Futter von ihrem Taschengeld bezahlen muss, schaut sie immer nach Sonderangeboten.
In „Tommys Kleintiershop“ sieht sie folgende Angebote:

Manuela überlegt, für welches Angebot sie sich entscheiden soll.
Um ihr zu helfen, rechnen wir für das erste Angebot den Preis für eine Dose aus. Dazu müssen wir 7,45 € : 5 rechnen. Wir sehen sofort, dass eine Büchse mehr als 1 € kostet. Um den genauen Preis zu berechnen, wandeln wir die 7,45 € in Cent um und rechnen dann weiter.
7,45 € = 745 ct

745 : 5 = 149   149 ct = 1,49 €
5
24
20
 45
 45
  0

Man kann auch kürzer schreiben:
7,45 : 5 = 1,49
5
24
20
 45
 45
  0

Wenn die Eurobeträge verteilt sind, muss man ein Komma setzen.

Der Preis für eine Dose des ersten Angebots beträgt 1,49 €.
Berechne den Preis für eine Dose des zweiten Angebotes.
Für welches Angebot soll Manuela sich entscheiden?

WUSSTEST DU SCHON?

Wenn eine Hauskatze gut gepflegt und richtig ernährt wird, kann sie etwa 15 Jahre alt werden.

Fast unglaublich ist, dass im US-Bundesstaat Texas die Katzenmama Dutsy 420 Kätzchen zur Welt gebracht haben soll.

WISSEN

Für das **Dividieren von Dezimalbrüchen durch natürliche Zahlen** merken wir uns:

1. Überschlag machen,
2. Dividieren wie bei natürlichen Zahlen;
3. im Ergebnis ein Komma setzen, wenn die Einer des Dividenden dividiert worden sind,
4. Ergebnis mit dem Überschlag vergleichen.

22

Paul hat zwei Meerschweinchen. Die Streu im Käfig muss erneuert werden. Paul kann zwischen drei Angeboten wählen (siehe Randspalte). Berechne, was jeweils 1 kg kostet.

23

Berechne. Mache zuerst einen Überschlag.

a) 7,84 : 2	**b)** 12,3 : 6	**c)** 55,107 : 9	**d)** 16,35 : 3
e) 280,56 : 7	**f)** 72,72 : 8	**g)** 14,16 : 4	**h)** 1,068 : 12
i) 90,9 : 15	**j)** 1,96 : 4	**k)** 2,56 : 16	**l)** 0,361 : 19

ERINNERE DICH
An Dezimalbrüche können nach dem Komma beliebig viele Nullen angehängt werden, ohne dass sich der Wert der Zahl ändert.
Es gilt z.B. 56,46 = 56,460.

24

Das kannst du im Kopf berechnen. Notiere nur das Ergebnis.

a) 1,4 : 2	**b)** 5,6 : 8	**c)** 0,25 : 5	**d)** 0,032 : 8
e) 1,4 : 7	**f)** 7,2 : 9	**g)** 0,63 : 7	**h)** 0,45 : 15
i) 4,5 : 9	**j)** 4,8 : 8	**k)** 0,49 : 7	**l)** 4,8 : 12
m) 2,7 : 3	**n)** 5,4 : 9	**o)** 0,36 : 4	**p)** 0,8 : 5

WISSEN

Wenn beim schriftlichen Dividieren die Rechnung nicht aufgeht, können an den Dividenden beliebig viele Nullen angehängt werden. Mit diesen Nullen kann man dann genauso rechnen, wie mit den anderen Nachkommaziffern auch.

BEISPIEL:

```
56,460 : 12 = 4,705
48
 84
 84
  06
  00
   60
   60
    0
```

25L

Berechne.

a) 45,9 : 4	**b)** 187,6 : 8	**c)** 4,54 : 8	**d)** 11,8 : 5	**e)** 4,943 : 4
f) 115,8 : 12	**g)** 46,913 5 : 2	**h)** 150,2 : 50	**i)** 576,45 : 25	**j)** 56,4 : 250
k) 78 : 64	**l)** 54,6 : 75	**m)** 399,52 : 400	**n)** 1,515 : 75	**o)** 99 : 32

26

Die Zahlenhexe hat bei den Aufgaben die Ergebnisse durcheinander gehext. Sie stehen jetzt nicht mehr bei der zugehörigen Aufgabe.

a) Ordne die Ergebnisse den Aufgaben richtig zu.

b) Ordne die Ergebnisse aufsteigend nach der Größe.
Die in dieselbe Reihenfolge gebrachten Buchstaben bei den Ergebnissen bilden ein Lösungswort, wenn man bei jedem Buchstaben im Alphabet um einen Buchstaben zurück geht.

Multiplikation von Brüchen

1

a) Ein Fünftel des sächsischen Waldes sind Laubbäume, drei Achtel davon sind Buchen und drei Achtel sind Eichen.
Wie groß ist der Gesamtanteil von Buchen und Eichen am sächsischen Wald?

b) Vier Fünftel des sächsischen Waldes sind Nadelbäume, ein Drittel davon Kiefern. Berechne den Kiefernanteil am sächsischen Wald.

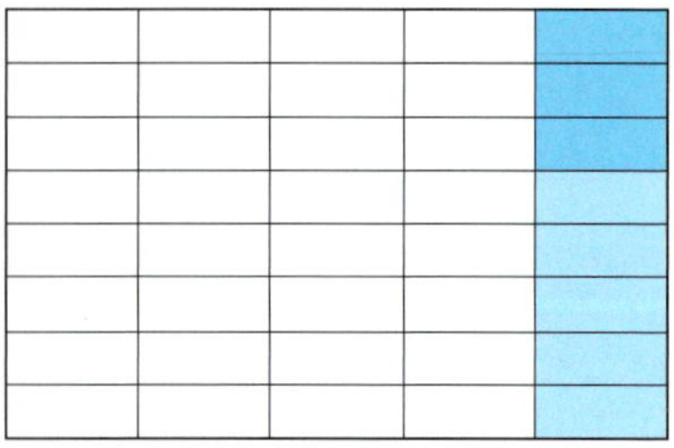

2

Sophie hat Quadrate abgesteckt und die Seiten in gleich lange Teile geteilt (vgl. Rand).

a) Gib für beide Quadrate die Bruchanteile der gefärbten Flächen an.

b) Der Flächeninhalt der großen Quadrate ist jeweils $(1 \cdot 1 =)\ 1$. Ermittle den Flächeninhalt der gefärbten Vierecke mit der Flächeninhaltsformel. Vergleiche deine Lösungen mit dem jeweiligen Ergebnis aus a).

c) Schaue dir die Berechnung sowie die zugehörigen Bruchanteile an und überlege, welche Regeln bei der Multiplikation von Brüchen zutreffen könnten.
Für welche Möglichkeit der Multiplikation von Brüchen würdest du dich entscheiden?
- Man braucht bei Brüchen mit gleichem Zähler nur die Nenner zu multiplizieren, den Zähler behält man bei.
- Man muss bei gleichnamigen Brüchen nur die Zähler multiplizieren, den Nenner behält man bei.
- Man multipliziert die Zähler miteinander und die Nenner auch.

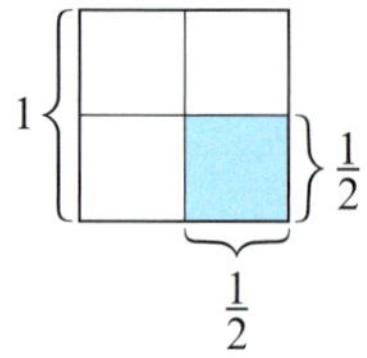

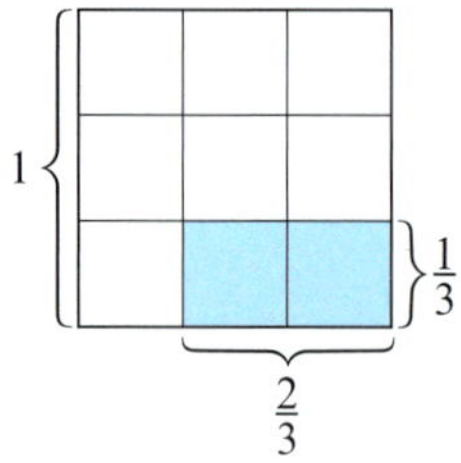

BEISPIEL

Veranschaulichung der Multiplikation von Brüchen

Beispielsweise: $\frac{3}{5}$ von $\frac{2}{3}$ bzw. $\frac{3}{5} \cdot \frac{2}{3}$

Färbe zuerst $\frac{2}{3}$ eines Rechtecks.

Teile die gefärbte Fläche in 5 gleiche Teile und nimm 3 davon.

Das Ergebnis sind $\frac{6}{15}$ des gesamten Rechtecks.

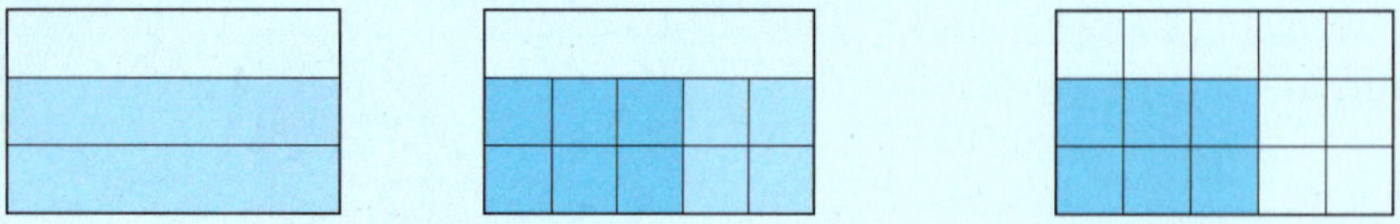

3

Veranschauliche folgende Aufgaben im Heft und gib die Lösung an.

a) $\frac{3}{5} \cdot \frac{1}{2}$ **b)** $\frac{2}{3} \cdot \frac{3}{4}$ **c)** $\frac{3}{8} \cdot \frac{2}{5}$ **d)** $\frac{5}{6} \cdot \frac{2}{3}$

WISSEN

Bei der **Multiplikation von Brüchen** werden die Zähler miteinander multipliziert und auch die Nenner miteinander multipliziert.

$\frac{a}{b} \cdot \frac{c}{d} = \frac{a \cdot c}{b \cdot d}$ $(b \neq 0, d \neq 0)$

Beispiele: $\frac{7}{11} \cdot \frac{3}{5} = \frac{7 \cdot 3}{11 \cdot 5} = \frac{21}{55}$ $\frac{3}{8} \cdot \frac{4}{5} = \frac{3 \cdot 4}{8 \cdot 5} = \frac{3}{2 \cdot 5} = \frac{3}{10}$

HINWEIS

Um die Übersicht beim Kürzen zu behalten, wird oftmals die zu kürzende Zahl durchgestrichen und durch die gekürzte Zahl ersetzt.

$\frac{21}{8} \cdot \frac{3}{14} = \frac{\cancel{21}^3 \cdot 3}{8 \cdot \cancel{14}^2} = \frac{9}{16}$

$\frac{4}{15} \cdot \frac{9}{8} = \frac{\cancel{4}^1 \cdot \cancel{9}^3}{\cancel{15}^5 \cdot \cancel{8}^2} = \frac{3}{10}$

4^L

Berechne. Kürze vor dem Rechnen so weit wie möglich.

a) $\frac{2}{5} \cdot \frac{4}{7}$ **b)** $\frac{1}{9} \cdot \frac{7}{12}$ **c)** $\frac{3}{8} \cdot \frac{5}{7}$ **d)** $\frac{2}{11} \cdot \frac{5}{7}$ **e)** $\frac{8}{9} \cdot \frac{5}{7}$ **f)** $\frac{4}{9} \cdot \frac{12}{20}$

g) $\frac{9}{13} \cdot \frac{7}{5}$ **h)** $\frac{15}{28} \cdot \frac{42}{45}$ **i)** $\frac{11}{36} \cdot \frac{12}{77}$ **j)** $\frac{7}{12} \cdot \frac{6}{7}$ **k)** $\frac{12}{7} \cdot \frac{8}{15}$ **l)** $\frac{9}{49} \cdot \frac{7}{9}$

m) $\frac{27}{60} \cdot \frac{15}{54}$ **n)** $\frac{48}{77} \cdot \frac{33}{60}$ **o)** $\frac{121}{105} \cdot \frac{35}{11}$ **p)** $\frac{51}{72} \cdot \frac{60}{119}$ **q)** $\frac{120}{76} \cdot \frac{19}{80}$ **r)** $\frac{100}{56} \cdot \frac{42}{45}$

5

Schreibe als Produkt und berechne.

a) $\frac{2}{3}$ von $\frac{4}{5}$ **b)** $\frac{7}{8}$ von $\frac{2}{5}$ **c)** $\frac{2}{11}$ von $\frac{5}{8}$ **d)** $\frac{3}{4}$ von $\frac{4}{5}$

e) $\frac{2}{9}$ von $\frac{18}{7}$ **f)** $\frac{7}{9}$ von $\frac{6}{7}$ **g)** $\frac{3}{8}$ von $\frac{4}{5}$ **h)** $\frac{4}{5}$ von $\frac{2}{7}$

6^L

Ermittle die natürliche Zahl *n*, sodass die Gleichung stimmt.

a) $\frac{4}{5} \cdot \frac{n}{7} = \frac{12}{35}$ **b)** $\frac{n}{4} \cdot \frac{9}{7} = \frac{45}{28}$ **c)** $\frac{4}{7} \cdot \frac{n}{5} = \frac{8}{5}$ **d)** $\frac{n}{12} \cdot \frac{12}{15} = \frac{1}{5}$

e) $\frac{3}{n} \cdot \frac{3}{8} = \frac{9}{40}$ **f)** $\frac{2}{5} \cdot \frac{8}{n} = \frac{8}{25}$ **g)** $\frac{3}{n} \cdot \frac{14}{27} = \frac{7}{18}$ **h)** $\frac{15}{n} \cdot \frac{13}{12} = \frac{5}{8}$

7^L

Ergänze. Kannst du mehr als eine Lösung finden?

a) $\frac{4}{7} \cdot \square = \frac{8}{21}$ **b)** $\square \cdot \frac{15}{38} = \frac{3}{2}$ **c)** $\frac{12}{121} = \frac{3}{11} \cdot \square$ **d)** $\frac{24}{105} = \square \cdot \frac{2}{35}$

8

Berechne die Produkte. Ordne jeweils das Produkt und die beiden Faktoren der Größe nach. Was stellst du fest?

a) $\frac{3}{4} \cdot \frac{8}{7}$ **b)** $\frac{1}{3} \cdot \frac{6}{5}$ **c)** $\frac{4}{5} \cdot \frac{7}{6}$ **d)** $\frac{1}{5} \cdot \frac{10}{9}$ **e)** $\frac{2}{5} \cdot \frac{3}{8}$

f) $\frac{4}{3} \cdot \frac{3}{4}$ **g)** $\frac{4}{7} \cdot \frac{6}{7}$ **h)** $\frac{8}{7} \cdot \frac{7}{8}$ **i)** $\frac{9}{8} \cdot \frac{7}{6}$ **j)** $\frac{10}{9} \cdot \frac{12}{11}$

ZUM KNOBELN

Lege ein Hölzchen so um, dass die gebrochene Zahl $\frac{1}{2}$ dargestellt wird.

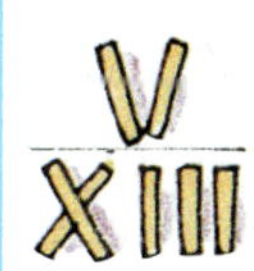

Lege ein Hölzchen so um, dass die gebrochene Zahl $\frac{1}{3}$ dargestellt wird.

Finde selbst weitere Aufgaben mit Streichhölzern.

WISSEN

Beim Multiplizieren von Brüchen kann das Produkt kleiner sein als jeder der Faktoren.

9

Gib jeweils zwei Brüche an, die für □ eingesetzt werden können.

a) $\frac{7}{8} \cdot □ < \frac{7}{8}$ **b)** $□ \cdot \frac{5}{12} < \frac{5}{12}$ **c)** $□ \cdot \frac{7}{11} < \frac{7}{11}$ **d)** $\frac{4}{19} \cdot □ < \frac{4}{19}$

10

Gib zwei Brüche an, deren Produkt

a) kleiner als 1 **b)** kleiner als $\frac{1}{10}$ **c)** kleiner als $\frac{1}{2}$ **d)** kleiner als 2 ist.

11

Berechne die Produkte. Was stellst du fest?

a) $0 \cdot \frac{17}{19}$ **b)** $\frac{13}{13} \cdot \frac{4}{9}$ **c)** $\frac{27}{29} \cdot 0$ **d)** $\frac{15}{17} \cdot \frac{7}{7}$ **e)** $\frac{27}{31} \cdot \frac{0}{8}$ **f)** $\frac{15}{23} \cdot 1$

12

Berechne. Überlege, wie du am besten vorgehst.

a) $2 \cdot 3\frac{1}{2}$ **b)** $\frac{4}{5} \cdot 2\frac{3}{8}$ **c)** $3 \cdot 4\frac{1}{4}$ **d)** $\frac{3}{4} \cdot 1\frac{2}{3}$ **e)** $2\frac{1}{2} \cdot 3\frac{4}{5}$ **f)** $\frac{7}{8} \cdot 4\frac{4}{5}$

WISSEN

Gemischte Zahlen werden vor dem Multiplizieren in gemeine Brüche umgewandelt.

Beispielsweise $4\frac{1}{2} \cdot \frac{5}{7}$:

$4\frac{1}{2} = 4 + \frac{1}{2} = \frac{8}{2} + \frac{1}{2} = \frac{9}{2}$, also $4\frac{1}{2} \cdot \frac{5}{7} = \frac{9}{2} \cdot \frac{5}{7} = \frac{45}{14} = 3\frac{3}{14}$

13[L]

Berechne. Wandle die gemischten Zahlen zuerst in gemeine Brüche um.

a) $2\frac{1}{5} \cdot 10$ **b)** $9 \cdot 4\frac{2}{3}$ **c)** $2\frac{4}{5} \cdot 3\frac{3}{8}$ **d)** $5 \cdot 4\frac{7}{10}$ **e)** $1\frac{9}{10} \cdot 2\frac{4}{19}$ **f)** $3\frac{3}{5} \cdot 4\frac{4}{9}$

g) $7\frac{5}{8} \cdot 8$ **h)** $5\frac{4}{7} \cdot 7\frac{2}{13}$ **i)** $2\frac{1}{7} \cdot 7\frac{1}{2}$ **j)** $12\frac{4}{9} \cdot 4\frac{3}{8}$ **k)** $4\frac{1}{5} \cdot 5\frac{1}{4}$ **l)** $6\frac{4}{5} \cdot 4\frac{2}{17}$

14

Achtung, aufgepasst! Berechne die Produkte und vergleiche sie mit den angegebenen gemischten Zahlen.

a) $3 \cdot \frac{1}{6}$ und $3\frac{1}{6}$ **b)** $4 \cdot \frac{5}{8}$ und $4\frac{5}{8}$ **c)** $2 \cdot \frac{5}{6}$ und $2\frac{5}{6}$ **d)** $6 \cdot \frac{4}{5}$ und $6\frac{4}{5}$

15

Schau dir die Zahlen vor dem Rechnen genau an und rechne möglichst vorteilhaft. Die Ergebnisse findest du in der Randspalte.

a) $\frac{4}{9} \cdot \frac{3}{8} \cdot \frac{9}{4}$ **b)** $\frac{13}{15} \cdot \frac{4}{9} \cdot \frac{15}{26} \cdot \frac{18}{8}$ **c)** $\frac{7}{8} \cdot \frac{2}{13} \cdot \frac{8}{7}$ **d)** $\frac{12}{17} \cdot \frac{3}{11} \cdot \frac{22}{6} \cdot \frac{34}{36}$

WUSSTEST DU SCHON?

Römische Kaufleute schrieben die Zahl $\frac{1}{2}$, indem sie dem Zeichen I für eins einen „Halbierungsstrich" hinzufügten.

$3\frac{1}{2}$ wurde als IIIł,

$11\frac{1}{2}$ wurde als XIł

geschrieben.

Schreibe $1\frac{1}{2}$; $12\frac{1}{2}$; $8\frac{1}{2}$ und $22\frac{1}{2}$ mit römischen Zeichen.

WISSEN

Für das Multiplizieren gebrochener Zahlen gelten Rechengesetze:
Kommutativgesetz (Vertauschungsgesetz):
Beim Multiplizieren dürfen Faktoren beliebig vertauscht werden.
Für alle gebrochenen Zahlen *a* und *b* gilt $a \cdot b = b \cdot a$.
Beispiel: $\frac{2}{5} \cdot \frac{3}{8} = \frac{3}{8} \cdot \frac{2}{5}$

Assoziativgesetz (Verbindungsgesetz):
Beim Multiplizieren gebrochener Zahlen dürfen Klammern beliebig gesetzt oder auch weggelassen werden.
Für alle gebrochenen Zahlen *a, b* und *c* gilt
$(a \cdot b) \cdot c = a \cdot (b \cdot c) = a \cdot b \cdot c$.
Beispiel: $\left(\frac{1}{2} \cdot \frac{5}{4}\right) \cdot \frac{3}{2} = \frac{1}{2} \cdot \left(\frac{5}{4} \cdot \frac{3}{2}\right) = \frac{1}{2} \cdot \frac{5}{4} \cdot \frac{3}{2}$

Distributivgesetz (Verteilungsgesetz):
Aus Summen von Produkten können gemeinsame Faktoren ausgeklammert werden.
Für alle gebrochenen Zahlen *a, b* und *c* gilt $a \cdot b + a \cdot c = a \cdot (b + c)$.
Beispiel: $\frac{3}{5} \cdot \frac{3}{4} + \frac{2}{5} \cdot \frac{3}{4} = \frac{3}{4} \cdot \left(\frac{3}{5} + \frac{2}{5}\right)$

BEISPIELE

Diese Gesetze können uns das Rechnen oft erleichtern.
Beispiele:

a) $\left(\frac{5}{8} \cdot \frac{9}{14}\right) \cdot \frac{8}{5}$
$= \frac{5}{8} \cdot \frac{9}{14} \cdot \frac{8}{5}$
$= \frac{5}{8} \cdot \frac{8}{5} \cdot \frac{9}{14}$
$= 1 \cdot \frac{9}{14} = \frac{9}{14}$

b) $\frac{7}{6} \cdot \frac{5}{4} \cdot \frac{3}{14} \cdot \frac{8}{10}$
$= \frac{7}{6} \cdot \frac{3}{14} \cdot \frac{5}{4} \cdot \frac{8}{10}$
$= \frac{21}{84} \cdot \frac{40}{40}$
$= \frac{1}{4} \cdot 1 = \frac{1}{4}$

c) $\left(\frac{1}{4} + \frac{3}{2}\right) \cdot \frac{4}{3}$
$= \frac{1}{4} \cdot \frac{4}{3} + \frac{3}{2} \cdot \frac{4}{3}$
$= \frac{1}{3} + 2 = 2\frac{1}{3}$

16

Rechne möglichst vorteilhaft.

a) $\frac{3}{5} \cdot \frac{7}{12} \cdot \frac{5}{3} \cdot \frac{4}{7}$ b) $\frac{5}{6} \cdot \frac{9}{11} \cdot \frac{6}{5} \cdot \frac{22}{9}$ c) $\frac{3}{7} \cdot \frac{5}{6} \cdot \frac{14}{3} \cdot \frac{3}{10}$ d) $\frac{8}{9} \cdot \frac{5}{7} \cdot \frac{3}{4} \cdot \frac{14}{5}$

e) $\frac{3}{8} \cdot 2\frac{1}{3} \cdot \frac{16}{7} \cdot \frac{1}{2}$ f) $\frac{11}{25} \cdot 3\frac{3}{4} \cdot \frac{2}{7} \cdot 3\frac{1}{2}$ g) $3\frac{2}{9} \cdot \frac{5}{7} \cdot \frac{3}{4} \cdot 1\frac{2}{5}$ h) $2\frac{1}{4} \cdot 7 \cdot \frac{4}{8} \cdot \frac{1}{7}$

17

Berechne den Flächeninhalt der abgebildeten Rechtecke. Überlege, wie du am besten vorgehst.

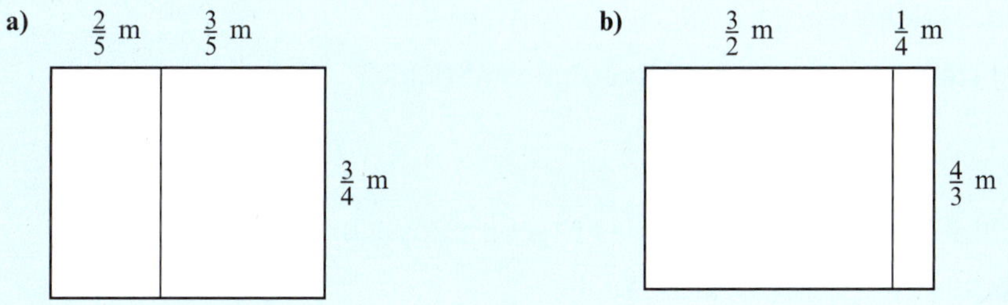

18

Berechne. Überlege erst und rechne dann.

a) $\frac{7}{8} \cdot \frac{4}{5} + \frac{7}{8} \cdot \frac{1}{5}$ b) $\frac{5}{9} \cdot \frac{7}{8} + \frac{1}{8} \cdot \frac{5}{9}$ c) $\frac{2}{3} \cdot \frac{4}{5} - \frac{4}{5} \cdot \frac{2}{10}$ d) $6 \cdot \frac{2}{7} + \frac{5}{7} \cdot 6$

e) $\frac{7}{8} \cdot \frac{1}{4} + \frac{7}{8} \cdot \frac{7}{4}$ f) $7 \cdot \frac{5}{8} - \frac{3}{8} \cdot 7$ g) $\frac{7}{8} \cdot \left(\frac{11}{12} + \frac{8}{7}\right)$ h) $\frac{11}{12} \cdot \left(\frac{6}{7} - \frac{6}{11}\right)$

19

Berechne. Überlege, in welcher Reihenfolge du vorgehen musst.

a) $\frac{9}{8} - \frac{3}{4} \cdot \frac{4}{9}$ **b)** $\frac{5}{8} + \frac{3}{8} \cdot \frac{4}{3}$ **c)** $\left(\frac{2}{3} - \frac{1}{4}\right) \cdot \frac{1}{6}$ **d)** $\left(\frac{9}{8} - \frac{3}{4}\right) \cdot \frac{4}{9}$

e) $\left(\frac{5}{8} + \frac{3}{8}\right) \cdot \frac{4}{3}$ **f)** $\frac{2}{3} - \frac{1}{4} \cdot \frac{1}{6}$ **g)** $\frac{5}{2} \cdot \left(\frac{2}{5} - \frac{1}{10}\right)$ **h)** $\frac{7}{10} - \frac{3}{5} \cdot \frac{5}{3}$

WISSEN

Wie bei den natürlichen Zahlen gilt auch für gebrochene Zahlen:
Rechenoperationen in Klammern werden immer zuerst ausgeführt.
Punktrechnung geht vor Strichrechnung.

20

Berechne. Überlege genau, wie du vorgehst.

a) $\frac{3}{7} \cdot \frac{4}{11} + \frac{6}{11} \cdot \frac{3}{7}$ **b)** $\frac{4}{9} \cdot \frac{7}{8} - \frac{3}{8} \cdot \frac{4}{9}$ **c)** $\frac{4}{9} \cdot \left(\frac{7}{8} - \frac{3}{4}\right)$ **d)** $\left(\frac{4}{9} + \frac{1}{3}\right) \cdot \frac{3}{4}$

e) $\frac{1}{3} - \frac{1}{6} \cdot \frac{2}{3}$ **f)** $\left(3 + \frac{3}{10}\right) \cdot \frac{5}{11}$ **g)** $\frac{8}{9} \cdot \frac{3}{2} + \frac{1}{3} \cdot \frac{1}{12}$ **h)** $14\frac{1}{6} - 14\frac{1}{12}$

i) $\left(4 - \frac{1}{2}\right) \cdot \frac{2}{7}$ **j)** $\left(\frac{1}{3} - \frac{1}{6}\right) \cdot \frac{2}{3}$ **k)** $\left(\frac{3}{4} - \frac{1}{23} + \frac{3}{8}\right) \cdot 8$ **l)** $6 \cdot \left(\frac{2}{3} + \frac{1}{2} - \frac{1}{6}\right)$

21

Korrigiere die Fehler.

a) $\left(\frac{2}{3} - \frac{1}{2}\right) \cdot \frac{1}{3} = \frac{2}{3} - \frac{1}{2} \cdot \frac{1}{3} = \frac{2}{3} - \frac{1}{6} = \frac{3}{6} = \frac{1}{2}$

b) $\frac{4}{5} - \frac{3}{10} \cdot \frac{1}{2} = \frac{8}{10} - \frac{3}{10} \cdot \frac{1}{2} = \frac{5}{10} \cdot \frac{1}{2} = \frac{1}{4}$

c) $\frac{3}{5} + \frac{1}{2} \cdot \frac{3}{5} + \frac{3}{4} = \frac{3}{5} \cdot \left(\frac{1}{2} + \frac{3}{4}\right) = \frac{3}{5} \cdot \frac{5}{4} = \frac{3}{4}$

22

a) Wie viel ist das Vierfache der Hälfte von $\frac{3}{4}$ l ?

b) Wie viele Minuten sind die Hälfte des Dreifachen einer halben Stunde?

23

Mit welcher Zahl muss $\frac{3}{4}$ multipliziert werden, damit das Ergebnis doppelt (7-mal; halb; ein Achtel) so groß ist wie der Ausgangsbruch?

24

Wie ändert sich das Produkt zweier gemeiner Brüche, wenn bei …

a) einem Bruch der Nenner verdoppelt wird?
b) beiden Brüchen die Nenner verdoppelt werden?
c) einem Bruch der Zähler verdreifacht wird?
d) einem Bruch der Nenner verdoppelt und der Zähler vervierfacht wird?

ZUM KNOBELN

Thomas hat zwei Dosen mit insgesamt 50 Murmeln. Die Hälfte der Murmeln in der roten Dose sind genauso viele wie ein Drittel der Murmeln in der blauen Dose. Wie viele Murmeln sind in jeder Dose?

25

Von sechs Pflaumenbäumen wurden rund 320 kg Pflaumen geerntet. Aus $\frac{3}{5}$ dieser Menge wurde Pflaumenmus gekocht. Das fertige Pflaumenmus hat nur noch $\frac{3}{8}$ des Gewichtes der frischen Pflaumen.

Wie viel Kilogramm Pflaumenmus konnte in Gläser abgefüllt werden?

26

Rezept für eine Pizza „4 Jahreszeiten" für 4 Personen:

Teig: $\frac{1}{3}$ kg Mehl, ca. $\frac{1}{6}$ l lauwarmes Wasser, Salz, $\frac{1}{2}$ Würfel Hefe

Belag:

1. $\frac{1}{10}$ kg Salami, $\frac{1}{4}$ kg Tomaten (in Scheiben), $\frac{1}{2}$ Zwiebel (Ringe), $\frac{1}{8}$ kg Mozzarella, Basilikum
2. $\frac{1}{2}$ Paprika, $\frac{1}{4}$ kg Tomaten, $\frac{1}{2}$ Zwiebel, $\frac{1}{8}$ kg Käse, halbierte Oliven
3. 1 Dose Thunfisch, $\frac{1}{4}$ kg Tomaten, $\frac{1}{2}$ Zwiebel, $\frac{1}{8}$ kg Käse
4. $\frac{1}{10}$ kg Schinken, $\frac{1}{4}$ kg Tomaten, $\frac{1}{2}$ Zwiebel, $\frac{1}{8}$ kg Mozzarella

Du hast 9 (3; 5; 7) Freunde zu einer Party eingeladen, zu der du für jeden eine Pizza backen willst. Erstelle eine Einkaufsliste.

TIPPS
- Mehl sieben
- im Wasser aufgelöste Hefe und Salz zugeben
- Teig durchkneten (Hände bemehlen)
- Teig 2 Stunden „gehen" lassen
- Teig ausrollen und belegen
- gut mit Oregano und Salz würzen

27

Denke dir vier Zahlen zwischen eins und zwanzig aus.

a) Wie viele Möglichkeiten gibt es, aus diesen vier Zahlen ein Produkt zweier Brüche zu schreiben?

b) Notiere dir alle Möglichkeiten und rechne sie aus. Was fällt dir auf?

BEISPIEL
Gedachte Zahlen:
3, 5, 8, 12
Zwei von mehreren Möglichkeiten:

a) $\frac{3}{5} \cdot \frac{8}{12} = \frac{\cancel{3}^1 \cdot \cancel{8}^2}{5 \cdot \cancel{12}^{\cancel{4}\,1}} = \frac{2}{5}$

b) $\frac{5}{8} \cdot \frac{3}{12} = \frac{5 \cdot \cancel{3}^1}{8 \cdot \cancel{12}^4} = \frac{5}{32}$

28

Berechne. Kürze möglichst früh.

a) $\frac{630}{693} \cdot \frac{294}{450}$ **b)** $\frac{63}{99} \cdot \frac{840}{1\,560}$ **c)** $\frac{616}{504} \cdot \frac{440}{250}$ **d)** $\frac{108}{180} \cdot \frac{165}{1\,764}$

e) $\frac{504}{258} \cdot \frac{222}{168}$ **f)** $\frac{240}{710} \cdot \frac{144}{84}$ **g)** $\frac{96}{46} \cdot \frac{35}{108}$ **h)** $\frac{25}{34} \cdot \frac{17}{75} \cdot \frac{27}{15}$

METHODE

Kürzen von großen Zahlen

Sollen Brüche mit großen Zahlen gekürzt werden, so kannst du schrittweise vorgehen (vgl. Seite 10) oder Zähler und Nenner in Primfaktoren zerlegen. So kannst du alle Primfaktoren, die sowohl im Zähler als auch im Nenner auftreten, kürzen.

Beispiele:

$$\frac{3\,150}{3\,465} = \frac{2 \cdot 3 \cdot 3 \cdot 5 \cdot 5 \cdot 7}{3 \cdot 3 \cdot 5 \cdot 7 \cdot 11} = \frac{2 \cdot \cancel{3}^1 \cdot \cancel{3}^1 \cdot \cancel{5}^1 \cdot 5 \cdot \cancel{7}^1}{\cancel{3}^1 \cdot \cancel{3}^1 \cdot \cancel{5}^1 \cdot \cancel{7}^1 \cdot 11} = \frac{10}{11}$$

$$\frac{280}{660} = \frac{2 \cdot 140}{2 \cdot 330} = \frac{2 \cdot 2 \cdot 70}{2 \cdot 2 \cdot 165} = \frac{2 \cdot 2 \cdot 2 \cdot 35}{2 \cdot 2 \cdot 3 \cdot 55}$$

$$= \frac{\cancel{2}^1 \cdot \cancel{2}^1 \cdot 2 \cdot \cancel{5}^1 \cdot 7}{\cancel{2}^1 \cdot \cancel{2}^1 \cdot 3 \cdot \cancel{5}^1 \cdot 11} = \frac{14}{33}$$

Multiplikation von Dezimalbrüchen

1

Sabine will sich ein Regal für ihre Bücher bauen, das an der Wand über ihrem Schreibtisch hängen soll. Sie hat ausgemessen, dass sie dafür zwei gleiche Bretter mit den folgenden Maßen benötigt:
Länge: 1,15 m,
Breite: 0,20 m.
Sie geht in den Baumarkt, um sich die Bretter maßgenau zusägen zu lassen.
Im Baumarkt sieht Sabine eine Preistafel (siehe Bild).
Sie schwankt zunächst, ob sie sich für dunkle Erlenbretter oder für helle Kiefernbretter entscheiden soll, aber dann gefallen ihr schließlich die dunklen Erlenbretter besser.

„Verflixt“, denkt sie, „ich habe nur 10 € eingesteckt und für Haken und Dübel muss ich auch noch 2,30 € bezahlen. Reicht mein Geld?“
Kannst du Sabine helfen? Probiere es mit einer Überschlagsrechnung.

Nein

2

Kann sich Sabine (Aufgabe 1) die gewünschten Bretter leisten? Berechne ihren genauen Preis. Rechne mit gemeinen Brüchen. 21,10 €

WUSSTEST DU SCHON?
Dübel dienen zur festen Verankerung von Schrauben in der Wand. Während man früher einfache Holzpflöcke benutzte (Holzdübel), sind heutige Dübel meist aus elastischem Kunststoff oder auch aus Metall.

WISSEN

Für die **Multiplikation von Dezimalbrüchen** merken wir uns:
1. Überschlag machen,
2. Dezimalbrüche wie natürliche Zahlen multiplizieren,
3. im Ergebnis das Komma so setzen, dass das Produkt so viele Stellen nach dem Komma hat, wie beide Faktoren zusammen,
4. Ergebnis mit dem Überschlag vergleichen.

BEISPIELE

a) 6,8 · 4,07
Ü: 7 · 4 = 28
↓ ↓↓
R: 6,8 · 4,07
2 720
476
27,676
↑↑↑

b) 0,24 · 0,31
Ü: 0,2 · 0,3 = 0,06
↓↓ ↓↓
R: 0,24 · 0,31
72
24
0,0744
↑↑↑↑

BEACHTE
Damit man die notwendige Anzahl von Stellen nach dem Komma erhält, müssen manchmal Nullen angefügt werden.

3

Berechne. Mache zuerst einen Überschlag. Vergleiche die Ergebnisse miteinander. Was stellst du fest?

a) 7,2 · 2,4	**b)** 3,8 · 0,47	**c)** 12,3 · 0,094	**d)** 43,7 · 5,3
72 · 0,24	4,7 · 0,38	1,23 · 9,4	4,37 · 0,53
0,72 · 2,4	3,8 · 4,7	123 · 0,94	0,437 · 53
7,2 · 0,24	0,038 · 4,7	1,23 · 0,94	437 · 0,053

4

Berechne. Mache zuerst einen Überschlag.

a) 6,03 · 4,2 **b)** 0,734 · 2,3 **c)** 8,5 · 7,07 **d)** 12,9 · 7,9
e) 0,432 · 0,084 **f)** 3,05 · 0,029 **g)** 8,45 · 0,063 **h)** 0,0034 · 6,9

AUFGABE
Setze die Reihe fort.
2,71 · 4,1
2,71 · 8,2
2,71 · 12,3
2,71 · 16,4

5

Das kannst du auch im Kopf rechnen. Notiere nur das Ergebnis.

a) 0,2 · 0,4 **b)** 0,1 · 0,06 **c)** 0,01 · 7,2 **d)** 0,5 · 0,7
e) 0,9 · 1,2 **f)** 1,8 · 0,8 **g)** 3,6 · 0,4 **h)** 2,5 · 0,2

6

Jetzt darfst du Lehrer sein. Entscheide, ob Peter richtig gerechnet hat. Korrigiere falsche Ergebnisse.

a) 2,5 · 3,4 = 6,20 b) 0,3 · 0,5 = 1,5
c) 4,9 · 0,8 = 0,392 d) 1,4 · 0,9 = 1,26

7

Martin meint, dass Martina sich verrechnet haben muss, weil die Produkte nicht die richtige Anzahl von Stellen nach dem Komma haben.
Hat Martin Recht?

2,5 · 2,8 = 7 3,4 · 4,5 = 15,3 0,125 · 4 = 0,5

8

Welche der angegebenen Zahlen ist das richtige Ergebnis? Entscheide, ohne schriftlich zu rechnen.

a) 7,28 · 3,6 =	2,6208	262,08	26,208	2620,8
b) 80,9 · 0,65 =	5258,5	52,585	525,85	5,2585
c) 0,9 · 647,8 =	58,302	5,8302	5830,2	583,02

BEACHTE
Werden Dezimalbrüche miteinander multipliziert, so kann das Produkt kleiner sein als jeder der Faktoren.

9

Vergleiche das Produkt mit den einzelnen Faktoren. Was stellst du fest?

a) 43 · 17 **b)** 74 · 0 **c)** 7,4 · 3,8 **d)** 3,6 · 0,5
e) 0,9 · 2,78 **f)** 0,8 · 0,78 **g)** 0 · 0,724 **h)** 0,77 · 0,33
i) 0,092 · 0,88 **j)** 57 · 0,075 **k)** 1,08 · 0,99 **l)** 0,0986 · 0

10[L]

a) Bilde selbst Produkte, bei denen das Ergebnis kleiner ist als jeder der beiden Faktoren.
b) Welche Bedingungen gelten für die von dir gewählten Faktoren?
c) Kann auch bei der Multiplikation natürlicher Zahlen das Produkt kleiner sein als jeder der Faktoren?

BEISPIEL
1 m Schleifenband kostet 0,92 €.
0,5 m Band kostet dann
$0{,}5 \cdot 0{,}92$ € = 0,46 €.
Es gilt:
$0{,}46 < 0{,}5$ und
$0{,}46 < 0{,}92$.

11[L]

Gib jeweils zwei Dezimalbrüche an, die für □ eingesetzt werden können.

a) $4 \cdot □ < 4$ **b)** $7{,}3 \cdot □ < 7{,}3$ **c)** $□ \cdot 0{,}7 < □$
d) $□ \cdot 2{,}6 < □$ **e)** $□ \cdot 12{,}1 < 12{,}1$ **f)** $□ \cdot 0{,}8 < 0{,}8$

12

Ein Kilogramm Mandarinen kostet 2,49 €. Was kosten

a) 0,75 kg; **b)** 0,983 kg; **c)** $\frac{1}{2}$ kg; **d)** 650 g; **e)** 1,25 kg?

13

Ein Kilogramm Bananen kostet 1,89 €. Was kosten

a) 2,5 kg; **b)** 0,845 kg; **c)** $\frac{3}{4}$ kg; **d)** 1,384 kg; **e)** 780 g?

14

Berechne. Wie hängen die Aufgaben jeweils zusammen? Überlege, in welcher Reihenfolge du die Aufgaben am besten lösen kannst.

a)	b)	c)	d)
$4{,}84 \cdot 5$	$0{,}5 \cdot 7{,}48$	$6 \cdot 2{,}5$	$0{,}3 \cdot 7{,}53$
$4{,}84 \cdot 10$	$10 \cdot 7{,}48$	$0{,}6 \cdot 2{,}5$	$0{,}9 \cdot 2{,}51$
$4{,}84 \cdot 0{,}5$	$5 \cdot 7{,}48$	$6 \cdot 0{,}25$	$3 \cdot 7{,}53$
$4{,}84 \cdot 1{,}5$	$1{,}5 \cdot 7{,}48$	$0{,}6 \cdot 0{,}25$	$0{,}1 \cdot 22{,}59$

15

a) Stefan möchte sich einen Schreibtisch bauen. Deshalb kauft er im Baumarkt eine Platte mit der Länge 1,55 m und der Breite 0,65 m. Der Quadratmeterpreis für die zugeschnittene Platte beträgt 19,90 €. Was kostet die Platte?
b) Stefan möchte rings um die Platte Kantleisten anbringen. Diese kosten 1,25 € pro Meter. Wie viel muss Stefan für die Kantleisten bezahlen?
c) Was kostet alles zusammen?

16

Herr Muster will für seine Klasse einige Ergänzungshefte für den Mathematikunterricht kaufen. Er will einen Klassensatz Arbeitshefte für je 6,40 € und für je zwei Schüler eine zusätzliche Aufgabensammlung für 8,95 € kaufen. Wie viel Geld muss Herr Muster bei der Schulleitung beantragen, wenn in seiner Klasse 28 Kinder lernen?

17

Multipliziere die folgenden Dezimalbrüche miteinander.

a) 5,1 und 6,2 **b)** 3,5 und 4,75 **c)** 7,3 und 5,9 **d)** 2,2 und 6,7
e) 8,0 und 7,8 **f)** 4,25 und 3,9 **g)** 6,67 und 1,8 **h)** 5,6 und 2,88

18L

Rechne schriftlich und kontrolliere durch eine Überschlagsrechnung.

a) $2{,}33 \cdot 5{,}2$ **b)** $25{,}37 \cdot 12{,}8$ **c)** $98{,}04 \cdot 102{,}5$ **d)** $17{,}92 \cdot 20{,}5$
e) $23{,}46 \cdot 0{,}02$ **f)** $203{,}5 \cdot 0{,}41$ **g)** $7{,}28 \cdot 3{,}603$ **h)** $0{,}15 \cdot 0{,}006$

19

Berechne im Kopf.

a) $1{,}46 \cdot 2$ **b)** $123{,}7 \cdot 0{,}01$ **c)** $3{,}2 \cdot 20$ **d)** $0{,}006 \cdot 5$
e) $7 \cdot 0{,}14$ **f)** $14{,}6 \cdot 0{,}5$ **g)** $0{,}1 \cdot 0{,}00002$ **h)** $1{,}001 \cdot 0{,}2$
i) $1\,234{,}6 \cdot 0{,}001$ **j)** $170{,}10 \cdot 0{,}01$ **k)** $0{,}002 \cdot 2{,}000$ **l)** $0{,}1010 \cdot 4\,000$
m) $82{,}02 \cdot 0{,}001$ **n)** $101{,}02 \cdot 0{,}9$ **o)** $1{,}8 \cdot 0{,}008$ **p)** $0{,}036 \cdot 0{,}004$

20

Berechne.

a) $303{,}2 \cdot 0{,}12$ **b)** $0{,}12 \cdot 0{,}12$ **c)** $1{,}3 \cdot 13$ **d)** $1{,}5 \cdot 0{,}15$
e) $0{,}017 \cdot 170$ **f)** $0{,}25 \cdot 0{,}025$ **g)** $11 \cdot 0{,}11$ **h)** $1{,}01 \cdot 2{,}02$
i) $88{,}8 \cdot 0{,}101$ **j)** $0{,}702 \cdot 0{,}02$ **k)** $3{,}01 \cdot 30$ **l)** $0{,}009 \cdot 1{,}2$

21

Begründe die Richtigkeit der Gleichungen, ohne zu rechnen.

a) $1{,}15 \cdot 0{,}2 = 115 \cdot 0{,}002$ **b)** $123{,}7 \cdot 0{,}04 = 1{,}237 \cdot 4$
c) $1{,}15 \cdot 0{,}2 = 0{,}0115 \cdot 20$ **d)** $34 \cdot 0{,}006 = 0{,}034 \cdot 6$
e) $24{,}58 \cdot 1{,}5 = 245{,}8 \cdot 0{,}15$ **f)** $0{,}02 \cdot 78{,}1 = 2 \cdot 0{,}781$

WISSEN

Das Produkt von zwei Dezimalbrüchen ändert sich nicht, wenn man bei den Faktoren das Komma um gleich viele Stellen in entgegengesetzten Richtungen verschiebt.

BEISPIEL

$84{,}2 \cdot 0{,}005 =$
$0{,}842 \cdot 0{,}5$

Komma 2 Stellen nach links — Komma 2 Stellen nach rechts

22

Thorsten will sich aus Glasscheiben ein Aquarium bauen. Die Grundfläche ist 22,8 cm breit und 42,5 cm lang.

a) Wie viel Liter sind im Aquarium, wenn das Wasser 50,4 cm hoch steht? Schätze zuerst.

b) Wie viel Liter Wasser fasst ein Aquarium von 2,28 m Länge und 42,5 cm Breite bei einer Wassertiefe von 50,4 cm?

c) Wie viel Liter Wasser sind in Thorstens Aquarium, wenn er es doppelt so breit, aber nur halb so lang macht und das Wasser nur bis zu zwei Drittel der oben genannten Füllhöhe einlaufen lässt?

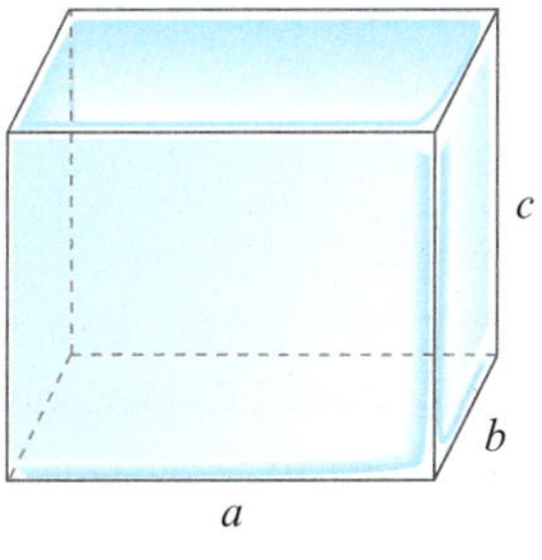

$V = a \cdot b \cdot c$

23

Rechne geschickt.

a) 18,9 · 45,8 + 31,5 · 45,8 + 237,2 · 45,8
b) 27,7 · 1,99 + 3,11 · 27,7
c) 46,81 · 23,4 + 171,6 · 2,34 + 20,2 · 23,4
d) 303,2 · 18,5 + 1,85 · 202,3
e) 90,48 · 0,72 + 821 · 0,072 – 2,1 · 0,72
f) 0,204 · 2,01 – 20,1 · 0,0204

24

Schreibe zuerst als Term und berechne dann.

a) Subtrahiere das Produkt aus 65,7 und 38,2 von der Summe aus 1405,6 und 1305,7.
b) Multipliziere die Differenz aus 67,89 und 32,09 mit dem Produkt aus 13,5 und 14,8.
c) Um wie viel ist das Produkt der Zahlen 17,43 und 18,02 größer als ihre Summe?
d) Multipliziere 7,68 zur Summe von 19,38 und 78,13.

25

Herr Stahl fährt zum Tanken. An der Tankstelle sieht er ein Preisschild mit der Aufschrift: Super bleifrei $1{,}18^9$.

a) Was bedeutet die Ziffer ‚9'?
Warum wird die Preisangabe wohl so gestaltet?
b) Der Tageskilometerzähler seines Autos zeigt an, dass er seit dem letzten Volltanken 543,6 km gefahren ist. Er weiß, dass sein Auto ca. 10,5 l pro 100 km verbraucht.
Mit welchem Preis muss er bei erneutem Volltanken rechnen?
c) Nach dem Volltanken liest Herr Stahl an der Zapfsäule ab, dass er 54,3 l getankt hat.
Wie viel muss er tatsächlich bezahlen?

26

Übertrage die Tabelle ins Heft. Berechne die Produkte möglichst geschickt.

·	0,4	0,44	0,5	4,4	1,5
36,2					
3,62					
0,362					

27

a) Raise 0.2 in the power of four, then add the product of 2.34 and 0.05.
b) Multiply 7.8 by 3.7, then subtract the square of 5.3.
c) Multiply 4.1 by 5.2, then raise the product in the power of three.
d) What is the difference between the square of 5.7 and the cube of 2.8?

MERKE
Engländer und US-Amerikaner schreiben statt eines Dezimalkommas einen Dezimalpunkt.
to raise in the power of: potenzieren
square: Quadrat
cube: 3. Potenz
to multiply by: multiplizieren mit

28

In England und in den USA trifft man häufig andere Einheiten an als in Deutschland.

a) Marks Vater tankt in Denver 9 Gallonen Benzin.
Wie viel Liter sind das, wenn eine Gallone 3,785 l sind?

b) Auf den Highways in den USA ist die Höchstgeschwindigkeit häufig 70 Meilen pro Stunde. Eine (amerikanische) Meile sind 1,609 km.
Gib die Höchstgeschwindigkeit in Kilometer pro Stunde an.
Vergleiche mit Höchstgeschwindigkeiten auf deutschen Autobahnen.

c) In Oxford findet ein Wettlauf über 100 Yard statt.
Wie viel Meter sind das, wenn 1 Yard = 0,9144 m sind?
Wie viel Meter sind 110 Yard?

d) Mr. Thompson kauft 5 Pints Saft (1 Pint = 0,568 l).
Wie viel Liter sind das?

e) Jane ist 135 Inch weit gesprungen. Kannst du das auch?

BEISPIELE
für englische und amerikanische Längenmaße:
1 inch = 2,54 cm
1 foot = 12 inches
1 yard = 3 feet
1 mile = 1 760 yards
engl. Flüssigkeitsmaße:
1 gill = 0,142 l
8 gills = 1 quart
1 gallon = 4 quarts

29

Übertrage in dein Heft und setze die fehlenden Ziffern ein.

a) 2,□5 · 1,3
2□5
8□5
□□05

b) □,8□ · 2,6
9□4
□92□
□□6□□

c) 3,8□ · 2,1
□68
□□□
□,□□4

d) 0,□3 · 2,□
14□
□□5
□8□□

e) 127 · □,□
□□1
□□9
□□□,□

f) □,34 · □,2
□□38
12□□
□□,6□□

AUFGABEN ZUR WIEDERHOLUNG

1. Welche Ergebnisse sind falsch?
Begründe deine Entscheidung, ohne die Aufgabe auszurechnen.
a) 4 739 + 11 681 = 16 428
b) 120 000 – 73 428 = 46 572
c) 143 721 + 86 563 = 23 000 284
d) 973 470 – 681 471 = 291 901
e) 685 · 37 = 25 347
f) 341 · 45 = 15 345
g) 846 · 489 = 41 694
h) 178 · 25 = 4 450

2. Überschlage das Ergebnis.
a) 8 317 + 1 680 + 3 790 + 7 430
b) 43 720 + 12 630 + 121 683
c) 1 234 872 + 2 950 342 + 34 734 822
d) 162 794 – 41 911 – 71 340
e) 812 314 – 75 465 – 126 306
f) 12 890 543 – 4 237 699 – 5 003 654

3. Überschlage das Ergebnis.
a) 189 · 41 **b)** 307 · 72
c) 492 · 52 **d)** 760 · 47
e) 561 · 52 **f)** 1 981 · 21

4. Wie viele Schritte sind mindestens notwendig, um von A nach B zu gelangen?
Eine Karolänge bedeutet einen Schritt.

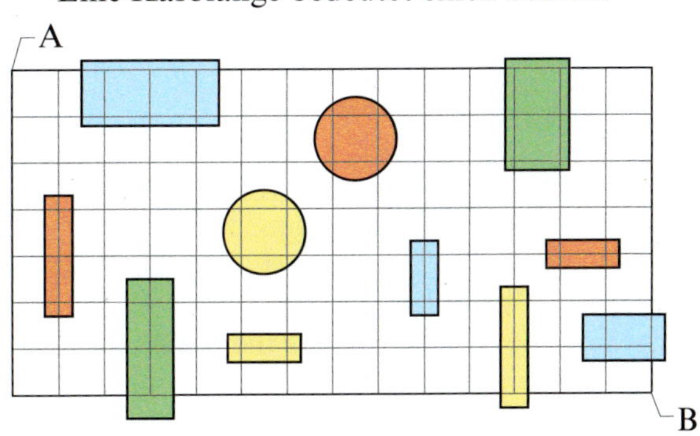

Ein Blick in die Technik

Die Fahrrad-Kettenschaltung

Draisine von 1817

Fahrrad von 2004

Die Geschichte des Fahrrads

Der Vorgänger des Fahrrads wurde 1817 als Laufrad von dem Karlsruher Erfinder Karl Freiherr Drais von Sauerbronn konstruiert und benutzt. Dieses Laufrad hatte grob die Form und Größe heutiger Fahrräder; der „Fahrer" stieß sich jedoch mit den Füßen vom Untergrund ab. Deshalb wurde dieses Laufrad auch als „Schnelllaufmaschine" bezeichnet, später als Draisine.
1861 baute der Franzose Pierre Michaux an das Vorderrad seiner Draisine Tretkurbeln an. Michaux gründete 1869 die erste Fahrradfabrik, die anfangs 200 Räder pro Tag produzierte. Schon 1870 brach diese Fabrik wieder zusammen und England stieg in das Fahrradgeschäft ein.
1871 baute der englische Ingenieur James Starley das erste Hochrad. Das vordere Rad mit der Tretkurbel war 125 cm hoch, das hintere nur 35 cm. Mit solchen Fahrrädern waren Geschwindigkeiten bis zu 25 km/h erreichbar. Sie waren jedoch sehr wackelig und daher schwer zu fahren. Leider kam es damit häufiger zu Stürzen mit tödlichen Kopfverletzungen.
1888 konstruierte John Kemp Starley daher ein neues Fahrrad, auch Sicherheitsfahrrad genannt, das unseren heutigen Rädern schon recht ähnlich war. Es hatte 2 gleich große Räder; die Tretkurbel war nicht mehr mit dem Vorderrad verbunden, sondern mit dem Rahmen. Die Kraft wurde über zwei Zahnräder, die durch eine Kette verbunden waren, auf das Hinterrad übertragen. Schon damals hatte das vordere Zahnrad (Kettenblatt) mehr Zähne als das hintere (Ritzel).

Hochrad um 1900

Moderne Kettenschaltung

AUFGABEN

1. **a)** Seit wann kann sich die Menschheit auf zwei Rädern fortbewegen?
   b) Wann wurde das erste Fahrrad mit Tretkurbel erfunden?
   c) Seit wie viel Jahren ist die Tretkurbel am Rahmen angebracht und nicht am Vorderrad?

2. **a)** Warum baute man die doch so gefährlichen Hochräder?
   b) Welche Erfindung machte die unsicheren Hochräder überflüssig?
   c) Warum hat das am Rahmen befestigte Kettenblatt mehr Zähne als das am Hinterrad montierte Ritzel?

Ein normales Fahrrad wiegt nur etwa ein Fünftel unseres eigenen Körpergewichts. Dennoch kommen wir bei gleicher Kraftanstrengung mit dem Rad fünfmal weiter als zu Fuß und sind auch fünfmal so schnell.

INFORMATION

$ü$ Übersetzung,
k Anzahl der Kettenblatt-Zähne
r Anzahl der Zähne des Ritzels
es gilt $ü = \frac{k}{r}$
u Umfang des Rades
e zurückgelegter Weg bei einer Tretkurbelumdrehung
es gilt $e = ü \cdot u$

Die Kettenschaltung

In den Anfängen der Fahrradherstellung drehte sich das Rad pro Pedalumdrehung einmal. Bei der Kettenschaltung ist die Anzahl der Radumdrehungen abhängig vom gewählten Gang.
Mithilfe einer Kettenschaltung kann man eine für das jeweilige Gelände günstige Übersetzung wählen. Erst moderne Kettenschaltungen ermöglichten es in Verbindung mit anderen Verbesserungen (Mountainbike), selbst unwegsame und relativ steile Berge zu befahren.
1928 kam die erste serienmäßig hergestellte Kettenschaltung in den Handel. Es war eine 3-Gang-Schaltung mit drei verschiedenen Ritzeln.

Die Übersetzung

Die Übersetzung gibt an, wie häufig sich das Hinterrad bei einer Drehung des Kettenblattes, also bei einer vollen Drehung der Tretkurbel, dreht.
- Je größer die Übersetzung ist, umso schneller kann man also fahren, ohne schneller treten zu müssen.
- Je kleiner die Übersetzung ist, umso langsamer ist man bei gleicher Tretgeschwindigkeit.

Von der Übersetzung hängt die zurückgelegte Strecke bei einer Pedalumdrehung, die Entfaltung, ab. Je nach gewähltem Gang ist die Entfaltung unterschiedlich.
Bei einem 26er Mountainbike (Umfang des Rades 2,07 m) mit einer 21-Gang-Schaltung können die Kettenblätter mit 24, 36 und 46 Zähnen und die Ritzel mit 12, 14, 16, 18, 20, 23, 26 Zähnen ausgestattet sein.

k \ r	12	14	16	18	20	23	26
24							
36							
46					2,3 4,76 m		

BEISPIEL

Kettenrad 46 Zähne
Ritzel 20 Zähne
$u \approx 2{,}07$ m
Übersetzung:
$ü = \frac{46}{20} = 2{,}3$
Entfaltung:
$e = 2{,}3 \cdot 2{,}07$ m
$\approx 4{,}76$ m

WEITERE AUFGABEN

3. Warum wurde die Gangschaltung erfunden?

4. **a)** Welchen Gang, also welches Kettenblatt in Kombination mit welchem Ritzel, würdest du bei einem steilen Berg wählen?
   b) Welchen Gang würdest du wählen, wenn du auf der Straße fährst?

5. Wie viele Kettenblätter und wie viele Ritzel gibt es bei einer 21-Gang-Kettenschaltung?

6. **a)** Übertrage die Tabelle ins Heft und berechne die Übersetzungen und die bei einer Tretkurbelumdrehung zurückgelegten Wege.
   b) Sortiere die Weglängen der Größe nach. Welche Übersetzungen unterscheiden sich kaum? Wie viele Gänge gibt es effektiv?
   c) Hast du auch ein Fahrrad mit Gangschaltung? Untersuche, wie viele Gänge dein Rad wirklich hat (Radumfänge: 24er Rad $u \approx 1{,}92$ m, 28er Rad $u \approx 2{,}23$ m).

Division von Brüchen

1

Frau Sauer hat in ihrem Gemüseladen noch $7\frac{1}{2}$ kg Erdbeeren auf Schälchen mit je $\frac{1}{4}$ kg zu verteilen. Wie viele Schälchen muss Frau Sauer noch füllen? Nenne die passende Rechenaufgabe.

2

Franka will die Streifen für den Schwanz ihres Drachens jeweils $\frac{1}{4}$ m lang haben. Sie hat ein Band von $3\frac{3}{8}$ m Länge. Wie viele Streifen erhält Franka beim Zerschneiden des Bandes?

BEISPIEL

Uwe und Antje überlegen, wie man Brüche dividieren könnte:

Uwe: „Wenn man beim Multiplizieren Zähler mal Zähler und Nenner mal Nenner rechnet, muss man beim Dividieren sicher Zähler durch Zähler und Nenner durch Nenner rechnen.“

Antje: „Rechnen wir ein Beispiel und machen dann die Probe:
$\frac{4}{5} : \frac{2}{5} = \frac{4:2}{5:5} = \frac{2}{1} = 2$.“

Uwe: „Das muss stimmen, denn $\frac{4}{5}$ ist doppelt so groß wie $\frac{2}{5}$.“

Antje: „Ob das auch bei anderen Beispielen stimmt?
$\frac{6}{25} : \frac{3}{5} = \frac{6:3}{25:5} = \frac{2}{5}$.“

Uwe: „Machen wir die Probe: $\frac{2}{5} \cdot \frac{3}{5} = \frac{2 \cdot 3}{5 \cdot 5} = \frac{6}{25}$. Stimmt also.“

Antje: „Was machen wir aber bei $\frac{4}{5} : \frac{3}{7}$?“

Uwe: „Ich habe eine Idee: Wir erweitern $\frac{4}{5}$ so lange, bis wir den Zähler durch 3 und den Nenner durch 7 teilen können.“

Antje: „Das geht ganz einfach: Man muss zuerst mit 3 und dann mit 7 erweitern: $\frac{4}{5} = \frac{4 \cdot 3 \cdot 7}{5 \cdot 3 \cdot 7}$. Dann können wir rechnen:
$\frac{4}{5} : \frac{3}{7} = \frac{4 \cdot 3 \cdot 7}{5 \cdot 3 \cdot 7} : \frac{3}{7} = \frac{(4 \cdot 3 \cdot 7) : 3}{(5 \cdot 3 \cdot 7) : 7} = \frac{4 \cdot 7}{5 \cdot 3} = \frac{28}{15}$.“

Uwe: „Ich habe etwas entdeckt: Wir brauchen statt $\frac{4}{5} : \frac{3}{7}$ nur $\frac{4}{5} \cdot \frac{7}{3}$ zu rechnen, also beim zweiten Bruch Zähler und Nenner zu vertauschen und zu multiplizieren.“

BEISPIEL

Wie oft passen $\frac{2}{5}$ in $\frac{4}{5}$?

$\frac{4}{5}$

$\frac{2}{5}$

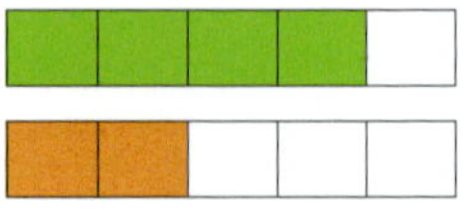

Wie oft passen $\frac{3}{7}$ in $\frac{4}{5}$?

$\frac{4}{5}$

$\frac{3}{7}$

$\frac{28}{35}$

$\frac{15}{35}$

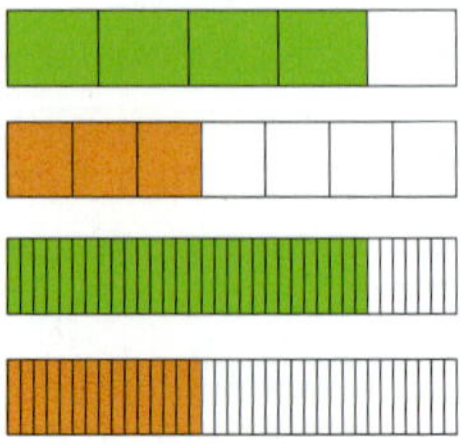

WISSEN

Wenn bei einem Bruch $\frac{a}{b}$ $(a \neq 0,\ b \neq 0)$ Zähler und Nenner vertauscht werden, so erhält man den **Kehrwert** $\frac{b}{a}$.

Beispiele: $\frac{4}{3}$ ist der Kehrwert von $\frac{3}{4}$. $\frac{1}{2}$ ist der Kehrwert von 2.

INFORMATION

Statt vom Kehrwert spricht man häufig auch vom Reziproken eines Bruches:

$\frac{2}{3}$ ist das **Reziproke** von $\frac{3}{2}$ und umgekehrt.

3

Ermittle jeweils den Kehrwert.

a) $\frac{3}{4}; \frac{7}{8}; \frac{4}{9}; 1$ **b)** $\frac{1}{2}; \frac{3}{5}; \frac{7}{13}; 4$ **c)** $2; \frac{1}{7}; 3\frac{1}{2}; 0$ **d)** $7; \frac{1}{3}; 7\frac{1}{4}; 3$

WISSEN

Durch einen Bruch wird dividiert, indem mit dem Kehrwert dieses Bruches multipliziert wird: $\frac{a}{b} : \frac{c}{d} = \frac{a}{b} \cdot \frac{d}{c}$; $(b;\ c;\ d \neq 0)$.

BEISPIEL

Frage:
Wie oft passt $\frac{1}{10}$ h in $\frac{1}{2}$ h?

Divisionsaufgabe:
$\frac{1}{2} : \frac{1}{10}$

Rechnung:
$\frac{1}{2} : \frac{1}{10} = \frac{1}{2} \cdot \frac{10}{1} = \frac{10}{2} = 5$

4

Berechne die Quotienten.

a) $\frac{2}{5} : \frac{1}{2}$ **b)** $\frac{4}{7} : \frac{1}{7}$ **c)** $\frac{3}{4} : \frac{1}{3}$ **d)** $\frac{7}{8} : \frac{1}{8}$ **e)** $\frac{3}{4} : \frac{5}{8}$ **f)** $\frac{12}{5} : \frac{3}{10}$

g) $\frac{5}{8} : \frac{3}{4}$ **h)** $\frac{15}{4} : \frac{5}{8}$ **i)** $\frac{7}{12} : \frac{1}{3}$ **j)** $\frac{6}{5} : \frac{2}{5}$ **k)** $\frac{9}{16} : \frac{1}{4}$ **l)** $\frac{8}{3} : \frac{2}{5}$

5^L

Schreibe als Divisionsaufgabe und berechne.

a) Wie oft passen $\frac{3}{4}$ kg in $2\frac{1}{4}$ kg? **b)** Wie oft passen $\frac{2}{5}$ m in 3 m?

c) Wie oft passt $\frac{1}{4}$ kg in $5\frac{1}{2}$ kg? **d)** Wie oft passen $\frac{3}{8}$ kg in $2\frac{1}{4}$ kg?

BEACHTE

Gemischte Zahlen und auch natürliche Zahlen werden vor dem Dividieren in gemeine Brüche umgewandelt.

Beispiel: $2\frac{3}{4} : 3$

$2\frac{3}{4} = \frac{11}{4}$; $3 = \frac{3}{1}$

$2\frac{3}{4} : 3 = \frac{11}{4} : \frac{3}{1}$

$= \frac{11}{4} \cdot \frac{1}{3} = \frac{11}{12}$

6

Berechne. Überlege, ob und wann du vor dem Rechnen kürzen kannst.

a) $\frac{6}{5} : \frac{18}{15}$ **b)** $\frac{35}{56} : \frac{15}{24}$ **c)** $\frac{27}{35} : \frac{15}{9}$ **d)** $\frac{65}{78} : \frac{15}{12}$ **e)** $\frac{60}{144} : \frac{18}{48}$

7

Übertrage ins Heft und dividiere den Bruch oben durch den Bruch links.

:	$\frac{3}{4}$	$\frac{4}{3}$	3	$5 \cdot \frac{1}{2}$	$\frac{1}{4}$
$\frac{2}{9}$					
4					

:	$\frac{2}{3}$	$\frac{3}{2}$	4	$\frac{1}{34}$	$\frac{1}{5}$
$\frac{3}{8}$					
6					

8

Berechne.

a) $7 : \frac{7}{6}$ b) $\frac{6}{7} : 7$ c) $9 : \frac{9}{4}$ d) $\frac{4}{9} : 9$ e) $9 : 7$ f) $6 : 8$

g) $2\frac{1}{2} : \frac{3}{4}$ h) $\frac{4}{5} : 2\frac{1}{2}$ i) $3\frac{1}{4} : \frac{3}{8}$ j) $\frac{6}{7} : 3\frac{1}{3}$ k) $4\frac{1}{4} : 8\frac{1}{2}$ l) $9\frac{2}{3} : 3\frac{2}{9}$

9

Berechne. Was stellst du fest?

a) $1 : \frac{4}{5}; 1 : \frac{9}{8}; 1 : \frac{4}{11}$ b) $\frac{6}{7} : 1; \frac{9}{4} : 1; \frac{4}{9} : 1$ c) $0 : \frac{1}{2}; 0 : \frac{7}{8}; 0 : \frac{11}{15}$

WISSEN

Für jede gebrochene Zahl a ($a \neq 0$) gilt:
$a : 1 = a$, $1 : a$ ist der Kehrwert von a, $0 : a = 0$.

BEACHTE
Auch bei den gebrochenen Zahlen darf nicht durch Null dividiert werden.

10

a) Dividiere 12 der Reihe nach durch 12, 6, 4, 3, 2, 1, $\frac{1}{2}, \frac{1}{3}, \frac{1}{4}, \frac{1}{6}, \frac{1}{12}$.

b) Dividiere 15 der Reihe nach durch 15, 5, 3, 1, $\frac{1}{2}, \frac{1}{3}, \frac{1}{4}, \frac{1}{5}, \frac{1}{15}$.

Was stellst du fest? Versuche die Beobachtung zu erklären.

WISSEN

Wenn durch einen Bruch dividiert wird, so kann der Quotient größer als der Dividend sein.

ERINNERE DICH
Dividend durch **Divisor** gleich **Quotient**.

11

Berechne. Wann ist der Quotient größer als der Dividend?

a) $2 : \frac{2}{3}$ b) $3 : \frac{3}{2}$ c) $4 : \frac{2}{5}$ d) $4 : \frac{8}{5}$ e) $\frac{2}{3} : \frac{5}{6}$ f) $\frac{1}{3} : \frac{3}{4}$

12

Ermittle die natürliche Zahl n.

a) $\frac{5}{3} : \frac{n}{5} = \frac{25}{6}$ b) $\frac{n}{10} : \frac{6}{5} = \frac{1}{2}$ c) $\frac{4}{5} : \frac{n}{3} = \frac{12}{15}$ d) $\frac{n}{12} : \frac{25}{6} = \frac{3}{10}$ e) $\frac{6}{7} : \frac{12}{n} = \frac{3}{2}$

13[L]

Ergänze so, dass eine wahre Aussage entsteht.

a) $\frac{3}{8} : ■ = \frac{2}{3}$ b) $\frac{3}{5} : ■ = \frac{9}{10}$ c) $■ : \frac{3}{7} = 5$ d) $■ : \frac{2}{3} = 1$

e) $\frac{4}{8} : ■ = 1$ f) $\frac{16}{5} : ■ = 4$ g) $4 : ■ = 8$ h) $■ : 4 = \frac{1}{9}$

14[L]

Gib jeweils mindestens drei Brüche an, die für x eingesetzt werden können, damit eine wahre Aussage entsteht.

a) $\frac{3}{4} : x > \frac{3}{4}$ **b)** $x : \frac{4}{5} > x$ **c)** $x : \frac{7}{8} > x$ **d)** $\frac{7}{8} : x > \frac{7}{8}$ **e)** $5 : x > 5$

15

Berechne. Überlege, wie du am besten vorgehst.

a) $\frac{3}{4} - \frac{1}{4} : \frac{5}{2}$ **b)** $\left(\frac{3}{4} - \frac{1}{4}\right) : \frac{5}{2}$ **c)** $\frac{3}{8} + \frac{5}{8} : \frac{3}{4}$ **d)** $\left(\frac{3}{8} + \frac{5}{8}\right) : \frac{3}{4}$

e) $\frac{3}{5} : \frac{4}{7} + \frac{2}{5} : \frac{4}{7}$ **f)** $\left(\frac{3}{5} + \frac{2}{5}\right) : \frac{4}{7}$ **g)** $\frac{5}{9} : \frac{5}{3} - \frac{4}{9} : \frac{5}{3}$ **h)** $\left(\frac{5}{9} - \frac{4}{9}\right) : \frac{5}{3}$

16

Berechne. Überlege, wie du vorgehen musst.

a) $\frac{5}{7} - \frac{1}{2} : \frac{3}{4}$ **b)** $\frac{5}{8} : \frac{1}{4} - 1\frac{1}{4}$ **c)** $\frac{6}{8} - \frac{1}{3} : \frac{2}{3}$ **d)** $\frac{8}{15} : \frac{4}{6} - \frac{1}{6}$ **e)** $\frac{8}{9} : \frac{7}{3} - \frac{1}{3}$

f) $\frac{4}{7} : 4 + \frac{3}{14} : 4$ **g)** $1\frac{3}{4} : \left(\frac{3}{8} + \frac{3}{4}\right)$ **h)** $\frac{3}{2} : 4\frac{1}{2} + \frac{1}{2}$ **i)** $2\frac{1}{2} : \frac{4}{5} - \frac{3}{10}$ **j)** $\left(\frac{7}{10} - \frac{2}{5}\right) : 3\frac{1}{2}$

17

Setze $\frac{1}{2}$, $\frac{1}{3}$ und $\frac{1}{4}$ in die folgenden Aufgaben ein. Berechne die Ergebnisse. Bei welcher Aufgabe ergibt sich das kleinste, wo das größte und wo gar kein Ergebnis? Kannst du weitere Aufgaben aus den drei Brüchen bilden?

a) $\square + \square \cdot \square$ **b)** $(\square + \square) \cdot \square$ **c)** $\square - \square \cdot \square$ **d)** $(\square - \square) \cdot \square$

e) $\square + \square : \square$ **f)** $(\square + \square) : \square$ **g)** $\square - \square : \square$ **h)** $(\square - \square) : \square$

18

Wo haben sich Fehler eingeschlichen? Berechne die richtigen Ergebnisse.

a) $\frac{12}{5} : \frac{15}{4} = \frac{12}{1} : \frac{3}{4} = \frac{3}{1} : \frac{3}{1} = 1$ **b)** $\frac{9}{12} : 3 = \frac{9 : 3}{12 : 3} = \frac{3}{4}$

c) $\frac{7}{8} - \frac{3}{4} : \frac{1}{2} = \frac{7}{8} - \frac{6}{8} : \frac{1}{2} = \frac{1}{8} : \frac{1}{2} = \frac{1}{8} \cdot 2 = \frac{1}{4}$ **d)** $\frac{12}{18} : \frac{6}{2} = \frac{18}{2} \cdot \frac{2}{6} = 3$

19

Berechne $(a + b) : 2$.

a) $a = \frac{1}{2}; b = 1$ **b)** $a = 0; b = \frac{1}{2}$ **c)** $a = \frac{1}{3}; b = \frac{1}{2}$

d) $a = \frac{1}{4}; b = \frac{3}{8}$ **e)** $a = \frac{1}{8}; b = \frac{5}{8}$ **f)** $a = \frac{2}{3}; b = \frac{5}{6}$

Veranschauliche a, b und $(a + b) : 2$ jeweils an einem Zahlenstrahl.

WISSEN

Für zwei gebrochenen Zahlen a und b mit $a < b$ gilt: $a < (a + b) : 2 < b$.
$(a + b) : 2$ ist das arithmetische Mittel von a und b.

WUSSTEST DU SCHON?

Die Babylonier hatten ein 60er-System, das sie bei Brüchen und in der Zeitrechnung benutzten.
Das Bruchsystem der Römer wurde aus ihren Geld- und Gewichtsmaßen abgeleitet.
1 As war die älteste römische Kupfermünze und hatte ursprünglich das Gewicht eines römischen Pfundes (327,45 g).
Alle anderen Münzen waren ein Bruchteil dieser Münze.
$\frac{1}{12}$ As war eine unica (eine Unze).
1 As = 12 Unzen
$\frac{1}{6}$ As war ein sextans,
$\frac{1}{4}$ As ein quadrans …

BEISPIEL

$a = \frac{3}{4}; b = \frac{5}{4}$
$(a + b) : 2$
$= \left(\frac{3}{4} + \frac{5}{4}\right) : 2$
$= \frac{8}{4} : 2 = 1$

20[L]

Berechne das arithmetische Mittel von a und b.

a) $a = \frac{3}{8}$; $b = \frac{7}{8}$ **b)** $a = 0$; $b = \frac{5}{6}$ **c)** $a = \frac{1}{4}$; $b = \frac{3}{4}$ **d)** $a = \frac{1}{3}$; $b = \frac{5}{6}$

21[L]

Schreibe die Aufgabe auf und berechne.

a) Dividiere die Differenz von $1\frac{1}{2}$ und $\frac{7}{8}$ durch $\frac{2}{3}$.

b) Subtrahiere 0,6 vom Produkt der Zahlen $\frac{4}{7}$ und $\frac{7}{4}$.

c) Dividiere das Produkt von $3\frac{1}{4}$ und $\frac{4}{9}$ durch $4\frac{2}{3}$.

d) Addiere zu $5\frac{3}{8}$ den Quotienten der Zahlen $\frac{85}{72}$ und $\frac{17}{9}$.

e) Addiere zur Differenz von $\frac{1}{2}$ und $\frac{1}{3}$ die Summe von $\frac{1}{4}$ und $\frac{3}{8}$.

f) Addiere das Produkt von $\frac{7}{9}$ und $\frac{3}{14}$ zur Differenz von $\frac{5}{6}$ und $\frac{2}{3}$.

g) Dividiere die Differenz von $\frac{1}{2}$ und $\frac{4}{5}$ durch die Summe von $\frac{3}{16}$ und $\frac{3}{4}$.

22

Berechne. Was fällt dir an den Ergebnissen auf?
Formuliere zu jeder Aufgabe eine Sachaufgabe.

a) $7\frac{1}{2}\,\text{m} : \frac{1}{2}\,\text{m}$ **b)** $4\frac{1}{4}\,\text{kg} : \frac{1}{4}\,\text{kg}$ **c)** $2\frac{1}{2}\,\text{h} : \frac{1}{6}\,\text{h}$ **d)** $6\frac{3}{4}\,\text{l} : \frac{1}{8}\,\text{l}$

23

Tee wird in verschiedenen Verpackungsgrößen abgepackt. In einem Teegeschäft werden $3\frac{1}{2}$ kg Ceylontee in kleinere Päckchen umgefüllt.

a) Wie viele Viertel-Kilo-Päckchen können gefüllt werden?

b) In wie viele Päckchen zu $\frac{1}{8}$ kg kann der Tee verpackt werden?

c) In einem Regal stehen noch 55 Päckchen zu $\frac{1}{4}$ kg und 27 Päckchen zu $\frac{1}{8}$ kg englischer Tee. Wie viele Kilogramm sind das?

24

a) Ein Imker hat mithilfe seiner Bienen 90 kg Lindenblütenhonig erzeugt.
Er will den Honig in Eimer mit je $3\frac{3}{4}$ kg Honig abfüllen. Wie viele Eimer kann er füllen?

b) Die 50 kg Wildfruchthonig füllt er in Gläser mit jeweils $\frac{3}{4}$ kg ab. Wie viele Gläser braucht er?

SPIEL MIT!
Rechne mit deinem Nachbarn um die Wette.

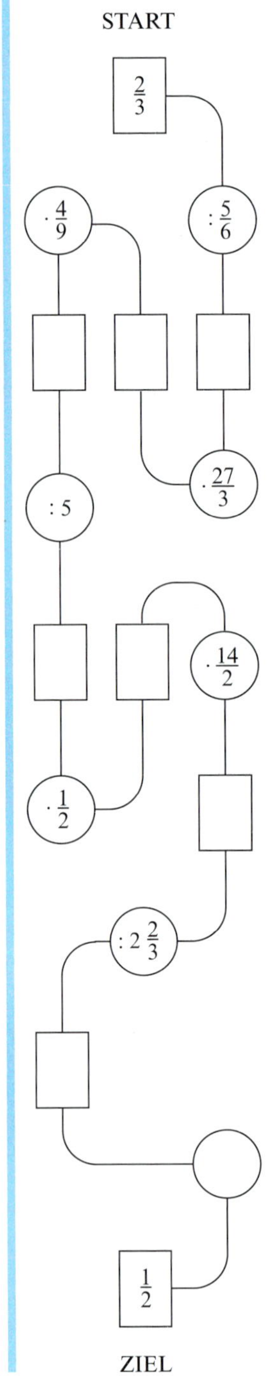

25

Waschmittel wird im Sonderangebot in Pakete zu $4\frac{1}{2}$ kg gefüllt.
Wie viele Pakete erhält man aus 5 t Waschpulver?

26

Sebastian will für seine Geburtstagsparty, zu der er 7 Gäste eingeladen hat, Fruchtmilch mixen. Die Milchbecher fassen je $\frac{1}{5}$ l.

Wie viel Milch muss er vorbereiten, wenn er für jede Person 2 Becher Fruchtmilch eingeplant hat?

27

600 l Obstsaft sollen in einer Mosterei in Flaschen mit $\frac{1}{5}$ l; $\frac{3}{4}$ l und 1 l Inhalt abgefüllt werden.

$\frac{2}{3}$ der 600 l werden in $\frac{1}{5}$-l-Flaschen gefüllt. Der Rest soll gleichmäßig auf 1-l-Flaschen und $\frac{3}{4}$-l-Flaschen verteilt werden.

Wie viele Flaschen der einzelnen Sorten werden benötigt?

28

Frau Klunter bildet mit zwei anderen Frauen eine Lottogemeinschaft. Da ihre Tochter die Zahlen ankreuzt, hat sie ihr versprochen: „Wenn wir gewinnen, bekommst du die Hälfte meines Gewinns auf dein Sparbuch.“ Die Lottogemeinschaft hat 33 000 € gewonnen.

a) Welchen Anteil des Gesamtgewinns erhält die Tochter?
b) Wie viel Geld ist das?

29

Zeitungsmeldung:
In der letzten Lotto-Ziehung gab es 3 „Sechser“. Aus Versehen hatte ein Ehepaar gleich zwei gleiche Spielscheine eingereicht und gewann 1,8 Millionen Euro auf die beiden Scheine zusammen. Obwohl der alte Dauerschein noch gültig war, hatte die Frau einen neuen Tippschein mit der gleichen Zahlenkombination wie vorher ausgefüllt.

a) Wie groß war der Gesamtgewinn für alle Sechser?
b) Welchen Anteil am Gewinn erhielt das Ehepaar?
c) Wie groß wäre der Anteil am Gesamtgewinn, wenn der neue Schein nicht ausgefüllt worden wäre?

WUSSTEST DU SCHON,
dass die Chance, sechs Richtige im Lotto zu haben, etwa 1 zu 14 Millionen beträgt?
Trotzdem spielen viele Menschen regelmäßig Lotto.

30

a) Kann man mithilfe eines $\frac{3}{8}$-l-Gefäßes und eines $\frac{2}{3}$-l-Gefäßes 5 l einer Flüssigkeit abmessen?
b) Kann man mithilfe eines $\frac{2}{3}$-l-Gefäßes und eines $\frac{1}{6}$-l-Gefäßes $4\frac{1}{2}$ l Flüssigkeit abmessen?

Division von Dezimalbrüchen

1

Die Schüler der Klasse 6 b sind beim Schulfest für den Verkauf der Getränke zuständig. Sie haben 3 Kästen mit je zehn 1,5-l-Flaschen Orangen- und Zitronenlimo besorgt, 72 Flaschen à 0,7 l Mineralwasser und 24 Liter Apfelsaft. Die Getränkebecher können mit 0,25 l Inhalt gefüllt werden.

a) Wie viele Liter an Getränken hat die Klasse insgesamt gekauft?
b) Wie viele Becher können die Schüler mit Limo füllen?
c) Aus Mineralwasser und Apfelsaft wird Apfelschorle gemixt. Wie viele Becher Apfelschorle können verkauft werden?

2

Melanie wohnt mit ihren Eltern und ihrem kleineren Bruder in einer Vier-Zimmer-Wohnung. Sie hätte gerne mehr Taschengeld. Doch ihre Eltern meinen: „Noch mehr? Wir zahlen dir schließlich die Miete für dein Zimmer. Mache dir mal eine Vorstellung davon, wie viel das ist.“
In dem Ordner für die Miete sieht Melanie, dass ihre Eltern für 84,50 m^2 eine Netto-kalt-Miete von 380,25 € zahlen. Der Grundriss der Wohnung zeigt für ihr Zimmer eine Länge von 3,65 m und eine Breite von 2,95 m an.

a) Was bedeutet Netto-kalt-Miete?
b) Wie viel Miete zahlen Melanies Eltern pro Quadratmeter?
c) Berechne die Fläche von Melanies Zimmer.
d) Wie hoch ist der Anteil der Miete für Melanies Zimmer?

TIPP
Schreibe die Divisionsaufgabe als Bruch und überlege, wie du den Bruch verändern kannst, sodass im Nenner kein Komma mehr steht.
Teile anschließend den Zähler durch die natürliche Zahl im Nenner auf bekannte Art und Weise.

BEISPIEL

11,76 : 0,7 = ?
Bastian wandelt erst einmal die Dezimalbrüche in gemeine Brüche um:

$$11{,}76 : 0{,}7 = \frac{1\,176}{100} : \frac{7}{10} = \frac{1\,176}{100} \cdot \frac{10}{7} = \frac{1\,176}{70}.$$

Aha, denkt er, 11,76 : 0,7 ist dasselbe wie 1 176 : 70 und das kann ich ja schriftlich dividieren: 1 176 : 70 = 16,8.
Alena meint: Man hätte auch 117,6 : 7 rechnen können. Der Dividend kann ja eine Dezimalzahl sein, Hauptsache der Divisor hat kein Komma.

3

Vergleiche die Divisionsaufgaben im obigen Beispiel:

11,76 : 0,7   117,6 : 7   1176 : 70

Wie kommt man von der linken Darstellung der Aufgabe zur mittleren Darstellung, bei der eine Dezimalzahl durch eine natürliche Zahl geteilt wird? Kannst du eine Regel für die Division von Dezimalzahlen ableiten?

4

Löse wie Bastian und Alena im Beispiel folgende Aufgaben.

a) 56,23 : 0,8   **b)** 3,45 : 0,2   **c)** 7,85 : 0,05   **d)** 8,08 : 2,5

WISSEN

Regel für die **Division von zwei Dezimalbrüchen**:
(1) Verschiebe bei beiden Dezimalbrüchen das Komma um gleich viele Stellen nach rechts, bis der Divisor eine natürliche Zahl ist.
(2) Wende dann die Regel für die Division eines Dezimalbruchs durch eine natürliche Zahl an.

BEISPIEL

1,4525 : 0,25 = ?

↓ · 100 ↓ · 100

145,25 : 25 = 5,81
125
 202
 200
  25
  25
   0

1,4525 : 0,25 = 5,81

2,01 : 0,134 = ?

↓ · 1000 ↓ · 1000

2010 : 134 = 15
134
 670
 670
   0

2,01 : 0,134 = 15

BEACHTE
Die Kommaverschiebung geschieht hier in der gleichen Richtung.
(Vergleiche die Regel der Kommaverschiebung für die Multiplikation von Dezimalbrüchen.)

5

Berechne.
a) 0,8 : 0,4 **b)** 0,4 : 0,2 **c)** 0,9 : 0,3 **d)** 0,12 : 0,6
e) 0,24 : 0,8 **f)** 0,24 : 0,08 **g)** 3,6 : 1,2 **h)** 4,8 : 2,4
i) 5,6 : 0,7 **j)** 14,4 : 0,12 **k)** 10,4 : 1,3 **l)** 42,4 : 1,6

6

Rechne im Kopf.
a) 16 : 0,4 **b)** 40 : 0,2 **c)** 9 : 0,3 **d)** 12 : 0,4
c) 66 : 0,11 **f)** 55 : 1,1 **g)** 3,6 : 0,6 **h)** 4,8 : 1,2
i) 5,6 : 0,08 **j)** 28 : 0,007 **k)** 10,0 : 0,5 **l)** 4,4 : 2,2

7

Vergleiche jeweils die Ergebnisse einer Aufgabe und begründe.
a) 8 : 0,5 und 8 · 2 **b)** 9 : 0,5 und 9 · 2 **c)** 15 : 0,5 und 15 · 2
d) 6 : 0,25 und 6 · 4 **e)** 1 : 0,25 und 1 · 4 **f)** 15 : 0,25 und 15 · 4
g) 6 : 0,2 und 6 · 5 **h)** 20 : 0,2 und 20 · 5 **i)** 1,6 : 0,2 und 1,6 · 5

8

Berechne jeweils den Preis für 1 Kilogramm.
a) 2,5 kg Kirschen kosten 6,23 €.
b) 4,2 kg Birnen kosten 3,57 €.
c) 1,6 kg Bananen kosten 1,52 €.
d) 600 g Paprika kosten 2,04 €.

9

Übertrage in dein Heft und setze das Zeichen = oder ≠ richtig ein.

a) 4,048 : 1,6 ▢ 404,8 : 16
b) 0,773 : 2,71 ▢ 7,73 : 271
c) 16,189 : 4,55 ▢ 1618,9 : 455
d) 3,286 : 0,962 ▢ 0,3286 : 0,0962
e) 2,3 : 1,4558 ▢ 23 000 : 14 558
f) 463,27 : 1,112 ▢ 4632,7 : 11,12

10

Berechne. Kontrolliere deine Ergebnisse in der Randspalte.

a) 11,313 : 0,9
b) 42,585 : 0,75
c) 8,85 : 0,6
d) 1087,66 : 23,8
e) 88,5 : 0,06
f) 108,766 : 2,38
g) 113,13 : 0,9
h) 113,13 : 0,09
i) 78,99 : 0,5
j) 0,99 : 0,11
k) 0,011 : 2,2
l) 111,3 : 0,06
m) 7,96 : 0,08
n) 28,9 : 0,17
o) 1,1 : 0,022
p) 7,899 : 1,5

11

Berechne.

a) (7,92 : 16,5 – 0,0348) · 54,65
b) 92,04 · 43,5 – 294,4 : 0,092
c) 14,536 : (18,5 · 0,872 – 0,166)
d) 0,099 + 26,158 : 2,9 – 7,819

12

Berechne im Kopf.

a) 7,2 : 0,8
b) 12,1 : 1,1
c) 0,42 : 0,06
d) 0,81 : 0,9
e) 10,24 : 5,12
f) 51,2 : 2,56
g) 3,2 : 0,04
h) 28,9 · 1,7
i) 1,44 : 0,12
j) 0,868 : 0,02

13

a) Welche Zahl muss man mit 8,3 multiplizieren um 187,58 zu erhalten?
b) Durch welche Zahl muss man 541,08 dividieren um 33,4 zu erhalten?
c) Mit welcher Zahl muss man 0,42 multiplizieren um 5,712 zu erhalten?
d) Welche Zahl muss man durch 0,15 dividieren um 0,345 zu erhalten?

BEACHTE
Folgt auf eine Zahl direkt eine Variable (hier x), so wird die Zahl mit der Variablen multipliziert, z. B. $7{,}4x = 7{,}4 \cdot x$.

14

Bestimme die Lösung der Gleichung.

a) $7{,}4x = 170{,}94$
b) $21{,}44 : x = 6{,}7$
c) $2{,}5x = 24{,}5$
d) $1{,}7x = 57{,}12$
e) $45{,}8 \cdot 3{,}1 = 0{,}8x$
f) $33{,}5 : x = 0{,}5$
g) $21{,}3x = 29{,}82$
h) $11{,}2x = 22{,}736$

15

Welche Zahl geht in ihren Kehrwert über, wenn man sie durch 0,16 (durch 6,25) dividiert?

AUFGABE
Erfinde selbst solche Aufgaben wie in Aufgabe 15.

16

a) Dividiere die Summe aus 17,5 und 45,6 durch die Differenz aus 241,73 und 239,23.
b) Subtrahiere vom Quotienten aus 57,024 und 6,4 die Zahl 4,82.

Das Heidelberger Fass

17

In einem Eichenfass befinden sich 455 Liter Wein. Der Wein soll zum Verkauf in 0,7-l-Flaschen abgefüllt werden. Wie viele Flaschen können verkauft werden?

18

Herr Wilhelm hat sich ein Auto mit einem durchschnittlichen Benzinverbrauch von 7,25 Litern auf 100 Kilometern gekauft. Der Tank hat ein Fassungsvermögen von 45,5 Litern. Als zum ersten Mal die Tanklampe aufleuchtet, fährt er zur Tankstelle und füllt 41,5 Liter nach.

a) Wie viel Liter waren noch im Tank?
b) Wie weit kann er mit einer Tankfüllung fahren?
c) Wie weit fährt Herr Wilhelm durchschnittlich mit einem Liter Benzin?

19

Ein Karoblock hat noch eine Höhe von 0,69 cm. Ein Blatt davon hat eine Dicke von 0,092 Millimeter.

a) Wie viele Blätter sind noch übrig?
b) Im Unterricht werden 16 Blätter verbraucht. Wie hoch ist der Block noch?
c) Wie hoch war der Block, wenn er ursprünglich 100 Blätter enthielt?

METHODE

Gebrochene Zahlen mit dem Taschenrechner berechnen

Auf Seite 15 wurde die Eingabe von Brüchen und Dezimalzahlen in den Taschenrechner beschrieben. Wichtig war dabei die Taste [a b/c]. Mit diesem Wissen kannst du jetzt ganz leicht Aufgaben zu gebrochenen Zahlen berechnen.

Aufgabe	Tastenfolge	Display	bzw.	Display	Ergebnis
Addition $4\frac{4}{15} + 2\frac{5}{6}$	[4] [a b/c] [4] [a b/c] [1] [5] [+] [2] [a b/c] [5] [a b/c] [6] [=]	7⌟1⌟10	[2nd] [←]	7.1	$7\frac{1}{10}$
Subtraktion $1{,}25 - \frac{4}{5}$	[1] [·] [2] [5] [−] [4] [a b/c] [5] [=]	0.45	[2nd] [←]	9⌟20	$\frac{9}{20}$
Multiplikation $\frac{5}{12} \cdot \frac{9}{10}$	[5] [a b/c] [1] [2] [×] [9] [a b/c] [1] [0] [=]	3⌟8	[2nd] [←]	0.375	$\frac{3}{8}$
Division $3{,}15 : \frac{9}{2}$	[3] [·] [1] [5] [÷] [9] [a b/c] [2] [=]	0.7	[2nd] [←]	7⌟10	$\frac{7}{10}$

Übungen und Sachaufgaben

1

Das kannst du im Kopf rechnen.
Notiere nur das Ergebnis.

a) $13{,}4 + 6{,}5$ **b)** $17{,}21 + 11{,}57$ **c)** $23{,}4 - 16{,}2$ **d)** $48{,}26 - 26{,}14$

e) $21{,}7 + \frac{5}{8} + 8{,}3$ **f)** $0{,}94 + 0{,}14 - \frac{1}{2}$ **g)** $27{,}60 - \frac{3}{5}$ **h)** $\frac{7}{2} - 2{,}3$

2

Übertrage die Tabellen ins Heft und fülle sie aus.

+	$\frac{3}{5}$	$\frac{7}{14}$		$2\frac{2}{3}$
$\frac{3}{4}$				
$\frac{9}{7}$				
$\frac{5}{21}$			$\frac{1}{2}$	
				4
		$2\frac{3}{7}$		

−	$\frac{1}{6}$	$\frac{7}{8}$	$\frac{4}{9}$	
$\frac{3}{2}$				
$1\frac{9}{10}$				
		$\frac{7}{6}$		
$\frac{11}{12}$				$\frac{1}{6}$
			$\frac{1}{3}$	

WUSSTEST DU SCHON?
Als **Doppelbrüche** bezeichnet man Ausdrücke, bei denen über und unter einem Bruchstrich jeweils Brüche stehen.
Bruch:
$\frac{a}{b}$
Doppelbruch:
$\frac{\frac{a}{b}}{\frac{c}{d}}$

3

Runde das Ergebnis erst auf Tausendstel und dann auf Zehntel.

a) $44{,}8734 - 10{,}00889 + 298{,}732$ **b)** $0{,}999 + 14{,}1119 - 8{,}098$

c) $2\,005{,}4231 + \frac{377}{10\,000} + 165{,}3$ **d)** $3\frac{7}{1\,000} + 33{,}0707 - 9{,}909$

4

Berechne.

a) $9{,}24 - (2{,}49 + 4{,}92)$ **b)** $51{,}65 - (13{,}47 + 4{,}78)$
c) $12{,}09 - (4{,}87 + 5{,}13)$ **d)** $97{,}095 - (83{,}74 - 42{,}41)$
e) $83{,}95 - (67{,}62 - 27{,}83)$ **f)** $43{,}507 - (91{,}075 - 49{,}7)$

AUFGABE
Berechne den Wert der Doppelbrüche:
a) $\frac{\frac{3}{7}}{\frac{27}{72}}$ **b)** $\frac{4\frac{5}{8}}{\frac{25}{32}}$

5

Berechne.

a) $3{,}03 \cdot 7$ **b)** $35{,}98 \cdot 21$ **c)** $177{,}07 \cdot 0{,}12$ **d)** $70{,}9 \cdot 0{,}107$
e) $0{,}0007 \cdot 13{,}004$ **f)** $81{,}3 \cdot 0{,}002$ **g)** $13{,}09 \cdot 1{,}001$ **h)** $22{,}01 \cdot 0{,}005$

6

Löse die Aufgaben auf zwei Arten:

a) $(32{,}7 + 65{,}4) \cdot 5{,}3$ **b)** $(37{,}8 - 13{,}6) \cdot 3{,}2$
c) $25{,}4 \cdot (18{,}5 + 43{,}6 - 16{,}8) \cdot 2{,}8$ **d)** $(12{,}4 + 18{,}3)^2$

7

Stelle einen Term auf und berechne:

a) Dividiere den Quotienten aus 0,4872 und 0,12 durch das Produkt aus 81,2 und 0,25.

b) Dividiere das Produkt der Zahlen 0,1 und $\frac{5}{6}$ durch das Produkt aus 0,16 und der Differenz der Zahlen $\frac{1}{3}$ und 0,2.

8

Dennis has sold all his old comics on the flea market, each comic for 0,45 $. He got 7,65 $ in all. How many comics has he sold?

9

Divide the product of the fractions $\frac{2}{7}$ and $\frac{3}{8}$ by the product of the decimals 0.125 and $0.\overline{142857}$. Before you start to calculate look for reducing the total fraction.

VOKABELN

flea market: Flohmarkt
in all: insgesamt
fraction: Bruchzahl
decimal: Dezimalbruch
calculate: rechnen
reduce: kürzen

10

Schreibe als Bruchzahl:

a) 7,73 **b)** 42,24 **c)** 35,135 **d)** 0,07 **e)** 0,815 **f)** 9,9

11

Schreibe als Dezimalbruch:

a) $\frac{4}{9}$ **b)** $\frac{7}{99}$ **c)** $\frac{32}{999}$ **d)** $\frac{13}{999}$ **e)** $\frac{14}{99}$ **f)** $\frac{123}{9\,999}$

12

Bilde einen Term und berechne dann seinen Wert:

a) Subtrahiere die Summe der Zahlen 156,78 und 203,09 vom Produkt der Zahlen 50,4 und 8,1.

b) Dividiere die Summe der Zahlen 34,6 und 45,8 durch das Produkt aus 0,3 und dem Doppelten von 6,7.

13

Anna und Lene wollen $\frac{34{,}8 \cdot 13{,}7}{17{,}2 \cdot 5{,}9}$ mit dem Taschenrechner berechnen.

Anna tippt ein:

[3] [4] [·] [8] [×] [1] [3] [·] [7] [÷] [1] [7] [·] [2] [×] [5] [·] [9] [=]

Lene dagegen tippt ein:

[3] [4] [·] [8] [×] [1] [3] [·] [7] [÷] [(] [1] [7] [·] [2] [×] [5] [·] [9] [)] [=]

Die Ergebnisse sind verschieden! Welche Rechnung ist richtig? Schreibe für die Taschenrechnereingaben beider Mädchen jeweils einen Term.

14

Vom richtigen Kürzen:

a) Peter hat beim Rechnen folgendermaßen gekürzt:

$$\frac{\overset{1}{\cancel{0{,}25}}\cdot\frac{1}{3}+0{,}2}{7{,}82\cdot\frac{\cancel{1}}{\underset{1}{\cancel{4}}}}\qquad\frac{\overset{2}{\cancel{23{,}7-1{,}5}}\cdot\frac{3}{8}}{0{,}6\cdot\underset{1}{\cancel{11{,}1}}}\qquad\frac{(\overset{2}{\cancel{18{,}2}}+\overset{3}{\cancel{2{,}7}})\cdot\cancel{9{,}6}^{\,12}}{(\underset{1}{\cancel{0{,}9}}+\underset{1}{\cancel{9{,}1}})\cdot\frac{\cancel{4}}{\underset{1}{\cancel{5}}}}$$

Welche Fehler hat Peter gemacht?

b) Tanja hat in ihrem Heft so gekürzt:

$$\frac{{}^{2}\cancel{24{,}2}+\cancel{36{,}3}^{\,3}}{{}_{1}\cancel{12{,}1}\cdot\frac{3}{11}}\qquad\frac{{}^{2}\cancel{16{,}2}\cdot\frac{7}{13}}{\frac{3}{7}\cdot\cancel{8{,}1}_{\,1}}\qquad\frac{{}^{1}\cancel{11{,}6}\cdot 0{,}27}{{}_{2}\cancel{22+\frac{6}{5}}}\qquad\frac{{}^{1}\cancel{(0{,}\overline{6}-0{,}\overline{3})}\cdot\frac{1}{7}}{0{,}125\cdot\frac{\cancel{1}}{\underset{1}{\cancel{3}}}}$$

Hat sie Fehler gemacht?

HINWEIS
Lies noch einmal nach bei Dezimalbrüchen (S. 12) und bei der Multiplikation von Brüchen (S. 47).

15

Übertrage die Tabellen ins Heft und fülle sie aus. Dividiere bei der rechten Tabelle den linken Bruch durch den oberen.

$\cdot$	$\frac{1}{4}$	$\frac{7}{2}$	$\frac{3}{5}$	$\frac{4}{11}$
$\frac{2}{9}$				
$\frac{4}{7}$				
$\frac{2}{7}$				

:	$\frac{3}{4}$	$\frac{4}{3}$	3	$5\frac{1}{2}$
$\frac{2}{9}$				
4				
$\frac{3}{4}$				

16

a) Wie groß ist eine Wohnung mit folgenden Räumen: Wohnzimmer (5,25 m lang; 4,70 m breit), Kinderzimmer (5,25 m lang; 3,70 m breit), Schlafzimmer (5,25 m lang; 2,20 m breit), Küche (3,20 m lang; 2,75 m breit), Bad (3,20 m lang; 1,30 m breit), Flur (4,25 m lang; 1,20 m breit)?

b) Entwirf einen Grundriss für diese Wohnung.

17

a) In einer Mosterei wird Saft abgefüllt. Wie viele Flaschen mit jeweils $\frac{3}{4}$ l Inhalt müssen noch bereit gestellt werden, wenn noch 210 l abzufüllen sind?

b) Wein wird in Flaschen mit $\frac{7}{10}$ l Inhalt abgefüllt. Wie viele Flaschen müssen bereit gestellt werden, wenn noch 210 l abzufüllen sind?

18

In einer Molkerei wird Butter in Päckchen zu $\frac{1}{4}$ kg und $\frac{1}{8}$ kg verpackt.

a) Wie viele $\frac{1}{4}$-kg-Päckchen Landbutter entstehen aus 320 kg Butter?

b) Wie viele $\frac{1}{8}$-kg- Päckchen Kräuterbutter können aus 150 kg hergestellt werden?

WUSSTEST DU SCHON?
Mit einer Maß Brause oder Bier bezeichnet man in Bayern und Österreich ein 1-l-Glas mit Brause oder Bier.

19

Ein Wirt hat aus einem 100-l-Fass auf einem Fest 110 Maß Bier abgefüllt.

a) Wie viel Bier hat der Wirt hier in ein Glas gefüllt?

b) Wie viel mehr hat der Wirt so verdient, wenn eine Maß Bier 6 € kostet?

20

Neuwagen verlieren rasch an Wert. Als Richtschnur wird häufig gesagt:

Im ersten Jahr verliert ein Auto $\frac{1}{4}$, im zweiten Jahr $\frac{1}{6}$ und im dritten Jahr $\frac{1}{8}$ seines Neuwertes.

Frau Ewald kauft sich ein neues Auto für 12 000 €. Wie viel ist das Auto nach drei Jahren noch wert?

21

Sebastian fährt manchmal mit dem Bus zur Schule, manchmal aber auch mit dem Fahrrad. Um die Fahrtzeiten zu vergleichen, hat er sich jeweils sieben Zeiten für Fahrten mit dem Bus und für Fahrten mit dem Fahrrad notiert.

HINWEIS
Benutze den Taschenrechner.

Bus	26 min	24 min	25 min	28 min	52 min	48 min	33 min
Fahrrad	35 min	32 min	33 min	29 min	30 min	35 min	36 min

a) Berechne die Mittelwerte und vergleiche.

b) Was fällt bei den einzelnen Zeitangaben auf? Was könnte der Grund für die Unterschiede sein?

22

Die Größe von Computermonitoren wird in der Einheit „Zoll" angegeben. „Zoll" ist eine Maßeinheit für Längen. Man spricht z.B. von 14″-Monitoren, 15″-Monitoren, 17″-Monitoren und 21″-Monitoren. Die Längenangaben beziehen sich dabei immer auf die Länge der Bildschirmdiagonale.
Gib die Längen der Bildschirmdiagonalen der aufgeführten Monitore jeweils in cm an.

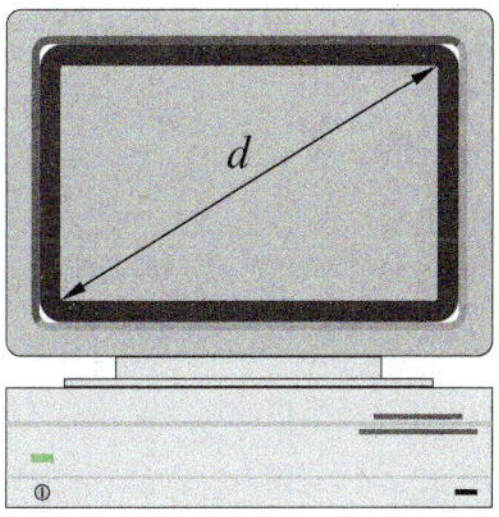

Es gilt:
1″ = 1 Zoll = 2,54 cm.

23

Fred fährt mit seinem Fahrrad zu seinem Freund Bernd, der 8 km entfernt von ihm wohnt. Die erste Hälfte des Weges kann er mit der Geschwindigkeit 20 km/h fahren. Auf der zweiten Hälfte des Weges fährt er mit der Geschwindigkeit 3 m/s.

a) Auf welchem Wegstück ist er schneller?
b) Wie lange braucht er für die erste (die zweite) Hälfte des Weges?
c) Gib seine Durchschnittsgeschwindigkeit in km/h und auch in m/s an.

24

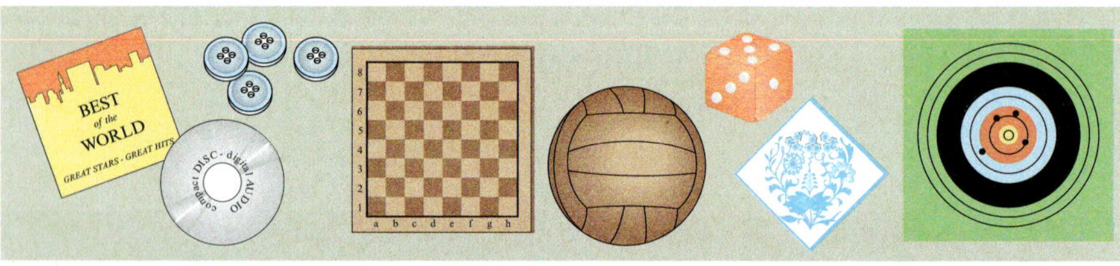

a) Suche Gegenstände des täglichen Lebens, bei denen Kreisformen vorkommen. Bestimme mit einer Schnur den Umfang der Kreise und ihren Durchmesser. Bilde dann jeweils den Quotienten aus Umfang und Durchmesser. Was fällt dir auf?
b) Suche Gegenstände des täglichen Lebens, bei denen quadratische Formen vorkommen. Miss jeweils den Umfang des Quadrats und die Länge seiner Diagonale. Bilde dann den Quotienten aus Umfang und Diagonalenlänge. Was fällt dir auf?

25

Folgende Notenverteilung gab es bei einer Klassenarbeit in einer 6. Klasse:

Note	1	2	3	4	5	6
Anzahl der Schüler	3	6	8	5	3	0

a) Berechne den Klassendurchschnitt dieser Arbeit.
b) Wie könnte ein Klassendurchschnitt von 3,0 bei 30 Schülern zustande kommen? Gib mehrere Möglichkeiten an.

26

In der Klasse 6 a sind 24 Schüler. Die letzte Klassenarbeit im Fach Mathematik hatte folgendes Ergebnis:
Ein Anteil von $0,\overline{6}$ der Schüler hatte die Note „befriedigend“ oder „gut“; vom Rest der Schüler hatte ein Anteil von 0,25 die Note „sehr gut“, die anderen hatten die Note „ausreichend“. Von den Schülern mit Note „befriedigend“ oder „gut“ hatte ein Anteil von 0,125 die Note „befriedigend“.

a) Wie viele Schüler gehören zu den einzelnen Notenstufen?
b) Gib den Anteil der Schüler der gesamten Klasse mit Note „sehr gut“ als Dezimalbruch an.

27

Ein Regal soll aus 8 Brettern mit den Maßen 0,22 m Breite und 0,95 m Länge gebaut werden. Bei der gewählten Holzart kostet der Quadratmeter 23,50 €. Wie viel muss für die Bretter bezahlt werden?

28

Herr Emsig will sich ein Saunatauchbecken bauen. Die Längsseiten sollen 1,80 m lang sein und die Querseiten 1,20 m. Die Beckentiefe plant er mit 1,15 m. Er möchte das Becken mit Fliesen verkleiden. Im Fachgeschäft sind die Fliesen in Paketen abgepackt, in denen sich jeweils 1,18 m^2 befinden. Ein Paket kostet 26,20 €.

a) Welche Fläche muss insgesamt verfliest werden?
b) Wie viel muss Herr Emsig bezahlen?

BEISPIEL

Die Maße eines rechteckförmigen Blattes Papier wurden mithilfe eines Lineals ermittelt: Länge 23,4 cm, Breite 8,3 cm.
Zur Ermittlung des Flächeninhalts rechnet man 23,4 · 8,3 und erhält 194,22. Die Überlegungen in der Randspalte zeigen:
Es ist **sinnvoll**, als Flächeninhalt **„rund 190 cm²"** anzugeben.

WISSEN

Bei der **Multiplikation und Division von Näherungswerten** wird das Ergebnis auf die Stelle gerundet, die der Anzahl der Ziffern des Näherungswerts mit den wenigsten Ziffern entspricht.
(Vorne stehende Nullen werden nicht gezählt.)

$23{,}4 \cdot 8{,}3 = 1\underline{9}4{,}22 \approx 190$	(2 Ziffern – 2. Stelle)
$27{,}3 \cdot 15{,}462 = 42\underline{2}{,}1126 \approx 422$	(3 Ziffern – 3. Stelle)
$6{,}3 : 1{,}44 = 4{,}\underline{3}75 \approx 4{,}4$	(2 Ziffern – 2. Stelle)
$0{,}034 \cdot 12{,}75 = 0{,}4\underline{3}35 \approx 0{,}43$	(2 Ziffern – 2. Stelle; vorne stehende Nullen nicht mitgezählt)

BEACHTE

23,4 cm und 8,3 cm sind Näherungswerte. Wurden 23,4 cm gemessen, so kann die tatsächliche Länge zwischen 23,35 cm und 23,45 cm liegen.
8,3 cm würde man bei Längen zwischen 8,25 cm und 8,35 cm messen.
Der tatsächliche Flächeninhalt muss also irgendwo zwischen
23,35 cm · 8,25 cm = **19**2,6375 cm²
und
23,45 cm · 8,35 cm = **19**5,8075 cm²
liegen.
Das heißt: Vom Zahlenwert des Flächeninhalts ist bereits die dritte Ziffer, also die Einerstelle, „unsicher". Es ist deshalb sinnvoll, auf volle Zehner zu runden.

29

Berechne den Flächeninhalt der Rechtecke, von denen die folgenden Messwerte (Länge × Breite) gegeben sind. Runde sinnvoll.

a) 45,4 cm × 2,3 cm **b)** 12,73 m × 0,58 m **c)** 13,005 km × 2,01 km
d) 23,5 mm × 3,8 mm **e)** 6,34 dm × 12,77 cm **f)** 37,085 m × 12 dm

30^L

Berechne die Produkte bzw. die Quotienten von Näherungswerten:

a) 25,01 · 3,5 **b)** 4,02 · 2,04 **c)** 13,781 · 0,71 **d)** 57,876 : 4,2
e) 37,72 · 45,11 **f)** 1,56423 : 0,23 **g)** 6,001 : 9,1 **h)** 43,02 : 3,02
i) 12,33 · 6,4 **j)** 3,558 · 0,6 **k)** 27,88 : 3,2 **l)** 16,1 · 3,491

Gebrochene Zahlen und Prozente

1

a) Welche Preise muss Frau Müller auf die neuen Schilder schreiben?
b) Welche Preise muss Herr Lehmann auf die neuen Schilder schreiben?
c) In welchem Laden wurden die Preise mehr reduziert?

2

a) Erkläre, was die Angaben in der Randspalte bedeuten.
b) Gib weitere Beispiele für „%-Angaben" aus dem täglichen Leben an.

WISSEN

1 % ist eine andere Schreibweise für 1 Teil von 100 Teilen,
1 % entspricht also $\frac{1}{100}$. Für 1 % sagt man 1 **Prozent.**

20 % entspricht $\frac{20}{100} = \frac{1}{5}$ 50 % entspricht $\frac{50}{100} = \frac{1}{2}$

10 % entspricht $\frac{10}{100} = \frac{1}{10}$ 25 % entspricht $\frac{25}{100} = \frac{1}{4}$

3[L]

Gib den Anteil der gefärbten Fläche am Ganzen zunächst als Bruch und dann in Prozent an. Orientiere dich an der Randspalte.

a) 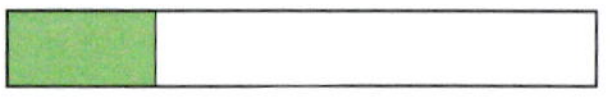

b) 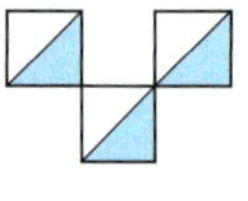

c) 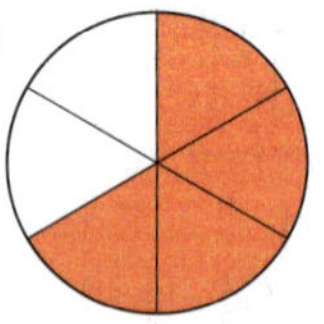

d) 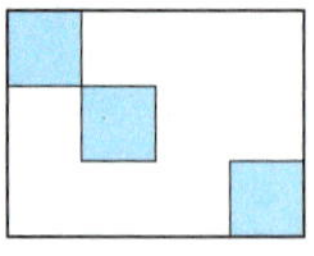

e) 

f) 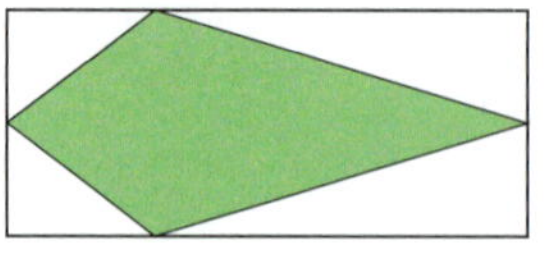

4

Zeichne jeweils ein Rechteck und färbe davon 50 % (25 %, 75 %, 20 %, 60 %).

BEACHTE

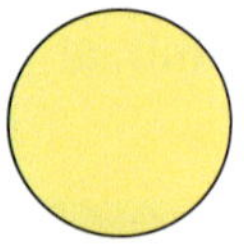

1 Vollkreis
1 Ganzes ≙ 100 %

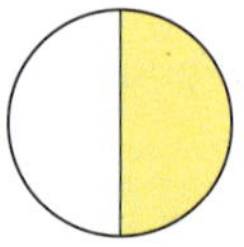

1 Halbkreis
$\frac{1}{2}$ ≙ 50 %

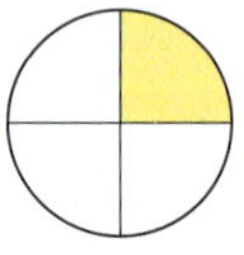

1 Viertelkreis
$\frac{1}{4}$ ≙ 25 %

MERKE
Prozent kommt aus dem Lateinischen: pro centum heißt für hundert.

5

Auf dem Geobrett in der Randspalte ist ein Quadrat gespannt. Spanne davon die angegebenen Anteile und skizziere jeweils drei unterschiedliche Lösungen.

a) 50 % **b)** 25 % **c)** $\frac{1}{8}$ **d)** $\frac{1}{4}$ **e)** 75 % **f)** $\frac{1}{2}$

6

Schreibe in Prozentschreibweise.

a) $\frac{50}{100}$ **b)** $\frac{7}{100}$ **c)** $\frac{15}{100}$ **d)** $\frac{6}{10}$ **e)** $\frac{2}{5}$ **f)** $\frac{3}{10}$ **g)** $\frac{5}{100}$ **h)** $\frac{4}{5}$

7

Schreibe als Bruch und kürze so weit wie möglich.

a) 25 % **b)** 10 % **c)** 75 % **d)** 20 % **e)** 15 %

8[L]

Berechne.

a) 50 % von 300 Schafen **b)** 25 % von 400 € **c)** 20 % von 200 €
d) 10 % von 90 Karten **e)** 60 % von 150 km **f)** 75 % von 800 €
g) 25 % von 800 € **h)** 5 % von 5 000 Autos **i)** 1 % von 200 Losen
j) 40 % von 120 € **k)** 50 % von 410 € **l)** 100 % von 180 Boxen

9

An der Wahl des Klassensprechers haben sich alle 30 Schülerinnen und Schüler der Klasse 6c beteiligt. Das Ergebnis der Wahl hat Tina in Form einer Strichliste an der Tafel festgehalten (siehe Bild).
Wie viel Prozent der Stimmen erhielten die einzelnen Kandidaten?

10

Schreibe zuerst als Bruchteil und gib dann in Prozent an.

a) 60 Gläser von 120 Gläsern **b)** 40 Fische von 160 Fischen
c) 20 Punkte von 80 Punkten **d)** 60 Schüler von 1200 Schülern
e) 20 Blumen von 200 Blumen **f)** 7 Nieten auf 35 Lose

11

Wie viel Prozent sind …?

a) 100 € von 400 € **b)** 200 € von 800 € **c)** 7 min von 28 min
d) 20 t von 40 t **e)** 1 m von 5 m **f)** 2 cm von 8 cm
g) 300 kg von 400 kg **h)** 2 Cent von 200 Cent **i)** 14 h von 35 h

12

Wie viel ist jeweils 1 % von der angegebenen Größe?

a) 200 km **b)** 100 m **c)** 300 m **d)** 3200 t **e)** 1500 € **f)** 7 500 m **g)** 2 400 kg

ERINNERE DICH

Das ist ein Geobrett.

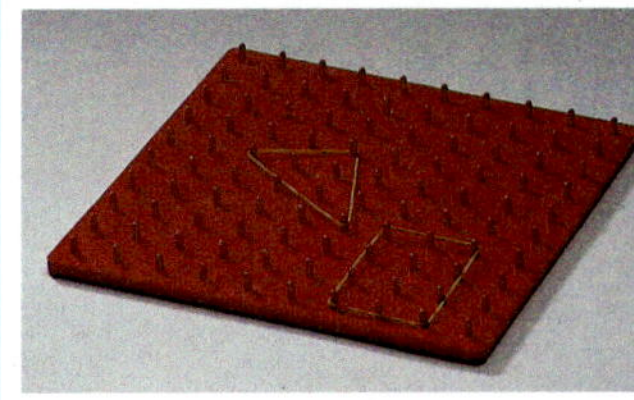

Das sind 100 %.

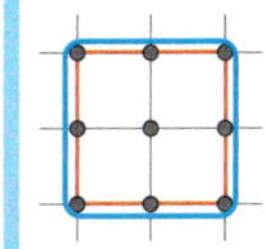

Wie viel Prozent sind das?

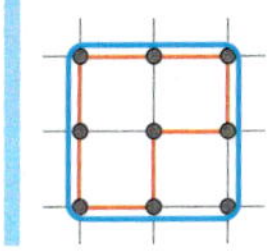

HINWEIS

Statt „Wie viel Prozent der Stimmen" sagt man auch „Welchen Prozentsatz der Stimmen".

BEISPIEL

20 Euro von 80 Euro sind $\frac{1}{4}$ oder 25 %.

Ganze Zahlen (Ausblick)

1

Anna hat zwei Wochen lang jeden Tag die Außentemperaturen gemessen:

1.2.	2.2.	3.2.	4.2.	5.2.	6.2.	7.2.	8.2.	9.2.	10.2.	11.2.	12.2.	13.2.	14.2.
1 °C	3 °C	4 °C	4 °C	2 °C	−2 °C	−3 °C	−8 °C	−7 °C	2 °C	1 °C	0 °C	1 °C	3 °C

Zeichne ein Diagramm und stelle den Temperaturverlauf grafisch dar.

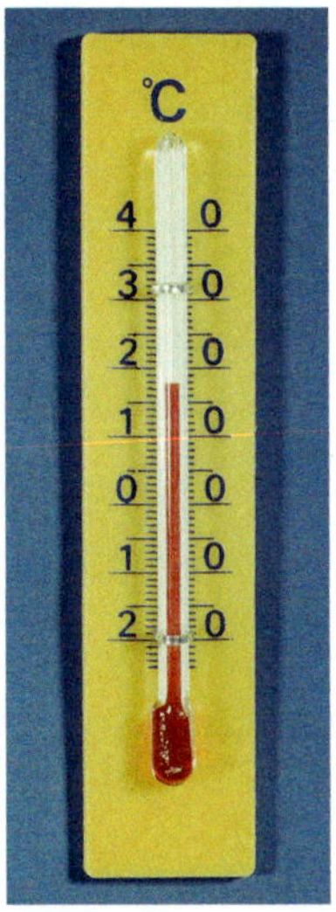

2

a) Erkläre das untere Bild.
b) Suche in einem Atlas nach Karten, auf denen Berghöhen und Meerestiefen angegeben sind. Schreibe große Höhen und Tiefen heraus.
c) Wie groß ist der Höhenunterschied zwischen dem höchsten Berg und der größten Meerestiefe auf der Erde?

Wir kennen bereits **die natürlichen Zahlen** und **die gebrochenen Zahlen**. In den betrachteten Situationen ist es nützlich, eine weitere Art von Zahlen zu verwenden: **die negativen Zahlen**.
Bisher sind Zahlen auf dem Zahlenstrahl veranschaulicht worden. Dieser kann nach links erweitert werden und wird dann zur Zahlengerade:

MERKE
Negative Zahlen werden durch ein Minuszeichen vor dem eigentlichen Zahlennamen gekennzeichnet.
Beispiel: −2
(lies: minus zwei)

Die Zahlengerade

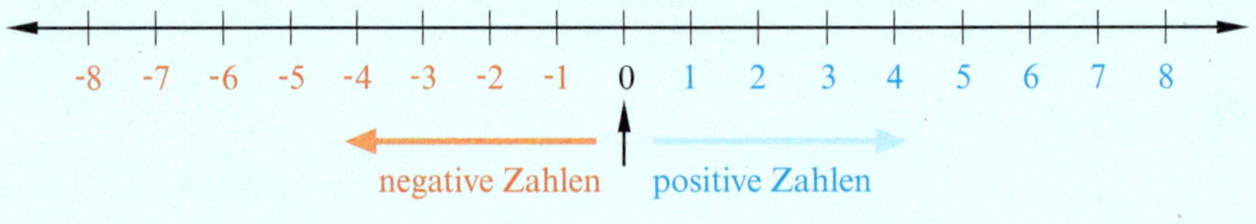

Erläutere den Zusammenhang zwischen Zahlengerade und Temperaturskala.

WISSEN
Die natürlichen Zahlen 0, 1, 2, 3, … und die negativen Zahlen −1, −2, −3, … bilden zusammen die **ganzen Zahlen**.

Teste dich!

1

Berechne und kürze so weit wie möglich.

a) $\frac{1}{2}+\frac{5}{2}$ **b)** $\frac{7}{8}-\frac{3}{8}$ **c)** $\frac{1}{2}+\frac{2}{3}$ **d)** $\frac{9}{10}-\frac{1}{100}$ **e)** $\frac{2}{5}+\frac{2}{3}$ **f)** $\frac{11}{12}-\frac{3}{4}$

g) $\frac{3}{4}+\frac{5}{2}$ **h)** $\frac{1}{5}+\frac{93}{100}$ **i)** $\frac{5}{6}-\frac{3}{4}$ **j)** $\frac{31}{16}+\frac{23}{24}$ **k)** $\frac{7}{8}-\frac{5}{12}$ **l)** $\frac{1}{32}+\frac{19}{48}$

2

Berechne.

a) 5,3 + 6,9 **b)** 9,8 – 3,6 **c)** 6,5 + 1,48 **d)** 1,97 – 1,48
e) 3,8 + 0,75 **f)** 87,46 – 54,73 **g)** 17,4 + 0,655 **h)** 29,35 – 6,115
i) 953,04 + 341,6 – 23,29 **j)** 24,22 – 6,93 – 7,032 + 4,444

3

Berechne. Kürze, wenn möglich.

a) $6{,}9+\frac{2}{5}$ **b)** $\frac{9}{2}-3{,}6$ **c)** $\frac{3}{50}+2{,}26$ **d)** $4{,}04-\frac{2}{3}$ **e)** $0{,}7+\frac{6}{7}$

4

Berechne und kürze so weit wie möglich.

a) $\frac{1}{6}\cdot 4$ **b)** $\frac{3}{4}:5$ **c)** $\frac{4}{5}\cdot\frac{35}{36}$ **d)** $\frac{3}{7}:\frac{4}{9}$ **e)** $\frac{42}{25}\cdot\frac{15}{14}$ **f)** $\frac{21}{20}:\frac{49}{35}$

g) $\frac{15}{16}\cdot 8$ **h)** $\frac{9}{14}:6$ **i)** $\frac{7}{8}\cdot\frac{4}{5}$ **j)** $\frac{27}{18}:\frac{18}{15}$ **k)** $\frac{25}{24}\cdot\frac{20}{28}$ **l)** $\frac{30}{36}:\frac{10}{12}$

5

Berechne.

a) 5,8 · 4 **b)** 8,51 : 2 **c)** 0,5 · 1,25 **d)** 7,84 : 5,6
e) 12,33 · 0,11 **f)** 8,8 · 2,4 **g)** 13,4 · 4,62 **h)** 12,773 : 2,41
i) 6,87 · 3,02 **j)** 0,15 · 0,26 **k)** 2,37 : 0,1 **l)** 9,36 : 3,12

6

Ein Kilogramm Obst kostet 1,49 €. Wie viel muss bezahlt werden für
a) 1,8 kg; **b)** 0,85 kg; **c)** 1,5 kg; **d)** 0,75 kg; **e)** 2,4 kg?

7

Schreibe zu jeder Aussage eine Aufgabe auf und berechne sie.

a) Addiere $\frac{2}{5}$ zur Differenz von $\frac{9}{5}$ und $\frac{1}{6}$.

b) Subtrahiere $\frac{4}{7}$ von der Summe von $\frac{3}{14}$ und $\frac{19}{28}$.

HINWEISE

1) Versuche zunächst, die Aufgaben ohne Hilfestellung zu lösen.

2) Wenn du doch Hilfe benötigst, findest du auf der angegebenen Seite ein Beispiel oder eine Anregung zum Lösen der Aufgabe.

Aufgabe	Seite
1	30/32
2	35
3	36
4	38/40/49/63
5	43/46/51/69
6	54
7	30/32

3) Im Anhang ab Seite 242 findest du die Lösungen der Aufgaben.
Vergleiche deine Ergebnisse mit diesen Lösungen und überprüfe so deinen Lernstand.

ZUSAMMENFASSUNG

Addition und Subtraktion von Brüchen und Dezimalbrüchen

Addition und Subtraktion von Brüchen
- Brüche gleichnamig machen
- Zähler addieren bzw. subtrahieren
- Nenner beibehalten

$$\frac{7}{12}+\frac{3}{12}=\frac{7+3}{12}=\frac{10}{12}=\frac{5}{6}$$

$$\frac{4}{3}-\frac{2}{5}=\frac{20}{15}-\frac{6}{15}=\frac{20-6}{15}=\frac{14}{15}$$

Addition und Subtraktion von Dezimalbrüchen
- Stellengerecht untereinander schreiben
- Rechnen wie mit natürlichen Zahlen
- Komma unter Komma setzen

$$\begin{array}{lr} & 7{,}48\\ + & 2{,}9\\ + & 0{,}06\\ \hline & 10{,}44\end{array}\qquad \begin{array}{lr} & 17{,}46\\ - & 3{,}7\\ \hline & 13{,}76\end{array}$$

(Komma unter Komma)

Multiplikation von Brüchen und Dezimalbrüchen

Vervielfachen von Brüchen
- Zähler mit der natürlichen Zahl multiplizieren
- Nenner beibehalten

$$\frac{2}{7}\cdot 3=\frac{2\cdot 3}{7}=\frac{6}{7}$$

Multiplikation von Brüchen
- so weit wie möglich kürzen
- Zähler mit Zähler multiplizieren
- Nenner mit Nenner multiplizieren

$$\frac{2}{9}\cdot\frac{3}{5}=\frac{2\cdot \cancel{3}^1}{\cancel{9}^3\cdot 5}=\frac{2}{15}$$

Vervielfachen/Multiplikation von Dezimalbrüchen
- Überschlag machen
- wie bei den natürlichen Zahlen multiplizieren
- das Ergebnis hat so viele Stellen nach dem Komma wie die Dezimalbrüche zusammen
- Ergebnis mit dem Überschlag vergleichen

6,98 · 4

Ü: 7 · 4 = 28

R: $\begin{array}{r}\underline{6{,}98\cdot 4}\\ 27{,}92\end{array}$

→ 6,98 · 4 = 27,92

5,72 · 3,9

Ü: 6 · 4 = 24

R: $\begin{array}{r}\underline{5{,}72\cdot 3{,}9}\\ 1716\\ \underline{5148}\\ 22{,}308\end{array}$

→ 5,72 · 3,9 = 22,308

Division von Brüchen und Dezimalbrüchen

Teilen von Brüchen
- Zähler beibehalten
- Nenner mit der natürlichen Zahl multiplizieren

$$\frac{2}{7}:3=\frac{2}{7\cdot 3}=\frac{2}{21}$$

Division von Brüchen
- Kehrwert des zweiten Bruches bilden
- den ersten Burch mit dem Kehrwert multiplizieren
- so weit wie möglich kürzen

$$\frac{3}{8}:\frac{6}{7}=\frac{3}{8}\cdot\frac{7}{6}=\frac{\cancel{3}^1\cdot 7}{8\cdot\cancel{6}^2}=\frac{7}{16}$$

Teilen/Division von Dezimalbrüchen
- Überschlag machen
- Das Komma bei beiden Zahlen um gleich viele Stellen nach rechts verschieben bis der Divisor eine natürliche Zahl ist
- wie bei den natürlichen Zahlen dividieren
- Im Ergebnis ein Komma setzen, wenn beim Dividend das Komma überschritten wird.
- Ergebnis mit dem Überschlag vergleichen

6,3 : 3

Ü: 6 : 3 = 2

R: 6,3 : 3 = 2,1
$\begin{array}{r}\underline{6}\\ 0{,}3\\ \underline{3}\\ 0\end{array}$

→ 6,3 : 3 = 2,1

8,19 : 2,1

Ü: 8 : 2 = 4

R: 81,9 : 21 = 3,9
$\begin{array}{r}\underline{63}\\ 189\\ \underline{189}\\ 0\end{array}$

→ 8,19 : 2,1 = 3,9

Winkel und Dreiecke

Brücken verbinden Stadtteile, Länder, Kontinente. Brückenkonstruktionen weisen eine erstaunliche Vielfalt auf. Schaut man aber genauer hin, kann man viele Gemeinsamkeiten entdecken, z. B. Stahlträger, die zueinander parallel verlaufen und die senkrecht auf der Fahrbahn stehen. Durch die Verstrebungen ergeben sich vielfältige geometrische Formen, wie z. B. Winkel und Dreiecke.

Winkel

1

Das Foto zeigt einen Seenotrettungskreuzer bei einer Löschübung. Bei einer solchen Übung muss man mit dem Strahl aus der Wasserkanone genau die Stelle treffen, die gelöscht werden soll.
Wie kann man erreichen, dass der Strahl mal näher, mal weiter oder mal mehr nach links bzw. mal mehr nach rechts spritzt?

Seenotrettungskreuzer bei einer Löschübung

Die Drehungen einer Wasserkanone, die Bewegung von Zeigern an Messinstrumenten und andere Drehbewegungen lassen sich mithilfe von Winkeln beschreiben. Aber auch für die Steigung einer Straße, die Neigung eines Daches und für vieles andere kann man einen Winkel angeben.

Blickwinkel

WISSEN

Ein **Winkel** wird von zwei Halbgeraden mit gemeinsamem Anfangspunkt begrenzt.

Den gemeinsamen Anfangspunkt nennt man **Scheitelpunkt**, die beiden Halbgeraden heißen **Schenkel** des Winkels.

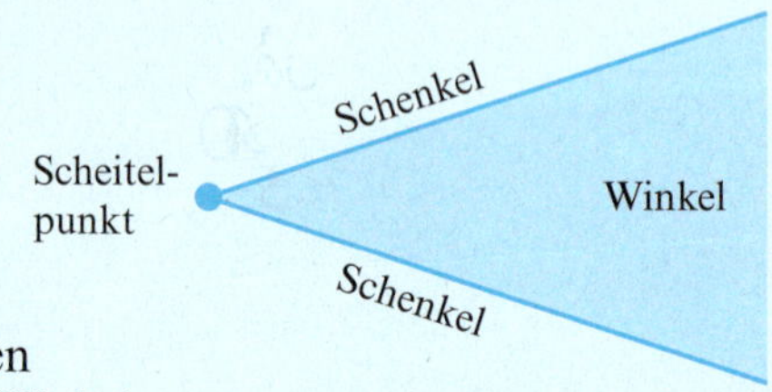

2

In den folgenden Beispielen treten Winkel auf. Beschreibe Schenkel und Scheitelpunkt des Winkels.

a) Eine Bahnschranke öffnet sich.
b) Ein Löwe öffnet sein Maul.
c) Lichtkegel einer Taschenlampe
d) Dreieck, Parallelogramm
e) Uhrenpendel
f) Blickrichtung von Tenniszuschauern
g) Steigung einer Straße

Zwei Halbgeraden mit gemeinsamem Anfangspunkt begrenzen immer zwei Winkel (im Bild rot und blau unterschieden). Deshalb kennzeichnet man in einer Zeichnung den gemeinten Winkel durch einen Kreisbogen.

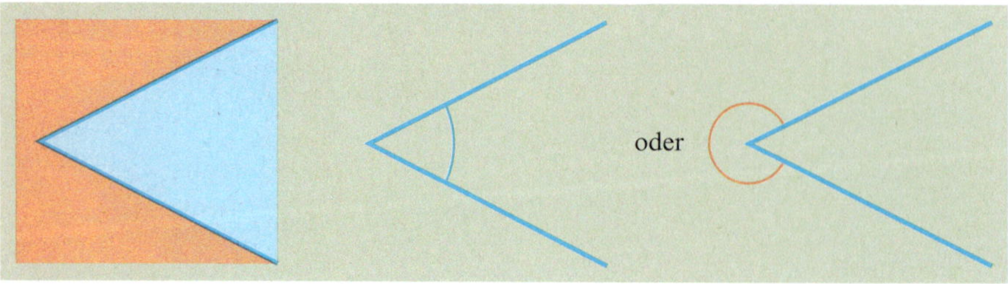

Anstellwinkel

WISSEN

Bezeichnung von Winkeln

1. Mithilfe von kleinen griechischen Buchstaben
2. Mithilfe von Punkten:
   $\alpha = \sphericalangle ASB$, $\beta = \sphericalangle BSA$

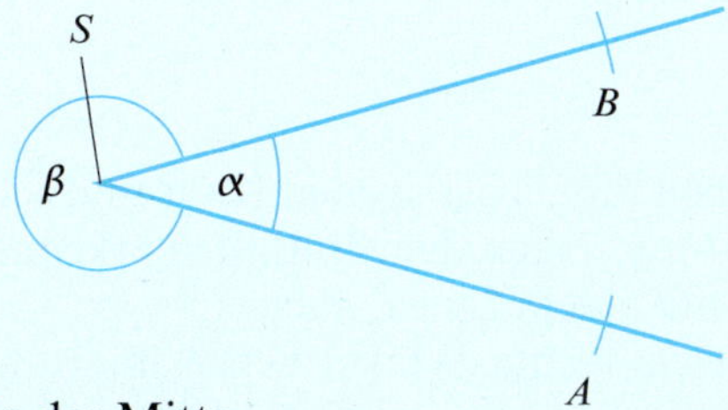

Der Scheitelpunkt steht immer in der Mitte.
Zur Entscheidung, welcher Buchstabe zuerst steht, überlegt man sich: Welchen Schenkel kann man *entgegen* der Uhrzeigerrichtung so drehen, dass er den Winkel überstreicht? Dieses ist der 1. Schenkel. Mit dem zugehörigen Punkt wird begonnen.
Der letzte Punkt bei der Winkelangabe liegt auf dem 2. Schenkel.

INFORMATION
Einige griechische Buchstaben

α	β	γ
alpha	beta	gamma
δ	ε	
delta	epsilon	

3[L]

Gib die gekennzeichneten Winkel mithilfe der Punkte an.

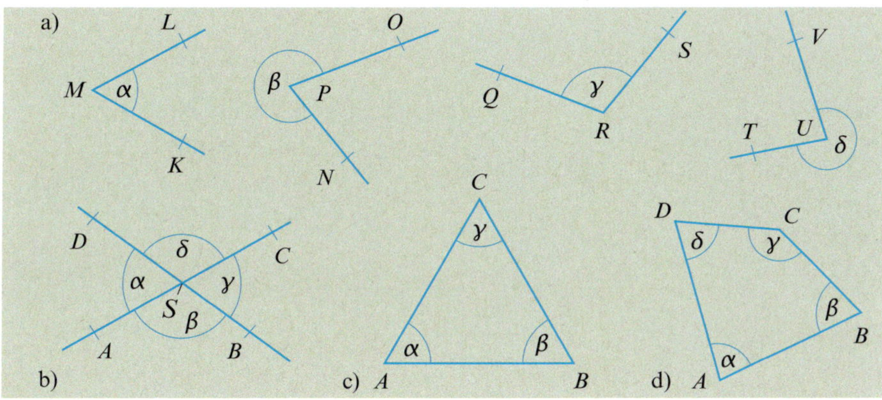

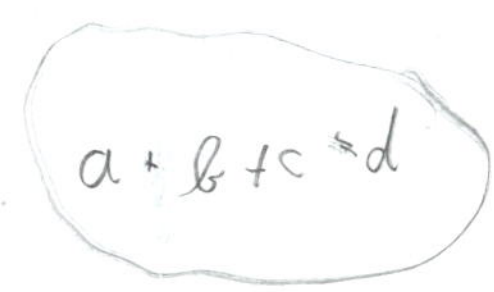

4

Übertrage die Figuren in dein Heft und kennzeichne die Winkel α, β, …

a) $\alpha = \sphericalangle ASB$, $\beta = \sphericalangle BSA$
b) $\alpha = \sphericalangle KLM$, $\beta = \sphericalangle MLK$
c) $\alpha = \sphericalangle YVZ$, $\beta = \sphericalangle WVX$, $\gamma = \sphericalangle XVY$, $\delta = \sphericalangle ZVW$, $\varepsilon = \sphericalangle WVY$
d) $\alpha = \sphericalangle BAC$, $\beta = \sphericalangle CAD$, $\gamma = \sphericalangle CBA$, $\delta = \sphericalangle ADC$, $\varepsilon = \sphericalangle DCB$

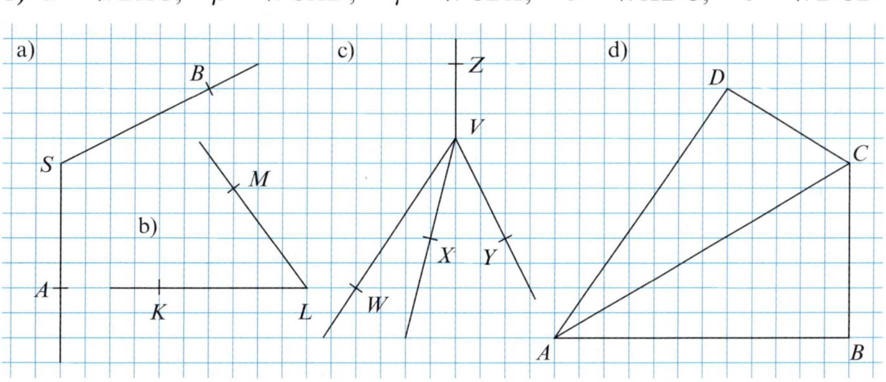

HINWEIS
Das Thema Winkel kannst du besonders gut am Computer mithilfe Dynamischer Geometrie-Software (DGS) erkunden. Tipps und Anleitungen dazu findest du auf den Seiten 110–114.

Messen und Zeichnen von Winkeln

1

Zeichne auf ein Blatt Papier einen möglichst großen Kreis und schneide ihn aus. Falte ihn wie in der Anleitung. Nach dem Entfalten erkennst du viele Winkel. Zeichne die Faltlinien mit einem Lineal nach.

a) Zeige rechte Winkel. Wie viele rechte Winkel liegen im Halbkreis (im ganzen Kreis) nebeneinander?

b) Zeige Winkel, die kleiner (größer) als ein rechter Winkel sind.

ANLEITUNG

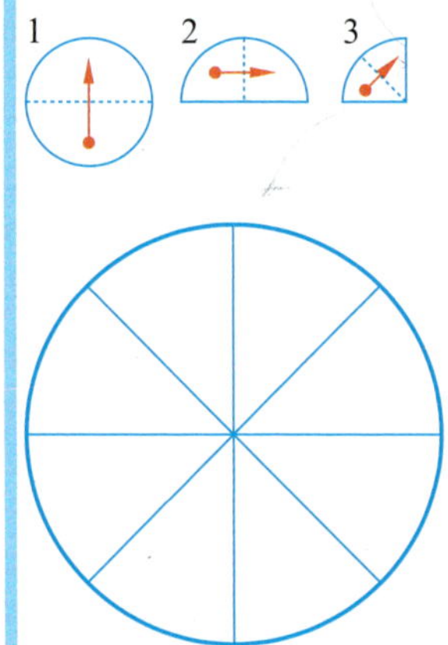

Hebe die Kreisscheibe gut auf!

2

Ordne die Winkel der Größe nach. Beginne mit dem kleinsten. Begründe.

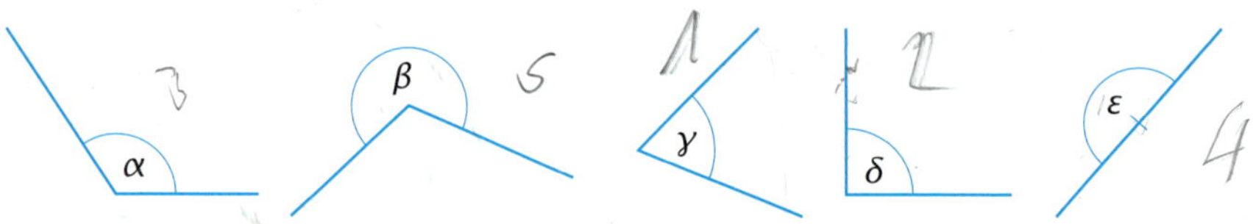

WISSEN

Einteilung der Winkel

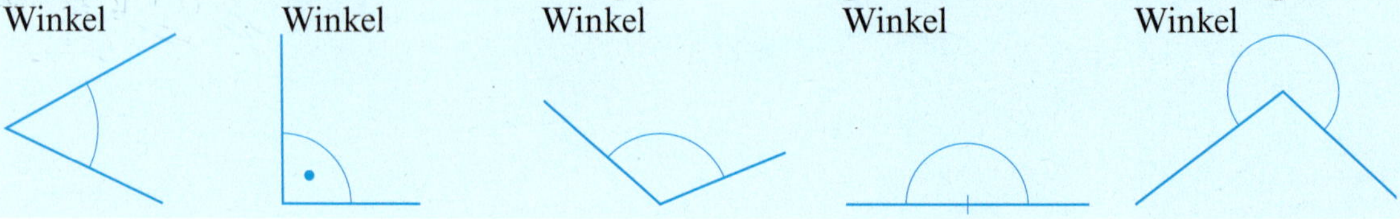

3

a) Entscheide für jeden Winkel in den folgenden Dreiecken und Vierecken, ob es ein spitzer, rechter, stumpfer oder überstumpfer Winkel ist.

b) Suche in deiner Umgebung Beispiele für spitze, stumpfe und rechte Winkel.

c) Bilde mit deinem Körper (Armen oder Beinen) spitze, rechte, stumpfe und gestreckte Winkel.

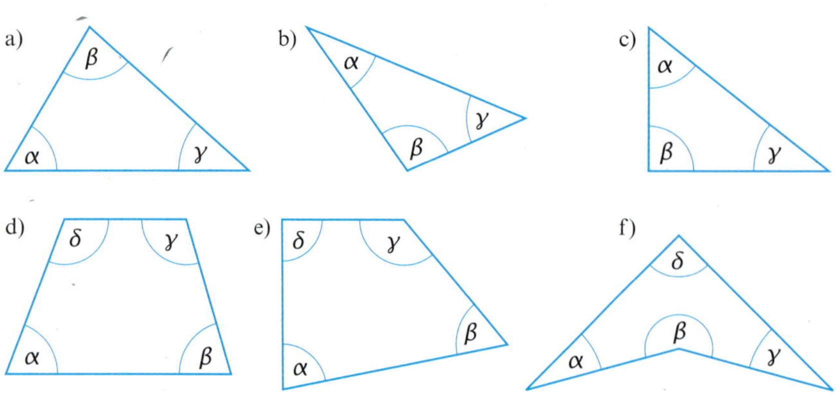

BEACHTE

Auch das sind Winkel:

Vollwinkel

Nullwinkel

4

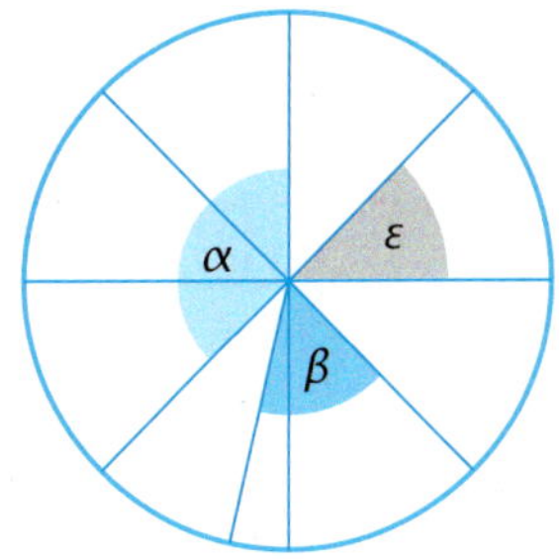

Die Kreisscheibe ist durch Falten in 8 gleich große Teile geteilt. Der Winkel, der zu einem dieser Teile gehört, ist mit ε (sprich „epsilon“) bezeichnet (siehe Bild). Wir können jetzt andere Winkel mit ε vergleichen.

a) Wie oft passt der Winkel ε in den Winkel α?
b) Wie viele Winkel ε benötigt man für einen überstumpfen Winkel?
c) Vergleiche die folgenden Winkel mit dem Winkel ε:
rechter Winkel, gestreckter Winkel, Vollwinkel, stumpfer Winkel.

Vom Winkel β (siehe Bild) können wir nur sagen, dass er etwas größer als der Winkel ε ist. Um seine Größe genauer anzugeben, benötigen wir einen kleineren Vergleichswinkel.

INFORMATION
Die Teilung des Kreises in 360 Teile (genannt: Altgrad) geht auf die Babylonier zurück. Sie hatten ein Zahlsystem mit der Basis 60 (wie bei unseren Zeiteinheiten).
Heute finden auch andere Einteilungen des Kreises Verwendung – z. B. in 400 Teile (genannt: Neugrad oder Gon) bei der Landvermessung.
Der rechte Winkel hat dann eine Größe von 90 Altgrad bzw. 100 Neugrad (100 Gon).

WISSEN

Zum **Messen der Größe eines Winkels** wird die Maßeinheit 1 Grad (kurz: 1°) benutzt. Diese Maßeinheit entsteht durch die Teilung eines Kreises in 360 gleich große Teile.

Der Vollwinkel hat eine Größe von 360°, ein gestreckter Winkel die Hälfte davon, also 180°. Ein rechter Winkel hat eine Größe von 90°.

5

a) Wie viel Grad hat ein halber (ein drittel) rechter Winkel?
b) Wie viel Grad haben ein gestreckter und ein rechter Winkel zusammen?
c) Für einen überstumpfen Winkel α gilt: $180° < \alpha < 360°$. Was gilt für einen spitzen Winkel β und für einen stumpfen Winkel γ?
d) Kennzeichne auf deiner Kreisscheibe Winkel von 45°, 90°, 135°, 180°, 225°, 270° und 315°.

6

Zeichne auf einem Blatt Papier mit Stift und Lineal verschiedene Winkel und bezeichne sie mit α, β, γ … Lass deine Nachbarin (deinen Nachbarn) die Größe der Winkel schätzen. Überprüfe die Schätzwerte durch Messen.

METHODE

Messen von Winkeln mit dem Winkelmesser des Geodreiecks.

1. Lege das Geodreieck an den Schenkel des Winkels an, mit dem Nullpunkt am Scheitelpunkt.
2. Lies die Winkelgröße auf der Skala ab, die an dem Schenkel bei null anfängt, an dem man angelegt hat.

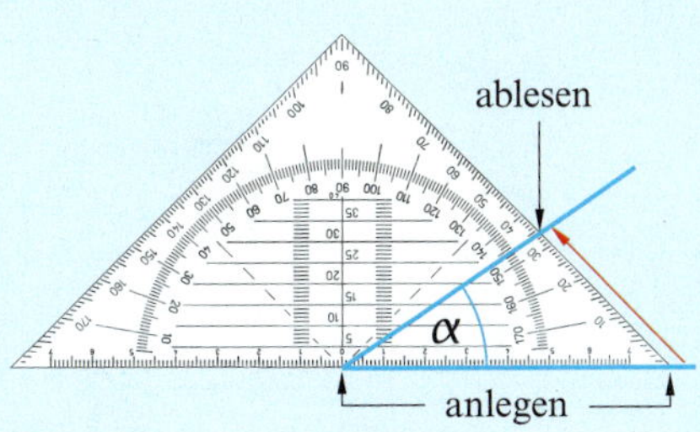

$\alpha = 34°$

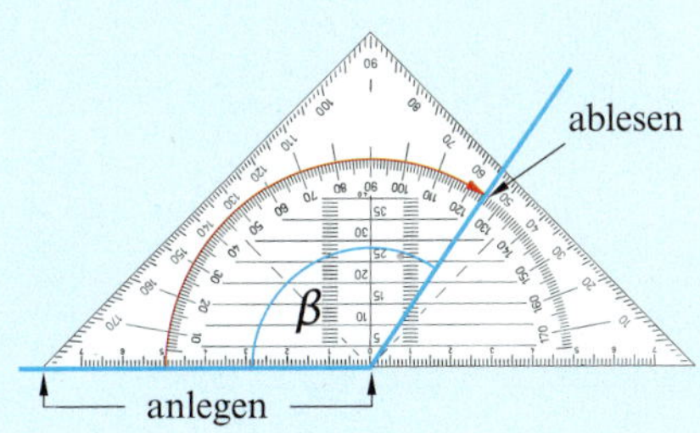

$\beta = 125°$

7[L]

a) Zeichne folgende Punkte in ein Koordinatensystem:
$A(0|0)$, $B(1|9)$, $C(4|2)$, $D(5|4)$, $E(7|6)$, $F(10|1)$, $G(10|4)$, $H(11|9)$.

b) Zeichne die folgenden Winkel im Koordinatensystem ein, schätze ihre Größe und miss diese dann.
$\sphericalangle FAB$, $\sphericalangle HBF$, $\sphericalangle BAF$, $\sphericalangle AEF$, $\sphericalangle CDG$, $\sphericalangle AFH$

8[L]

a) Welchen Winkel bilden Minuten- und Stundenzeiger (s. Bild rechts) um 3 Uhr, 1 Uhr, 5 Uhr, 10 Uhr, 13.30 Uhr, 5.30 Uhr?

b) Wie groß ist der Winkel, um den sich der Minutenzeiger dreht, in 30 min, 5 min, 1 min, 25 min, 43 min, 59 min 30 s?

9

Im Bild siehst du eine Windrose. Um wie viel Grad hat sich der Wind gedreht, wenn sich die Windrichtung ändert? Gib jeweils den kleineren Winkel der beiden Möglichkeiten an.

a) von O auf S, **b)** von NW auf NNW, **c)** von SSO auf N?

10

Wir wollen einen Weihnachtsstern (wie im Bild) vergrößert zeichnen.

a) Überlegt in Gruppen, wie der Stern aufgebaut ist. Welchen Winkel bilden die eingezeichneten Hilfslinien miteinander?

b) Besprecht, wie ihr den Stern zeichnen könnt. Mit welchen Linien wollt ihr beginnen? Wie findet ihr die übrigen Linien?

c) Zeichnet jetzt und vergleicht: Welcher Stern ähnelt der Abbildung am meisten?

TIPP
Sind die Schenkel eines Winkels nur kurz gezeichnet, reichen sie nicht bis zur Skala. Es ergeben sich Schwierigkeiten beim Messen des Winkels. Häufig tritt dies beim Messen der Innenwinkel von Vielecken auf.
Lösung: Verlängere die Schenkel, um gut ablesen zu können.

7.00 Uhr

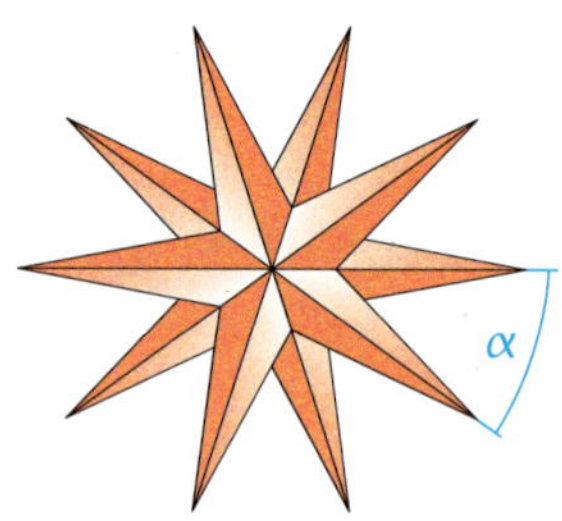

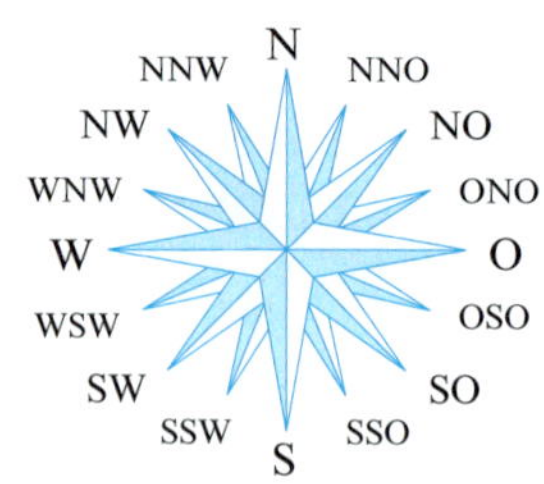

METHODE

Zeichnen eines Winkels mit dem Geodreieck
(am Beispiel eines Winkels von 36°)

1. Strahl zeichnen

2. Geodreieck anlegen und 36° markieren (achte auf die richtige Skala)

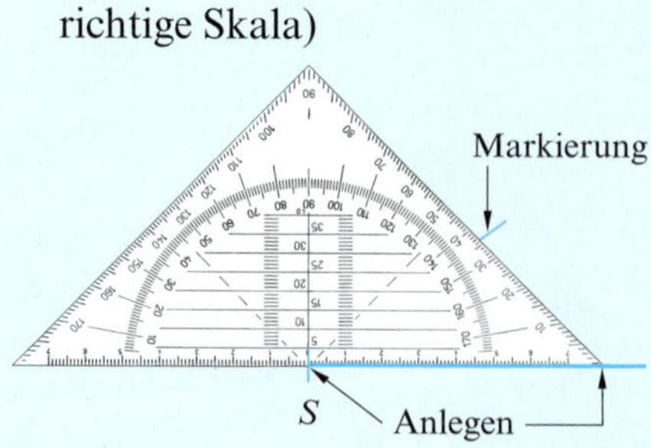

3. Scheitelpunkt mit der Markierung verbinden

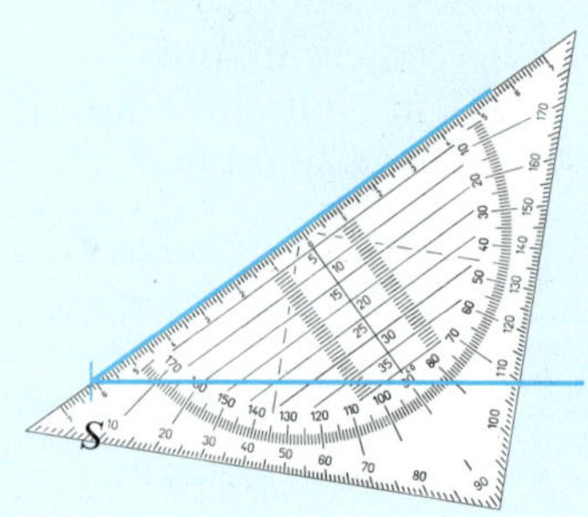

11

Zeichne eine Strecke $\overline{AB}$. Trage im Punkt B mit dem Geodreieck einen Winkel von 36° an die Strecke an. Erkläre den Unterschied zu dem Vorgehen im Wissenskasten auf Seite 88.

12

Zeichne Winkel der folgenden Größen.

a) 40°, 85°, 110°, 23°, 95°, 137°, 6°, 172°, 17°, 57°
b) 48°, 67°, 98°, 144°, 8°, 33°, 165°, 18°, 72°, 88°
c) Überstumpfe Winkel von: 215°, 270°, 300°, 350°.
Erläutere dein Vorgehen. Beachte das nebenstehende Bild.

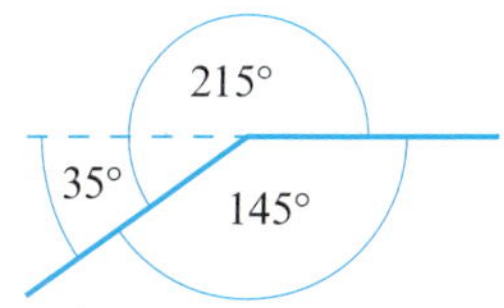

13

Zeichne die Strecke $\overline{AB}$. Trage an den Endpunkten der Strecke $\overline{AB}$ die Winkel α und β wie im Bild an.

a) $\overline{AB} = 6$ cm, $\alpha = 48°$, $\beta = 72°$
b) $\overline{AB} = 8$ cm, $\alpha = 22°$, $\beta = 90°$
c) $\overline{AB} = 4$ cm, $\alpha = 120°$, $\beta = 45°$
d) $\overline{AB} = 5$ cm, $\alpha = 60°$, $\beta = 30°$

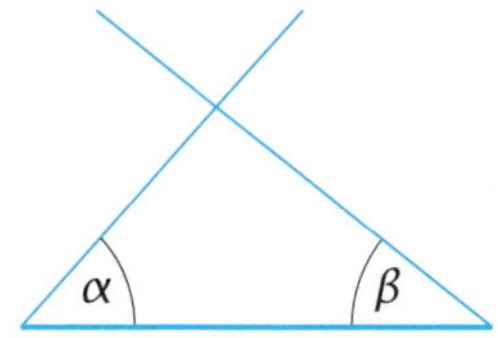

14

a) Zeichne die folgenden Winkel nach Augenmaß. Kontrolliere durch Messen.
$\alpha = 40°$ $\beta = 70°$ $\gamma = 150°$ $\delta = 260°$ $\varepsilon = 320°$
b) Zeichne folgende Strecken und Winkel nach Augenmaß.
Kontrolliere durch Messen.
$\overline{AB} = 9$ cm; $\alpha = 35°$; $\beta = 65°$
$\overline{AB} = 6{,}5$ cm; $\alpha = 100°$; $\beta = 50°$

15

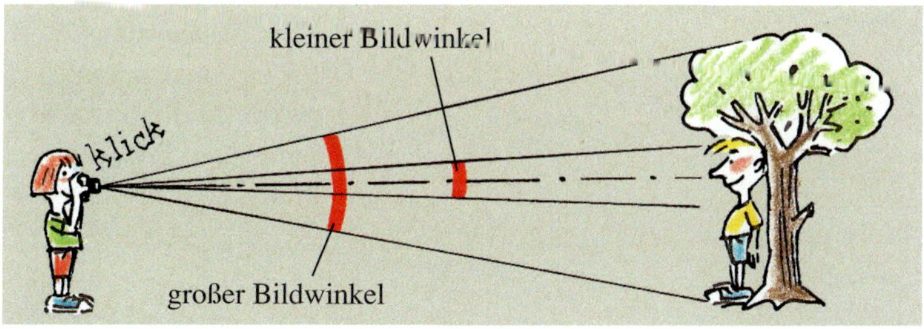

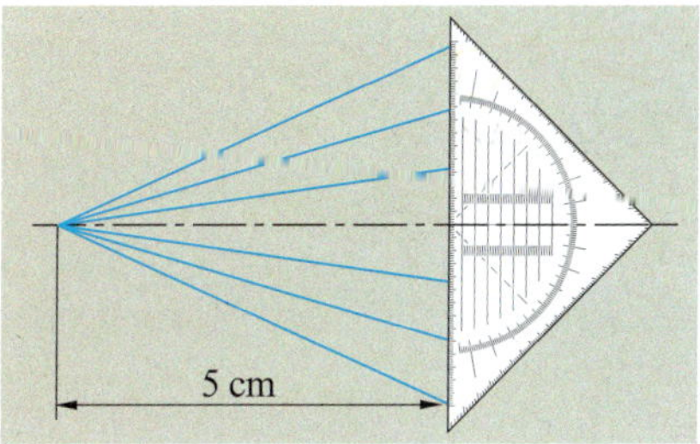

Bei manchen Fotoapparaten kannst du den Bildwinkel ändern. Du musst dazu das Objektiv entweder verstellen oder auswechseln. Durch die Veränderung des Bildwinkels verändert sich der Bildausschnitt.

a) Betrachte das linke Bild und beschreibe, was man beim großen (kleinen) Bildwinkel auf dem Foto sehen würde.
b) Zeichne Bildwinkel von 12°, 46° und 80° wie im rechten Bild und stelle fest, welcher Bereich der Zentimeterskala eines Geodreiecks abgebildet würde.

INFORMATION
Teleobjektive sollen etwas „heranholen“. Weitwinkelobjektive nutzt man, um möglichst viel auf das Bild zu bekommen.

Scheitel- und Nebenwinkel

1

Heiko begleitet seinen Freund Konstantin in ein Spezialgeschäft für Modelleisenbahnen. Konstantin ist ein großer Eisenbahnbastler. Er sagt zur Verkäuferin: „Eine Kreuzung 15° bitte.“ Sofort weiß die Verkäuferin Bescheid. Heiko wundert sich: „Wenn sich zwei Schienenpaare kreuzen, so entstehen doch viele Winkel. Warum reicht es aus, einen einzigen anzugeben?“

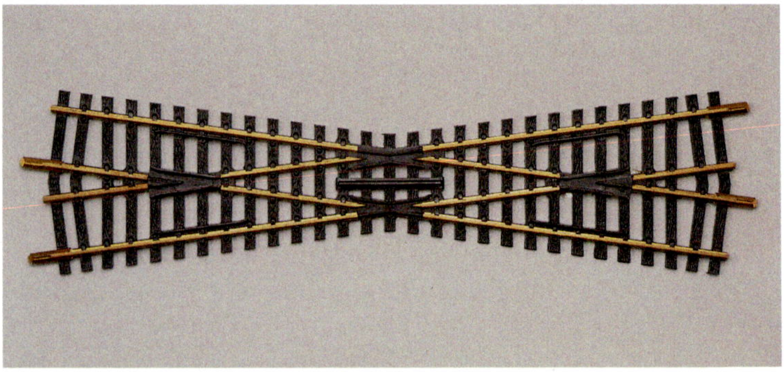

Kreuzung 15°

a) Begründen, dass die Angabe eines einzigen Winkels tatsächlich genügt.

b) Miss die Größe aller Winkel an der Kreuzung im Bild. Nach welchem Winkel wurde die Kreuzung benannt?

c) Wie sieht eine Kreuzung 30° aus? Zeichne sie.

2

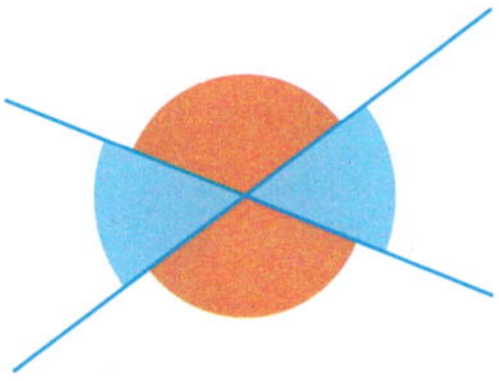

a) Zeichne zwei Geraden und markiere die Winkel farbig wie im Bild. Schneide die vier Winkel aus.

b) Lege jeweils die beiden roten (blauen) Winkel übereinander. Was bemerkst du? Was bedeutet das für die Winkelgrößen?

c) Lege einen roten und einen blauen Winkel gemeinsam an eine Kante. Was bemerkst du? Was bedeutet das für die Summe der Winkelgrößen?

WISSEN

Schneiden zwei Geraden einander, so entstehen zwei Paare **Scheitelwinkel** und vier Paare **Nebenwinkel.**

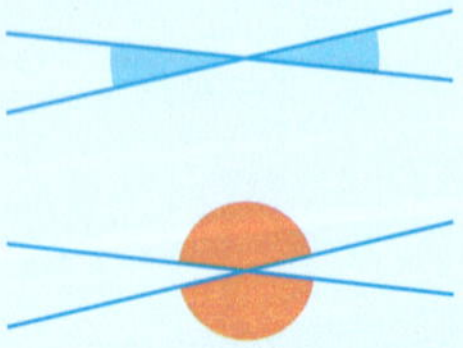

Scheitelwinkel sind **gleich groß.**

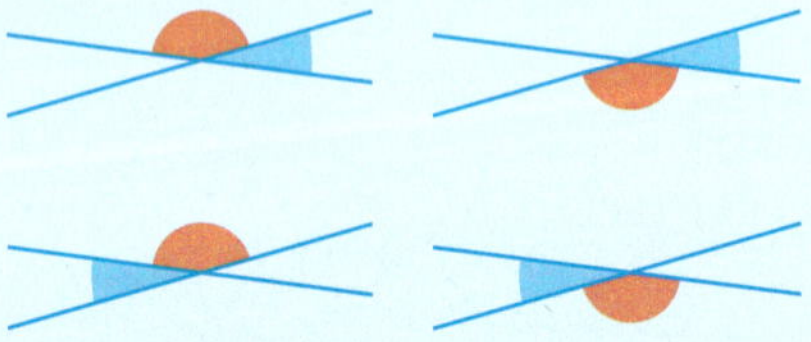

Nebenwinkel ergänzen einander zu **180°.**

MERKE

Die Schenkel von zwei **Scheitelwinkeln** bilden zusammen zwei Geraden.
Zwei **Nebenwinkel** haben einen Schenkel gemeinsam. Die anderen beiden Schenkel bilden eine einzige Gerade.

3

Nenne alle Paare von Scheitelwinkeln und von Nebenwinkeln in den beiden Bildern.

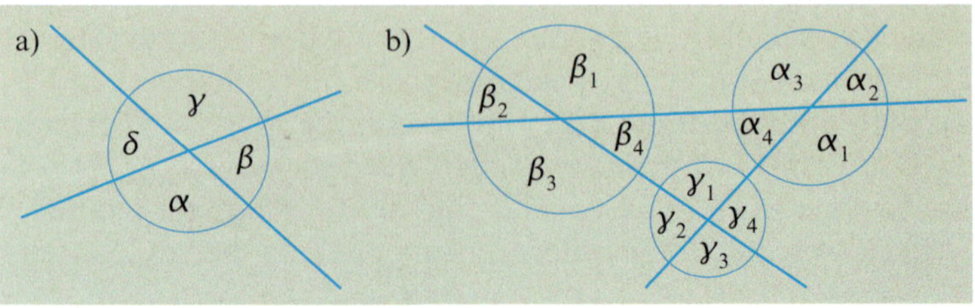

4

Wie groß sind α und β?

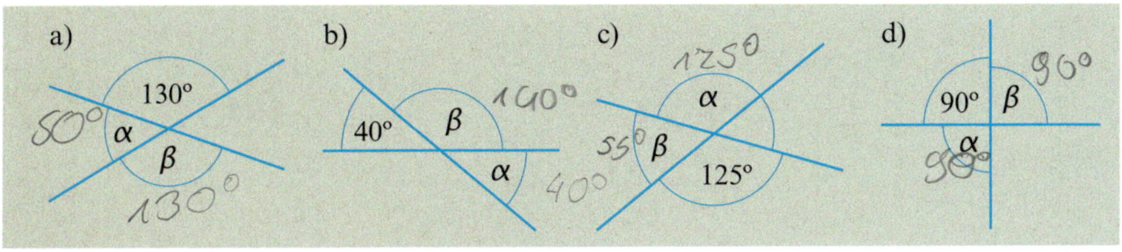

5

Gib die Größe aller bezeichneten Winkel an.

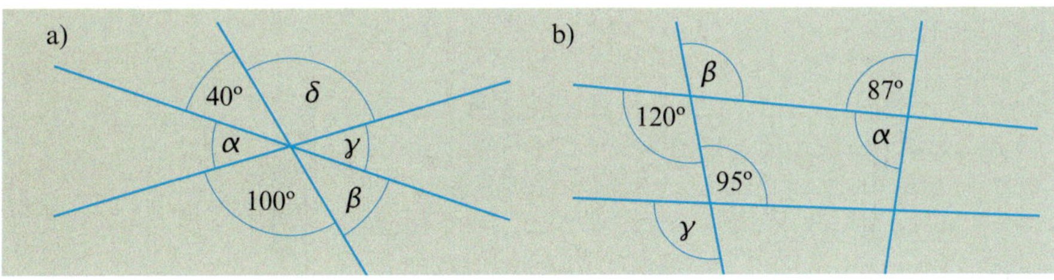

6

Wie groß sind die markierten Winkel? Begründe.

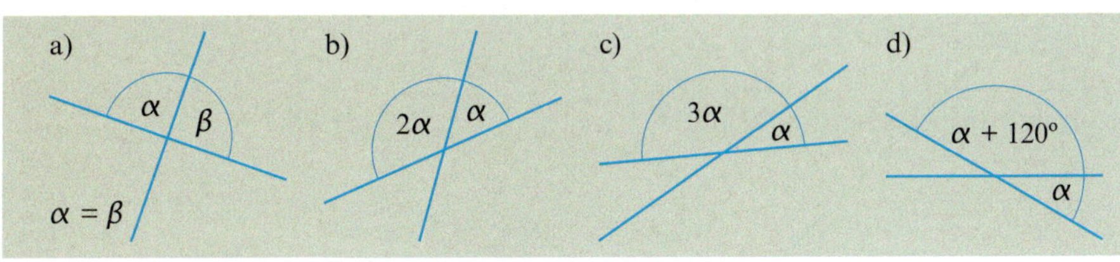

7

Wie sind die folgenden Sätze zu vervollständigen?

a) Ein Nebenwinkel eines spitzen Winkels ist ein stumpfer Winkel.
b) Ein Nebenwinkel eines stumpfen Winkels ist ein spitzer Winkel.
c) Ein Nebenwinkel eines rechten Winkels ist ein rechter Winkel.

8

Wie kann man begründen, dass Scheitelwinkel immer gleich groß sind? (Nachmessen genügt dafür nicht, denn beim Messen kommen Ungenauigkeiten vor.) Beantworte für eine exakte Begründung folgende Fragen:
Wie groß sind α und β zusammen?
Wie groß sind α und β_1 zusammen?
Was gilt also für β und β_1?
Begründe deine Antworten.

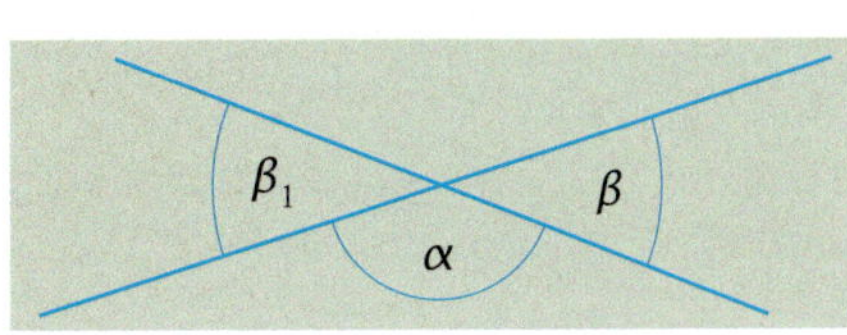

ZUM KNOBELN
Übertrage die Figur und markiere Paare von Nebenwinkeln und Scheitelwinkeln.

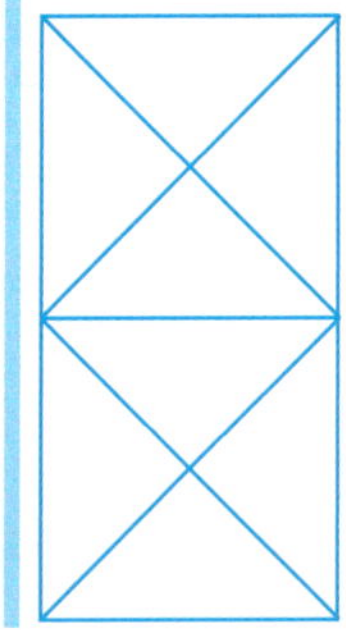

GEREIMTES
Die Winkel liegen zwar ganz dicht, doch Nebenwinkel sind es nicht.

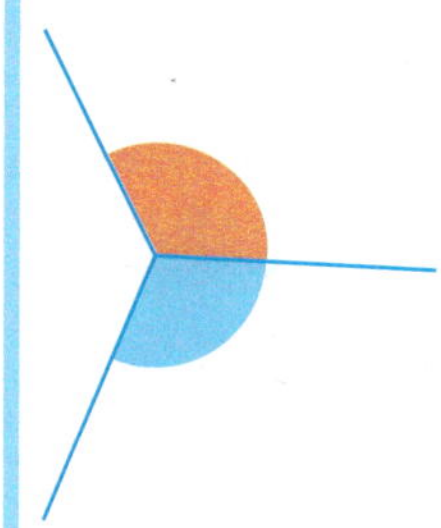

Stufen- und Wechselwinkel

1

Erinnere dich an Seite 90: Die Verkäuferin wusste sofort, was mit einer Kreuzung 15° gemeint ist, obwohl bei einer solchen Kreuzung viele Winkel auftreten.
Begründe das nun für die rot gezeichnete Teilfigur.

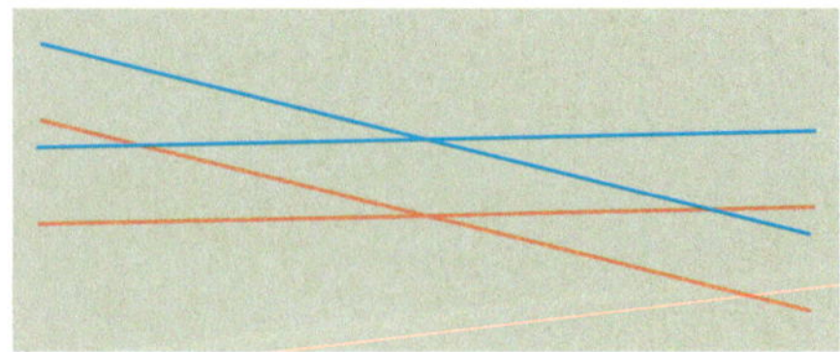

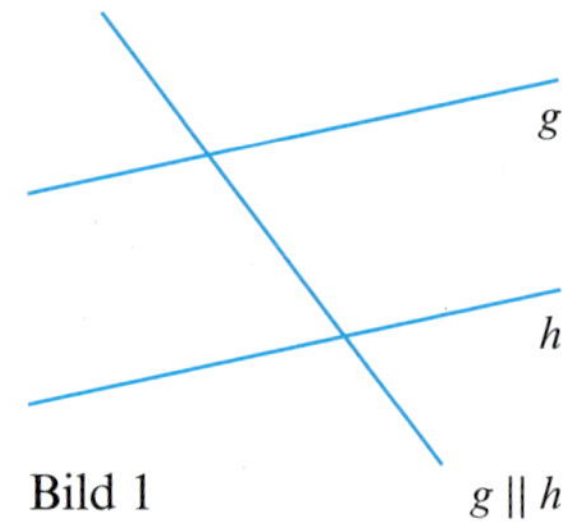

Bild 1

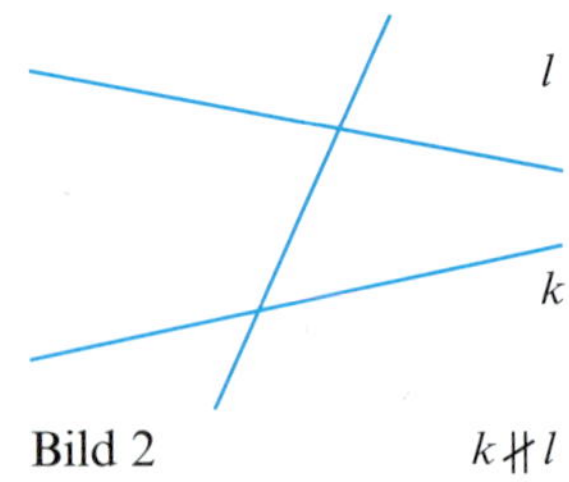

Bild 2

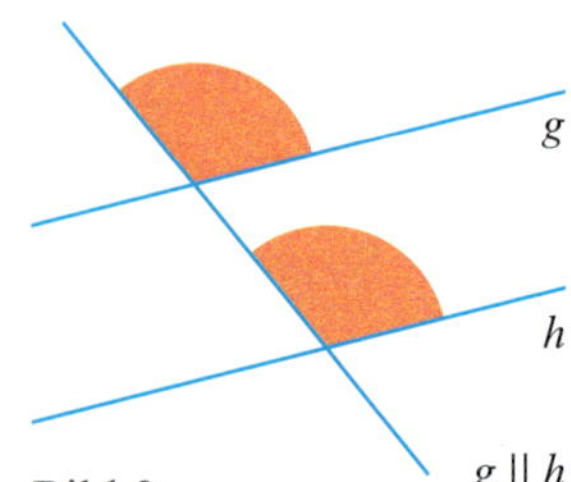

Bild 3

Bild 4

2

Aufträge für die ganze Klasse. Vergleicht jeweils eure Ergebnisse.

a) Zeichnet Bild 1 und 2 aus der Randspalte ins Heft. Messt bei den Figuren alle Winkel.
Was stellt ihr jeweils über die Größe der auftretenden Winkel fest?

b) Zeichnet und färbt zwei Figuren wie in Bild 3 und 4 aus der Randspalte. Schneidet jede Figur aus und zerschneidet sie anschließend zwischen den zueinander parallelen Geraden. Legt die beiden roten Winkel übereinander. Macht das Gleiche mit den blauen und dann mit den gelben Winkeln.
Was fällt euch auf? Begründet eure Erkenntnis.

c) Gilt eure Erkenntnis auch, wenn die Geraden nicht parallel sind?

WISSEN

Werden zwei Geraden von einer dritten Geraden geschnitten, so entstehen mehrere Winkel.
Bestimmten Paaren von ihnen gibt man einen Namen:

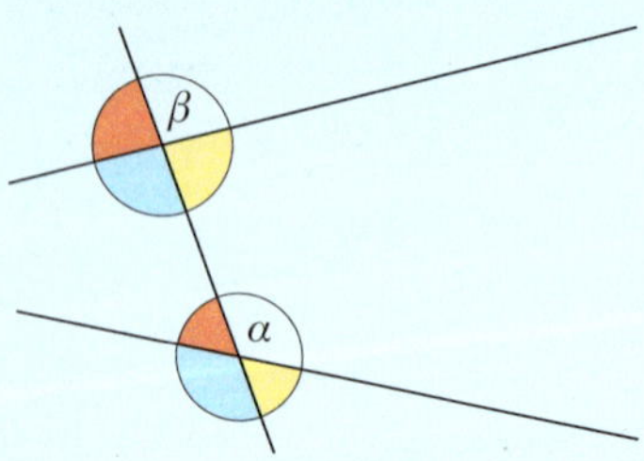

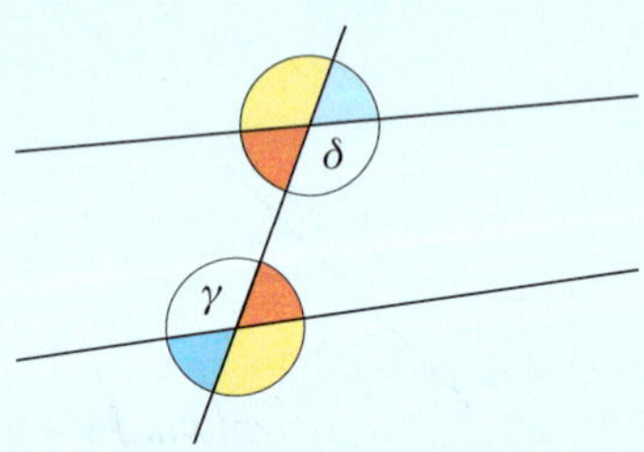

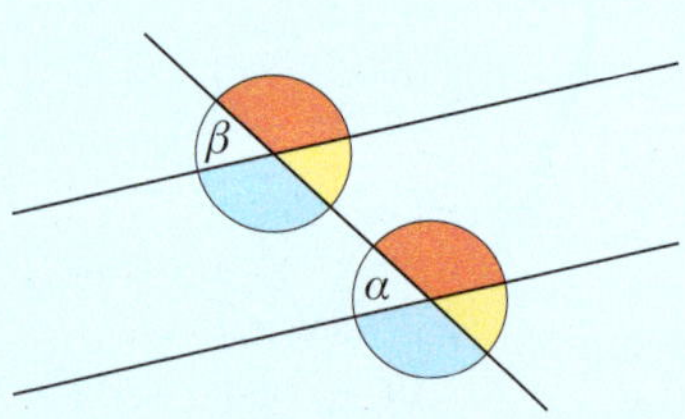

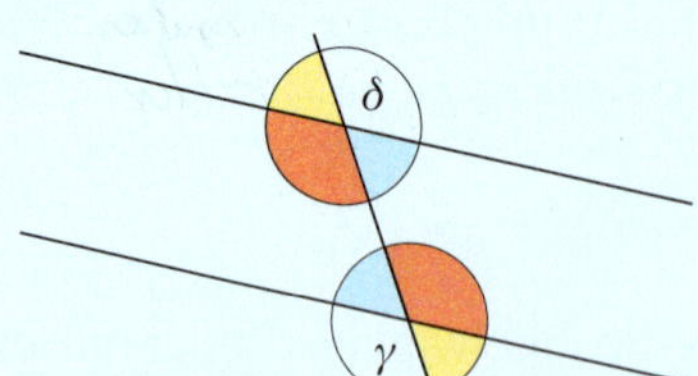

α und β sind ein Paar **Stufenwinkel.**

Winkel der gleichen Farbe sind jeweils ein Paar Stufenwinkel.

γ und δ sind ein Paar **Wechselwinkel.**

Winkel der gleichen Farbe sind jeweils ein Paar Wechselwinkel.

BEACHTE

Von Stufen- und Wechselwinkeln spricht man in beiden Fällen: wenn die geschnittenen Geraden parallel zueinander sind und auch wenn sie es nicht sind.

3

Nenne Paare von Stufenwinkeln und Paare von Wechselwinkeln.

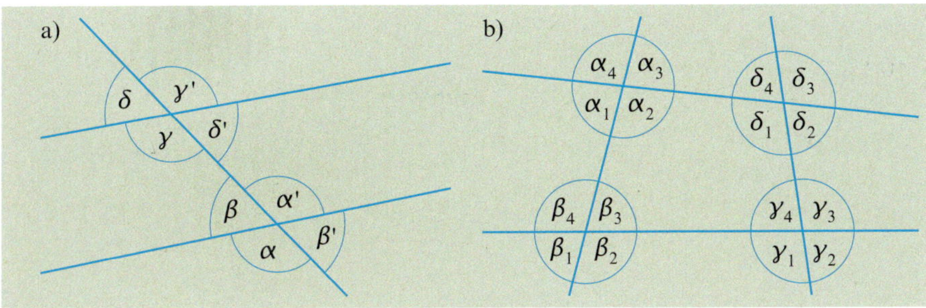

4

Tina behauptet, zwei Stufenwinkel sind gleich groß.
Stefan widerspricht. Er meint, sie sind nicht gleich groß.
Was meinst du zu den beiden Aussagen?

WISSEN

Stufenwinkel an geschnittenen Parallelen sind gleich groß.

Wechselwinkel an geschnittenen Parallelen sind gleich groß.

5

a) Wie groß ist der Winkel α?
b) Welche Winkel sind genauso groß wie der angegebene Winkel?

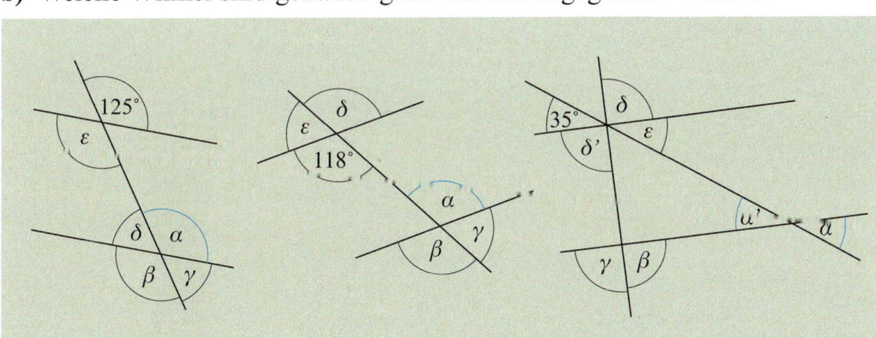

6

Übertrage die folgende Begründung für die obige Aussage über Wechselwinkel in dein Heft und vervollständige sie.
$\alpha = \alpha'$, denn es sind ______.
$\beta = \alpha'$, denn es sind ______.
Also ist _____ = _____.

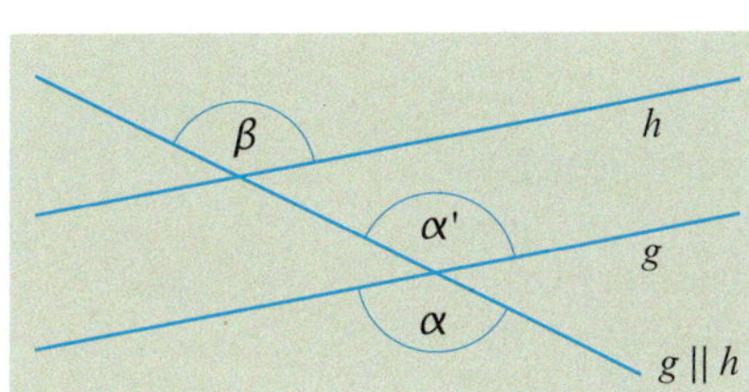

BEISPIEL

für eine richtige Schlussfolgerung

Stefan und Thomas sind gleich groß.

Stefan und Milan sind gleich groß.

Schlussfolgerung:
Also sind auch

Thomas und Milan gleich groß.

WAS MEINST DU DAZU?

Wir wissen schon:
Zwei Geraden können parallel zueinander sein oder einander schneiden.
Friedrich meint, es gäbe noch eine dritte Möglichkeit:

7

Ermittle die Größe der Winkel α, β, γ und δ im Bild.

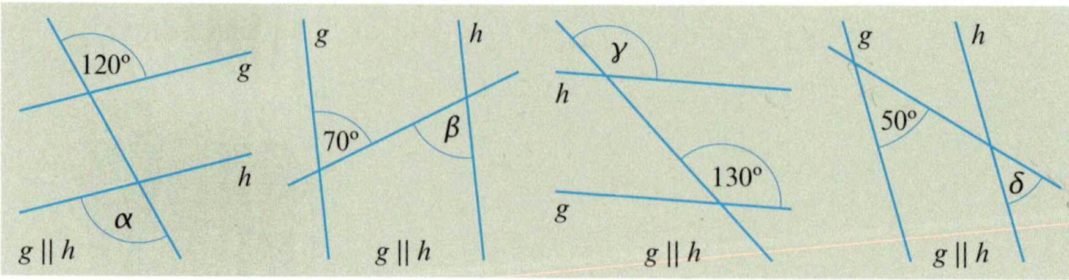

HINWEIS
Die Zeichnungen zu Aufgabe 7 sind nur Skizzen. Messen hat also keinen Sinn.

8[L]

Wie groß sind die farbig eingezeichneten Winkel im Bild?

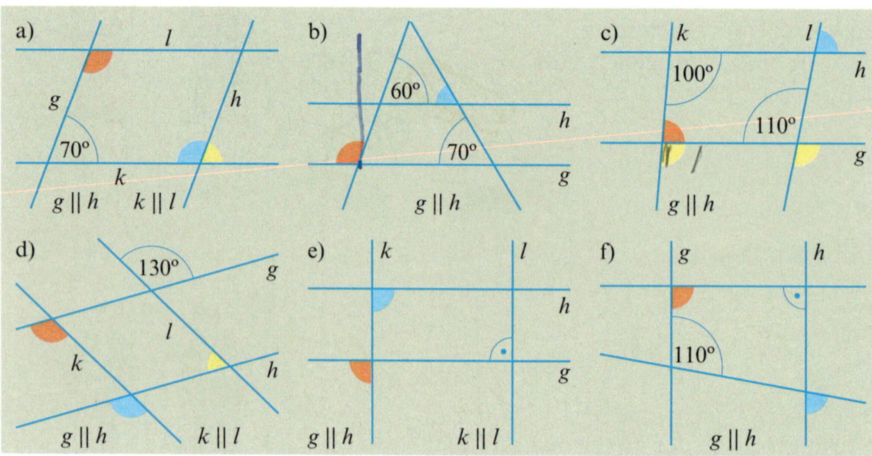

INFORMATION
Idealhaltung eines Skispringers:

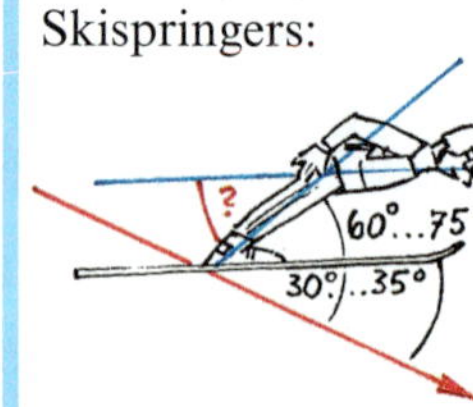

Wie groß kann der Winkel zwischen dem verlängerten Oberkörper und den Beinen sein?

9

Noch einmal zur Kreuzung 15°: Welche beiden Winkelgrößen treten lediglich auf? Warum muss man den zweiten Winkel nicht nennen?

10

Nenne Winkelpaare im nebenstehenden Bild, die zusammen 180° ergeben. Begründe mithilfe dir bekannter Winkelsätze.

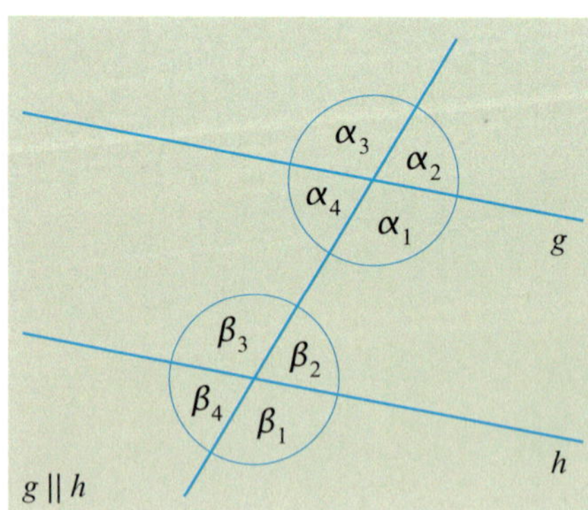

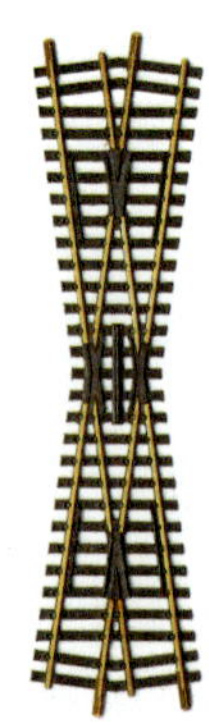

Kreuzung 15°

WISSEN

α und α' heißen zueinander **entgegengesetzt liegende Winkel**, ebenso β und β'. An geschnittenen Parallelen ergänzen sie einander jeweils zu 180°.

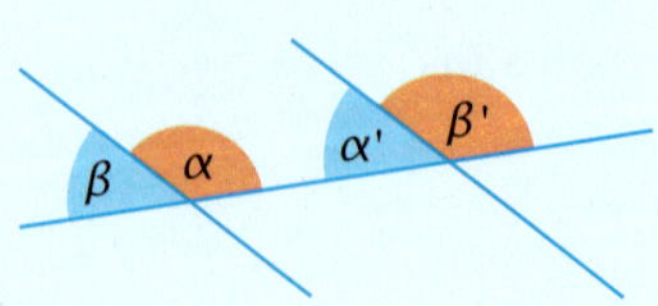

11

Die Klasse 6c untersucht die Winkel an einem Parallelogramm.

a) Es soll nur ein Winkel gemessen werden. Marika stellt fest: $\beta = 60°$.
Wie groß sind die anderen Winkel in dem Parallelogramm?

b) Versucht möglichst viele wahre Aussagen über Winkel in Parallelogrammen zu formulieren.

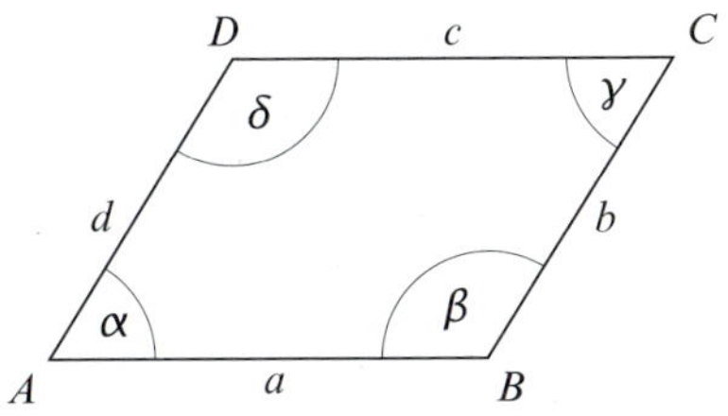

12

Die Seiten $\overline{AB}$ und $\overline{CD}$ des Trapezes im Bild sind zueinander parallel.
Wie groß sind in diesem Trapez die Winkel β und δ?
Begründe deine Ergebnisse.

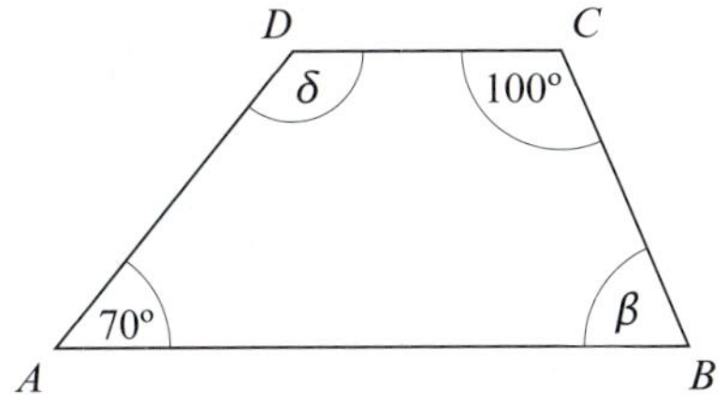

13

Herr Heintze hat ein schönes Foto vom Sternbild Großer Bär (auch Großer Wagen genannt). Kann er allein durch Winkelmessung feststellen, ob die Verbindungslinien parallel sind? (Also keine Längen messen!)

Sternbild Großer Bär

14

Grit meint: „Die Figur im Bild ist ein Trapez."
Heiko überlegt: „Sie sieht zwar so aus, aber eigentlich kann das nicht sein."
Was meinst du dazu? Begründe.

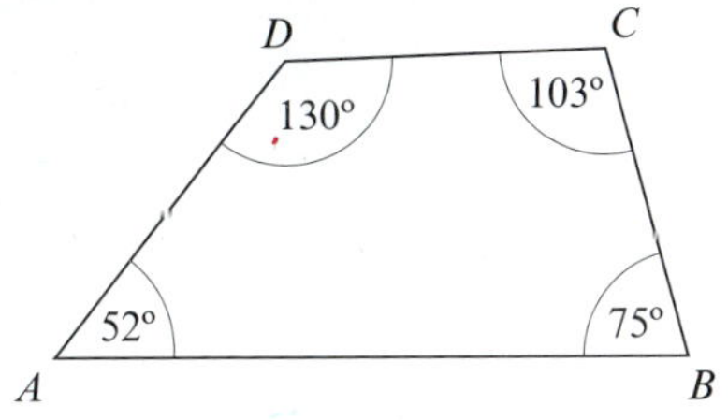

15

Für den Stufenwinkelsatz und den Wechselwinkelsatz sind geschnittene parallele Geraden eine Voraussetzung. Nur dann sind Stufen- bzw. Wechselwinkel gleich groß.
Die Aufgaben 13 und 14 gehen davon aus, dass Stufen- und Wechselwinkelsatz auch umgekehrt angewendet werden können. Aus den Winkelgrößen wird hergeleitet, ob die Geraden parallel sind oder nicht.
Formuliere die Umkehrung des Stufen- und des Wechselwinkelsatzes in der Form „Wenn ..., dann ...".

EXPERIMENT
Baue aus einem Baukasten ein Parallelogramm.

Mann kann es leicht in seiner Form verändern.
Miss jeweils einen Winkel.
Überlege, wie groß die anderen Winkel des Parallelogramms sind.

Dreiecksarten

1

a) Betrachte die Fachwerkhäuser. Welche geometrischen Figuren erkennst du?
b) Sicher waren die Dreiecke am Fachwerkhaus schwieriger herzustellen als andere Figuren. Warum sind aber gerade die Dreiecke so wichtig?
c) Wo verwendet man beim Bau oder beim Basteln auch noch Dreiecke aus dem gleichen Grund?
d) Nenne weitere Gegenstände aus verschiedenen Lebensbereichen, bei denen Dreiecke aus dem gleichen Grund auftreten.

Fachwerkhäuser in Hagen

2

Betrachte die Bilder zu dieser Aufgabe.
Beschreibe, wo Dreiecke zu erkennen sind. Bei welchen Beispielen ist das Dreieck und bei welchen ist die Dreiecksfläche von Bedeutung?

Pyramiden in Ägypten

Kran

Segelboot

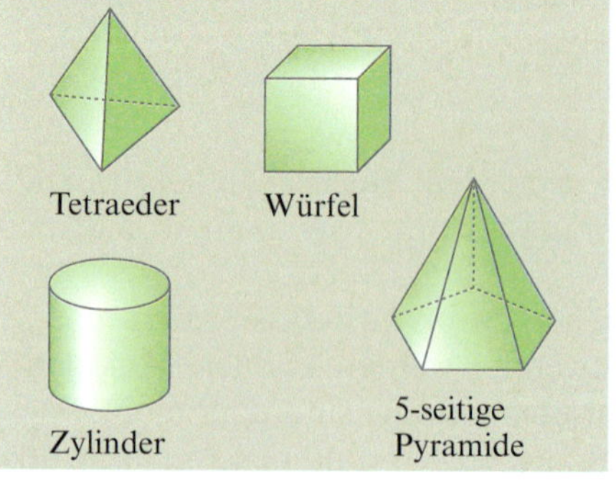

Geometrische Körper

EXPERIMENT
Baue die folgenden Figuren. Ziehe die Schrauben nicht so fest. Welche Figuren lassen sich verändern, welche nicht?

a)
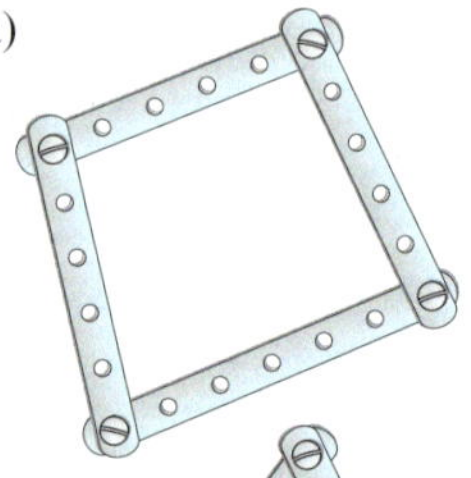

b)
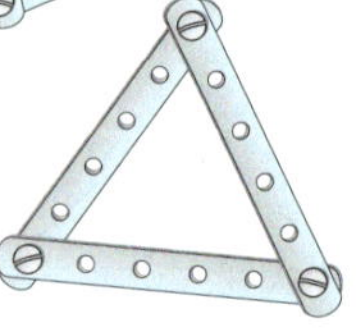

c)
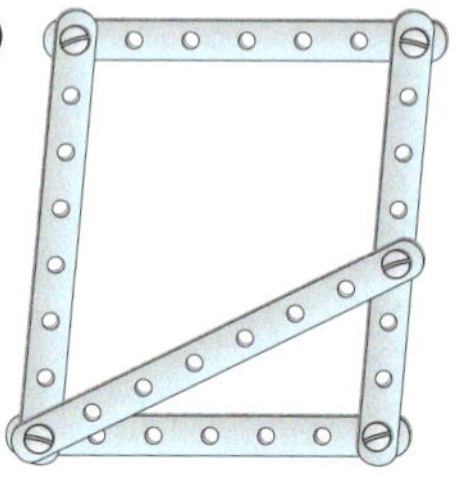

WISSEN

Bezeichnungen am Dreieck
Dreieck allgemein: **Dreieck *ABC*** oder kurz **△ *ABC*** (s. Bild 1).
Die Angabe der Punkte erfolgt entgegen der Drehrichtung eines Uhrzeigers: in **mathematisch positiver Richtung**.

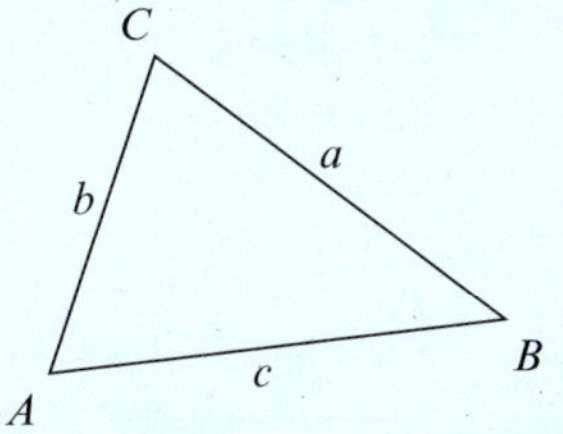

Bild 1

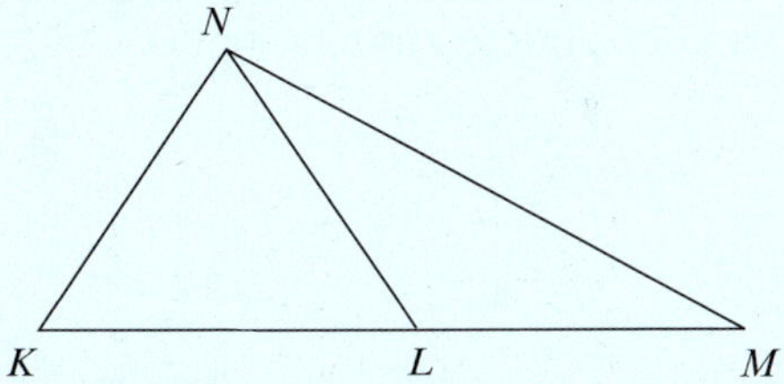

Bild 2

Dreiecksseiten im Dreieck ABC: $\overline{AB} = c$, $\overline{AC} = b$ und $\overline{BC} = a$.
Innenwinkel im Dreieck ABC: $\sphericalangle BAC = \alpha$, $\sphericalangle CBA = \beta$ und $\sphericalangle ACB = \gamma$.

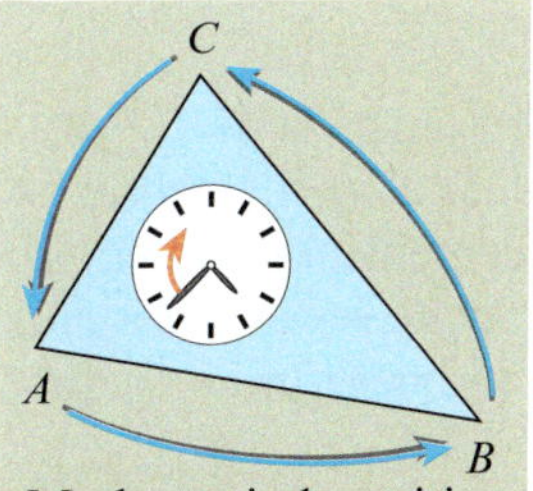

Mathematisch positive Richtung

3[L]

Wie viele Dreiecke sind im Bild 2 dargestellt?
Bezeichne sie unter Verwendung der Endpunkte.

4

a) Übertrage das Dreieck ABC aus Bild 3 in dein Heft und bezeichne seine Seiten und Winkel gemäß der Vereinbarung oben.
b) Wie kann man sich die Bezeichnung der Seiten und Winkel merken?
c) Miss im Bild 4 die Länge der Dreiecksseiten und die Größe der Innenwinkel. Was fällt dir auf?

WAS MEINST DU DAZU?

Im Bild sind die Autobahndreiecke St. Augustin-West und Bonn-Beuel skizziert.

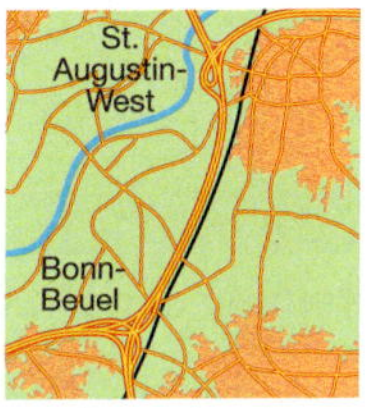

Wieso spricht man hier von Dreiecken?

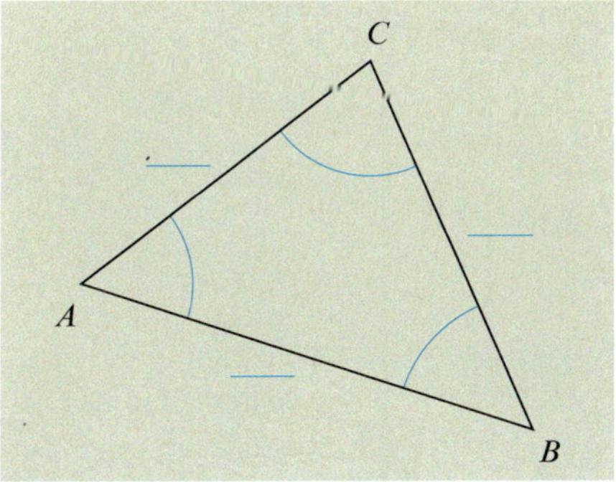

Bild 3

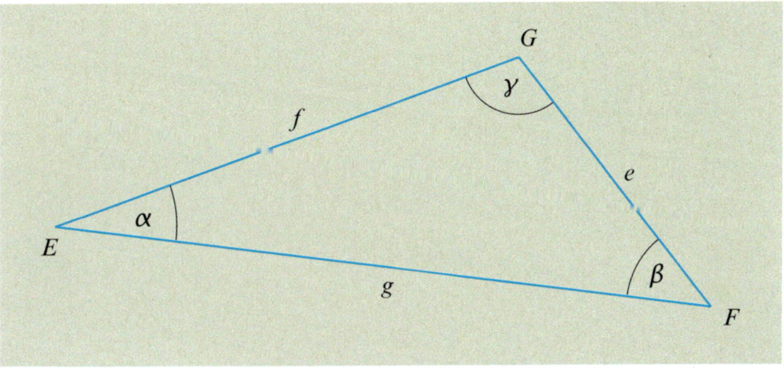

Bild 4

5

a) Zeichne eine Strecke $\overline{AB}$ mit der Länge 6 cm. Trage sowohl in A als auch in B einen rechten Winkel an. Die freien Schenkel sollen auf der gleichen Seite von AB liegen. Warum entsteht dabei kein Dreieck?
b) Wiederhole die Aufgabe a) mit zwei stumpfen Winkeln.
c) Wie viele rechte (stumpfe) Winkel kann ein Dreieck höchstens haben?

6

In jeder Zeile des Bildes sind vier Dreiecke dargestellt. Vergleiche die vier Dreiecke hinsichtlich ihrer Innenwinkel. Jeweils drei Dreiecke haben etwas gemeinsam und ein Dreieck in jeder Zeile passt nicht zu den anderen.
Suche jeweils dasjenige Dreieck heraus, das nicht zu den anderen gehört und begründe, wodurch es sich von den anderen unterscheidet.

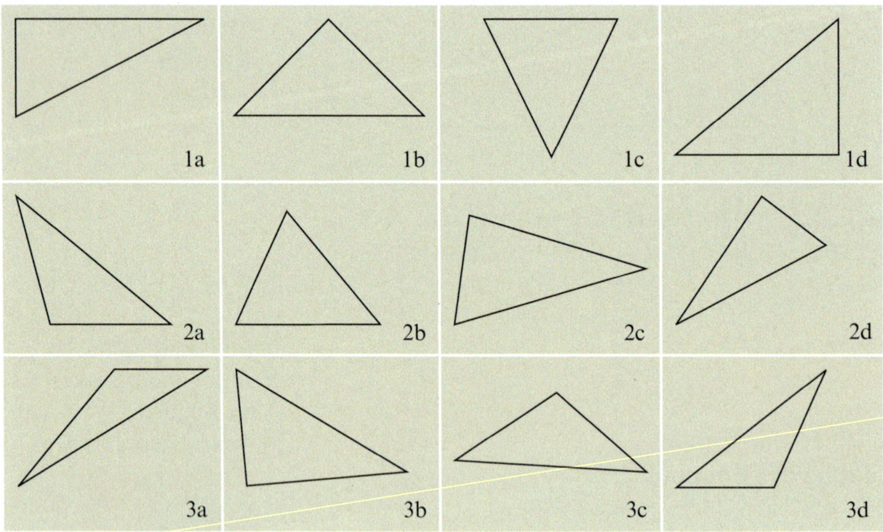

WISSEN

Einteilung der Dreiecke nach Winkeln

spitzwinkliges Dreieck

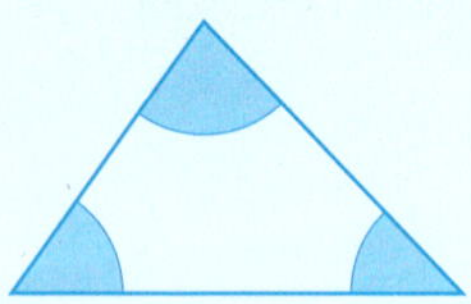

Alle Winkel sind spitze Winkel.

rechtwinkliges Dreieck

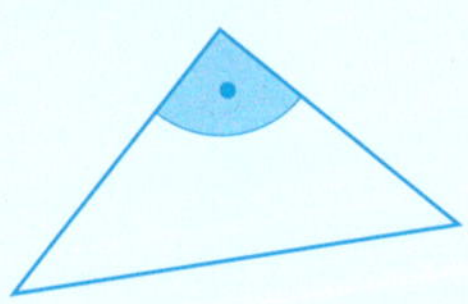

Ein Winkel ist ein rechter Winkel.

stumpfwinkliges Dreieck

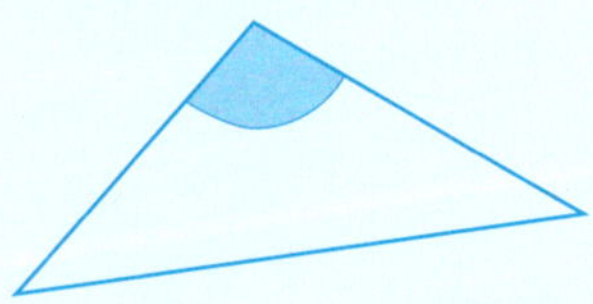

Ein Winkel ist ein stumpfer Winkel.

7

Entscheide: Spitzwinkliges, rechtwinkliges oder stumpfwinkliges Dreieck?

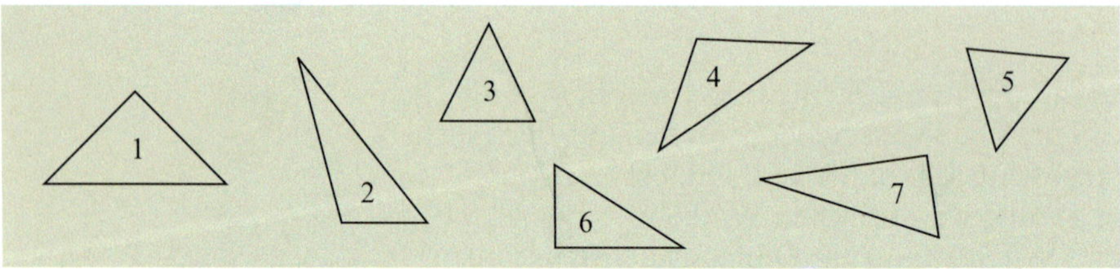

BAUANLEITUNG
für den Selbstbau eines Drachens

1. Leistenkreuz herstellen

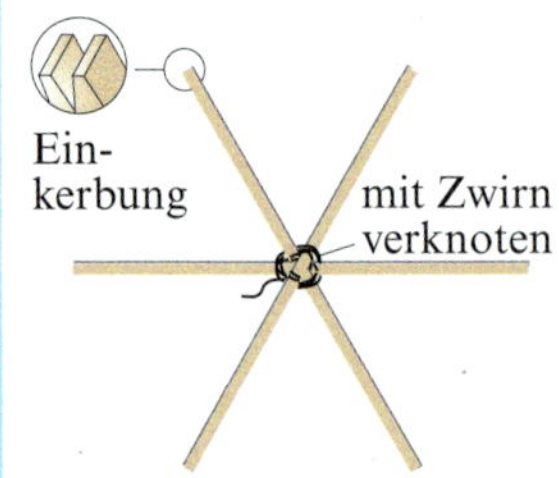

2. Leistenkreuz mit Zwirn umspannen

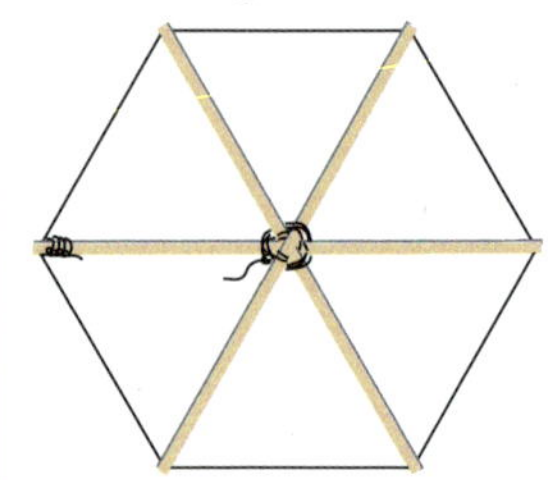

3. Papier zuschneiden und Klebefalze ankleben

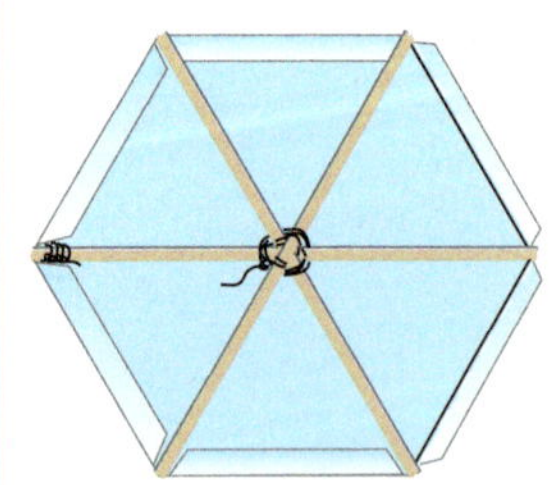

4. Befestigung der Drachenschnur und des Schwanzes

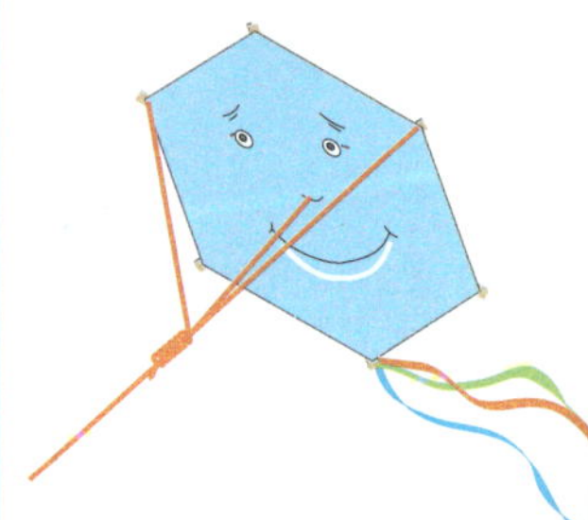

8

Übertrage die Brückenkonstruktionen ins Heft. Kennzeichne spitzwinklige, rechtwinklige und stumpfwinklige Dreiecke mit unterschiedlichen Farben.

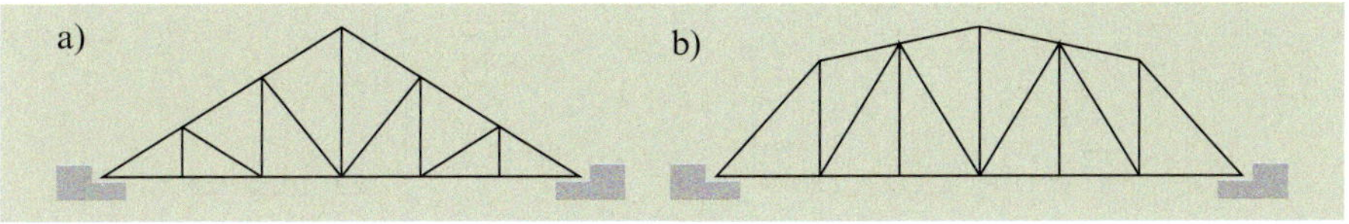

9

Für jede Zeile des Bildes gilt: Jeweils 3 Dreiecke haben etwas gemeinsam und ein Dreieck passt nicht zu den anderen. Dazu musst du auf die Längen der drei Dreiecksseiten achten.
Suche jeweils dasjenige Dreieck heraus, das nicht zu den anderen gehört. Begründe, wodurch es sich von den anderen unterscheidet.

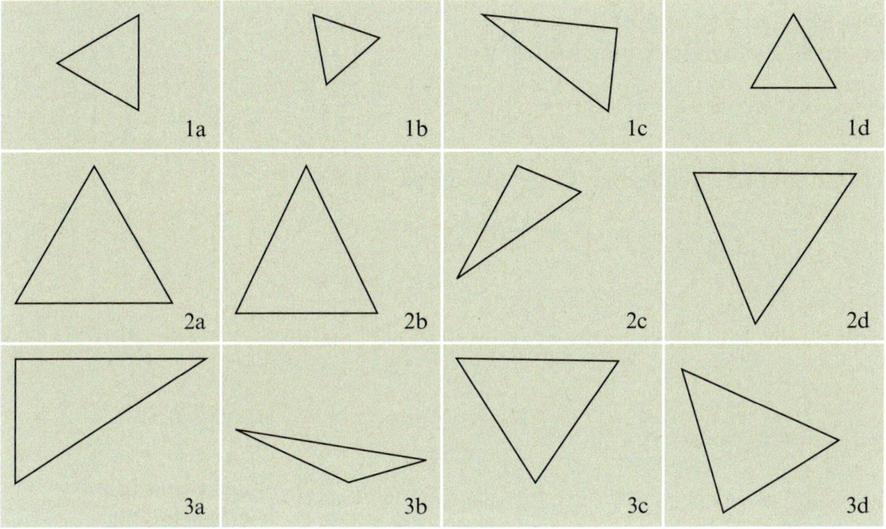

WISSEN

Einteilung der Dreiecke nach Seiten

unregelmäßiges Dreieck

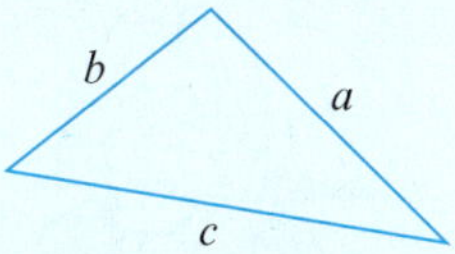

$a \neq b, a \neq c, b \neq c$

Je zwei Seiten sind verschieden lang.

gleichschenkliges Dreieck

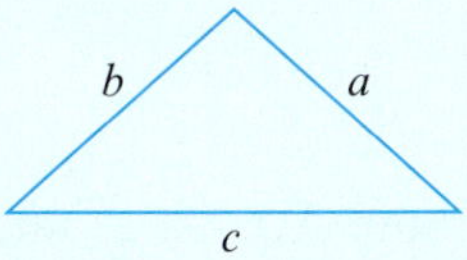

$a = b$

Zwei Seiten sind gleich lang.

gleichseitiges Dreieck

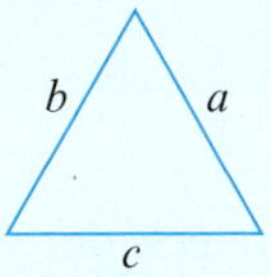

$a = b = c$

Alle Seiten sind gleich lang.

ZUM KNOBELN

Die folgenden Figuren lassen sich alle in einem Zug zeichnen. Das heißt: Ohne den Bleistift abzusetzen und ohne eine Linie zweimal zu zeichnen. Versuche es.

a)

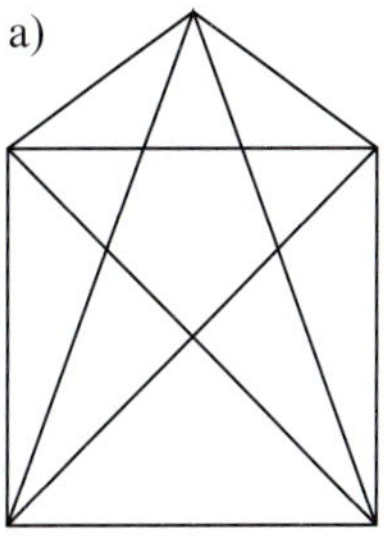

b)

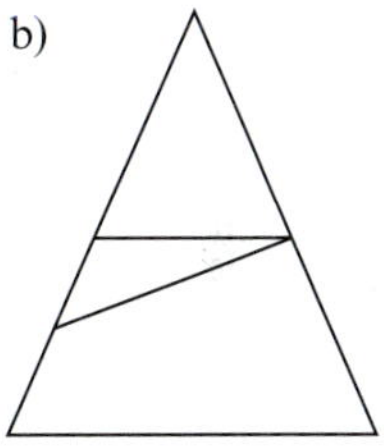

c)

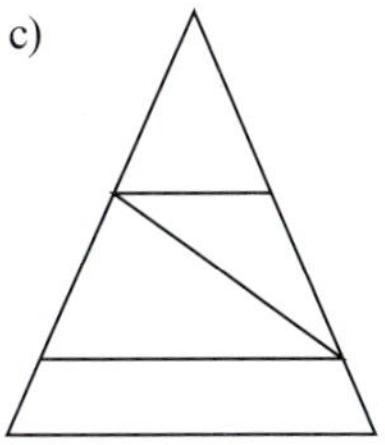

Wie viele Dreiecke findest du in der Figur a)?

MERKE

Bezeichnungen beim gleichschenkligen Dreieck

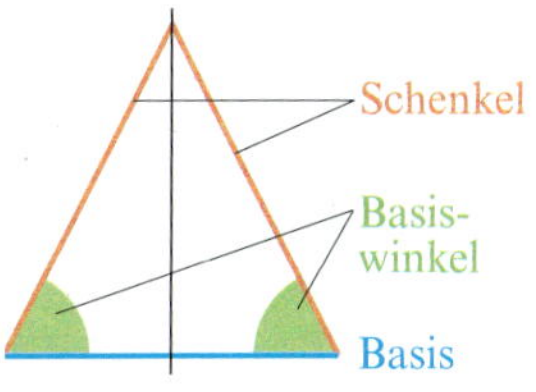

10

Unregelmäßig, gleichschenklig oder sogar gleichseitig? Ordne zu.

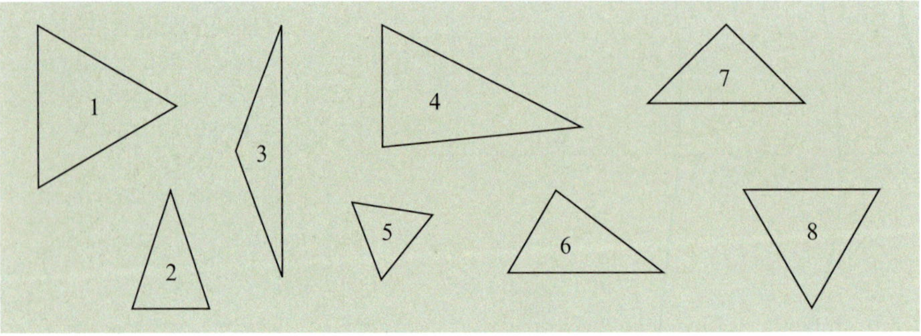

SPIEL MIT!
Bilde möglichst viele neue Wörter aus den Buchstaben des Wortes DREIECK.

Du musst nicht alle Buchstaben verwenden.

11

a) Ein 15 cm langer Draht soll so gebogen werden, dass ein gleichschenkliges Dreieck entsteht. Dabei sollen die Seitenlängen Vielfache von 1 Zentimeter sein. Welche Möglichkeiten gibt es?
b) Wie lang sind die Seiten, wenn das Dreieck gleichseitig ist?

12

Nenne praktische Beispiele, in denen gleichschenklige Dreiecke Anwendung finden.

13

Charakterisiere die Dreiecke sowohl hinsichtlich ihrer Innenwinkel als auch ihrer Seitenlänge.

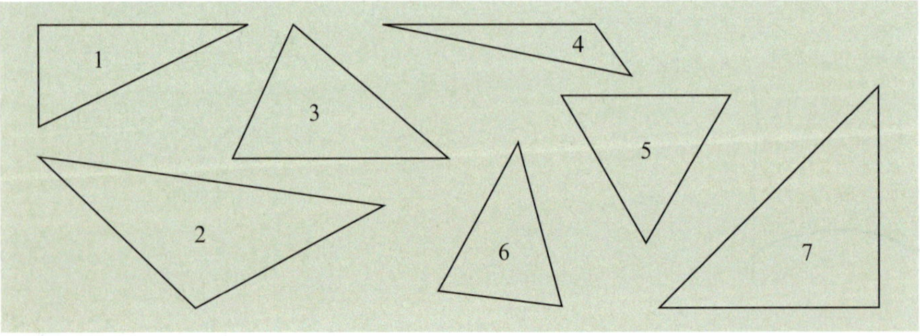

BEISPIEL
Dreieck 1:
rechtwinklig,
unregelmäßig

14

Zeichne, wenn das möglich ist, ein Dreieck der genannten Art. Ist es nicht möglich das Dreieck zu zeichnen, so begründe das.

a) unregelmäßig und stumpfwinklig
b) gleichschenklig und rechtwinklig
c) spitzwinklig und gleichseitig
d) rechtwinklig und unregelmäßig
e) gleichseitig und rechtwinklig
f) stumpfwinklig und gleichschenklig
g) unregelmäßig und spitzwinklig
h) spitzwinklig und gleichschenklig

15

Katja: „Bei der Einteilung der Dreiecke nach Innenwinkeln und nach Seiten erhält man jeweils drei Gruppen von Dreiecken.“
Stine: „Trotzdem gibt es einen großen Unterschied. Bei der Einteilung der Dreiecke nach Innenwinkeln gehört jedes Dreieck in nur eine Gruppe, aber bei der Einteilung nach Seitenlängen …“
Vervollständige den angefangenen Satz von Stine.

ZUM KNOBELN

Mit neun Streichhölzern gelingt es, vier gleichseitige Dreiecke von gleicher Größe zu erzeugen.

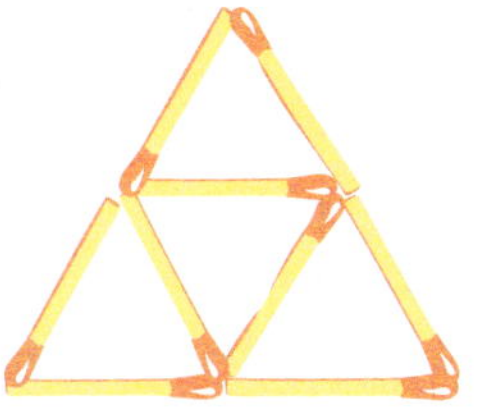

Wie ist dies auch schon mit 6 Hölzern möglich?

16[L]

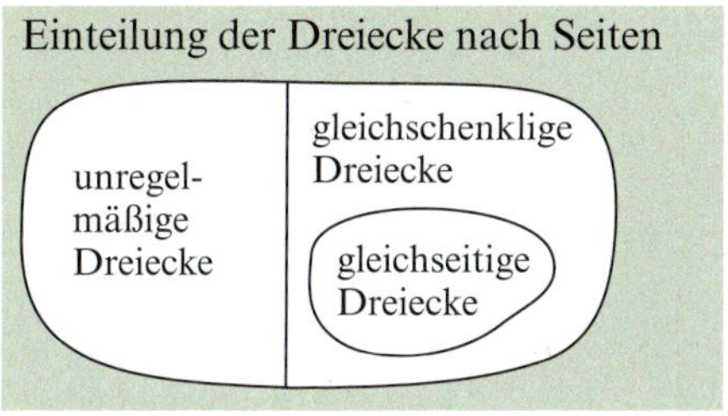

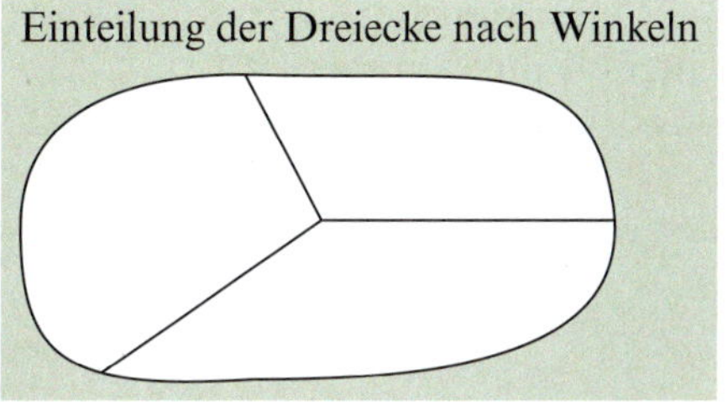

a) Erläutere das Mengendiagramm im linken Bild: Warum sind die gleichseitigen Dreiecke innerhalb der gleichschenkligen Dreiecke eingezeichnet? Warum sind die unregelmäßigen und die gleichschenkligen Dreiecke durch einen Strich getrennt?
b) Übertrage das Mengendiagramm für die Einteilung der Dreiecke nach Innenwinkeln in dein Heft und vervollständige es.

17

a) Zeichne auf ein Blatt ein gleichschenkliges Dreieck und schneide es aus. Kannst Du es so falten, dass das Dreieck in zwei Teile zerlegt wird, die genau aufeinander passen?
b) Wiederhole Aufgabe a) für ein gleichseitiges Dreieck.
c) Was kannst du über die Winkel in gleichschenkligen und gleichseitigen Dreiecken sagen?

AUFGABEN ZUR WIEDERHOLUNG

1. Schreibe folgende Zahlen auf verschiedene Weise als Produkt.
   a) 24 **b)** 18 **c)** 15 **d)** 36
   e) 20 **f)** 16 **g)** 48 **h)** 64

2. Welche der folgenden Zahlen sind gerade?
   17, 48, 1 421, 9 800, 7 225, 1 199, 4 236, 12 363

3. Begründe die Aussagen, ohne zu rechnen.
   a) $17\,694 + 3\,422 = 3\,422 + 17\,694$.
   b) $(1\,364 + 36) + 200 = 1\,364 + (36 + 200)$
   c) $19\,716 \cdot (17 - 17) = 0$

4. Welche Aussagen sind wahr? Begründe.
   a) Jede gerade Zahl hat als letzte Ziffer eine 0, 2, 4, 6 oder 8.
   b) Es gibt mindestens eine natürliche Zahl zwischen 20 und 30, die auf 5 endet.
   c) Es gibt höchstens eine natürliche Zahl zwischen 20 und 30, die auf 5 endet.
   d) Es gibt mindestens eine natürliche Zahl zwischen 20 und 30, die ein Vielfaches von 7 ist.
   e) Es gibt eine natürliche Zahl, die zwischen 40 und 50 liegt und ein Vielfaches von 5 ist und nicht auf 5 endet.

Innenwinkelsumme im Dreieck

1

a) Zeichne mehrere Dreiecke in dein Heft. Miss in jedem Dreieck die Innenwinkel und bilde jeweils die Summe der Winkelgrößen.
Bemerkst du eine Gesetzmäßigkeit? Was vermutest du?
Vorsicht, lies den Hinweis rechts.

b) Vergleiche mit den Ergebnissen deiner Mitschülerinnen und Mitschüler. Ist deine Vermutung damit gesichert? Denke an die vielen Teiler der Zahl 55 440 in der Randspalte).

c) Michaela formuliert ihre Vermutung so: „Wenn α, β und γ Innenwinkel eines Dreiecks sind, so beträgt ihre Summe 180°.“
Was wird in Michaelas Satz vorausgesetzt, was wird behauptet?

Es soll nun bewiesen werden, dass für die Innenwinkel α, β und γ im Dreieck gilt: $\alpha + \beta + \gamma = 180°$.

2

Vorüberlegungen zum Beweis

a) Übertrage ins Heft und ergänze. Wir wissen:
Ein gestreckter Winkel hat eine Größe von __. Demnach müssten α, β und γ zusammen genauso groß sein wie ein __ Winkel.

b) Welche Sätze kennst du, aus denen hervorgeht, dass bestimmte Winkel gleich groß sind? Was wurde in diesen Sätzen vorausgesetzt?

c) Übertrage die Figur aus dem Bild in dein Heft.
Markiere gleich große Winkel jeweils mit der gleichen Farbe.
Begründe, warum die Winkel gleich groß sind.
Welche Winkel bilden zusammen einen gestreckten Winkel?

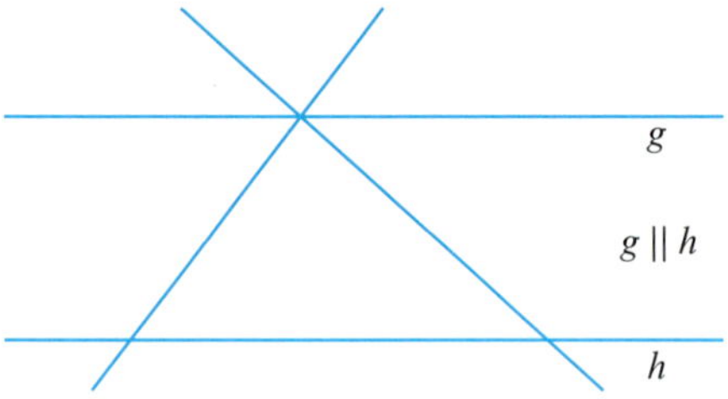

3

Beweis: Betrachte das Bild.
Was gilt für $\alpha' + \beta' + \gamma$?
Durch welchen Winkel kannst du α' ersetzen und durch welchen β'?
Warum kannst du das?
Wie groß sind also die Winkel α, β und γ zusammen?

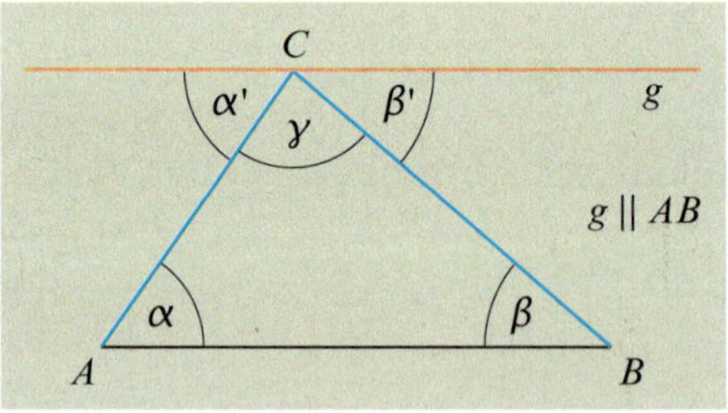

WISSEN

Innenwinkelsatz für Dreiecke

Wenn α, β und γ Innenwinkel eines Dreiecks sind, so beträgt ihre Summe 180°.

HINWEIS

Tina stellt fest, dass die Zahl 55440 z. B. durch 2, 3, 4, 5, 6, 7, 8, 9, 10, 20, 30, 40 und 45 teilbar ist. Sie vermutet: „Die Zahl 55 440 ist durch jede natürliche Zahl teilbar, die kleiner als 55 440 sind.“
Stimmt Tinas Vermutung?
In der Mathematik reicht das Aufstellen einer Vermutung nicht aus, obwohl manche Sachverhalte, Beispiele oder Messergebnisse so eindeutig erscheinen.
In der obigen Feststellung ist die Zahl 55 440 z. B. nicht durch 13 teilbar.
Eine Aussage muss überzeugend begründet werden. Eine solche Begründung nennt man **Beweis**.

ANREGUNGEN

Zeichne ein Dreieck. Schneide die drei Ecken ab und lege sie neu zusammen.

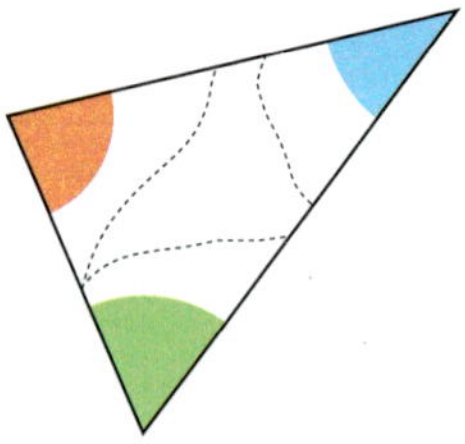

Was stellst du fest?

Im folgenden Beispiel wird gezeigt, wie man den Innenwinkelsatz für Dreiecke und seinen Beweis übersichtlich darstellen kann.

BEISPIEL

Voraussetzung: α, β und γ sind Innenwinkel eines Dreiecks.

Behauptung: $\alpha + \beta + \gamma = 180°$

Beweis:

(1) $\alpha' + \beta' + \gamma = 180°$, denn α', β' und γ bilden zusammen einen gestreckten Winkel.

(2) $\alpha' = \alpha$, denn α' und α sind Wechselwinkel an geschnittenen Parallelen.

(3) $\beta' = \beta$, denn β' und β sind Wechselwinkel an geschnittenen Parallelen.

Ersetzt man in (1) α' durch α und β' durch β, so erhält man $\alpha + \beta + \gamma = 180°$.

Beweisfigur:

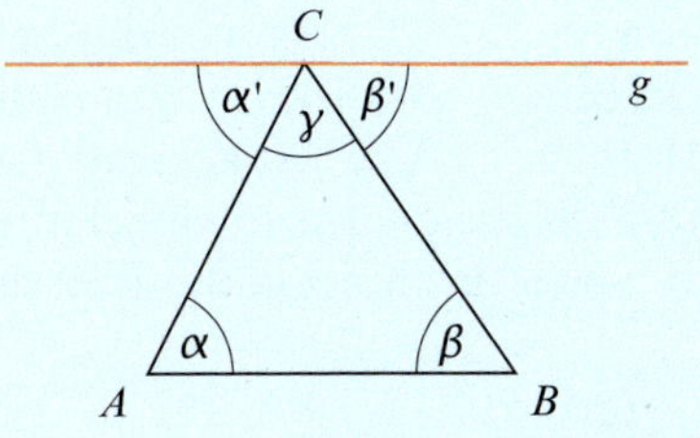

$g \parallel AB$

4

Stimmen die Winkelmessungen von Leslie und Jirka (siehe Randspalte)?

Leslie:

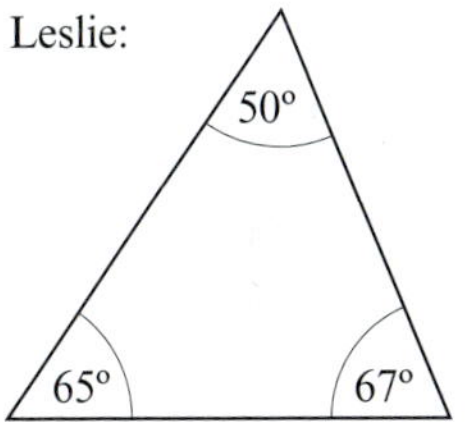

Jirka:

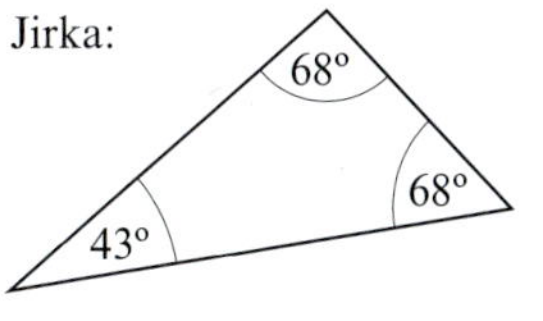

5[L]

Ermittle die fehlende Winkelgröße (Zeichnungen sind nur Skizzen).

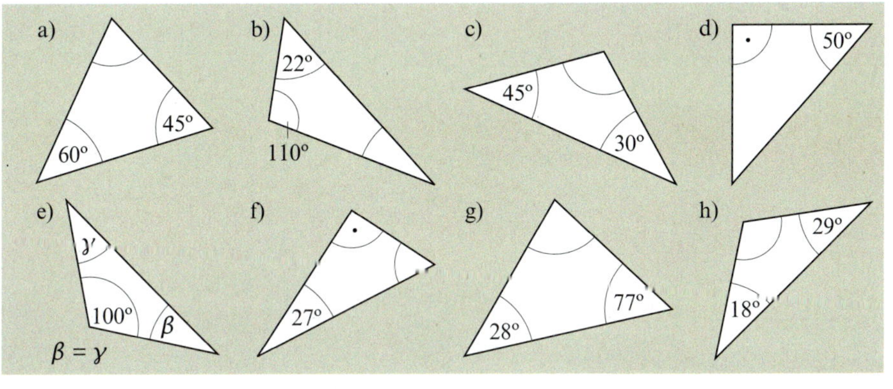

6

Wie groß ist der dritte Innenwinkel?

a) $\alpha = 45°$, $\gamma = 72°$ **b)** $\beta = 62°$, $\gamma = 102°$ **c)** $\alpha = 43°$, $\gamma = 90°$

d) $\alpha = 98°$, $\beta = 24°$ **e)** $\beta = 13°$, $\gamma = 59°$ **f)** $\alpha = 64°$, $\beta = 64°$

7

Begründe mithilfe des Innenwinkelsatzes, dass ein Dreieck nicht zwei stumpfe oder zwei rechte Innenwinkel haben kann.

8

Die Klasse 6 b spielt das Winkelratespiel:
Jede Schülerin und jeder Schüler schreibt sich mögliche Größen der drei Innenwinkel eines Dreiecks auf. Eine Schülerin oder ein Schüler gibt dann möglichst wenige, aber ausreichende Informationen über seine Innenwinkel preis. Die anderen sollen die Größe aller Innenwinkel angeben. Beispiele:

Alexander: $\alpha = 30°$; β ist doppelt so groß wie α.
Philipp: $\alpha = 70°$; β ist halb so groß wie α.
Roman: $\gamma = 60°$; β ist doppelt so groß wie α.
Doreen: $\beta = 100°$; γ und α sind gleich groß.
Mathias: Alle Winkel sind gleich groß.

a) Ermittle die Innenwinkel aus den Beispielen.
b) Spielt das Spiel in der Klasse.

HINWEIS
Prüft, bevor ihr selbst eine Aufgabe stellt: Ergeben die drei aufgeschriebenen Winkelgrößen zusammen 180°?

9

Einige Schülerinnen und Schüler haben beim Spiel aus Aufgabe 8 nicht den Hinweis beachtet. Dann können aber unlösbare Aufgaben auftreten.

a) Warum gibt es keine Dreiecke, in denen die folgenden Beziehungen gelten?
Timm: $\alpha = 70°$; β ist doppelt so groß wie α.
Andrea: $\alpha = 100°$; β und γ sind jeweils halb so groß wie α.
Juliane: $\beta = 55°$ und alle Winkel sind gleich groß.

b) Verändere Teile aller drei Aussagen aus a) so, dass lösbare Aufgaben entstehen.

10[L]

Ermittle jeweils die Größe des rot gezeichneten Winkels. Begründe.

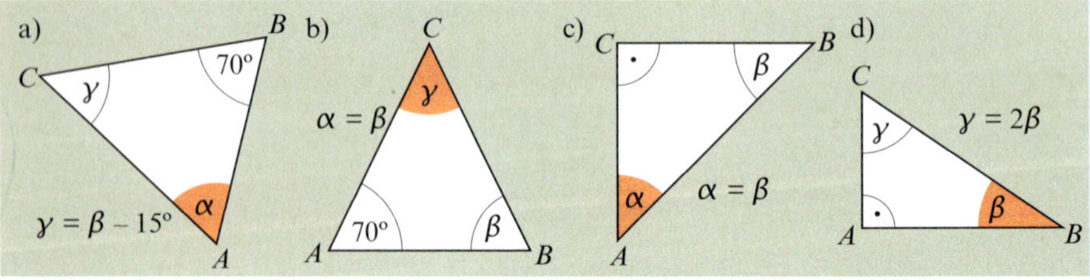

ANREGUNG
Entwickelt selbst solche Aufgaben und stellt sie euren Mitschülerinnen und Mitschülern.

11[L]

Wie groß sind die farbig eingezeichneten Winkel?

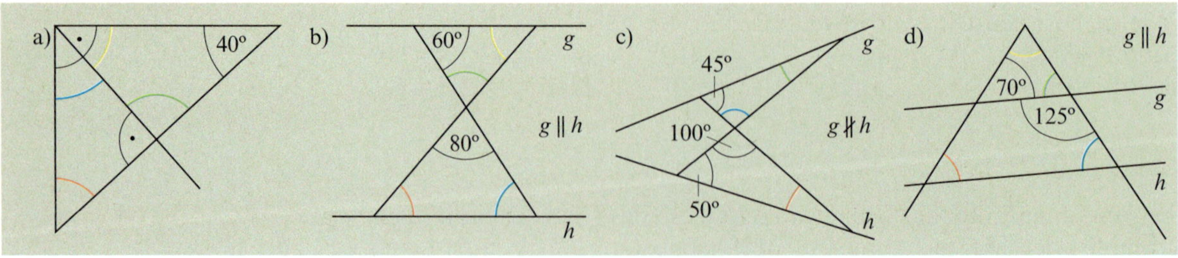

12

Wie groß ist der rot eingezeichnete Winkel? Vergleiche mit den blau gekennzeichneten Winkeln?
Versuche den Zusammenhang in Worten wiederzugeben.

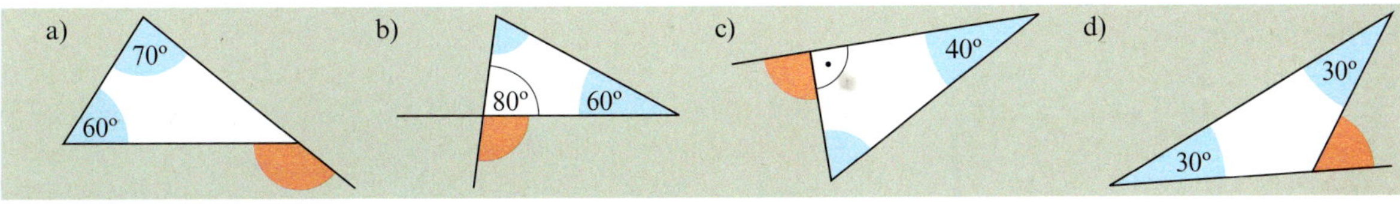

WISSEN

Es sei ABC ein Dreieck mit den Innenwinkeln α, β und γ.
Jeder Nebenwinkel eines Innenwinkels heißt **Außenwinkel**.

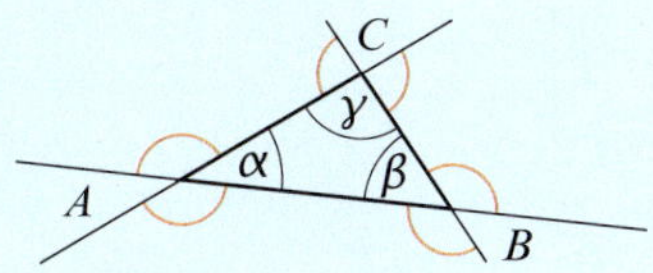

13

Im Bild sind α_1 und α_2 die Außenwinkel von α.

a) Übertrage die Figur ins Heft. Zeichne die Außenwinkel β_1, β_2, γ_1 und γ_2 von β und γ ein.

b) Begründe: $\alpha_1 = \alpha_2$, $\beta_1 = \beta_2$ und $\gamma_1 = \gamma_2$.

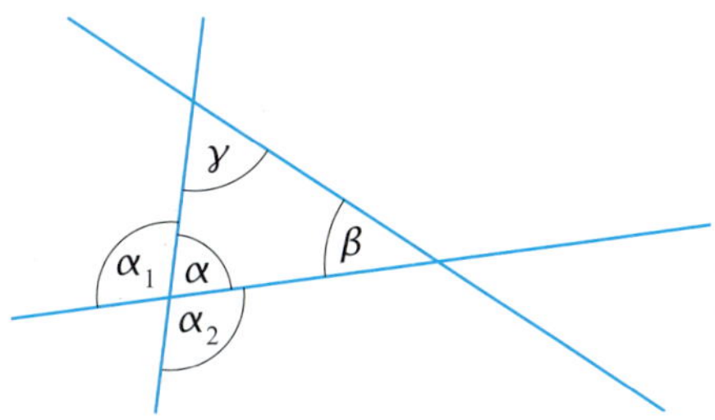

ZUM KNOBELN

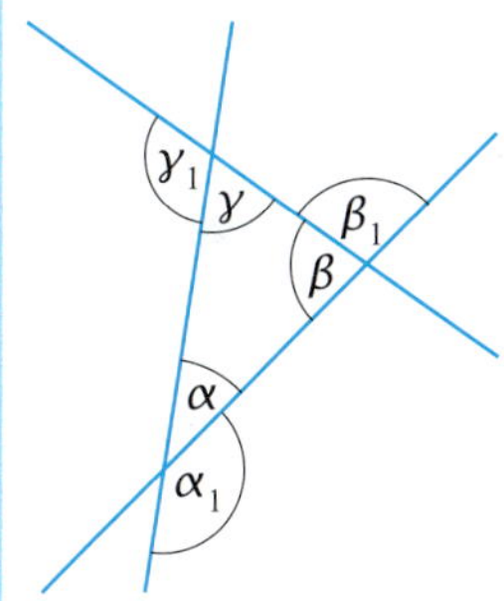

Ermittle
$\alpha_1 + \beta_1 + \gamma_1 = ?$

14

Das Dreieck ABC im Bild ist gleichschenklig. Die Basiswinkel α und β sind gleich groß.
Gib jeweils die Größe aller eingezeichneten Winkel an.

a) $\gamma = 40°$	**b)** $\alpha = 63°$
c) $\beta = 27°$	**d)** $\beta = \gamma$
e) $\alpha_1 = 105°$	**f)** $\gamma_1 = \gamma$

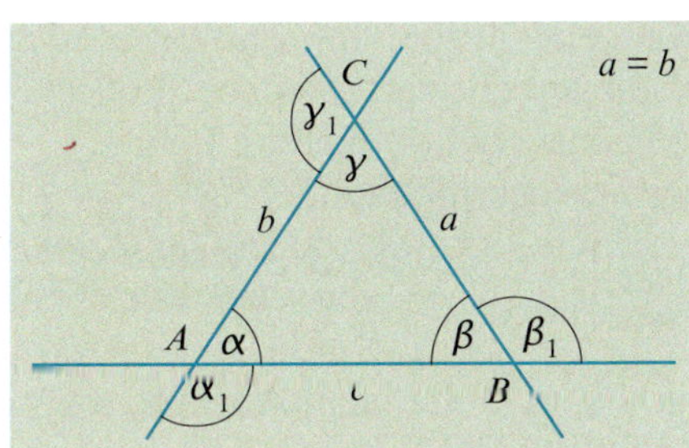

15[L]

Berechne die Größe aller Innen- und Außenwinkel.

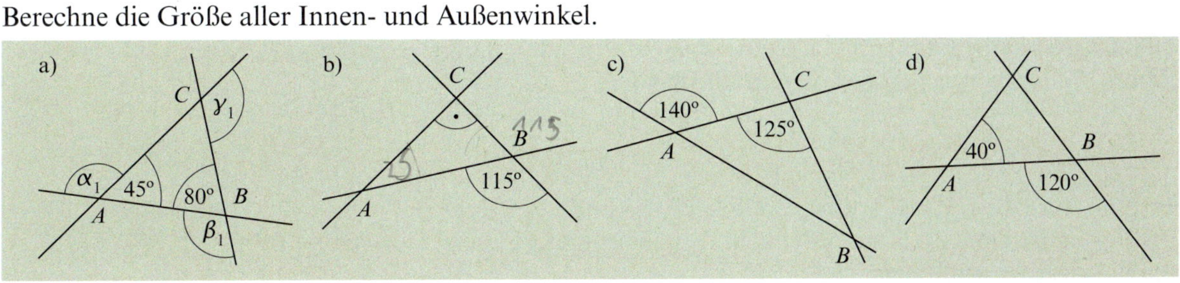

Dreiecksungleichung; Seiten-Winkel-Beziehung

1

Herr Mischel hat eine Dachkonstruktion für sein Gartenhäuschen entworfen. Als er die nach diesen Maßen zugeschnittenen Balken erhält, stutzt er (s. Bild 1). Warum?

Bild 1

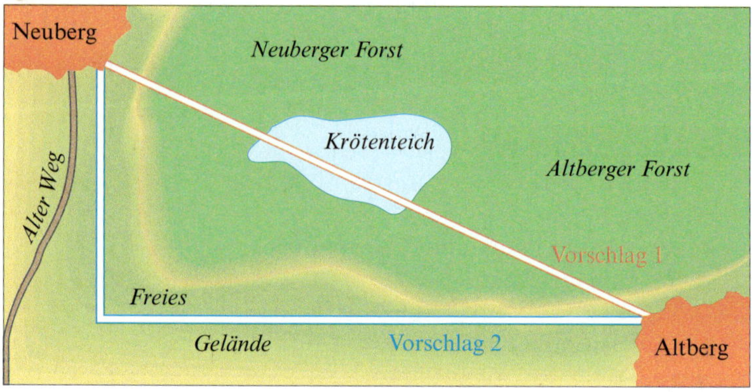

Bild 2

2

Von Neuberg nach Altberg soll eine neue Straße gebaut werden. Zwei Vorschläge wurden entwickelt (s. Bild 2). Diskutiert in der Klasse die Vor- und Nachteile beider Vorschläge. Wie würdet ihr entscheiden?

3

Julia will für ihre Meerschweinchen im Garten ein kleines Gehege abstecken. Sie hat 6 Meter Zaungeflecht und drei Zaunpflöcke zur Verfügung.

a) Skizziere ungefähr maßstabgerecht verschiedene Dreiecke, die Julia abstecken könnte. (1 m Zaun entspricht ungefähr 1 cm.)
Ist auch ein gleichseitiges Dreieck möglich?

b) Julia schlägt für die erste Seite an zwei beliebigen Stellen Pflöcke ein. Den dritten Pflock schlägt sie so ein, dass der Maschendraht um alle drei Pflöcke reicht.
Überlege und skizziere: Kann Julia den Abstand der ersten beiden Pflöcke völlig beliebig wählen? Sind zum Beispiel Abstände von 2 m, 3 m oder 4 m möglich?

4

Die Klasse 6a aus Görlitz möchte zur Klassenfahrt nach Berlin fahren. Welchen Weg schlägst du der Klasse vor?

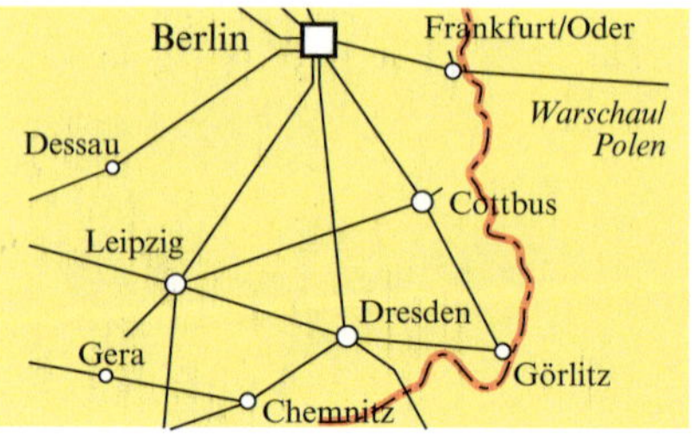

5

In den Aufgaben 1 bis 4 war jeweils eine besondere Gesetzmäßigkeit in Dreiecken zu bedenken. Versuche diese Gesetzmäßigkeit herauszufinden.

WISSEN

Dreiecksungleichung

In einem Dreieck ist die Summe zweier Seitenlängen stets größer als die dritte Seitenlänge.

Sind a, b und c die Seitenlängen eines Dreiecks, dann gilt:

$a + b > c$

$a + c > b$

$b + c > a$

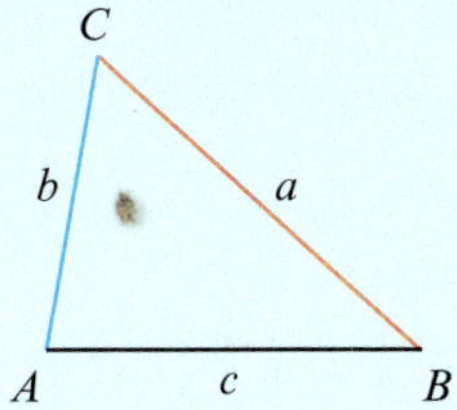

6[L]

Gib eine mögliche Länge für die dritte, fehlende Seite an.

a) $a = 7$ cm; $b = 11$ cm
b) $b = 2{,}5$ m; $c = 8$ m
c) $a = 37$ mm; $c = 45$ mm
d) $a = 11{,}2$ dm; $b = 0{,}9$ dm
e) $a = 4$ m; $c = 21$ dm
f) $a = 12$ mm; $c = 2{,}6$ cm
g) $b = 2{,}5$ m; $c = 17$ dm
h) $a = 2{,}3$ km; $b = 800$ m

ERINNERE DICH
1 km = 1 000 m
1 m = 10 dm
1 dm = 10 cm
1 cm = 10 mm

7

Existieren Dreiecke mit den angegebenen Seitenlängen?

	a)	b)	c)	d)	e)	f)	g)
a	4 cm	12 cm	34 mm	4,5 m	5,3 km	14 dm	17 cm
b	5 cm	5 cm	23 mm	9,3 m	5,5 km	9 dm	9 cm
c	6 cm	7 cm	60 mm	6,7 m	600 m	1 m	3 dm

	h)	i)	j)	k)	l)	m)	n)
a	3,3 cm	7 mm	1,3 m	2 km	5,6 m	123 mm	44 mm
b	3,1 cm	2,5 cm	0,9 m	1 200 m	6,1 m	8,0 cm	1,1 dm
c	8 mm	4,1 cm	55 cm	700 m	77 cm	0,40 dm	7,3 dm

8

a) Wie lang hätte Herr Mischel in Aufgabe 1 die schrägen Balken mindestens wählen müssen?
b) Wie lang hätte er sie bestellen müssen, wenn der Dachboden 2 Meter hoch sein soll?

TIPP
Fertige zu Aufgabe 8 b) eine maßstabgerechte Zeichnung an.

9

Zeichne ein beliebiges Dreieck ABC. Miss die Länge der Seiten a, b und c und die Größe der Winkel α, β und γ.
Ordne a, b und c der Größe nach. Ordne α, β und γ der Größe nach.
Was stellst du fest? Wiederhole das Vorgehen für ein anderes Dreieck.
Vergleiche mit den Feststellungen anderer Schüler.

WISSEN

Seiten-Winkel-Beziehung im Dreieck

Der größeren von zwei Dreiecksseiten liegt stets der größere Winkel gegenüber.

Dem größeren von zwei Winkeln eines Dreiecks liegt stets die größere Seite gegenüber.

BEISPIEL

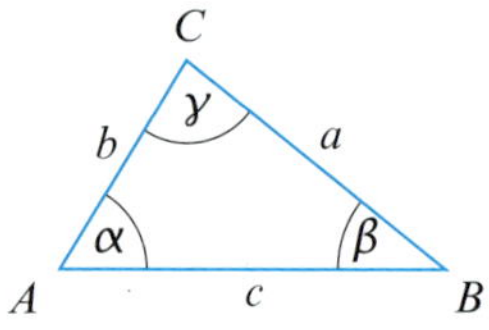

$b < a < c \quad \beta < \alpha < \gamma$

10

Vom Dreieck ABC sind die Seitenlängen bekannt. Ordne anhand der Seitenlängen die Winkel α, β und γ der Größe nach (z. B. $\gamma < \alpha < \beta$, wenn $c = 2$ cm, $a = 3$ cm, $b = 4$ cm sind; oder $\beta = \gamma < \alpha$, wenn $b = c = 2$ cm, $a = 3$ cm sind).

	a)	b)	c)	d)	e)	f)	g)
a	7 cm	22 cm	24 mm	4 cm	7 km	14 dm	1,7 cm
b	5 cm	15 cm	33 mm	4 cm	5 km	19 dm	1,9 dm
c	3 cm	33 cm	16 mm	3 cm	7 km	13 dm	190 mm

HINWEIS
Wir wissen schon über gleichschenklige Dreiecke ABC:
Wenn $a = b$, so ist $\alpha = \beta$.
(α und β nennt man *Basiswinkel.*)
Auch die Umkehrung ist wahr:
Wenn $\alpha = \beta$, so ist $a = b$.

11

Vom Dreieck ABC sind zwei oder drei Winkel bekannt. Berechne gegebenenfalls den dritten Winkel. Ordne die Seiten a, b und c der Größe nach (z. B. $b < a < c$ oder $c < a = b$).

	a)	b)	c)	d)	e)	f)	g)
α	45°	37°	67°	?	147°	97°	?
β	100°	54°	52°	12°	23°	?	83°
γ	35°	89°	61°	63°	?	44°	39°

12

Simon möchte ein rechtwinkliges Dreieck zeichnen, in dem γ der rechte Winkel und a die längste Seite ist. Was würdest du ihm raten?

13

Überlege, welche Aussagen wahr und welche falsch sind. Versuche deine Antworten zu begründen.
Formuliere dann zu den wahren Aussagen entsprechende wahre Aussagen für stumpfwinklige Dreiecke.

a) In jedem rechtwinkligen Dreieck liegt dem rechten Winkel die größte Seite gegenüber.

b) Der größten Seite eines Dreiecks liegt stets ein rechter Winkel gegenüber.

c) In jedem rechtwinkligen Dreieck liegt der größten Seite stets der rechte Winkel gegenüber.

d) In einem gleichschenklig rechtwinkligen Dreieck liegt der rechte Winkel der Basis gegenüber.

14

Vergleiche die Dreiecke und gib an, welche der Seiten a und b die längere ist. Orientiere dich bei deiner Entscheidung an den Winkelgrößen. Nachmessen hilft nicht weiter, da die Dreiecke nur Skizzen sind.

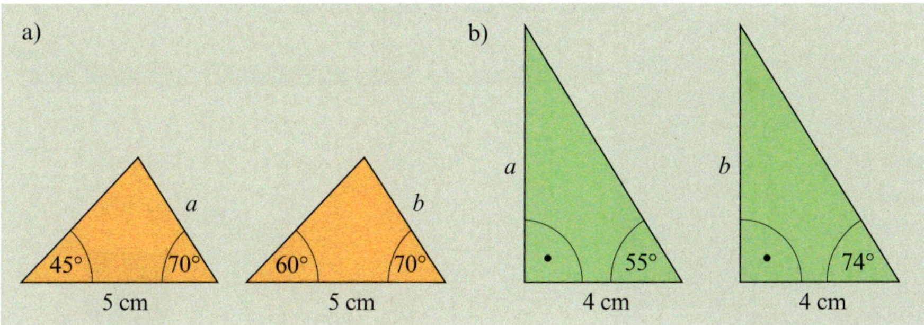

BEACHTE
In den Aufgaben 14 bis 16 geht es um den Vergleich von Seiten und Winkeln zweier Dreiecke. Es reicht also nicht aus, wenn du nur die Seiten-Winkel-Beziehung in einem Dreieck berücksichtigst.

15

Vergleiche die Dreiecke und gib an, welcher der Winkel α und β der größere ist. Orientiere dich bei deiner Entscheidung an den Seitenlängen. Nachmessen hilft nicht weiter, da die Dreiecke nur Skizzen sind.

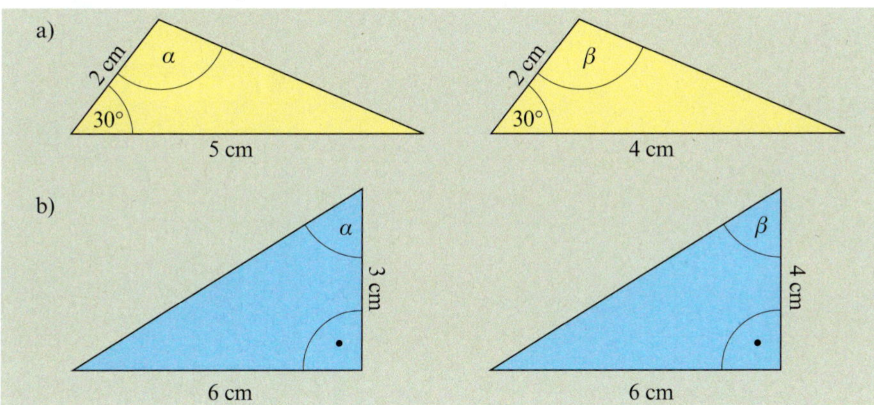

16

Gib die Größen der eingezeichneten Winkel an.
Entscheide dann, ob die Seite a länger ist als die Seite b.

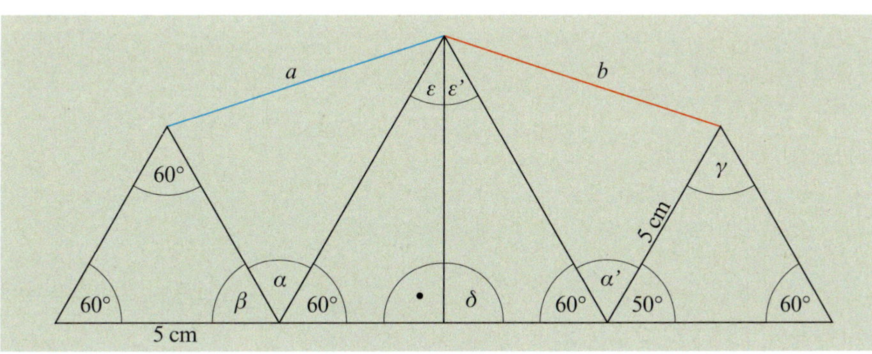

HINWEIS
Überlege dir, ob gewisse Seiten in den beiden Dreiecken, die die Seiten a und b enthalten, auf jeden Fall gleich lang sein müssen.

Ein Blick in die Computerwelt

Dynamische Geometrie-Software

Computerprogramme, in denen man bewegliche Figuren erstellen und durch Ziehen von Punkten verändern kann, werden als Dynamische Geometrie-Software bezeichnet. Solche Software nennt man nach ihren Anfangsbuchstaben kurz: **DGS**. Kennzeichnend für Dynamische Geometrie-Software sind die Begriffe: Zugmodus und Ortslinien. Was es damit auf sich hat, wirst du hier erfahren.

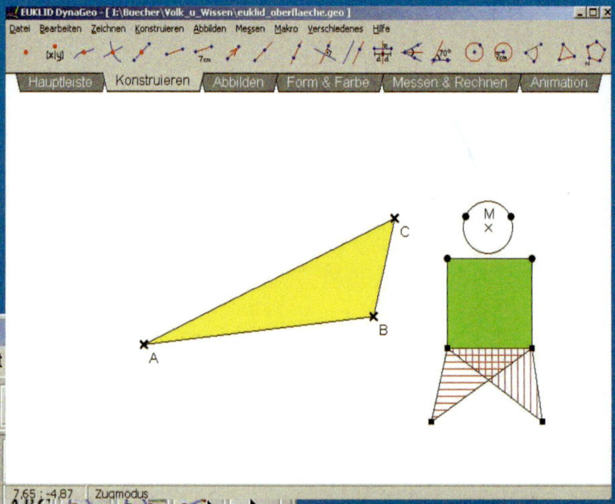

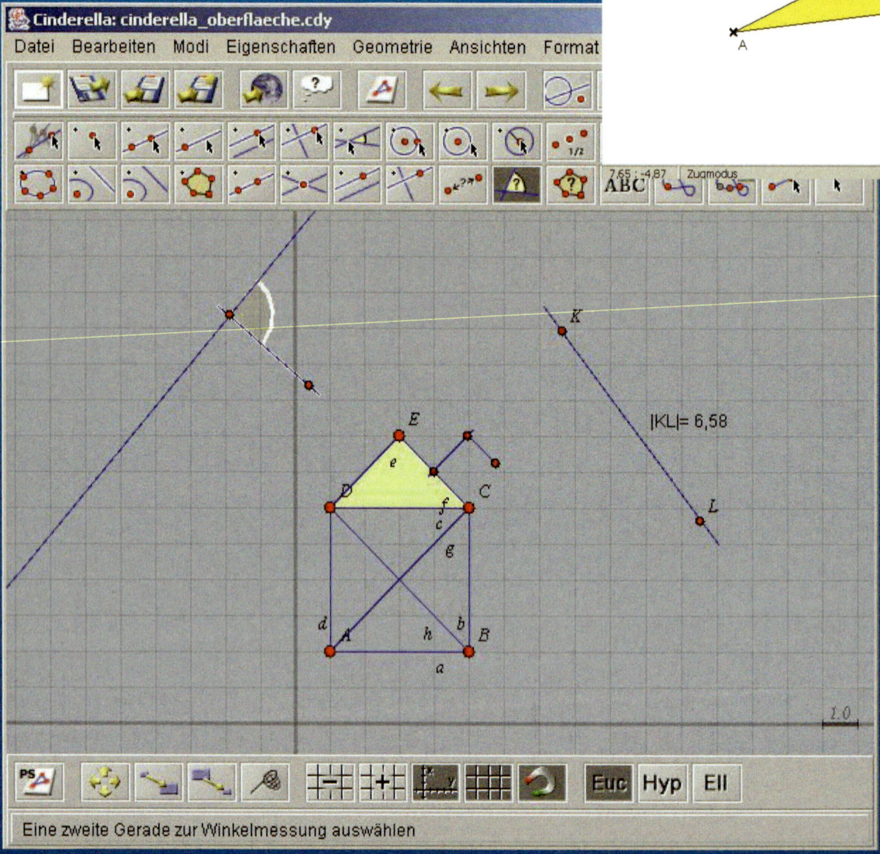

Übrigens

Auch im Internet kannst du dich über DGS informieren:
cinderella.de
www.dynageo.de/
www.dynamische-geometrie.de/
www.cabrilog.com/en/
Findest du heraus, welchen dieser Programme die Bilder und Icons auf dieser Seite zuzuordnen sind?

Wenn du eine Geometrie-Software öffnest, siehst du eine Zeichenoberfläche, auf der du wie auf einer Tafel oder einem Blatt Papier konstruieren kannst, und eine Werkzeugleiste. In der Werkzeugleiste findest du ‚Buttons' (Knöpfe) zum Konstruieren von Punkten, Geraden, Dreiecken, zum Messen von Winkeln und Längen. Hier siehst du beispielhaft die Bildschirmansicht von zwei verschiedenen Dynamischen Geometrie-Programmen.

110-1

Erste Übungen zum Kennenlernen der Werkzeuge

Prinzipiell kannst du mit Dynamischer Geometrie-Software konstruieren wie mit Zirkel, Lineal und Geodreieck. In DGS gibt es auch Werkzeuge zum Zeichnen und Messen. Du kannst also:
- Punkte zeichnen
- Strecken und Geraden zeichnen
- Dreiecke zeichnen
- Winkel markieren
- Abstände, Streckenlängen und Winkelgrößen messen

DGS eröffnet jedoch auch noch andere Möglichkeiten. Einige DGS ermöglichen die Bearbeitung von Arbeitsblättern in einem Internet-Browser. Solche Arbeitsblätter haben wir für die folgenden Aufgaben und Experimente für dich vorbereitet. Du kannst sie in Form von Dateien aus dem Internet herunterladen. Die Internetadresse dafür lautet: www.cornelsen.de/mathematik-plus.

www 111-1

AUFGABEN

1. Zeichne deine ersten Figuren mithilfe einer Dynamischen Geometrie-Software und speichere sie ab.
   - Zeichne das Haus vom Nikolaus (Zeichnung ohne Abzusetzen). Wie viele Möglichkeiten gibt es, dieses Haus zu beginnen?
   - Zeichne drei sich schneidende Geraden und bewege sie. Wie viele Schnittpunkte kann es geben?
2. Experimentiere mit den vorgegebenen Werkzeugen und speichere die Ergebnisse ab.
   - Verbinde die gegebenen vier Punkte mithilfe des Streckenwerkzeuges zu einer geometrischen Figur. Wie viele verschiedene Dreiecke kannst du aus den vier Punkten erzeugen?
   - Miss die Längen der Dreiecksseiten und die Innenwinkel in deinen Dreiecken.

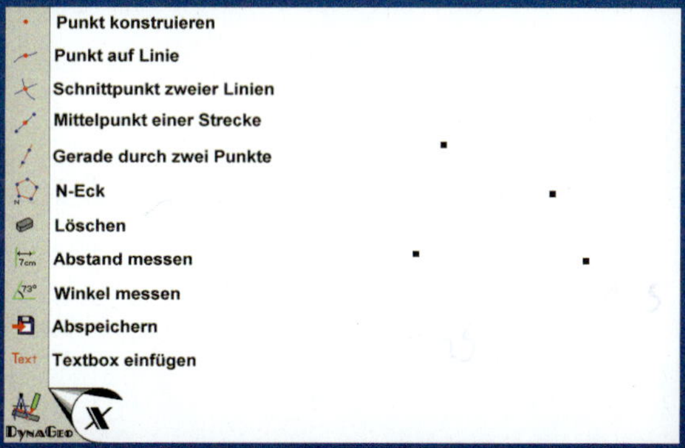

3. Winkel werden – je nachdem wie groß sie sind – in verschiedene Winkelarten eingeteilt. Sie werden häufig in Grad gemessen. Dazu wird ein Kreis in 360 gleich große tortenstückartige Teile unterteilt. Ein solches Teil ist 1° groß (lies: 1 Grad).
   - Informiere dich mithilfe des Arbeitsblattes, bei welchen Winkelgrößen welche Bezeichnungen üblich sind. Ziehe dafür an P.
   - Übernimm diese Bezeichnungen mit Hilfsskizzen in dein Heft.

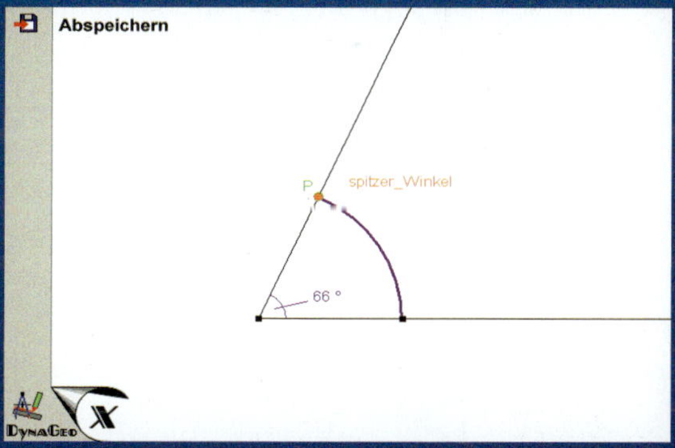

Erste Schritte mit Dynamischer Geometrie-Software

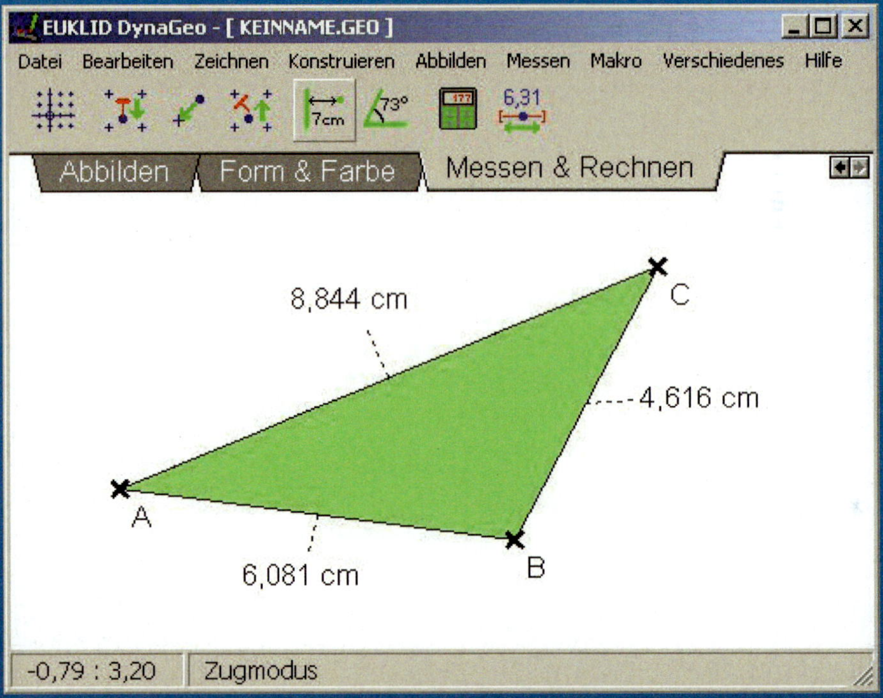

Ein Dreieck und seine Seitenlängen

Eine Strecke erzeugst du wie folgt: Klicke auf den abgebildeten Button.  Dann klickst du mit der linken Maustaste zwei Stellen des Zeichenblattes an. Du kannst als Anfangs- bzw. Endpunkt schon vorhandene Punkte wählen.
Für die Konstruktion eines Dreiecks beginnst du mit dem Zeichnen der ersten Strecke und wählst dann den Endpunkt dieser Strecke als neuen Anfangspunkt der nächsten Dreiecksseite.

Übrigens

Punkte, Linien oder Flächen kannst du färben oder füllen.

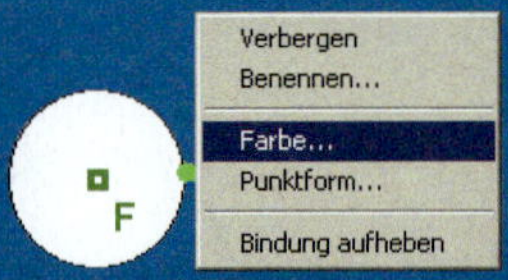

Färben: mit der rechten Maustaste Objekt anklicken > Menüpunkt Farbe anklicken > Farbe auswählen

Füllen: Dreieck oder N-Eck zeichnen > mit der rechten Maustaste Schraffierung anklicken > Farbe und Muster auswählen

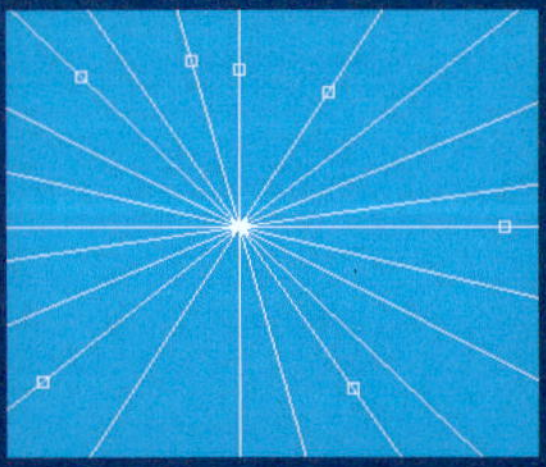

Geraden schneiden sich in einem Punkt

Ein Kreis und noch ein Kreis und noch...

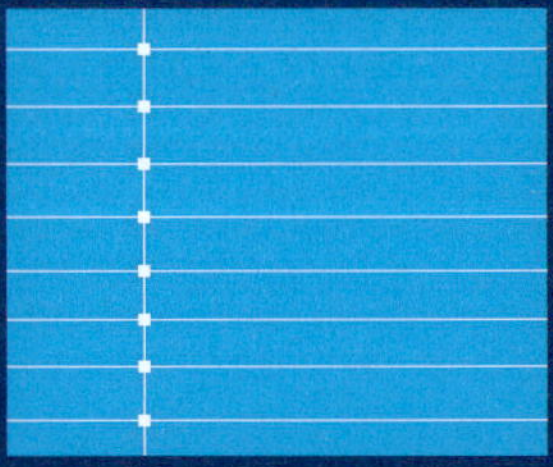

Senkrechte und Parallelen

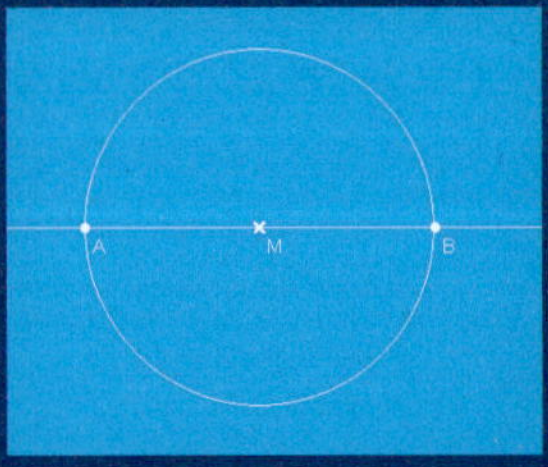

Ein Kreis und sein Durchmesser

AUFGABE

4. Erzeuge diese Bilder auf deinem Bildschirm.
Tipp: Zu dieser Aufgabe findest du unter dem angegebenen Webcode Hilfe und eine Lösungskontrolle.

112-1

Der Zugmodus ist das wohl hervorstechendste Merkmal einer Dynamischen Geometrie-Software. Mit diesem Werkzeug kann man Figuren verändern und Eigenschaften von geometrischen Objekten beobachten.

Achtung:
Es gibt Punkte,
- die man frei ziehen kann,
- die man auf Linien ziehen kann,
- an denen man nicht ziehen kann.

Übrigens

Überflüssige, durch die Konstruktion entstandene, Punkte und Linien kannst du verbergen.

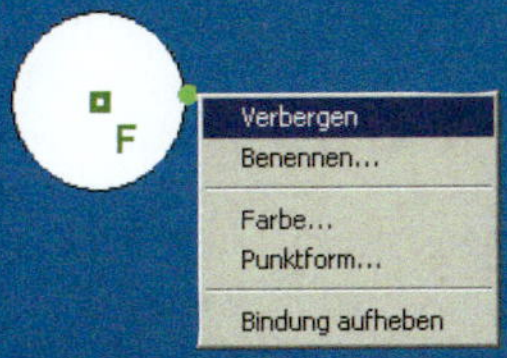

Verbergen:
Mit der rechten Maustaste Objekt anklicken > Menüpunkt Verbergen anklicken

AUFGABEN

5. Beobachte die eingeschränkte Beweglichkeit der Punkte A bis H.

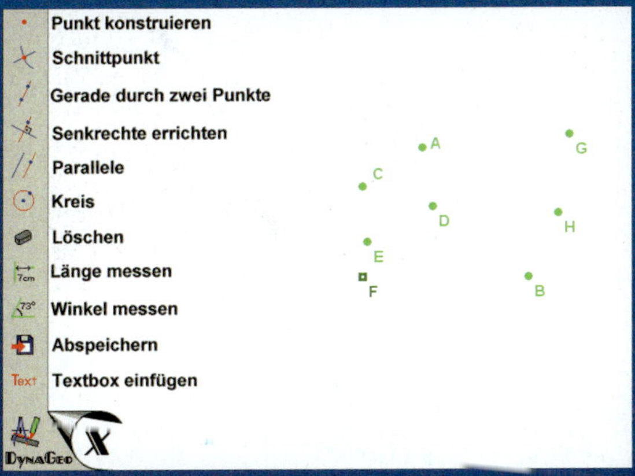

- Beschreibe (mit geometrischen Begriffen) die Wege, die die Punkte zurücklegen.
- Mithilfe der beigefügten Werkzeuge kannst du einzelne Wege auch zeichnen. Überprüfe die eingezeichneten Wege durch Ziehen an den Punkten.
- Benenne und konstruiere noch andere interessante Wege. Hierzu musst du zuerst neue Punkte hinzufügen.
  Tipp: Zu dieser Aufgabe findest du im Internet eine Lösungskontrolle.

6. Beobachte, auf welchen Bahnen sich die Punkte A bis I bewegen, wenn man an ihnen zieht. Was fällt dir auf?
- Beschreibe (mit geometrischen Begriffen) die Wege, die die Punkte zurücklegen.
- Mithilfe der beigefügten Werkzeuge kannst du diese Wege auch einzeichnen. Überprüfe durch Ziehen an den Punkten, ob du jeweils den richtigen Weg gezeichnet hast.
- Welche Koordinaten nehmen die Punkte auf ihrem Weg durch das Koordinatensystem an?
- Denke dir weitere interessante Wege für Punkte im Koordinatensystem aus. Konstruiere drei davon.

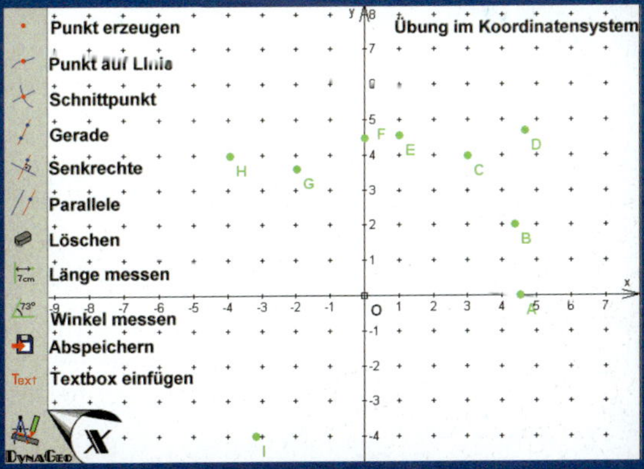

www 113-1

Messen. Möchtest du von einem Ort zum anderen gehen oder fahren, interessiert dich vielleicht die Entfernung, die du dabei zurücklegen musst. Um in Wirklichkeit von einem Ort A zu einem Ort B zu gelangen, kann man in aller Regel nicht den Weg frei wählen. Man muss sich schon an das vorhandene Straßennetz halten.
Auf einer Landkarte kannst du die so genannte Luftlinie zwischen zwei Orten einzeichnen und diese auch messen. Unter Luftlinie versteht man dabei die kürzeste Entfernung von Punkt A zu Punkt B. In der Geometrie spricht man vom Abstand, wenn man die kürzeste Verbindung meint.

Übrigens

Mit Abstand von zwei Punkten A und B ist die kürzeste Entfernung von A nach B gemeint. Diesen Abstand kann man auch mit einer DGS messen.

114-1

AUFGABEN

7. Es ist ein Punkt A gegeben, eine Gerade g durch zwei Punkte B und C und ein Punkt D auf dieser Geraden g. Wenn du an D ziehst, verändert sich der Abstand von A und D.

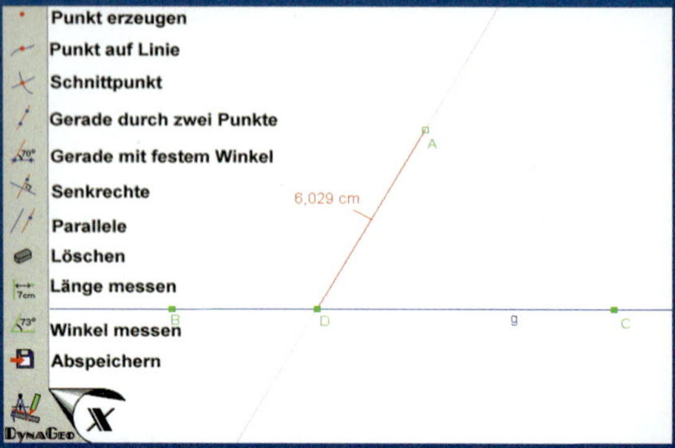

- Wann ist der Abstand am kleinsten? Wie liegt die rote Strecke $\overline{AD}$ dann zur Geraden g?
- Wenn du nun an B oder C ziehst, verändert sich die Lage von g. Wie kannst du für jede Lage von g den Punkt auf g finden, der von A den kleinsten Abstand hat?
- Welches Werkzeug in deiner DGS kann dir zur Konstruktion des Abstands helfen?
- Notiere deine Erkenntnisse in deinem Heft.

8. In der Zeichnung sind ein Punkt A, eine Strecke $\overline{BC}$ und die Lotgerade von A auf $\overline{BC}$ gegeben.
- Überprüfe durch Messen, dass es sich tatsächlich um eine Lotgerade handelt.
- Wenn du an A ziehst, verändern sich die Abstände von A zu B und zu C. Wann ist der Abstand von A zu B gleich dem Abstand von A zu C? Wie liegt die Lotgerade dann zur Strecke $\overline{BC}$?
- Wenn du nun an B oder C ziehst, sind diese Abstände nicht mehr gleich. Mit welchem Konstruktionswerkzeug kannst du eine Gerade finden, auf der alle Punkte immer den gleichen Abstand zu B und C haben?

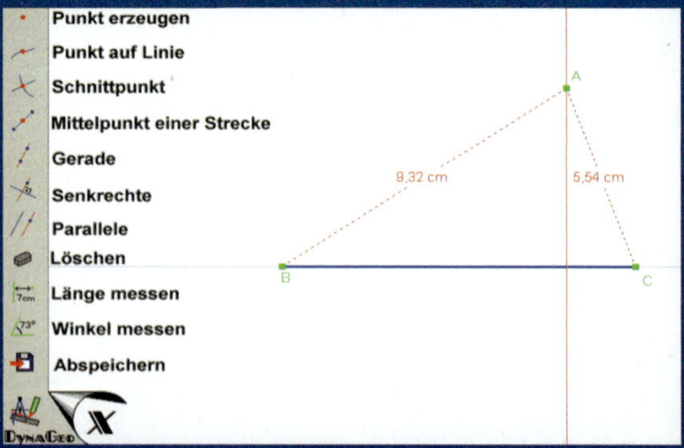

Teste dich!

1

Gib die Winkel mithilfe der Punkte an. Miss dann ihre Größe.

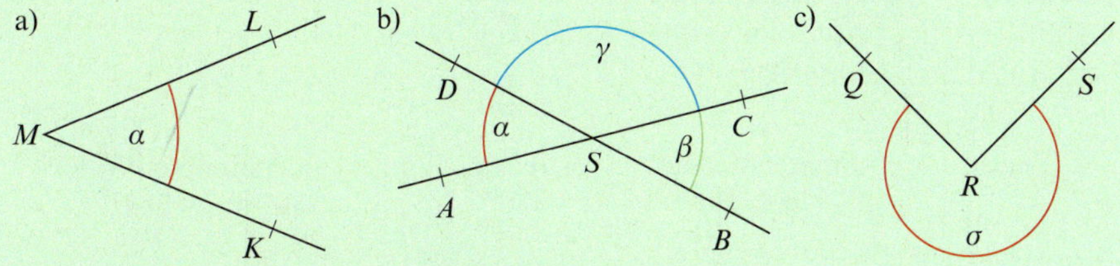

2

Die beiden blauen Geraden in der Figur sind parallel.

a) Gib alle Paare von Scheitelwinkeln, Nebenwinkeln, Stufenwinkeln und Wechselwinkeln an.

b) Berechne so viele Winkel wie möglich, wenn du weißt, dass der Winkel α_2 die Größe 67° und der Winkel γ_4 die Größe 121° hat.

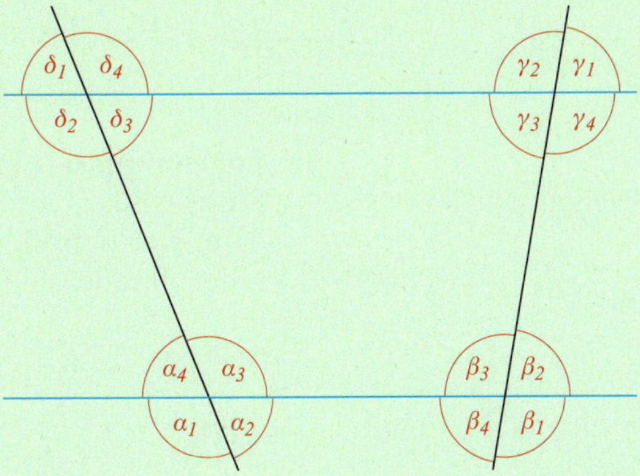

3

Zeichne eine Strecke $\overline{AB}$ der Länge 3,5 cm. Trage im Punkt A den Winkel $\alpha = 15°$ und im Punkt B den Winkel $\beta = 150°$ an. Die beiden gezeichneten Schenkel schneiden einander im Punkt C. Miss den entstandenen Winkel. Kontrolliere deine Messung über die Winkelsumme.

4

Betrachte die folgenden Dreiecke.

a) Bezeichne die Dreiecke hinsichtlich ihrer Winkel,

b) Bezeichne die Dreiecke hinsichtlich ihrer Seitenlängen.

c) Wie lang müssen die Seiten b und c jeweils zusammen mindestens sein?

d) Wie groß ist jeweils der Winkel α?

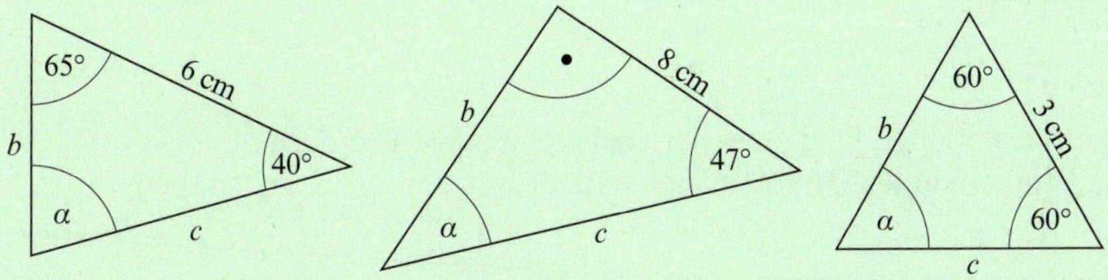

HINWEISE

1) Versuche zunächst, die Aufgaben ohne Hilfestellung zu lösen.

2) Wenn du doch Hilfe benötigst, findest du auf der angegebenen Seite ein Beispiel oder eine Anregung zum Lösen der Aufgabe.

Aufgabe	Seite
1	85/87
2	90/92
3	87/88
4	98/99/ 102/107

3) Im Anhang ab Seite 242 findest du die Lösungen der Aufgaben. Vergleiche deine Ergebnisse mit diesen Lösungen und überprüfe so deinen Lernstand.

ZUSAMMENFASSUNG

Winkel

Winkel werden mit griechischen Buchstaben (im Bild rechts: α) oder mithilfe von Punkten (im Bild rechts: $\sphericalangle ASB$) bezeichnet.
$\sphericalangle ASB$ bedeutet: Der Punkt A liegt auf dem ersten Schenkel, S ist der Scheitelpunkt und B liegt auf dem zweiten Schenkel.

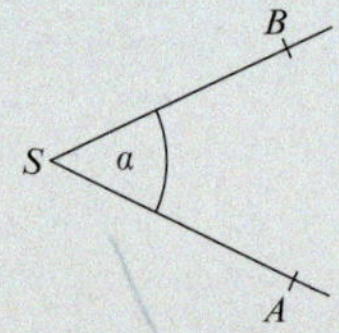

Winkelarten

spitzer Winkel	rechter Winkel	stumpfer Winkel	gestreckter Winkel	überstumpfer Winkel
$0° < \alpha < 90°$	$\alpha = 90°$	$90° < \alpha < 180°$	$\alpha = 180°$	$180° < \alpha < 360°$

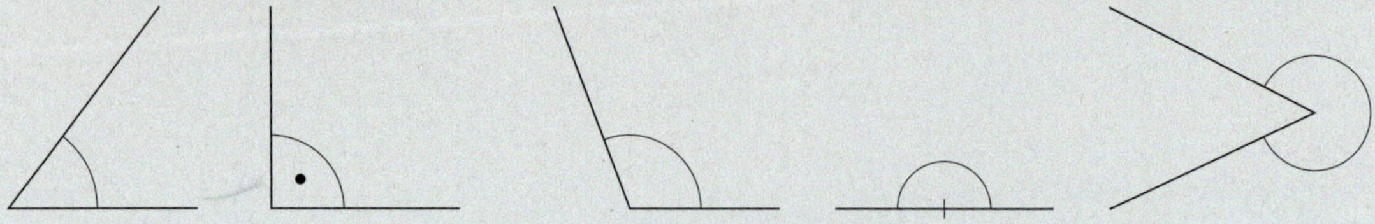

Winkelsätze

Scheitelwinkelsatz
Scheitelwinkel sind gleich groß.

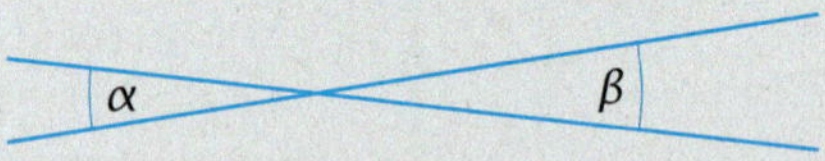

$\alpha = \beta$

Nebenwinkelsatz
Nebenwinkel ergänzen einander zu 180°.

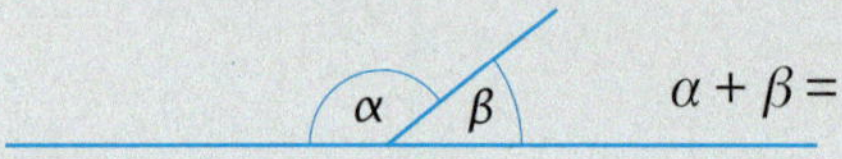

$\alpha + \beta = 180°$

Stufenwinkelsatz und Wechselwinkelsatz
Stufenwinkel- und Wechselwinkel sind genau dann gleich groß, wenn die geschnittenen Geraden parallel sind.

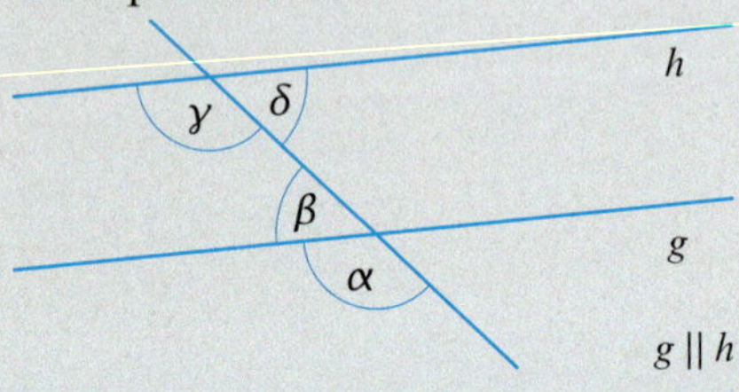

$\alpha = \gamma$

$\beta = \delta$

Dreiecke

Einteilung der Dreiecke nach Winkeln

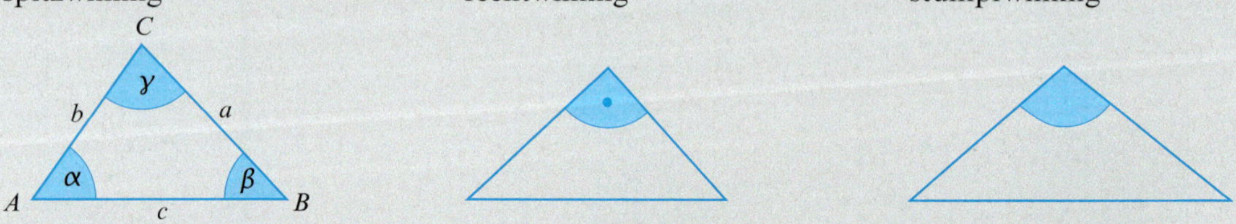

Alle Winkel sind spitze Winkel — Ein rechter Winkel — Ein stumpfer Winkel

Dreiecksungleichung
Die Summe zweier Seitenlängen ist stets größer als die dritte Seitenlänge.
$a + b > c \qquad a + c > b \qquad b + c > a$

Innenwinkelsatz
Die Summe der Innenwinkel beträgt 180°.
$\alpha + \beta + \gamma = 180°$

Seiten-Winkel-Beziehung
Der größeren von zwei Dreiecksseiten liegt stets der größere Winkel gegenüber.
Dem größeren von zwei Winkeln eines Dreiecks liegt stets die größere Seite gegenüber.

Dreiecke und Vierecke

Die Natur hat vielfältige Formen hervorgebracht. Häufig bilden Menschen in ihren Bauwerken diese Formen nach. Im Parc du Futuroscope in Frankreich steht dieser Crystal Pavillon, dessen verschiedene Flächen aus Dreiecken und Vierecken bestehen.

Geometrische Grundkonstruktionen

1

Experiment für die ganze Klasse
Nehmt einen Bleistift oder einen anderen längeren Stab. Legt ihn so auf den ausgestreckten Zeigefinger, dass er nicht herabfällt.
Markiert die entsprechende Stelle auf dem Stift. Messt die Länge des gesamten Bleistiftes und der beiden Teile. Was fällt euch auf?

2

Markiere auf dem Rand eines Blattes Papier zwei Punkte A und B, die auf verschiedenen Seitenrändern liegen. Zeichne die Strecke $\overline{AB}$. Falte das Blatt so, dass A und B aufeinander liegen. Beschreibe die Lage des Faltknicks.

WISSEN

Ein Punkt M heißt **Mittelpunkt** der Strecke $\overline{AB}$, wenn er auf der Strecke $\overline{AB}$ liegt und zu A und B den gleichen Abstand hat.

3

Das Bild rechts zeigt, wie Sebastian den Mittelpunkt der Strecke mithilfe des Geodreiecks ermittelt. Beschreibe, wie er dabei vorgeht.

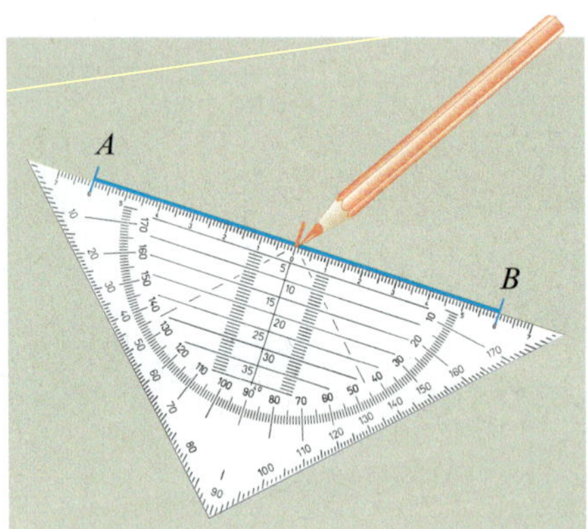

HINWEIS
Die Konstruktion des Mittelpunktes einer Strecke bezeichnet man auch als **Halbieren** der Strecke.

4

Zeichne 6 verschiedene Strecken $\overline{AB}$ und ermittle jeweils mit dem Geodreieck den Mittelpunkt M.
Kontrolliere, indem du die Längen der Strecken $\overline{AM}$ und $\overline{BM}$ misst.

5

Konstruktionen mit einem Seil (in Gruppen durchzuführen):
Steckt auf dem Schulhof eine etwa 10 Meter lange Strecke $\overline{AB}$ ab.
Versucht Punkte auf beiden Seiten von $\overline{AB}$ zu markieren, die zu A und zu B den gleichen Abstand haben.
Wie seid ihr dabei vorgegangen? Was könnt ihr über die Lage aller gefundenen Punkte sagen?
Verbindet sie durch eine Linie.
Betrachtet die Linien aus einem oberen Stockwerk des Schulhauses.

6

Übertrage das Koordinatensystem und die Strecke $\overline{AB}$ in dein Heft. Zeichne darin Punkte ein, die von A und B gleich weit entfernt sind. Zeichne eine Gerade durch die Punkte. Nenne sie m.
Beschreibe die Lage des Schnittpunktes von m und $\overline{AB}$.
Unter welchem Winkel schneidet m die Strecke $\overline{AB}$?

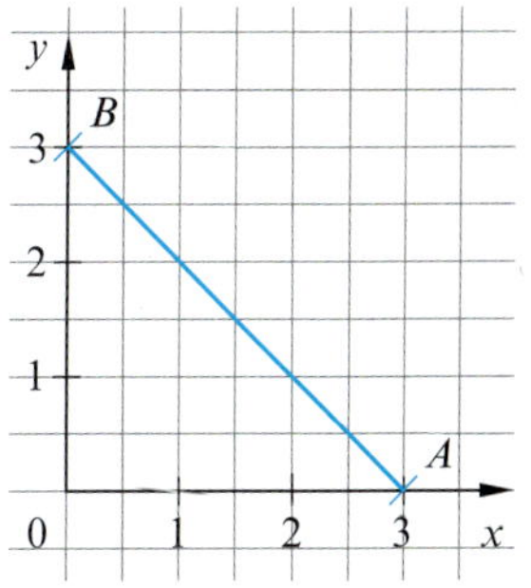

WISSEN

M ist der Mittelpunkt einer Strecke $\overline{AB}$. Eine Gerade m heißt **Mittelsenkrechte** der Strecke $\overline{AB}$, wenn sie senkrecht zu $\overline{AB}$ und durch M verläuft.

Ist P ein Punkt auf der Mittelsenkrechten m, so hat er von A und B denselben Abstand: $\overline{AP} = \overline{BP}$.

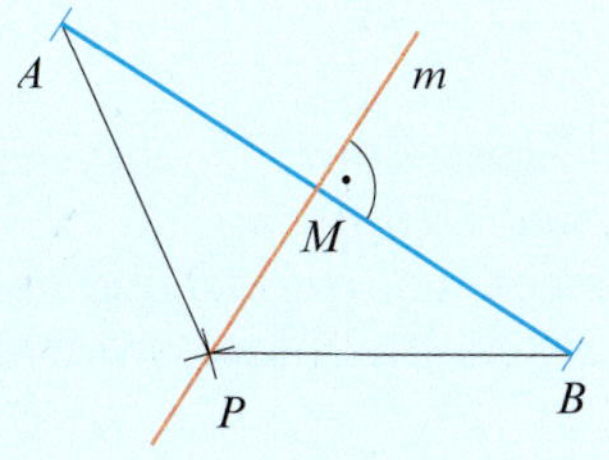

7

Überprüfe, ob m die Mittelsenkrechte der Strecke ist. Begründe.

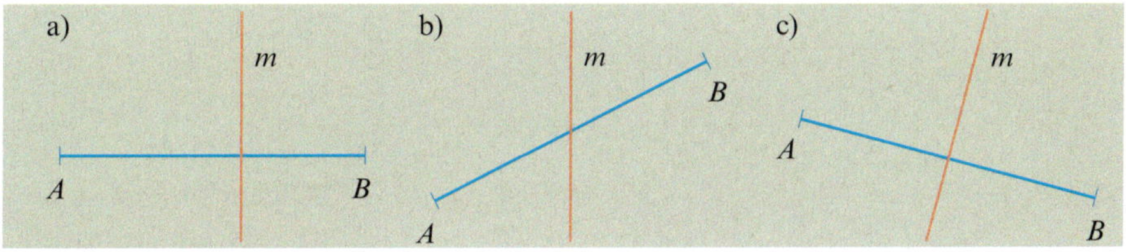

METHODE

Konstruktion einer Mittelsenkrechten *m* mit …

Zirkel und Lineal
gegeben:
Strecke $\overline{AB}$

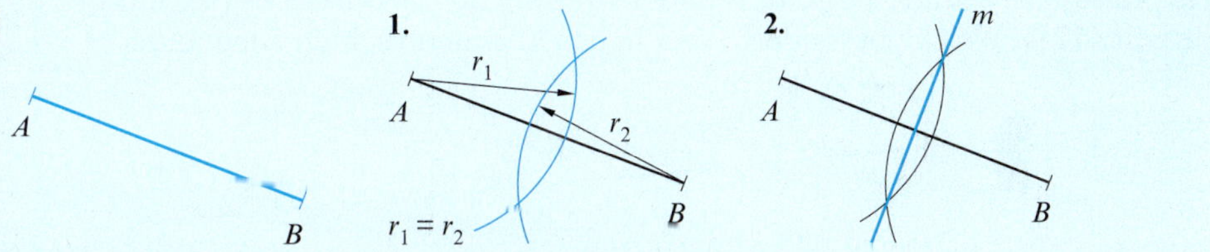

1. Die Zirkelspanne größer als die halbe Streckenlänge einstellen und jeweils einen Kreisbogen um die Punkte A und B zeichnen.

2. Durch die Schnittpunkte beider Kreisbögen die Mittelsenkrechte m zeichnen.

Geodreieck
gegeben:
Strecke $\overline{AB}$

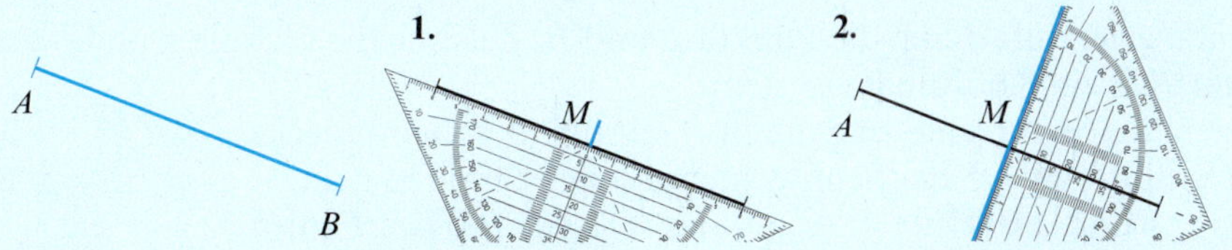

1. Mit dem Geodreieck den Mittelpunkt der Strecke $\overline{AB}$ markieren.

2. Die Senkrechte zu $\overline{AB}$ durch den Punkt M zeichnen

8

a) Zeichne jede der folgenden Strecken zweimal. Konstruiere ihre Mittelsenkrechte einmal mithilfe des Geodreiecks und einmal mithilfe von Zirkel und Lineal.
$\overline{AB} = 5$ cm $\overline{PQ} = 7{,}2$ cm $\overline{ST} = 84$ mm $\overline{UV} = 1{,}22$ dm

b) Zeichne 5 beliebige Strecken. Konstruiere jeweils die Mittelsenkrechte mithilfe des Geodreiecks oder des Zirkels.

AUFGABE
Gib eine Gerade an, die die Mittelsenkrechte möglichst vieler Strecken auf dem Bild ist.

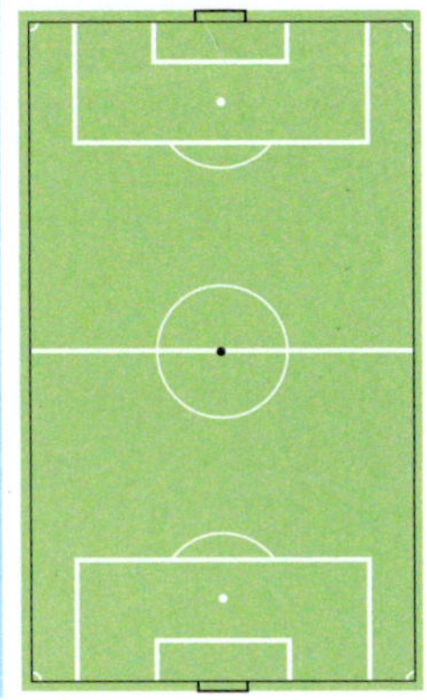

9

a) Zeichne ein rechtwinkliges Koordinatensystem. Trage die Punkte $A(1|1)$, $B(7|3)$, $C(8|4)$ und $D(6|0)$ ein.

b) Zeichne die Mittelsenkrechten m von $\overline{AB}$ und n von $\overline{CD}$.

c) Gib die Koordinaten des Schnittpunktes S von m und n an.

10

a) Übertrage das Koordinatensystem und die Strecke $\overline{PQ}$ in dein Heft. Konstruiere die Mittelsenkrechte m von $\overline{PQ}$.

b) A, B, C, D, E und F seien Punkte, durch die m verläuft.
Vervollständige die Koordinaten der Punkte:
$A(2|\_)$, $B(1|\_)$, $C(2{,}5|\_)$,
$D(\_|5{,}5)$, $E(\_|0{,}5)$, $F(\_|3{,}5)$.

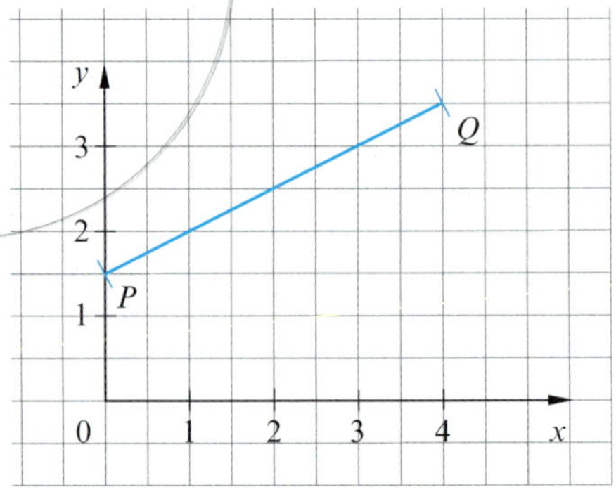

11

Übertrage die Zeichnung unten in dein Heft. Konstruiere die Senkrechten zu g durch die Punkte P, Q, R, S und T mithilfe des Geodreiecks (s. Methode Seite 121). Welche besondere Lage haben alle Senkrechten zueinander?

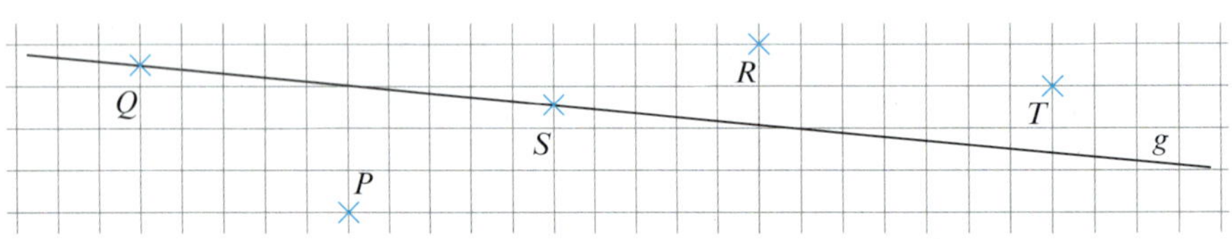

AUFGABE
Zeichne im Maßstab 1 : 2 000 ein Tennisfeld auf unliniertem Papier. (Maße in Meter)

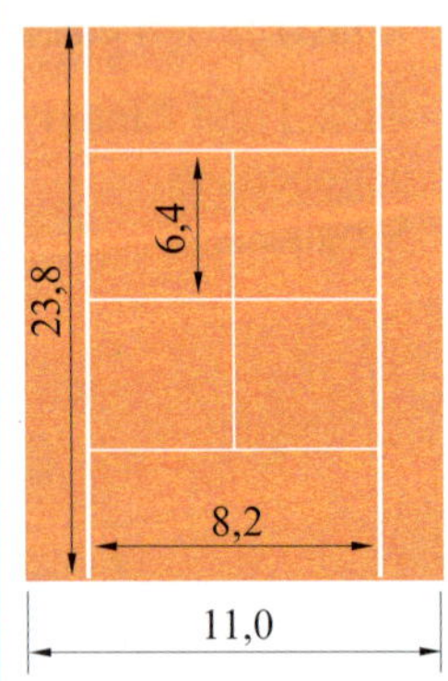

Bezeichne die Endpunkte aller Strecken auf dem Bild mit den Buchstaben A, B, …, M. Gib alle Mittelsenkrechten von Strecken an, die du auf dem Feld entdecken kannst.

12[L]

Die Gerade g verläuft durch die Punkte A und B. Zeichne die Gerade g und den Punkt P in ein Koordinatensystem.
Konstruiere die Senkrechte zu g durch P mithilfe des Geodreiecks.
Gib den Schnittpunkt S der Senkrechten mit der Geraden g an.

a) $A(1|1)$, $B(9|5)$, $P(1|6)$
b) $A(1|5)$, $B(7|1)$, $P(6|6)$
c) $A(1|3)$, $B(9|5)$, $P(8|0{,}5)$
d) $A(1|6)$, $B(0|9)$, $P(3{,}5|1)$
e) $A(6|0)$, $B(4|9)$, $P(0{,}5|3{,}5)$
f) $A(2|8)$, $B(4|1)$, $P(6{,}5|5{,}5)$
g) $A(1|6)$, $B(7|3)$, $P(2{,}5|1{,}5)$
h) $A(0|2)$, $B(8|3)$, $P(3{,}5|6{,}5)$

13

a) Führe Aufgabe 11 von Seite 120 mit Zirkel und Lineal durch.
b) Entwirf für deinen Nachbarn eine Aufgabe wie Aufgabe 11. Gib ihm aber nur die Koordinaten für die Punkte P und Q, durch die die Gerade g verläuft, sowie für drei Punkte R, S und T an, durch die jeweils eine Senkrechte zur Geraden g errichtet werden soll.

14

a) Zeichne eine Gerade g und auf ihr einen Punkt P. Errichte die Senkrechte zu g durch P mit Zirkel und Lineal. Prüfe dann mit dem Geodreieck, ob die beiden Geraden senkrecht zueinander sind.
b) Zeichne ein großes beliebiges Viereck mit dem Lineal in dein Heft. Konstruiere die Mittelsenkrechten der vier Seiten jeweils mithilfe von Zirkel und Lineal.

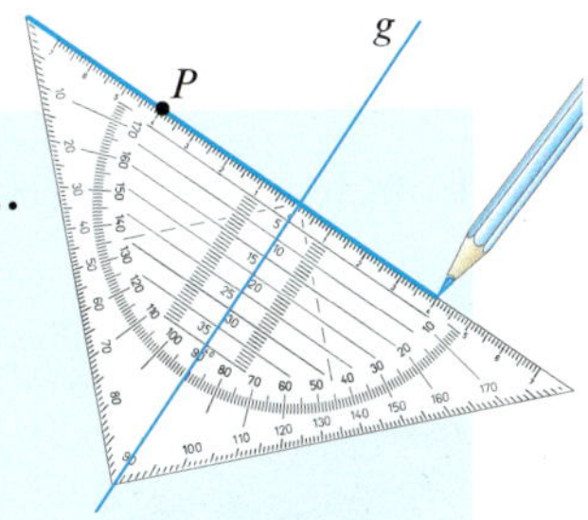

METHODE

Konstruktion einer Senkrechten zu einer Geraden *g* durch einen Punkt *P* mit …

Geodreieck
Die Mittelachse des Geodreiecks so auf die Gerade g legen, dass der Punkt P am Lineal des Geodreiecks anliegt. Die nun gezeichnete Gerade verläuft durch P und liegt senkrecht zu g.
Der Punkt P kann auch auf der Geraden g liegen.

Zirkel und Lineal

1. Von P aus mit dem Zirkel einen Kreis zeichnen, der g in den Punkten A und B schneidet.

2. Von A und B aus jeweils zwei Kreisbögen gleicher Größe zeichnen, die sich ober- und unterhalb von g schneiden.

3. Die Gerade durch die entstandenen Schnittpunkte zeichnen. Sie verläuft durch P und steht senkrecht auf g.

Fall 1: Punkt P liegt auf der Geraden g:

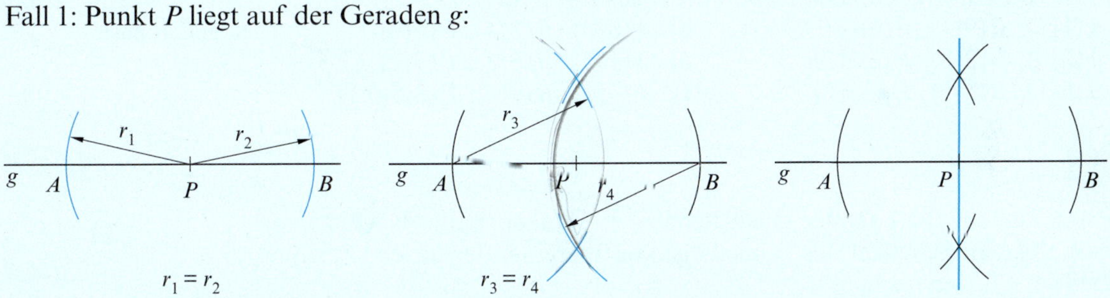

Fall 2: Punkt P liegt nicht auf der Geraden g: Fällen des Lotes von P auf g

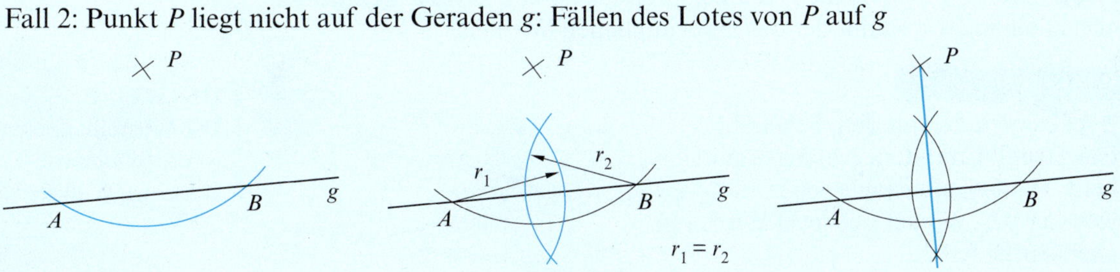

15

a) Zeichne eine Gerade g und einen Punkt P außerhalb von g. Verbinde P mit verschiedenen Punkten von g. Miss die Länge jeder Verbindungslinie.
b) Versuche die kürzeste Verbindungslinie zwischen g und P zu finden. Wie verläuft sie?

WISSEN

Gegeben seien eine Gerade g, ein Punkt P außerhalb von g und ein Punkt L auf g.
Ist die Strecke $\overline{PL}$ senkrecht zu g, so heißt sie das **Lot** von P auf g.
L heißt der **Fußpunkt** des Lotes.
Das Lot ist die kürzeste Verbindung von P zu g.
Die Länge des Lotes ist der **Abstand** von P zu g.

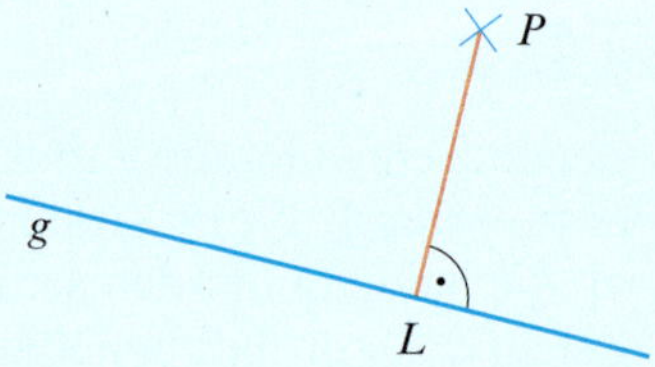

16

Entscheide, ob jeweils das Lot von P auf g gefällt wurde. Begründe.

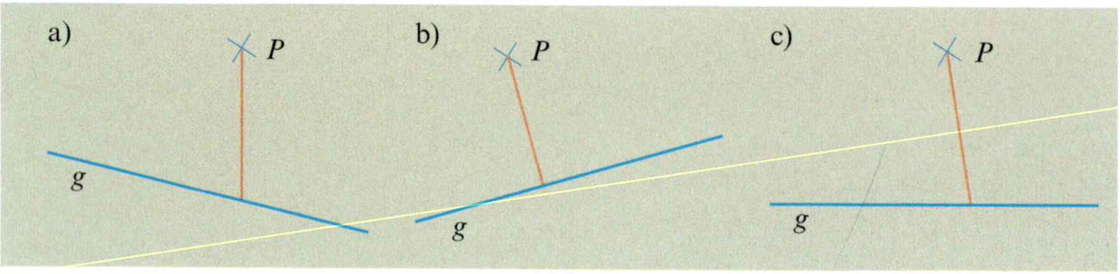

ERINNERE DICH
Der Maurer verwendet ein Lot (Senkblei) um festzustellen, ob eine Kante lotrecht (senkrecht zur Erdoberfläche) ist.

17[L]

Die Gerade g verläuft durch die Punkte A und B. Zeichne die Gerade g und den Punkt P in ein Koordinatensystem. Fälle mithilfe von Zirkel und Lineal das Lot von P auf g. Gib den Fußpunkt L des Lotes an.

a) $A(1|3)$, $B(9|1)$, $P(6|6)$
b) $A(0|0)$, $B(8|4)$, $P(5|0)$
c) $A(0|0)$, $B(2|8)$, $P(5{,}5|5)$
d) $A(1|1)$, $B(6|8)$, $P(7|2)$
e) $A(5|1)$, $B(3|9)$, $P(0{,}5|2)$
f) $A(0|6)$, $B(9|4)$, $P(3{,}5|0{,}5)$

AUFGABE
Beschreibe bei Aufgabe 17 a), wie du das Lot gefällt hast.

18

Zeichne auf ein Blatt Papier einen beliebigen Winkel. Falte das Blatt so, dass die beiden Schenkel des Winkels genau übereinander liegen. Zeichne die Faltlinie farbig nach.
Miss die beiden entstandenen Winkel. Vergleiche die Größe der beiden Winkel zueinander und mit der des ursprünglichen Winkels.

WISSEN

α sei ein Winkel mit dem Scheitel S.
Ein Strahl w mit dem Anfangspunkt S heißt **Winkelhalbierende von α**, wenn er den Winkel α in zwei Winkel gleicher Größe teilt.

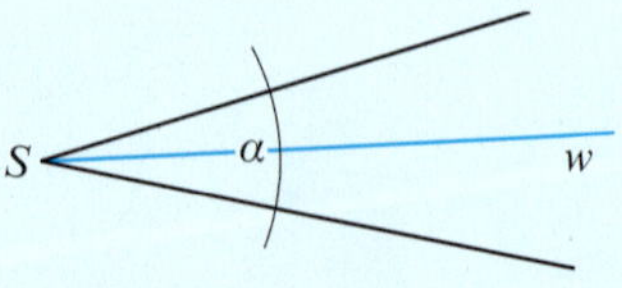

HINWEISE
Die Winkelhalbierende ist die Symmetrieachse des Winkels.

19

a) Zeichne Winkel folgender Größen: 30°, 80°, 44°, 100°, 130°.
Ermittle jeweils die Winkelhalbierende mithilfe des Geodreiecks.

b) Zeichne Winkel folgender Größen: 56°, 73°, 97°, 115°, 134°.
Ermittle jeweils die Winkelhalbierende mithilfe des Geodreiecks.
Berechne die Größe der Teilwinkel und überprüfe deine Zeichnungen.

HINWEIS
Das Zeichnen der Winkelhalbierenden wird im Methodenkasten unten erklärt.

20

a) Zeichne die Winkel 200°, 260°, 300°, 346° jeweils zweimal. Ermittle die Winkelhalbierende jedes Winkels mit dem Geodreieck und mit Zirkel und Lineal.

b) Mit welchem Zeichengerät fiel dir die Konstruktion der Winkelhalbierenden leichter? Welche Probleme traten auf, wie hast du sie gelöst?

21

a) Zeichne einen beliebigen Winkel und dessen Winkelhalbierende. Markiere auf der Winkelhalbierenden einen Punkt P. Ermittle den Abstand des Punktes P zu den beiden Schenkeln des Winkels. Was stellst du fest?

b) Trage auf der Winkelhalbierenden weitere Punkte Q, R und T ein. Wiederhole dein Vorgehen von a).

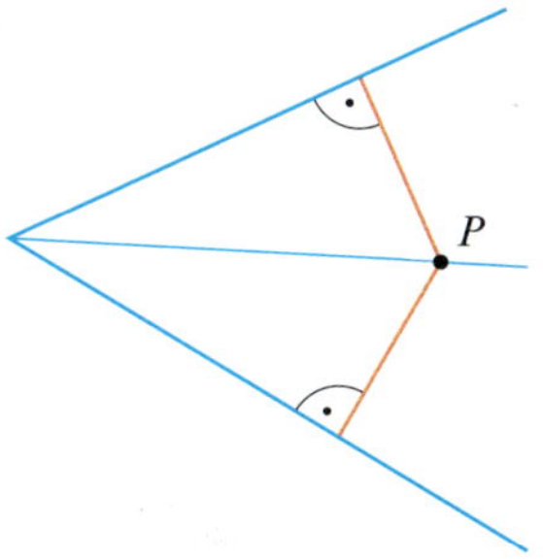

22

Stimmt die Aussage „w ist die Winkelhalbierende von α, wenn der Winkel durch eine Spiegelung an w auf sich selbst abgebildet wird.“?
Begründe mit den Eigenschaften der Spiegelung.

METHODE

Konstruktion einer Winkelhalbierenden *w* mit …

Geodreieck

1. Lege die Mittelachse des Geodreiecks auf den Scheitelpunkt S des Winkels an.
2. Richte das Lineal des Geodreiecks so aus, dass die Schenkel des Winkels den gleichen Abstand zum Nullpunkt haben und markiere den Nullpunkt.
3. Zeichne die Winkelhalbierende w vom Scheitelpunkt S aus durch deine Markierung.

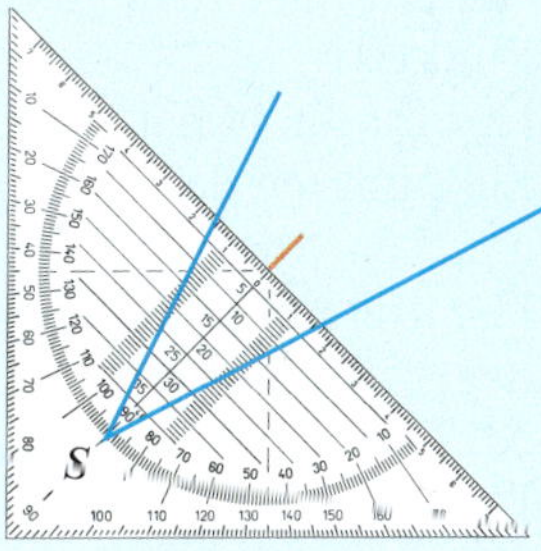

Zirkel und Lineal

1. Zeichne vom Scheitelpunkt S aus einen Kreisbogen, der beide Schenkel des Winkels schneidet.
2. Von den entstandenen Schnittpunkten aus zeichnest du mit demselben Radius jeweils einen Kreisbogen. Dabei sollen sich beide Bögen schneiden.
3. Zeichne die Winkelhalbierende w vom Scheitelpunkt S aus durch den vorher entstandenen Schnittpunkt.

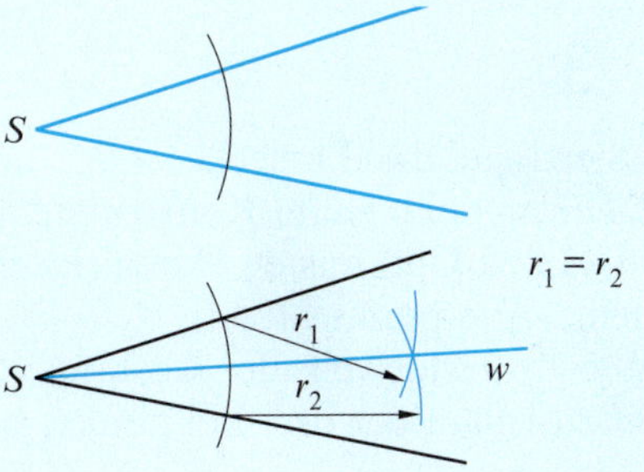

Besondere Linien im Dreieck

1

Die Kinder der Schulen in Schönbach, Goldstein und Eisendorf wollen gemeinsam im Wald zwischen ihren Orten einen Fütterungsplatz für Waldtiere anlegen.
Diskutiert in der Klasse: Was ist bei der Wahl des Fütterungsplatzes zu bedenken? Wo würdet ihr den Platz anlegen?

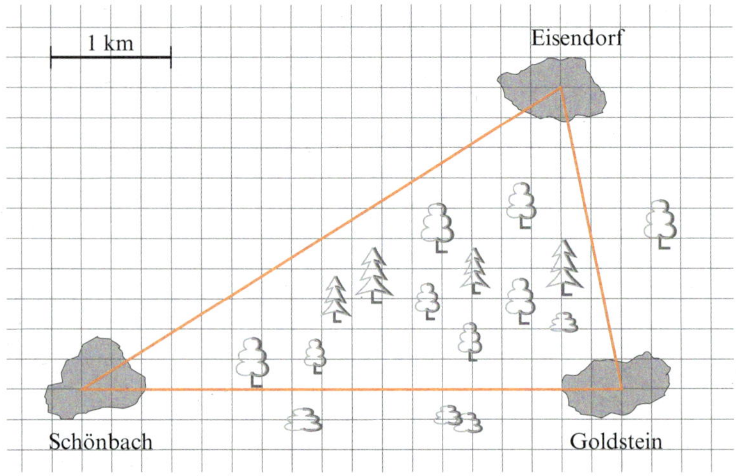

2

Die Kinder aus Aufgabe 1 überlegen: Es ist gerecht, wenn der Fütterungsplatz von allen Orten denselben Abstand hat.

a) Übertrage das rote Straßendreieck aus dem Bild in dein Heft. Versuche durch Probieren den Ort für den Fütterungsplatz zu finden.

b) Überlege: Wo liegen alle Punkte, die von zwei Orten den gleichen Abstand haben? Zeichne einige für je zwei Orte ein und verbinde sie. Was stellst du fest?

WISSEN

In jedem Dreieck schneiden die Mittelsenkrechten der drei Seiten einander in einem gemeinsamen Punkt M.
Der Punkt M hat von den drei Eckpunkten des Dreiecks den gleichen Abstand.
Die drei Eckpunkte des Dreiecks liegen also auf einem Kreis um M. Der Kreis heißt **Umkreis** des Dreiecks.

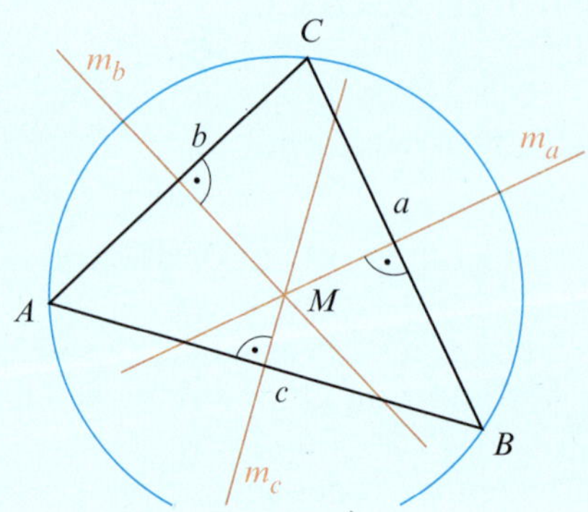

3

Übertrage die Dreiecke ABC und DEF in dein Heft. Konstruiere jeweils den Umkreis des Dreiecks mit dem Mittelpunkt M.
Wie groß ist jeweils der Abstand von M zu jedem der drei Eckpunkte des Dreiecks?

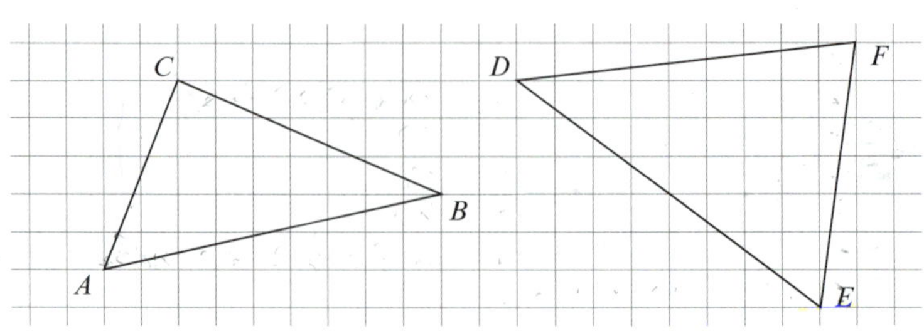

4

a) Konstruiere den Umkreis eines rechtwinkligen Dreiecks.
b) Konstruiere den Umkreis eines stumpfwinkligen Dreiecks.
c) Welche Besonderheiten stellst du fest?

5L

Zeichne die durch ihre Eckpunkte gegebenen Dreiecke ABC jeweils in ein Koordinatensystem. Konstruiere den Umkreis.
Gib die Koordinaten des Umkreismittelpunktes M näherungsweise an.

a) $A(2|2)$, $B(8|3)$, $C(4|6)$ **b)** $A(2|3)$, $B(8|2)$, $C(7|8)$
c) $A(2|2)$, $B(8|2)$, $C(8|8)$ **d)** $A(3|4)$, $B(7|1)$, $C(5|8)$
e) $A(0|0)$, $B(9|3)$, $C(3|6)$ **f)** $A(1|3)$, $B(8|2)$, $C(4|8)$
g) $A(1|2)$, $B(8|7)$, $C(3|7)$ **h)** $A(1|5)$, $B(6|1)$, $C(10|3)$

6

Die Kinder aus Aufgabe 1 stellen fest: Sie haben den Fütterungsplatz gerecht ausgewählt. Er liegt aber zu dicht an der Straße zwischen Schönbach und Eisendorf. Für die Tiere wäre es besser, wenn der Fütterungsplatz von allen drei Straßen den gleichen Abstand hat.

a) Übertrage nochmals das rote Straßendreieck ins Heft. Konstruiere die drei Winkelhalbierenden. Was stellst du fest?
b) Zeichne den Punkt W ein. Wie weit ist er von den Straßen entfernt?

NACHGEDACHT
Warum ist es bei Aufgabe 6 a) sinnvoll, die Winkelhalbierenden zu konstruieren?

WISSEN

In jedem Dreieck schneiden die Winkelhalbierenden der drei Innenwinkel einander in einem gemeinsamen Punkt W.
Der Punkt W hat von den drei Seiten des Dreiecks den gleichen Abstand.
Die drei Seiten des Dreiecks werden von einem Kreis um W berührt. Der Kreis heißt **Inkreis** des Dreiecks.

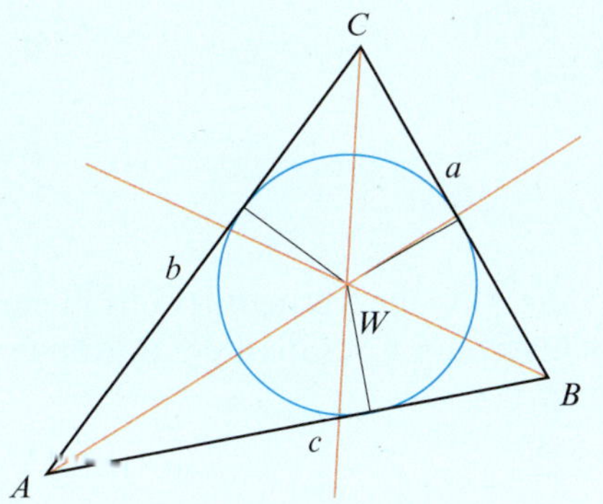

7

a) Zeichne ein spitzwinkliges, ein rechtwinkliges und ein stumpfwinkliges Dreieck. Konstruiere jeweils den Inkreis.
b) Welche Besonderheiten stellst du fest?

8L

Zeichne die Dreiecke ABC aus Aufgabe 5 erneut jeweils in ein Koordinatensystem. Konstruiere den Inkreis.
Gib die Koordinaten des Inkreismittelpunktes W näherungsweise an.

9

a) Zeichne in einem rechtwinkligen Koordinatensystem das Dreieck *ABC* mit $A(1|1)$, $B(8|1)$ und $C(7|6)$.
Konstruiere den Umkreis und den Inkreis. Sind beide identisch?

b) Gibt es Dreiecke, in denen Umkreis und Inkreis identisch sind?
Gibt es Dreiecke, in denen die Mittelpunkte von Umkreis und Inkreis gleich sind?

10

Experiment: Bestimmen des Schwerpunktes
Schneide aus stabiler Pappe ein möglichst großes Dreieck aus.

a) Lege das Dreieck so auf deinen ausgestreckten Zeigefinger, dass es nicht nach unten fällt. Markiere diesen Punkt und bezeichne ihn mit *S*.

b) Zeichne Verbindungslinien von jedem Eckpunkt des Dreiecks durch den Punkt *S* zur gegenüberliegenden Dreiecksseite.
Auf welche Weise teilen diese Linien die Dreiecksseiten?

WISSEN

Verbindet man in einem Dreieck jeden Eckpunkt mit der Mitte der gegenüberliegenden Seite, so erhält man die **Seitenhalbierenden** des Dreiecks.
Die drei Seitenhalbierenden jedes Dreiecks schneiden einander in einem Punkt *S*. Der Punkt *S* heißt der **Schwerpunkt** des Dreiecks.

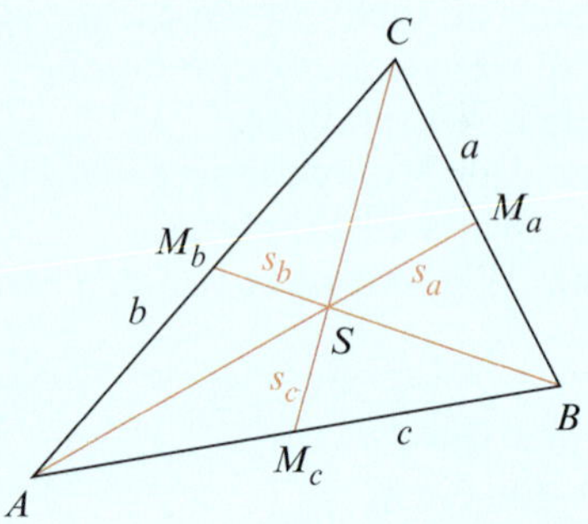

HINWEIS
Man bezeichnet die Seitenhalbierende nach der Dreiecksseite, die sie halbiert.
Beispiel:
s_a – Seitenhalbierende der Seite *a*.

11[L]

Zeichne die Dreiecke *ABC* aus Aufgabe 5 erneut jeweils in ein Koordinatensystem. Konstruiere den Schwerpunkt *S*. Gib die Koordinaten des Schwerpunktes *S* näherungsweise an.

12

Begründe, dass es kein Dreieck geben kann, für das der Schwerpunkt *S* außerhalb des Dreiecks liegt.

13

a) Zeichne ein beliebiges Dreieck *ABC*.
Konstruiere die Seitenmittelpunkte M_a, M_b und M_c sowie den Schwerpunkt *S*.

b) Miss die Streckenlängen $\overline{AS}$, $\overline{BS}$, $\overline{CS}$, $\overline{AM_a}$, $\overline{BM_b}$ und $\overline{CM_c}$. Berechne die Quotienten $\overline{AS} : \overline{AM_a}$, $\overline{BS} : \overline{BM_b}$ und $\overline{CS} : \overline{CM_c}$. Was vermutest du?

c) Überprüfe deine Vermutung an einem weiteren Dreieck.

14

a) Übertrage das Dreieck *ABC* aus dem Bild in dein Heft und ermittle den Abstand der drei Eckpunkte von der jeweils gegenüberliegenden Seite des Dreiecks. Beschreibe wie du dabei vorgegangen bist.
b) Welche Schwierigkeit tritt bei der Lösung der gleichen Aufgabenstellung beim Dreieck *PQR* auf? Wie könnte man sich helfen?
c) Schneiden die Lote zur Abstandsbestimmungen einander immer in einem Punkt?

ERINNERE DICH
Der Abstand eines Punktes von einer Geraden ist die Länge des Lotes von dem Punkt auf die Gerade.

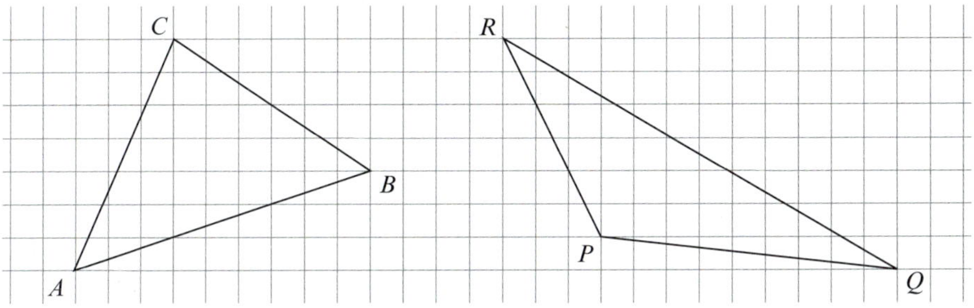

WISSEN

Fällt man im Dreieck von jedem Eckpunkt das Lot auf die Gerade, auf der die gegenüberliegende Seite liegt, so erhält man die **Höhen** des Dreiecks.

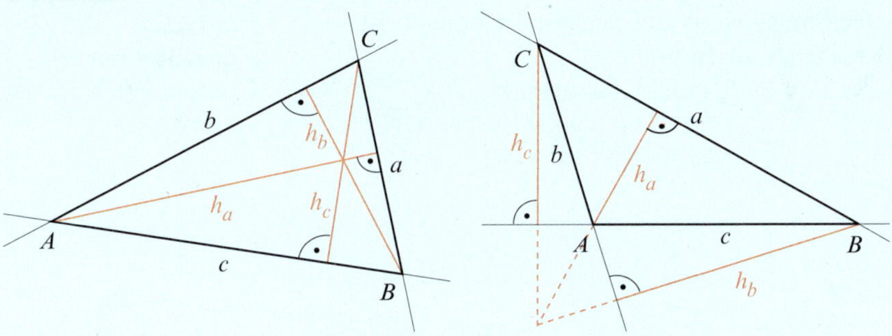

Die Geraden, auf denen die Höhen eines Dreiecks liegen, schneiden einander in einem Punkt.

TIPP
Falls in einem Dreieck die Höhen einander nicht schneiden: Zeichne die Geraden, auf denen die Höhen liegen.

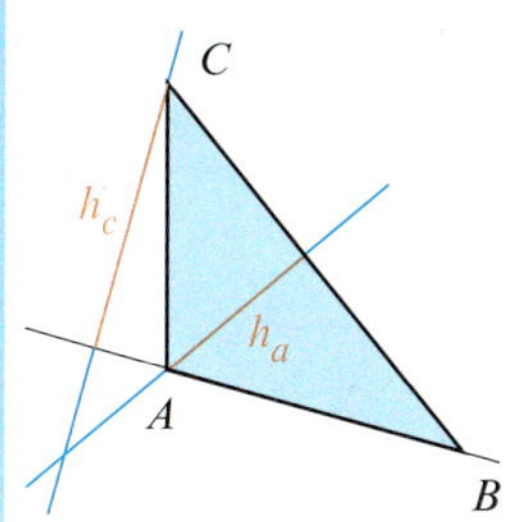

Was stellst du fest?

15

a) Zeichne ein spitzwinkliges, ein rechtwinkliges und ein stumpfwinkliges Dreieck. Konstruiere jeweils die drei Höhen.
b) Welche Besonderheit ergibt sich beim rechtwinkligen Dreieck?

16

Zeichne ein nicht zu kleines Dreieck. Konstruiere den Schwerpunkt *S*, den Schnittpunkt *M* der Mittelsenkrechten und den Höhenschnittpunkt *H*.
Prüfe deine Konstruktionsgenauigkeit:
Wenn du genau konstruiert hast, liegen *S*, *M* und *H* auf ein und derselben Geraden.

INFORMATION
Die Gerade, auf der *S*, *M* und *H* (siehe Aufgabe 16) liegen, wird nach dem Schweizer Mathematiker Leonhard Euler (1707–1783) **Eulersche Gerade** genannt.

Deckungsgleiche (kongruente) Figuren

1

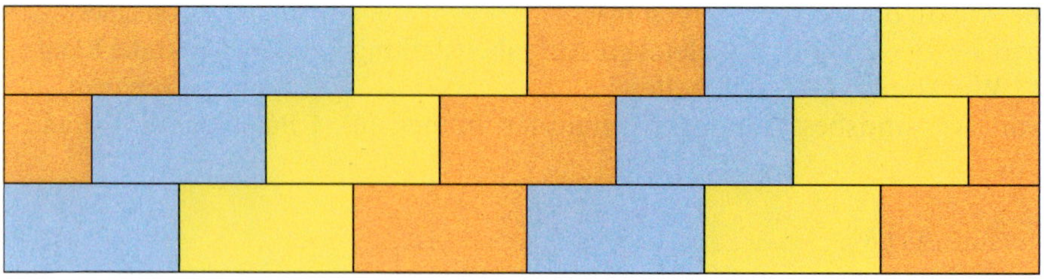

Eine Terrasse (6 m lang und 3 m breit) soll mit rechteckigen Platten (60 cm lang und 30 cm breit) ausgelegt werden.
Für die ganze Klasse: Entwerft interessante Muster, wie die Platten verlegt werden können. Dabei sollen 30 cm im Original 1 cm in der Zeichnung entsprechen. Vergleicht eure Muster.
Das Bild zeigt einen Auszug eines möglichen Musters aus rechteckigen Platten (s. Randspalte).

In der vorangegangenen Aufgabe wurde eine Figur aus mehreren Teilfiguren mit gleicher Größe und Form zusammengesetzt.

WISSEN

Figuren *A* und *B* heißen **deckungsgleich** oder **zueinander kongruent**, wenn sie in Größe und Form übereinstimmen.
Zur Abkürzung schreibt man: $A \cong B$. (Lies: *A* kongruent *B*.)

INFORMATION
kongruent (lat.)
übereinstimmend, passend, sich deckend

BEISPIELE

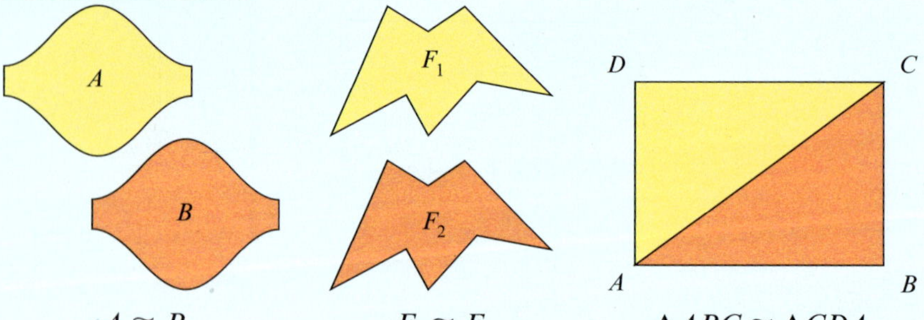

$A \cong B$ $F_1 \cong F_2$ $\Delta ABC \cong \Delta CDA$

2

Überlege, wie du im Bild herausfinden kannst, ob einige der vier Figuren zueinander kongruent sind.
Untersuche dann, welche der Figuren zueinander kongruent sind.

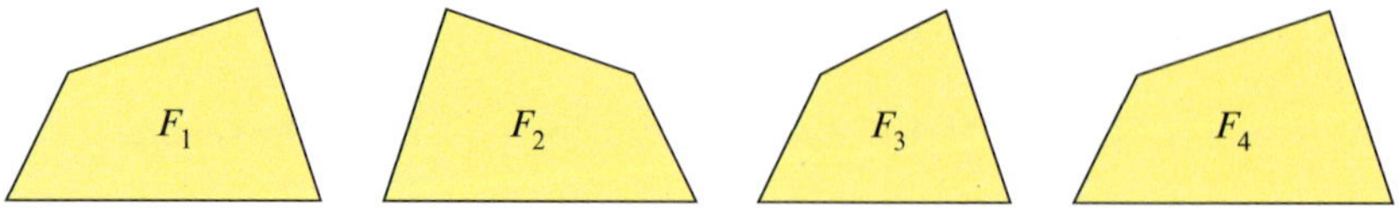

HINWEIS
Wenn Figuren zueinander deckungsgleich (kongruent) sind, können sie passend übereinander gelegt werden. Dazu muss man manchmal eine ausgeschnittene oder abgepauste Figur umdrehen (die Vorder- und die Rückseite vertauschen).

3

Findest du im Bild zueinander kongruente Figuren?

a) Zeichne dazu die Figuren auf Transparentpapier nach und überprüfe.

b) Was kannst du über die einander entsprechenden Seiten und Winkel kongruenter Figuren aussagen?

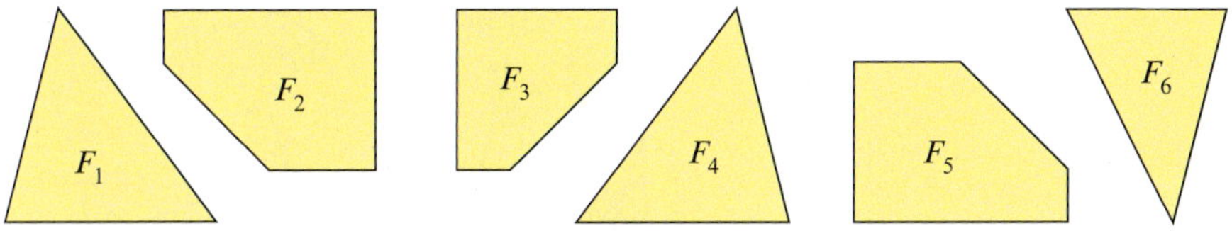

Das Ausschneiden oder Abpausen von Figuren und anschließende Übereinanderlegen ist zumeist umständlich und zu ungenau um entscheiden zu können, ob zwei Figuren zueinander kongruent sind. Es gibt andere Möglichkeiten, die Kongruenz von Figuren festzustellen.

WISSEN

Für deckungsgleiche (zueinander kongruente) Figuren gilt:

Einander entsprechende Seiten sind gleich lang.

Einander entsprechende Winkel sind gleich groß.

4

a) Zeige durch Abpausen und Übereinanderlegen, dass die beiden Figuren zueinander kongruent sind.

b) Welche Seite der Figur 2 entspricht der Seite $\overline{AB}$?
Welcher Winkel der Figur 2 entspricht dem Winkel $\sphericalangle EDC$?

c) Nenne weitere einander entsprechende Seiten und Winkel.

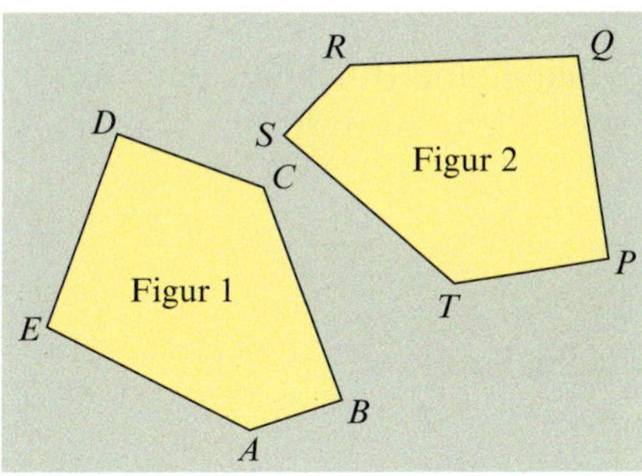

5

Welche Begrenzungsflächen der Körper im Bild sind zueinander kongruent?

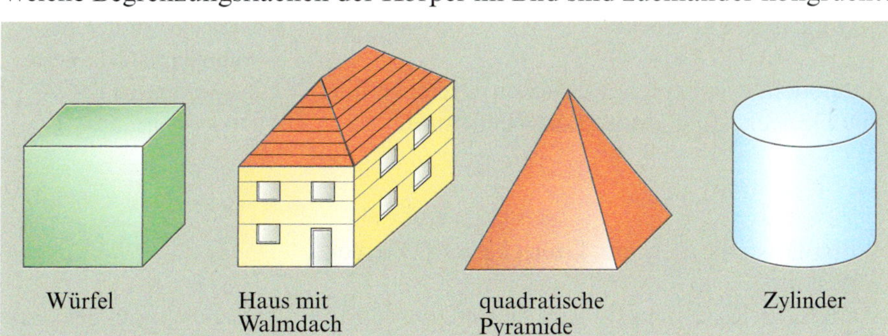

ZUM KNOBELN

Die Figur

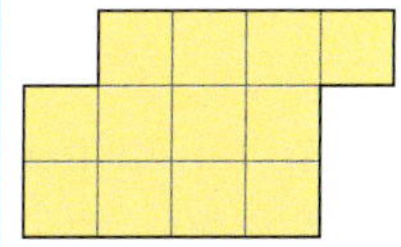

lässt sich in zwei zueinander kongruente Teile zerschneiden:

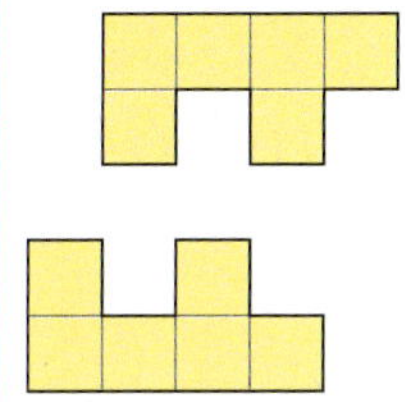

Übertrage die folgenden Figuren auf kariertes Papier. Zerschneide die Figur dann in zwei zueinander kongruente Teile.

a)

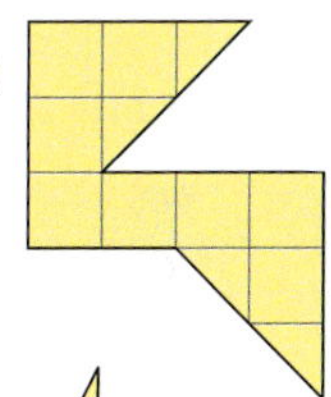

b)

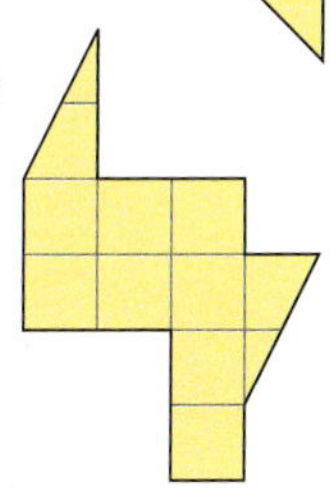

Kongruenzsätze für Dreiecke

1

Experiment für die ganze Klasse
Alle basteln aus Holzstäbchen oder Trinkröhrchen und Knetmasse ein Drei- und ein Viereck mit den folgenden Seitenlängen.

Dreieck: $a = 6$ cm; $b = 8$ cm; $c = 10$ cm
Viereck: $a = 6$ cm; $b = 8$ cm; $c = 10$ cm; $d = 12$ cm

Vergleicht eure Drei- und Vierecke miteinander. Was stellt ihr fest?

2

Auftrag für die ganze Klasse
Alle zeichnen ein Dreieck mit Innenwinkeln von 50°, 60° und 70°. Vergleicht eure Dreiecke. Was stellt ihr fest?

ERINNERE DICH
Statt „deckungsgleich" sagt man auch „kongruent".

Wir wissen schon:
Wenn Figuren zueinander kongruent sind, dann sind einander entsprechende Seiten gleich lang und einander entsprechende Winkel gleich groß.
Für Dreiecke gilt demnach:

WISSEN
Wenn zwei Dreiecke zueinander kongruent sind, so stimmen die einander entsprechenden Seiten und Innenwinkel überein.
Auch die Umkehrung dieses Satzes ist wahr.

AUFGABE
Sind Figuren zueinander kongruent, wenn sie durch eine Spiegelung aufeinander abgebildet werden können?

3

Bilde die Umkehrung des obigen Satzes.

4

a) Betrachtet noch einmal die Dreiecke aus Aufgabe 1. Sind sie alle zueinander kongruent, obwohl nur die drei Seitenlängen gegeben waren?
b) Welche drei Stücke waren in Aufgabe 2 gegeben? Ergaben sich bei diesen Vorgaben zueinander kongruente Dreiecke?

HINWEIS
Die drei Seiten und die drei Innenwinkel eines Dreiecks werden **Bestimmungsstücke** oder kürzer **Stücke** des Dreiecks genannt.

Im Folgenden werden wir untersuchen, in welchen Stücken Dreiecke übereinstimmen müssen, damit die Dreiecke zueinander kongruent sind.

5

Baue aus Teilen eines Metallbaukastens mehrere Dreiecke und Vierecke. Ziehe die Schrauben nicht so fest an.
Probiere: Sind die Figuren stabil oder können sie in sich bewegt werden?
Wie könntest du die nicht stabilen Figuren stabilisieren? Probiere auch das.

HINWEIS
Vergleiche mit dem Experiment von Seite 96.

6

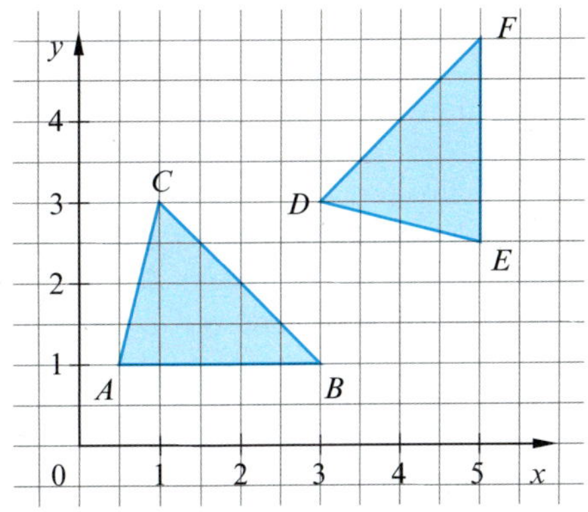

a) Die Dreiecke *ABC* und *DEF* stimmen in drei Seiten überein.
Welche Seiten des Dreiecks *DEF* entsprechen den Seiten $\overline{AB}$, $\overline{AC}$ und $\overline{BC}$ des Dreiecks *ABC*?

b) Zeichne ein Koordinatensystem in dein Heft. Trage die Punkte $A(0|0)$, $B(2|0)$, $C(2|3)$ sowie $D(3|1)$, $E(5|1)$ und $F(6|4)$ ein. Zeichne die Dreiecke *ABC* und *DEF*. In welchen Seiten stimmen die Dreiecke überein? Gib andere Koordinaten für den Punkt *F* an, sodass alle drei Seiten übereinstimmen.

WISSEN

Kongruenzsatz sss
Wenn zwei Dreiecke in den drei Seiten übereinstimmen, dann sind sie zueinander kongruent.

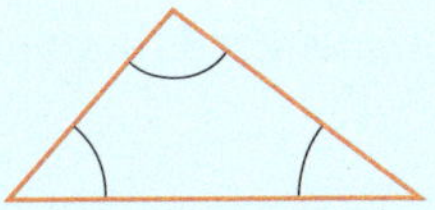

Wenn die Längen der drei Seiten eines Dreiecks bekannt sind, dann ist das Dreieck eindeutig konstruierbar.
Das bedeutet, alle aus den vorgegebenen Seitenlängen konstruierten Dreiecke sind zueinander kongruent.

7

Begründe, warum in dem Beispiel der Schnittpunkt beider Kreise tatsächlich der gesuchte Punkt *C* ist.

BEISPIEL

Konstruktion eines Dreiecks nach dem Kongruenzsatz sss
Seitenlängen: $a = 3{,}5$ cm; $b = 2{,}5$ cm; $c = 3{,}0$ cm.

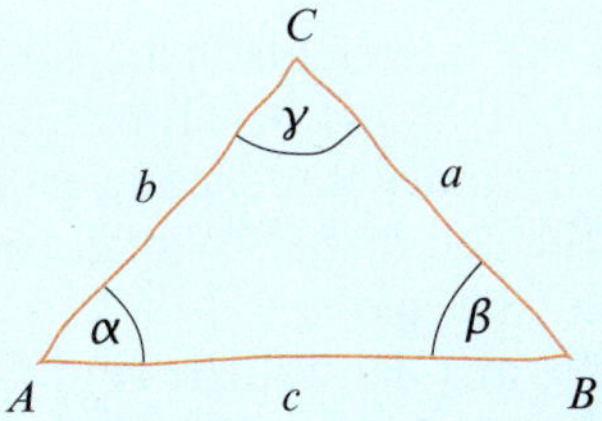

1) **Planfigur** skizzieren und darin die gegebenen Stücke kennzeichnen (im Bild rot).

2) **Konstruktion:**

Strecke $\overline{AB}$ von 3 cm Länge zeichnen	Um *A* einen Kreis mit dem Radius 2,5 cm zeichnen (Länge der Seite *b*)	Um *B* einen Kreis mit dem Radius 3,5 cm zeichnen (Länge der Seite *a*)	Schnittpunkt mit *C* bezeichnen und Dreieck zeichnen

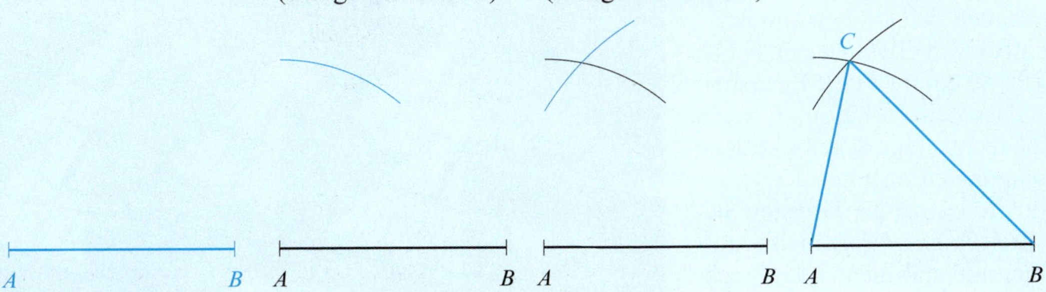

8

Konstruiere jeweils das Dreieck ABC aus den angegebenen Stücken.
Welche der Dreiecke sind spitzwinklig, welche rechtwinklig und welche stumpfwinklig?

a) $a = 3$ cm; $b = 4$ cm; $c = 5$ cm
b) $a = 2$ cm; $b = 5$ cm; $c = 6$ cm
c) $a = 5$ cm; $b = 7$ cm; $c = 5$ cm
d) $a = 5{,}5$ cm; $b = 6{,}3$ cm; $c = 7{,}1$ cm
e) $a = 45$ mm; $b = 36$ mm; $c = 62$ mm
f) $a = 8{,}4$ cm; $b = 6{,}7$ cm; $c = 5{,}4$ cm

BEACHTE
Dass ein Dreieck aus drei Seiten eindeutig konstruierbar ist, wird in der Technik genutzt:
Zu einem Dreieck verbundene Streben ergeben eine stabile Konstruktion.

Nenne Beispiele für das Ausnutzen der Stabilität von Dreiecken.

9

Aus der Übereinstimmung in den drei Seiten folgt die Kongruenz von Dreiecken. Aus der Übereinstimmung in den drei Innenwinkeln folgt dagegen nicht die Kongruenz von Dreiecken.
Gibt es weitere Fälle, in denen aus der Übereinstimmung in drei Stücken die Kongruenz von Dreiecken folgt?

Möglichkeiten für die Übereinstimmung von Dreiecken in drei Stücken			
3 Seiten	2 Seiten, 1 Winkel	1 Seite, 2 Winkel	3 Winkel

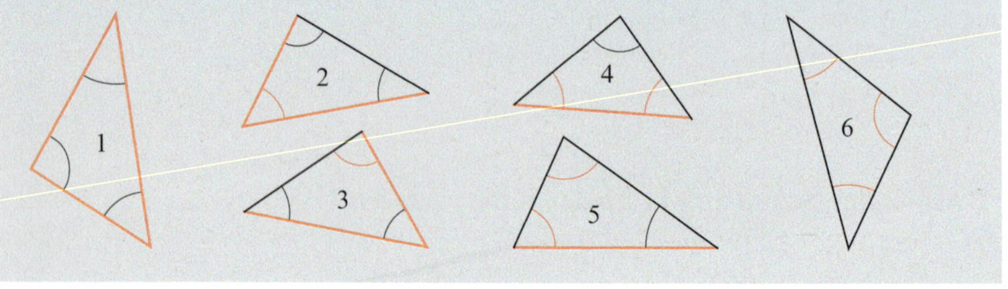

a) Beschreibe die unterschiedliche Lage der rot markierten Winkel in den Dreiecken 2 bis 5 aus der Tabelle bezüglich der rot markierten Seiten. Verwende die in der Randspalte erklärten Begriffe.
b) Was folgt für den dritten Winkel, wenn Dreiecke in zwei Winkeln übereinstimmen? Begründe.
c) Welche Fälle aus der Tabelle sind hinsichtlich der Kongruenz der Dreiecke noch zu untersuchen?

HINWEIS
Für die Lage eines Innenwinkels bezüglich einer Dreiecksseite gibt es zwei Möglichkeiten:

Anliegender Winkel
Die Seite liegt auf einem Schenkel des Winkels.

Gegenüberliegender Winkel
Die Seite liegt nicht auf einem Schenkel.

10

Auf dem Dach eines Einkaufszentrums befinden sich Glaspyramiden. Die rechteckigen Glasscheiben haben die Maße 40 cm × 80 cm. Eine dreieckige Glasscheibe erhält man, wenn man eine rechteckige Scheibe entlang einer Diagonalen zerschneidet.
Ermittle die Länge der längsten Seite der dreieckigen Glasscheibe mithilfe einer maßstabsgerechten Zeichnung.

11

Bei Aufgabe 10 konnte das Dreieck eindeutig konstruiert werden.
a) Welche Größen des Dreiecks waren gegeben?
b) Welcher der Fälle aus der Tabelle (Aufgabe 9) lag vor?

WISSEN

Kongruenzsatz sws
Wenn zwei Dreiecke in zwei Seiten und dem eingeschlossenen Winkel übereinstimmen, dann sind sie zueinander kongruent.

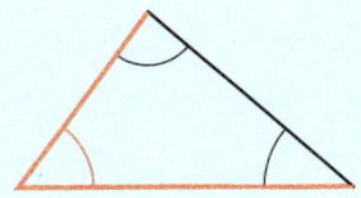

Auch dieser Kongruenzsatz erlaubt die eindeutige Konstruktion eines Dreiecks aus drei geeigneten Stücken.

12[L]

Konstruiere das Dreieck *ABC* aus gegebenen Stücken.
Miss die Länge der nicht gegebenen Seite.

a) $a = 4{,}5$ cm; $b = 3{,}6$ cm; $\gamma = 70°$
b) $a = 5{,}2$ cm; $b = 3{,}1$ cm; $\gamma = 115°$
c) $a = 6{,}3$ cm; $c = 3{,}9$ cm; $\beta = 95°$
d) $b = c = 62$ mm; $\alpha = 45°$
e) $b = c = 7{,}2$ cm; $\alpha = 60°$
f) $a = 4{,}2$ cm; $c = 3{,}9$ cm; $\beta = 135°$
g) $b = 4{,}8$ cm; $c = 6{,}1$ cm; $\alpha = 100°$
h) $a = c = 55$ mm; $\beta = 60°$

13

a) Vom Dreieck *ABC* sind gegeben: $a = 6$ cm; $b = 5$ cm; $\alpha = 45°$.
Fertige eine Planfigur an und versuche das Dreieck zu konstruieren.
b) Wiederhole die Konstruktion für die folgenden Längen von a (b und α wie bei a)): $a = 3$ cm und $a = 4$ cm. Was stellst du fest?

ZUM KNOBELN

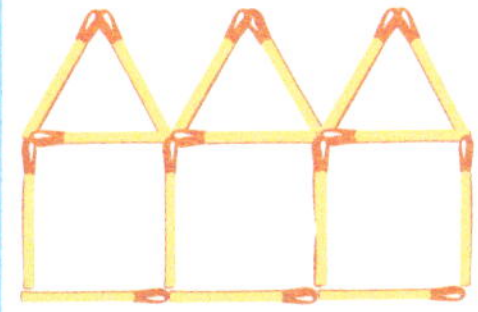

Lege 2 Hölzchen so um, dass 5 zueinander kongruente Dreiecke und 2 zueinander kongruente Quadrate entstehen.

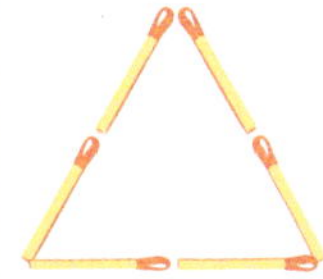

Füge 3 Hölzchen so hinzu, dass vier zueinander kongruente Dreiecke entstehen.

TIPP
Zeichne zuerst den Winkel α.

BEISPIEL

Konstruktion eines Dreiecks nach dem Kongruenzsatz sws
Gegeben: $c = 4$ cm, $b = 3$ cm, $\alpha = 40°$

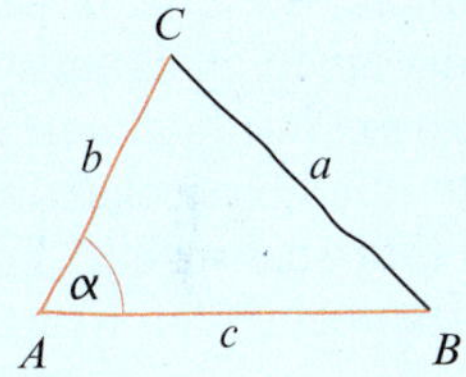

1) Planfigur
skizzieren und darin die gegebenen Stücke kennzeichnen (im Bild rot)
2) Konstruktion:

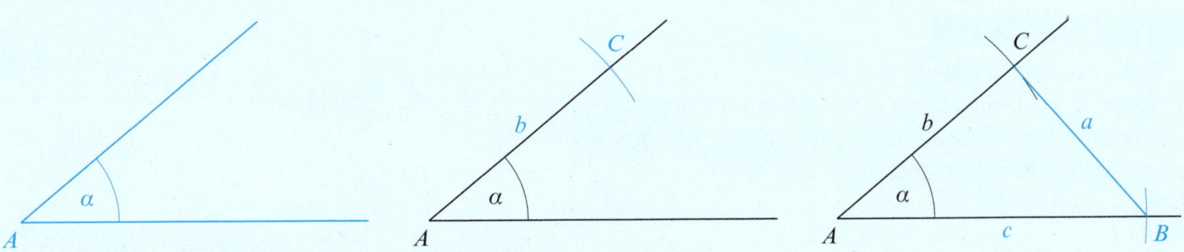

Beispiel für eine Konstruktionsbeschreibung:
Ich zeichne den Winkel $\alpha = 40°$ mit dem Scheitel A.
Von A aus trage ich auf einem Schenkel des Winkels die Strecke b ab und erhalte den Punkt C.
Auf dem anderen Schenkel des Winkels α trage ich von A aus die Strecke c ab und erhalte B.

14

Welche Konstruktionen aus der Randspalte sind eindeutig, nicht eindeutig oder nicht ausführbar?

WISSEN

Kongruenzsatz SsW
Wenn zwei Dreiecke in zwei Seiten und dem der größeren Seite gegenüberliegenden Winkel übereinstimmen, dann sind sie zueinander kongruent.

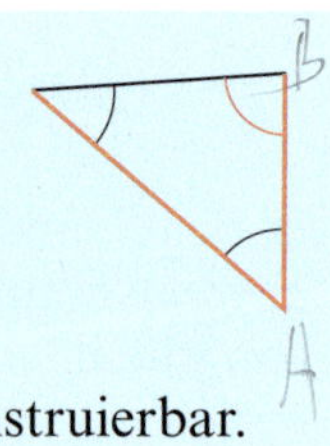

Unter diesen Bedingungen ist ein Dreieck eindeutig konstruierbar.

15

Konstruiere die Dreiecke, die mit Gewissheit eindeutig konstruierbar sind. Gib bei c) auch eine Konstruktionsbeschreibung an.

a) $a = 5{,}2$ cm; $b = 4{,}5$ cm; $\alpha = 65°$
b) $a = 4{,}8$ cm; $c = 6{,}2$ cm; $\alpha = 48°$
c) $b = 7{,}1$ cm; $c = 46$ mm; $\beta = 42°$
d) $a = 2{,}9$ cm; $b = 4{,}6$ cm; $\beta = 72°$
e) $a = 8{,}2$ cm; $c = 3{,}8$ cm; $\alpha = 125°$
f) $b = 42$ mm; $c = 5{,}5$ cm; $\gamma = 82°$
g) $a = b = 7$ cm; $\beta = 65°$
h) $b = c = 5{,}7$ cm; $\gamma = 97°$

16

Eine Rechteckseite ist 4 cm lang, die Diagonale ist 5 cm lang.
a) Konstruiere das Rechteck. Miss die Länge der anderen Seite.
b) Begründe, warum die Konstruktion eindeutig ausführbar ist.

17

Herr Kaiser will sich eine Finnhütte bauen. Sie soll 6 Meter breit sein und einen Neigungswinkel von 60° haben. Wie hoch wird seine Hütte? Ist die Dreieckskonstruktion eindeutig ausführbar? Formuliere einen entsprechenden Kongruenzsatz.

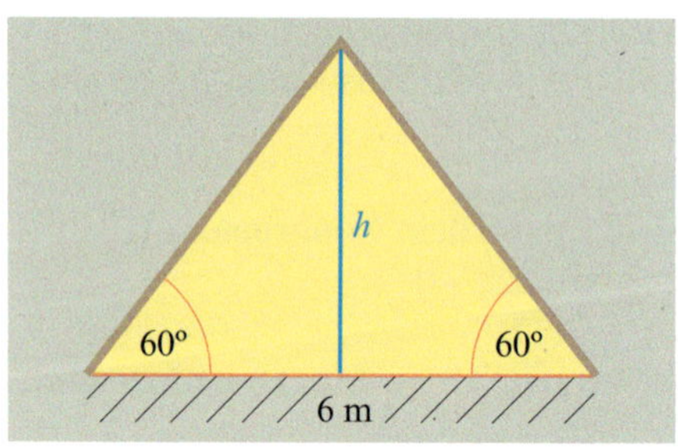

WISSEN

Kongruenzsatz wsw
Wenn zwei Dreiecke in einer Seite und den beiden anliegenden Winkeln übereinstimmen, dann sind sie zueinander kongruent.

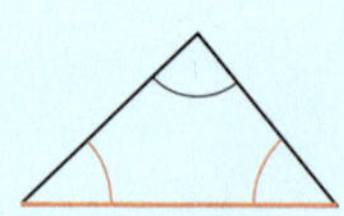

18

Konstruiere das Dreieck ABC mit $b = 4$ cm, $\alpha = 50°$ und $\gamma = 85°$.
Fertige zunächst eine Planfigur an.
Gib die Länge der fehlenden Seiten und die Größe des Winkels β an.

Beispiele von Möglichkeiten, wenn a, b und α gegeben sind.

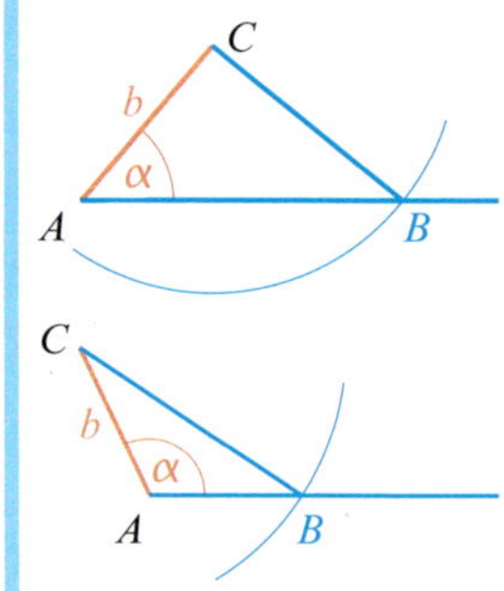

$a > b$

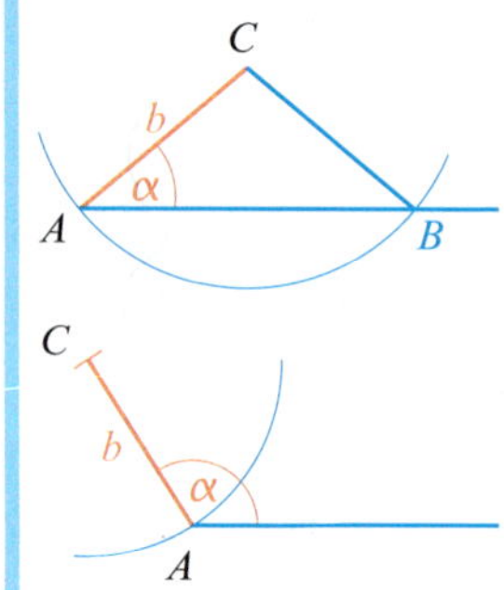

$a = b$

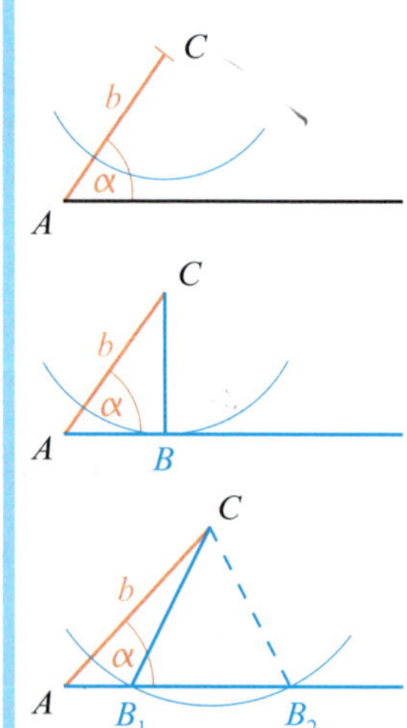

$a < b$

19

Konstruiere Dreiecke *ABC* mit den folgenden Stücken.

a) $a = 7{,}0$ cm; $\beta = 60°$; $\gamma = 55°$
b) $b = 3{,}5$ cm; $\alpha = 95°$; $\beta = 30°$
c) $c = 4{,}7$ cm; $\alpha = 45°$; $\beta = 60°$
d) $c = 3{,}2$ cm; $\alpha = 20°$; $\gamma = 100°$
e) $b = 5{,}1$ cm; $\beta = 65°$; $\gamma = 62°$
f) $b = 63$ mm; $\alpha = 58°$; $\gamma = 42°$
g) $c = 61$ mm; $\beta = 90°$; $\gamma = 40°$
h) $a = 46$ mm; $\alpha = 74°$; $\gamma = 65°$

AUFGABE
Fertige zu den Kongruenzsätzen SsW und wsw jeweils eine Bildreihe der Konstruktion an, wie bei dem Beispiel auf Seite 133.

20

a) Ein Lehrer schreibt die folgende Aufgabe an die Tafel und sagt: „Die Aufgabe ist in zwei Minuten zu erledigen." Ist das zu schaffen?

Zeichne alle Dreiecke, die eindeutig zu konstruieren sind.
Gib jeweils den entsprechenden Kongruenzsatz an.

a) $a = 9$ cm	b) $a = 6$ cm	c) $c = 8$ cm
$b = 6$ cm	$b = 5$ cm	$\alpha = 95°$
$c = 2$ cm	$\beta = 95°$	$\beta = 86°$

b) Die Kongruenzsätze reichen nicht immer aus zu entscheiden, ob eine Dreieckskonstruktion eindeutig ausführbar ist oder nicht. Dann muss man auch andere Sätze über Dreiecke berücksichtigen. Nenne einige.

ANREGUNG
Fällt dir bei den folgenden Figuren etwas auf?

Der niederländische Grafiker M. C. Escher (1898–1972) hat ganz „verrückte" Gebäude und Landschaften gezeichnet, die es in Wirklichkeit nicht geben kann. Aber auch Bilder kongruenter Figuren gibt es von ihm. Schau einmal in einer Buchhandlung oder Bibliothek nach oder recherchiere im Internet.

21

Welche Dreiecke sind mit Gewissheit eindeutig zu konstruieren? Führe die Konstruktionen aus. Aus welchen Angaben ist keine ausführbare oder keine eindeutige Konstruktion eines Dreiecks möglich? Begründe.

a) $\alpha = 70°$; $\beta = 53°$; $c = 4{,}7$ cm
b) $a = 8{,}0$ cm; $b = 6{,}0$ cm; $\beta = 72°$
c) $a = 4{,}1$ cm; $b = 5{,}1$ cm; $c = 3{,}7$ cm
d) $c = 7{,}2$ cm; $b = 4{,}9$ cm; $\gamma = 112°$
e) $a = 2{,}0$ cm; $b = 4{,}1$ cm; $c = 2{,}0$ cm
f) $b = c = 5{,}1$ cm; $\gamma = 57°$
g) $\alpha = 72°$; $\beta = 47°$; $a = 4{,}8$ cm
h) $\alpha = 76°$; $\beta = 105°$; $c = 8{,}2$ cm
i) $\beta = 58°$; $\gamma = 87°$; $c = 43$ mm
j) $a = b = 6{,}2$ cm; $\gamma = 75°$
k) $a = 3{,}8$ cm; $b = 47$ mm; $\gamma = 90°$
l) $\alpha = 72°$; $\beta = 65°$; $\gamma = 43°$
m) $a = 7$ cm; $b = 6$ cm; $c = 2$ cm
n) $\alpha = 41°$; $\beta = 82°$; $\gamma = 34°$

22

Der Dachstuhl von Herrn Briese ist 6 Meter breit und 8 Meter lang. Die Dachsparren sind 5 Meter lang. Davon steht 1 Meter über die Hauskante hinaus. Wie groß ist der Neigungswinkel des Daches?
Herr Briese ist 1,70 Meter groß. Welchen Inhalt hat die Dachbodenfläche, auf der er aufrecht gehen kann?

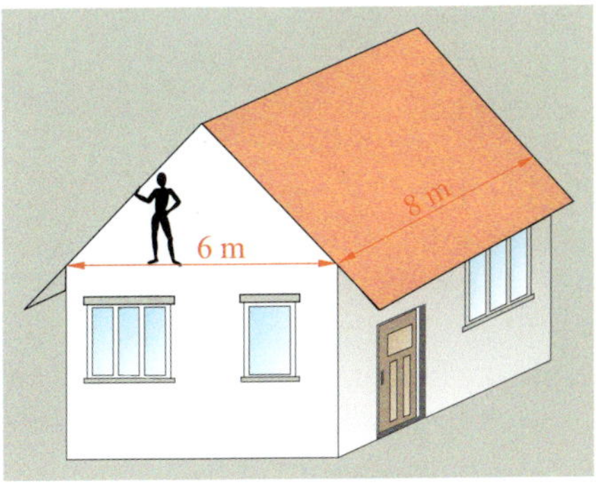

Anwenden der Kongruenzsätze

1

Gruppenarbeit
Teilt eure Klasse in Gruppen zu drei bis vier Schülern auf. Schaut euch die vier Aufgaben genau an und verteilt sie je nach Neigung und Leistungsstand. Achtet darauf, dass jede Aufgabe von mindestens einer Gruppe gelöst wird. Am Ende stellt jede Gruppe den Klassenkameraden ihre Lösungswege und Ergebnisse vor. Diskutiert diese dann gemeinsam in der Klasse.

Aufgabe 1: Ermittelt den Abstand der beiden Kastanien am Seerand (linkes Bild) mit einer maßstabsgerechten Zeichnung.

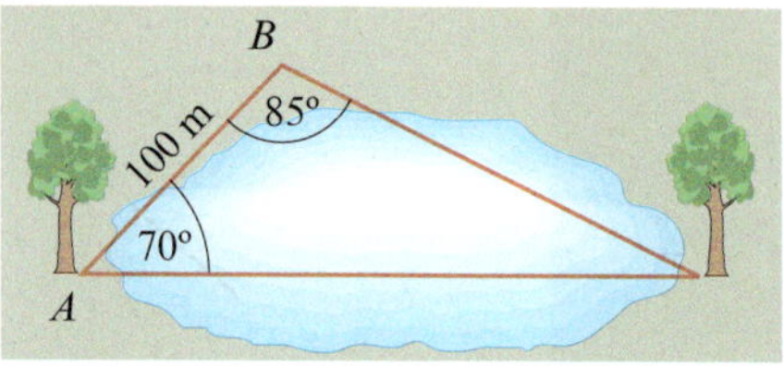

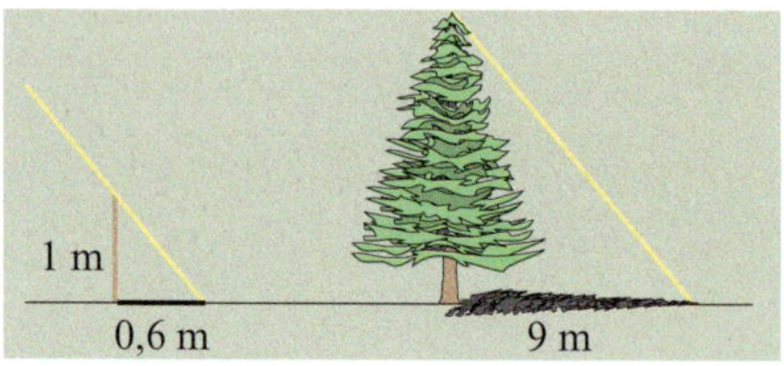

Aufgabe 2: Ermittelt die Höhe des Baumes (rechtes Bild oben) mit einer maßstabsgerechten Zeichnung.
Die gelben Linien in der Zeichnung stellen die Sonnenstrahlen dar. Der Meterstab links im Bild als auch der Baum werfen einen Schatten.
Tipp: Findet zunächst den Einfallswinkel der Sonnenstrahlen heraus.

Aufgabe 3: Ermittelt die Höhe der Kirchturmspitze im Bild rechts mithilfe einer maßstabsgerechten Zeichnung.
Tipp: Beachte genau die Längenangaben.

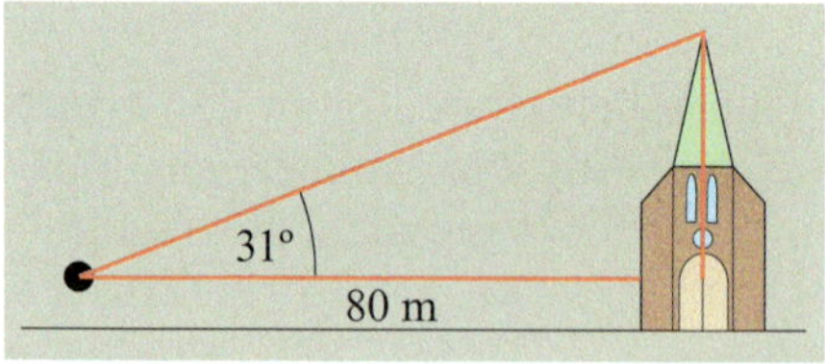

Aufgabe 4: Ermittelt die Breite des Flusses ohne maßstabsgerechte Zeichnung – nur in eurer Vorstellung.
Stellt euch vor, ihr befindet euch im Gelände neben dem Fluss und könnt dort Strecken- und Winkelmessungen ausführen. Für euer weiteres Vorgehen habt ihr schon die Punkte *B*, *C* und *D* festgelegt sowie mit dem Winkelmesser die Winkel $\beta = 26°$ und $\gamma = 90°$ ermittelt.
Tipp: Findet zu dem Dreieck *CBD* ein kongruentes Dreieck. Dieses soll so liegen, dass ihr an ihm weitere Messungen im Gelände ausführen und schon gemessene Größen verwenden könntet. Zeichnet eine Skizze beider Dreiecke ins Heft und beschreibt, wie ihr mit dem neuen Dreieck Rückschlüsse auf die Flussbreite ziehen könnt.

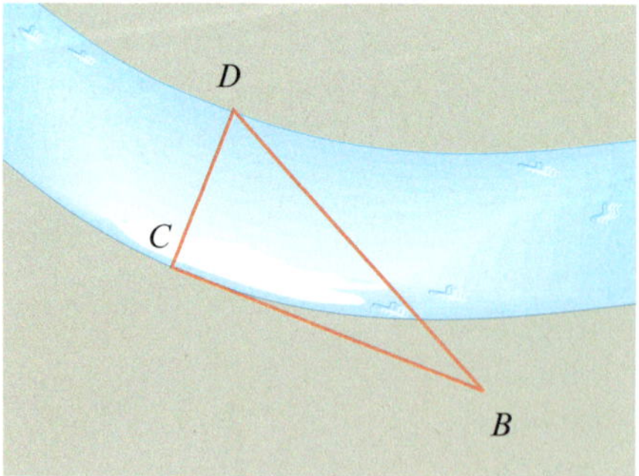

BASTELN

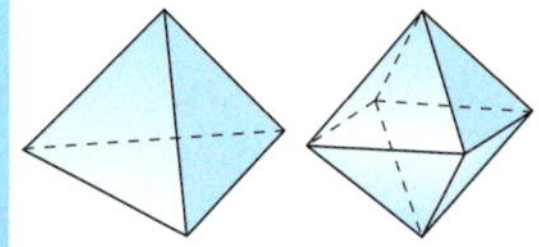

Das Bild zeigt ein Tetraeder und ein Oktaeder. Konstruiere die Netze aus kongruenten gleichseitigen Dreiecken mit einer Seitenlänge von 5 cm. Fertige die Körper an.

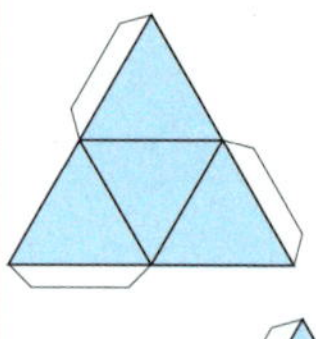

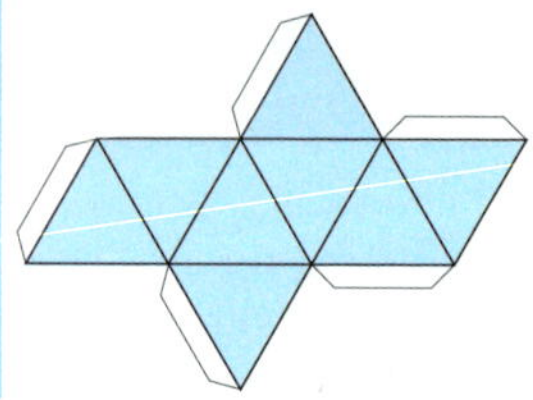

BEACHTE
Von der Seite bis zur Türmitte ist die Kirche 10 m breit.
Die Augenhöhe beträgt 1,5 m.

2

Ein Landvermesser möchte den Abstand zwischen den beiden Messlatten B und C ermitteln. Dafür hat er von seinem Standort A aus die Entfernung zu beiden Messlatten sowie den Winkel zwischen seinen beiden Peilungen bestimmt.
Wie weit sind die Messlatten voneinander entfernt? Fertigt eine Zeichnung im Maßstab 1 : 100.

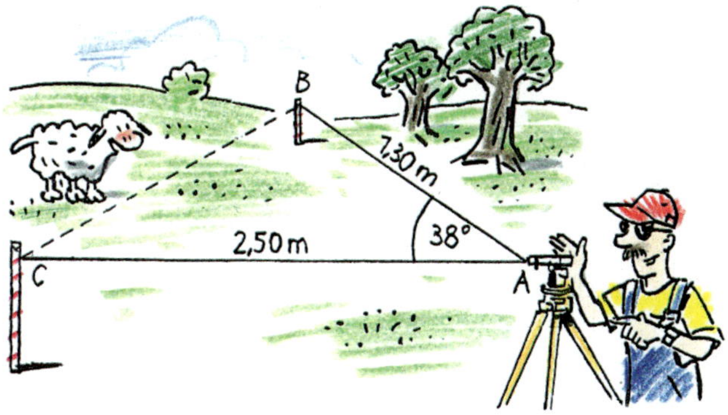

3

Gruppenarbeit zu dritt oder viert.
Nehmt euch ein 1,20 m langes Seil (plus etwas Seil für den Knoten) und knotet die Enden aneinander. Spannt das Seil zu verschiedenen Dreiecken.

a) Welche voneinander verschiedenen Dreiecke könnt ihr mit dem Seil spannen, wenn die Seitenlängen ein Vielfaches von 10 cm betragen sollen?
b) Konstruiert die Dreiecke maßstabsgerecht im Heft und benennt sie.

4

In einem Baumarkt werden Leitern mit den Längen 4 m, 5 m und 6 m zum Verkauf angeboten. Ein Schild weist darauf hin, dass der Winkel α aus Sicherheitsgründen nicht größer als 70° sein darf (s. Randspalte).

a) Finde durch eine maßstabsgerechte Zeichnung heraus, wie hoch jede der Leitern reicht.
b) Herr Wilhelm benötigt eine Leiter, die 4,5 m hoch reicht. Welche Leiter soll er für seine Zwecke kaufen?
c) Wie lang muss eine Leiter mindestens sein, wenn sie bis zu einem Fenster in der Höhe von 6 m reichen soll?

5

a) Suche auf dem Ausschnitt des Berliner Stadtplans die Figur eines Drachens, der durch die Große Hamburger Str., die Sophienstr., die Rosenthaler Str. und eine vierte Straße gebildet wird. Finde den Namen der vierten Straße heraus.
b) Pause den Drachen auf ein Papier durch. Verbinde die Kreuzung Sophienstr. und Große Hamburger Str. mit der Kreuzung aus der vierten Straße und der Rosenthaler Str. Sind die beiden entstandenen Dreiecke kongruent? Begründe dies. Fertige gegebenenfalls eine maßstabsgerechte Zeichnung an.

6

Basti möchte zu Lena auf den Turm. Da die Tür verschlossen ist, muss er über eine Leiter auf den Turm klettern

a) Wie hoch ist der Turm?

b) Wie lang muss die Leiter mindestens sein, wenn sie zur Sicherheit am Fußpunkt mit einem Winkel von 70° aufgestellt wird?

7

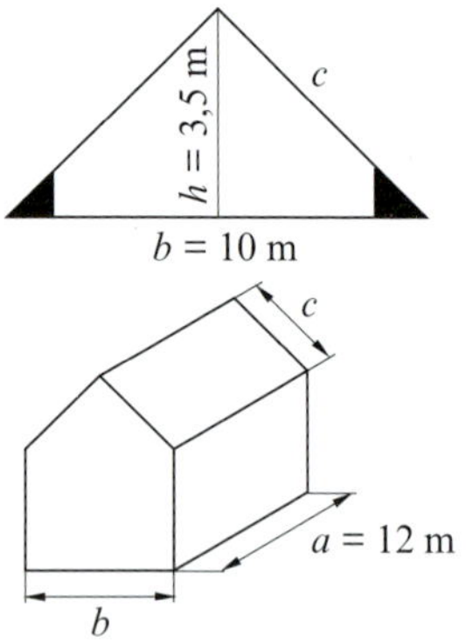

Herr Müller muss das Satteldach seines Hauses (siehe rechts) erneuern lassen. Pro Quadratmeter Dachfläche kostet das 50 Euro.

Die Länge a jeder Dachfläche kann er ohne Probleme messen. Dagegen erscheint ihm das Messen der Breite c der Dachflächen zu gefährlich, da er dafür auf das Dach steigen müsste. Ohne großen Aufwand schafft er es aber, die Höhe h des Daches zu bestimmen und braucht nun zur Berechnung der Größe der Dachflächen deine Hilfe.

a) Finde die Länge der Dachflächenbreite c heraus.

b) Berechne zuerst die Fläche einer Dachseite und dann beider zusammen.

c) Wie viel Euro muss Herr Müller für die Dacharbeiten zurücklegen?

8

a) Die Schenkel einer aufklappbaren Leiter sind jeweils 2,5 m lang. Beim Aufstellen der Leiter haben die Füße einen Abstand von 2 m. Wie hoch reicht die Leiter dann? Fertige eine maßstabsgerechte Zeichnung an.

b) Die Schenkel einer aufklappbaren Leiter sind jeweils 2 m lang. Die Leiter wird so aufgestellt, dass der Öffnungswinkel zwischen den Schenkeln 65° beträgt. Wie hoch reicht die Leiter jetzt und wie weit stehen die Füße auseinander? Fertige eine maßstabsgerechte Zeichnung an.

9

Paul lässt seinen Drachen an einer 43 m langen Schnur in die Lüfte steigen. Er hält die vom Wind straff gespannte Schnur in einer Höhe von 1,70 m in seiner Hand. Der Winkel zur Horizontalen beträgt dabei 45°. Wie hoch fliegt der Drachen?

10

Ein Gutshaus soll zum Verkauf ausgeschrieben werden. Dafür wird es fotografiert und vermessen.

a) Wie breit ist das Haus?

b) Reicht der Abstand des Fotografen zum Haus aus, wenn er mit einem 28-mm-Weitwinkelobjektiv (Aufnahmewinkel in der Horizontalen von 65°) die gesamte Hausbreite auf das Foto bekommen möchte?

11

Konstruiere die Windräder in deinem Heft. Beginne mit dem grünen Windrad.

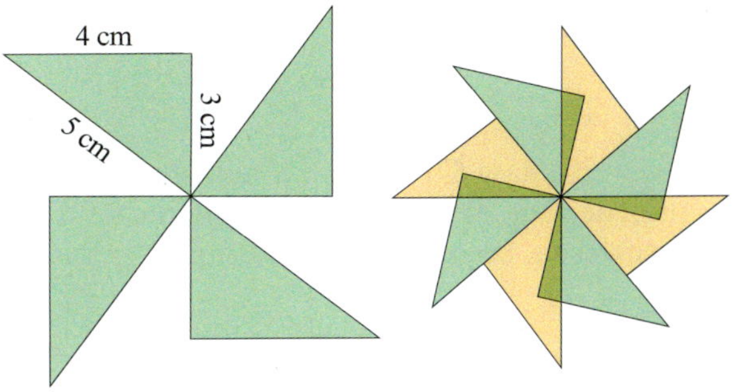

12

Zeichne ein regelmäßiges Fünfeck, bei dem die Ecken vom Mittelpunkt der Figur den Abstand 3 cm haben. Ermittle den Abstand der Eckpunkte voneinander.

13

Der Stephansturm ist 137 m hoch. Ermittle durch maßstabsgerechte Zeichnungen, um wie viel sein Schatten am Mittag des 21. Dezember länger ist als am Mittag des 21. Juni. Der Sonnenstand am 21.12. beträgt $\alpha = 18{,}3°$. Der Sonnenstand am 21.6. beträgt $\alpha = 65{,}3°$.

14

Eine vom Einsturz bedrohte Mauer wird mit 7 m langen Pfosten abgestützt, die 4 m von der Mauer entfernt im Boden verankert werden. Unter welchem Winkel sind die Pfosten zum Boden geneigt?

15

Ein 14 m hoher Turm und ein 2 m hoher Turm sollen an ihrer höchsten Stelle mit einem Seil verbunden werden. Die Türme stehen 7,60 m voneinander entfernt. Gib an, wie lang das Seil mindestens sein muss.

AUFGABEN ZUR WIEDERHOLUNG

1. Rechne vorteilhaft.
   a) $88 + 37 + 12$
   b) $19 + 182 + 9 \cdot 9$
   c) $1080 + 190 + 120 + 310$
   d) $47 + 9 \cdot 8 + 153$
   e) $419 + 76 + 81$
   f) $76 + 117 + 3 \cdot 8 + 7 \cdot 9$
   g) $185 + 67 + 3 \cdot 5$
   h) $48 + 758 + 6 \cdot 7 + 152$

2. Prüfe: Welche der Aufgaben sind falsch gerechnet? Rechne richtig.
   a) $6 \cdot (19 + 11) = 104 + 11 = 115$
   b) $6 \cdot 19 + 11 = 104 + 11 = 115$
   c) $8 \cdot (16 + 14) = 8 \cdot 30 = 240$
   d) $8 \cdot 16 + 14 = 128 + 14$
   e) $7 \cdot 17 - 7 = 7 \cdot 10 = 70$
   f) $7 \cdot (17 - 7) = 7 \cdot 10 = 70$

3. Ermittle x.
   a) $3x = 51$ **b)** $x + 34 = 62$
   c) $x - 45 = 46$ **d)** $42 : x = 21$
   e) $7x = 119$ **f)** $42 + x = 81$
   g) $181 - x = 80$ **h)** $x : 6 = 42$
   i) $6 \cdot 14 = x$ **j)** $68 + x = 114$
   k) $168 - x = 168$ **l)** $x : 12 = 8$

4. Wie alt?
   a) Klaus ist 2 Jahre älter als seine Schwester Olga. Addiert man das Alter von Klaus zu dem von Olga, erhält man 20.
   b) Sebastian und sein Freund Alexander kommen zusammen auf 27 Lebensjahre. Alexander ist drei Jahre älter als Sebastian.
   c) Multipliziert man das Alter von Annette mit dem ihrer fünf Jahre älteren Schwester, erhält man die Zahl 176.

Vierecke als zusammengesetzte Dreiecke

1

Maja weiß, dass Dreiecke die einfachsten Figuren sind. Aus ihnen kann man neue Figuren zusammensetzen. Sie ist der Meinung, dass sie aus zwei Dreiecken ein Sechseck erhält. Probiere es aus. Was erhältst du?

2

a) Felix möchte gern ein Viereck aus zwei Dreiecken zusammenfügen. Welche der Dreiecke aus dem Bild soll er auswählen? Begründe.
b) Übertrage die Dreiecke auf Karopapier, schneide sie aus und probiere, aus welchen zwei Dreiecken jeweils ein Viereck gelegt werden kann.

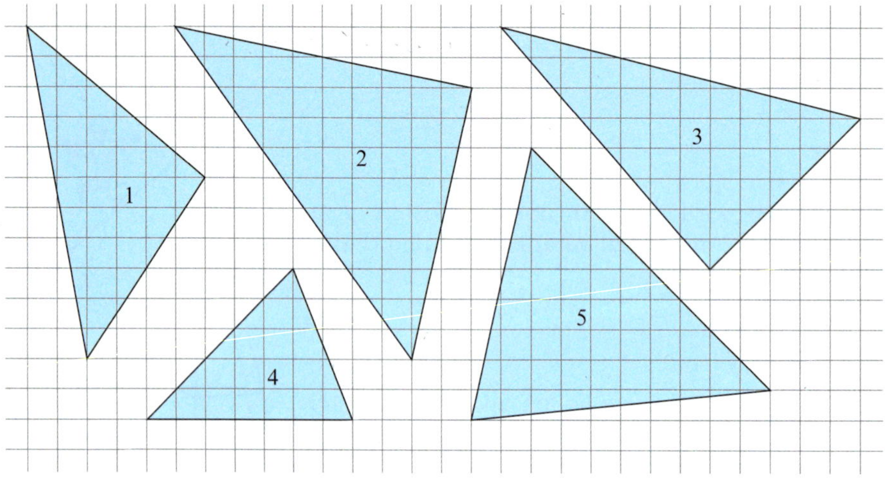

3

Benjamin und Peggy streiten darüber, ob man jedes ebene Viereck aus zwei Dreiecken zusammenlegen kann.
Benjamin: „Mir ist es nicht gelungen, aus den Dreiecken im obigen Bild ein Rechteck zusammenzulegen."
Peggy: „Zeichne ein beliebiges Viereck. Ich zeichne dir dann Dreiecke auf, die du zu diesem Viereck zusammenlegen kannst."
a) Was meinst du zu den Argumenten von Benjamin und Peggy?
b) Kannst du zwei Dreiecke aufzeichnen, die man zu einem Rechteck zusammenlegen kann? Beschreibe.

MERKE
Wie bei Dreiecken sind auch für Vierecke Bezeichnungen verabredet:

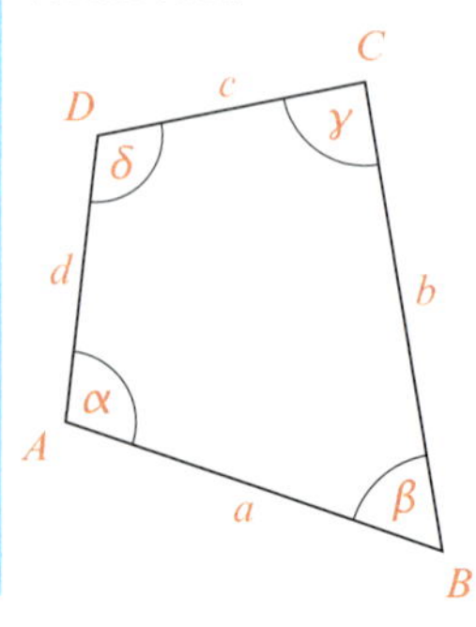

WISSEN

Jedes Viereck lässt sich aus zwei Dreiecken zusammensetzen, i. Allg. sogar auf zwei verschiedene Weisen.

$\overline{AC}$ und $\overline{BD}$ heißen **Diagonalen** des Vierecks.

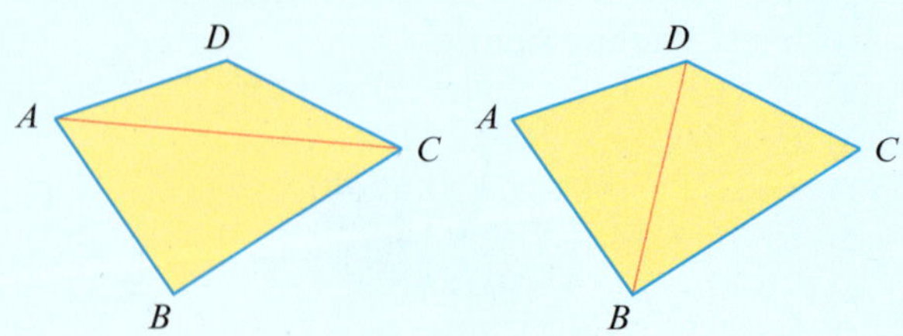

Bild 1

AUFTRAG

Übertrage die Dreiecke aus Bild 1 auf Karopapier, färbe sie wie in Bild 1 und schneide sie aus.

Du kannst sie bei vielen der folgenden Aufgaben gut gebrauchen.

4

a) Welche zwei Dreiecke aus Bild 1 musst du auswählen, wenn du aus ihnen ein Quadrat legen möchtest? Begründe.

b) Nenne Eigenschaften des Quadrats.

c) Rieke behauptet, dass die Diagonalen eines Quadrats gleich lang sind, aufeinander senkrecht stehen und einander halbieren.
Begründe oder widerlege die Behauptungen von Rieke.

TIPP

„Die Diagonalen halbieren einander“ bedeutet:
Der Schnittpunkt der Diagonalen ist zugleich Mittelpunkt der einen wie der anderen Diagonalen.

5

a) Welches bekannte Viereck kann man aus den beiden gelben Dreiecken zusammenlegen?

b) Nenne Eigenschaften des entstandenen Vierecks.
Begründe die Eigenschaften.

BEISPIEL

Es ist die folgende Aussage zu begründen:
In jedem **Rechteck** halbieren die Diagonalen einander.

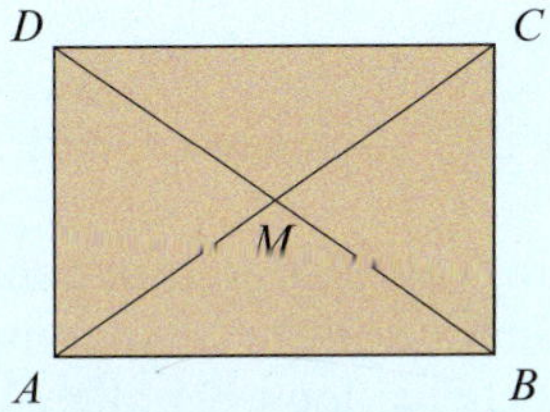

Beweis:
$ABCD$ sei ein Rechteck.

1. $\overline{AB} = \overline{DC}$ (Eigenschaften des Rechtecks)
   $AB \parallel DC$ (Eigenschaften des Rechtecks)
   AC und BD schneiden die zueinander parallelen Geraden AB und DC.
2. $\sphericalangle BAC = \sphericalangle DCA$ und (Wechselwinkel an geschnittenen
3. $\sphericalangle DBA = \sphericalangle BDC$ Parallelen)

Aus 1., 2. und 3. folgt $\triangle ABM \cong \triangle CDM$ (Kongruenzsatz wsw).
$\overline{AM} = \overline{CM}$ und $\overline{BM} = \overline{DM}$ (einander entsprechende Stücke)
M ist Mittelpunkt jeder der beiden Diagonalen.

ANREGUNG

Die Umkehrung der im Beispiel bewiesenen Aussage lautet:
„Wenn in einem Viereck die Diagonalen einander halbieren, so ist es ein Rechteck.“
Untersuche, ob diese Umkehrung wahr ist.

6

Lege die beiden kongruenten blauen Dreiecke aus Bild 1 auf Seite 141 an ihrer längsten Seite aneinander. Welche Eigenschaften hat das Viereck?

7

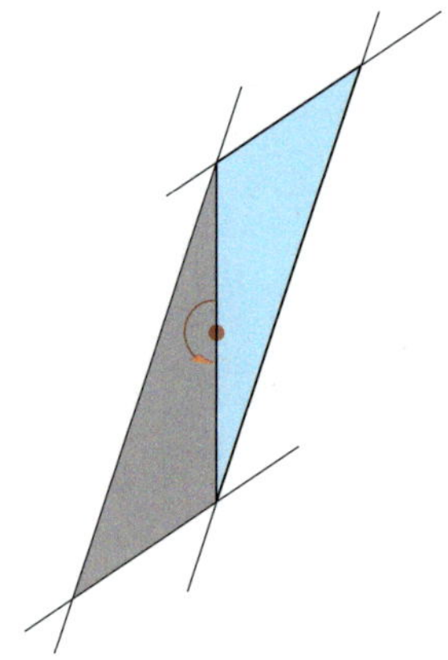

Denise hat eines der blauen Dreiecke um den Mittelpunkt einer Seite gedreht. Original- und Bilddreieck ergeben zusammen ein Viereck (s. Bild). Begründe, dass sie mit folgenden Aussagen über das Viereck Recht hat:
a) Die gegenüberliegenden Seiten sind zueinander parallel.
b) Die gegenüberliegenden Seiten sind gleich lang.
c) Die gegenüberliegenden Winkel sind gleich groß.
d) Die Diagonalen halbieren einander.

WISSEN

Parallelogramm
Sind in einem Viereck gegenüberliegende Seiten stets zueinander parallel, so heißt das Viereck Parallelogramm.

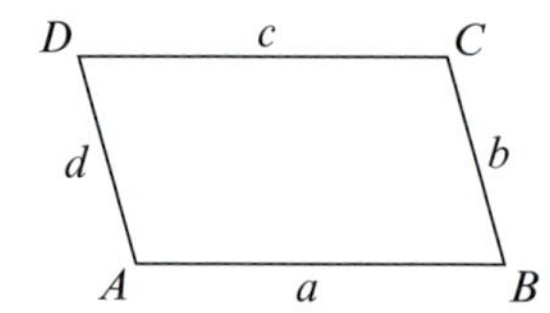

8

Konstruiere ein Parallelogramm mit den gegebenen Maßen.
a) $\overline{AB} = 6$ cm; $\overline{BC} = 4$ cm; $\beta = 74°$
b) $\overline{AB} = 3{,}6$ cm; $\overline{AC} = 4{,}7$ cm; $\overline{BC} = 2{,}8$ cm
c) $\overline{BC} = 3{,}8$ cm; $\overline{CD} = 5{,}1$ cm; $\alpha = 59°$
d) $\overline{AB} = 4{,}9$ cm; $\overline{AD} = 4$ cm; $\overline{AC} = 6{,}8$ cm

TIPP
Denke bei Aufgabe 8 daran:
$a = c$ und $b = d$,
$a \parallel c$ und $b \parallel d$,
$\alpha = \gamma$ und $\beta = \delta$.
(Bezeichnungen siehe Seite 140.)

9

Begründe: In jedem Parallelogramm ergänzen zwei benachbarte Innenwinkel einander zu 180°.

10

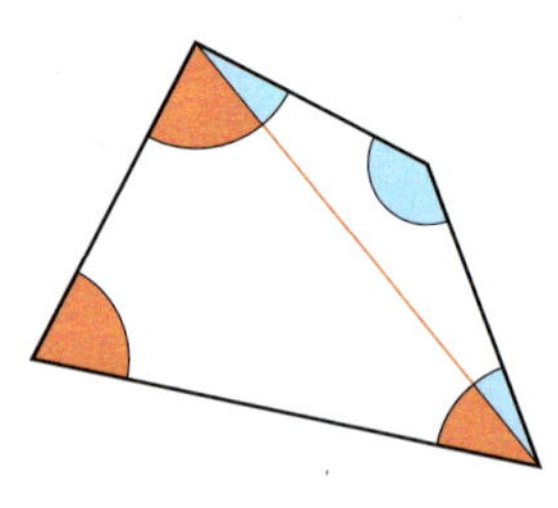

Karin sagt: „Beim Rechteck und auch beim Quadrat ist die Summe der vier Innenwinkel 4 · 90° = 360°."
Alexander meint: „Da sich im Parallelogramm benachbarte Innenwinkel zu 180° ergänzen, beträgt die Summe aller vier Innenwinkel 360°."
Björn aber sagt erstaunt: „Das ist doch bei allen Vierecken immer so. Das sieht man doch." (Siehe Bild.)
Hat Björn Recht? Was meint Björn damit, dass man das doch sieht?

11

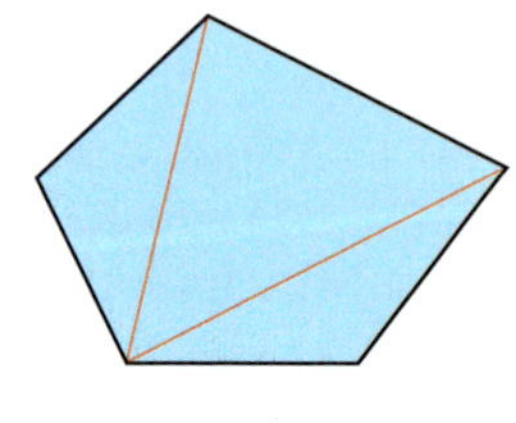

Sandra stellt fest: „Ein Viereck lässt sich aus zwei Dreiecken zusammensetzen. Deshalb beträgt die Summe der Innenwinkel 2 · 180°."
Björn: „Ein Fünfeck lässt sich aus drei Dreiecken zusammensetzen. Also beträgt die Summe der Innenwinkel eines Fünfecks 3 · 180° = 540°."
Prüfe die Behauptungen nach.

12

Übertrage die Dreiecke aus dem Bild auf Karopapier und spiegele sie an der angegebenen Spiegelachse. Überlege, in welchen Fällen ein konvexes Viereck entsteht.

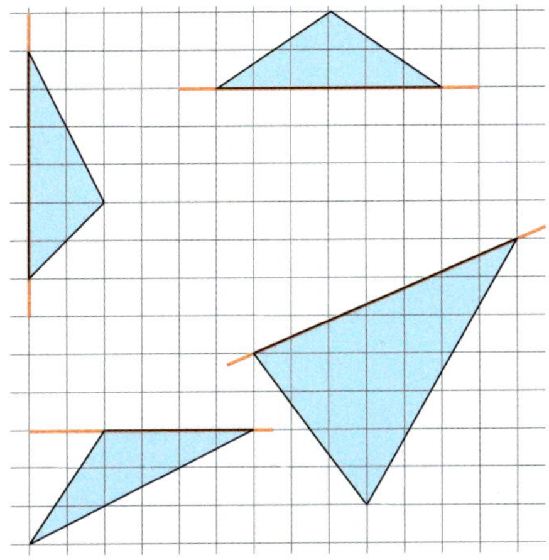

INFORMATION
Ein **konvexes** Viereck ist ein Viereck, in dem alle Innenwinkel kleiner als 180° sind.

Das folgende Viereck ist nicht konvex:

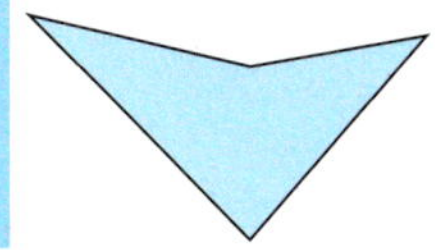

13

a) Lege die beiden lilafarbenen Dreiecke aus Bild 1 auf Seite 141 an ihrer längsten Seite zusammen. Beschreibe das Viereck.
b) Nenne Eigenschaften des Vierecks und begründe sie.

WISSEN

Drachenviereck
Ein konvexes Viereck heißt Drachenviereck, wenn es eine Symmetrieachse besitzt, die durch zwei seiner Eckpunkte geht.

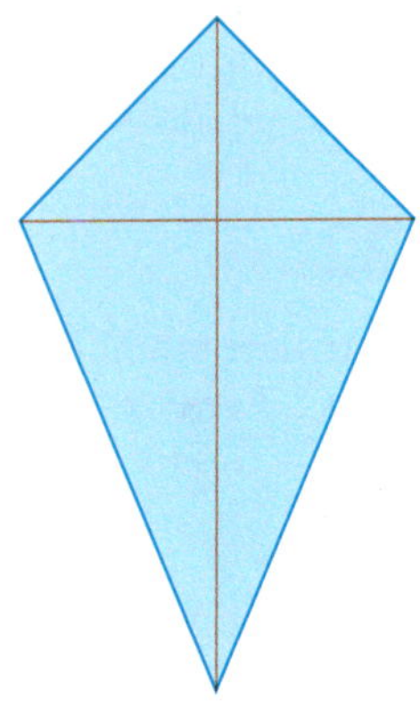

Drachenviereck

14

Begründe, dass für alle Drachenvierecke das Folgende gilt.
a) Die Diagonalen stehen senkrecht aufeinander.
b) Es gibt zwei Paare benachbarter Seiten, die gleich groß sind.
c) Es gibt ein Paar gegenüberliegender Innenwinkel, die gleich groß sind.

15

Konstruiere ein Drachenviereck mit den angegebenen Maßen.
a) $a = b = 3{,}1$ cm; $c = 5{,}2$ cm; $\gamma = 95°$ **b)** $a = 3{,}8$ cm; $b = 4{,}9$ cm; $\beta = 67°$
c) $a = 3{,}8$ cm; $b = 2{,}1$ cm **d)** $b = 4{,}5$ cm; $c = 1{,}7$ cm; $\delta = 82°$

16

Begründe: In jedem Drachenviereck wird eine der Diagonalen von der anderen halbiert.

17

Kann ein Drachenviereck $ABCD$ mit den Maßen $a = 3{,}2$ cm; $b = 4{,}1$ cm und $e = \overline{AC} = 2{,}2$ cm konstruiert werden?

18

Zeichne ein gleichschenkliges Dreieck und spiegele es an seiner Basis. Original- und Bilddreieck zusammen ergeben ein Viereck.
Welche besondere Eigenschaft hat dieses Drachenviereck?

WISSEN

Rhombus
Ein Viereck mit vier gleich langen Seiten heißt Rhombus.

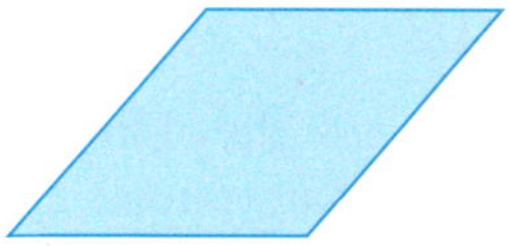

19

Begründe die folgenden Aussagen.
a) Jeder Rhombus ist auch ein Parallelogramm.
b) Jeder Rhombus ist auch ein Drachenviereck.

BEACHTE
Für Rhombus findet man auch die Bezeichnung **Raute**.

20

Stelle Eigenschaften des Rhombus zusammen, die die Seiten, die Winkel oder die Diagonalen betreffen, und begründe sie.

21

Jana und ihre Banknachbarin zeichnen jeder einen Rhombus mit $a = 4$ cm. Sie staunen, dass ihre Rhomben nicht kongruent sind. Woran liegt das?

22

Konstruiere einen Rhombus mit den angegebenen Maßen.
a) $a = 2{,}3$ cm; $\alpha = 78°$ **b)** $b = 3$ cm; $\gamma = 45°$ **c)** $d = 2{,}8$ cm; $\beta = 107°$

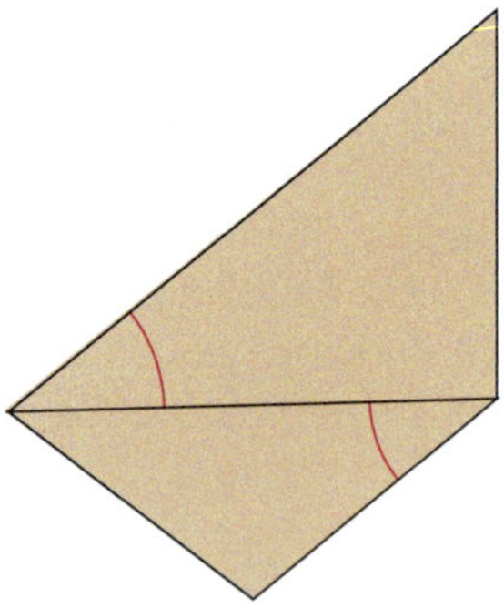

23

a) Prüfe nach: Die beiden braunen Dreiecke aus Bild 1 auf Seite 141 stimmen in den rot gekennzeichneten Winkeln überein.
b) Lege ein Viereck wie im nebenstehenden Bild.
Welche Eigenschaften hat dieses Viereck? Begründe.

WISSEN

Trapez
Ein konvexes Viereck mit einem Paar paralleler Seiten heißt Trapez.

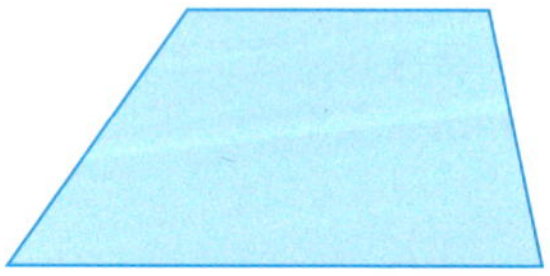

24

Begründe die folgenden Aussagen.
a) Jedes Quadrat ist auch ein Trapez.
b) Jedes Rechteck ist auch ein Trapez.
c) Jedes Parallelogramm ist auch ein Trapez.

WUSSTEST DU SCHON?
Auch ein Schwebe- oder Schaukelreck wird als Trapez bezeichnet. Das ist ein beim Kunstkraftsport und von Berufsartisten benutztes Gerät.

25

Konstruiere ein Trapez mit den angegebenen Maßen.
a) $a = 5$ cm; $c = 6{,}4$ cm; $d = 3$ cm; $\alpha = 105°$
b) $a = 6{,}9$ cm; $b = 2{,}4$ cm; $c = 5{,}1$ cm, $\beta = 78°$
c) $a = 5{,}8$ cm; $b = 3{,}2$ cm; $\alpha = 74°$; $\beta = 85°$

26

Welche Vierecksarten kommen an den Körpern im Bild vor?

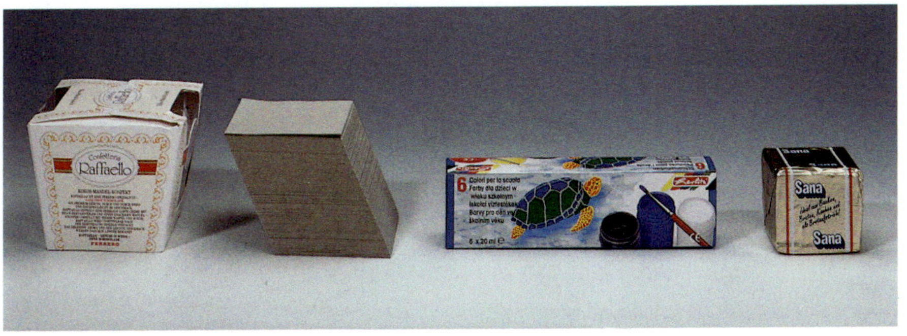

Verschiedene Körper

HINWEIS
Finde weitere Körper aus deiner Umgebung, an denen spezielle Vierecksarten zu erkennen sind.

27

Prüfe, ob die Aussagen wahr sind. Begründe.

a) In einem Parallelogramm sind gegenüberliegende Winkel gleich groß.
b) In einem Rhombus halbieren die Diagonalen einander.
c) Ein Rechteck ist kein Parallelogramm.
d) Hat eine Raute einen rechten Winkel, so ist sie ein Quadrat.
e) Die Diagonalen in einem Parallelogramm halbieren einander nicht.
f) Hat ein Trapez einen rechten Winkel, so ist es ein Rechteck.
g) Ein Quadrat ist ein Rechteck.

28

Finde weitere wahre und falsche Aussagen über Vierecke wie in Aufgabe 27 und lasse sie von deinem Tischnachbarn überprüfen.

AUFGABEN ZUR WIEDERHOLUNG

1. Gib als Dezimalbruch an.
$\frac{1}{4}$; $\frac{2}{5}$; $\frac{1}{10}$; $\frac{3}{4}$; $\frac{1}{2}$; $\frac{7}{10}$; $\frac{3}{5}$; $\frac{3}{20}$; $\frac{7}{50}$; $\frac{7}{100}$; $\frac{11}{20}$

2. Gib als gemeinen Bruch an.
Kürze soweit wie möglich.
0,5; 0,25; 0,2; 0,75; 0,6; 0,8; 0,7; 0,15; 1,5

3. Vergleiche.
a) $\frac{1}{4}$ und 0,4 **b)** $\frac{1}{3}$ und 0,3 **c)** 0,5 und $\frac{1}{5}$
d) $\frac{1}{4}$ und 0,2 **e)** 0,35 und $\frac{3}{5}$ **f)** 1,5 und $\frac{1}{5}$
g) 0,25 und $\frac{2}{5}$ **h)** $\frac{4}{9}$ und 0,49 **i)** $\frac{1}{6}$ und 0,16
j) 0,3 und $0,\overline{3}$ **k)** 0,16 und $0,1\overline{6}$

4. Gib als endlichen oder periodischen Dezimalbruch an.
$\frac{1}{3}$; $\frac{5}{8}$; $\frac{1}{6}$; $\frac{5}{6}$; $\frac{7}{8}$; $\frac{4}{9}$; $\frac{3}{20}$; $\frac{11}{6}$; $\frac{4}{7}$; $\frac{3}{50}$; $\frac{5}{11}$

5. Gib als gemeinen Bruch an.
$0,\overline{3}$; 0,45; $0,0\overline{3}$; $0,8\overline{3}$; 0,95; $0,\overline{5}$; 0,5; 0,33; $0,\overline{2}$; 0,2

6. Ordne der Größe nach. Beginne mit der kleinsten Zahl.
a) $\frac{1}{5}$; 0,25; $0,2\overline{5}$; $\frac{1}{6}$; 0,16; 0,17
b) 0,12; $0,1\overline{2}$; $\frac{1}{8}$; 0,13; $0,\overline{12}$; $\frac{1}{7}$
c) $\frac{7}{9}$; $\frac{3}{4}$; 0,777; 0,78; $\frac{4}{5}$; $\frac{71}{90}$

Systematisierung von Vierecken

1

Elke findet in einem Ferienprospekt die nebenstehende Zeichnung und die Information: „Haus Patria nur 100 m bis zum Strand." Sie überprüft verschiedene Wege zum Strand und stutzt. Warum? Ist der Anzeigentext trotzdem richtig?

2

a) Wie misst du mit deinem Geodreieck den Abstand eines Punktes von einer Geraden?
b) Welchen Abstand von g haben die Punkte A bis H im linken Bild?
c) Welchen Abstand haben die Punkte A bis C von h und die Punkte D und E von g im rechten Bild?

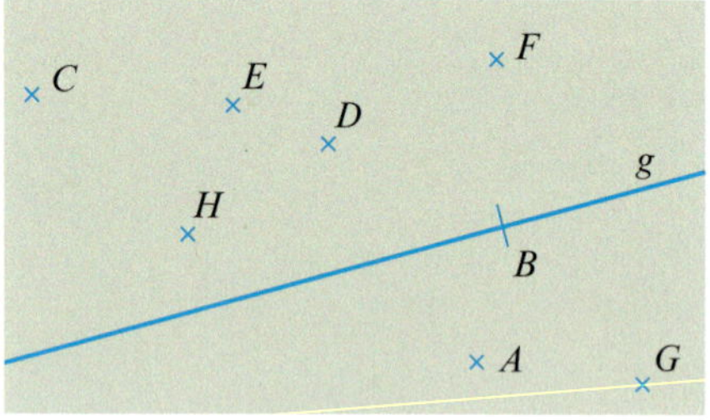

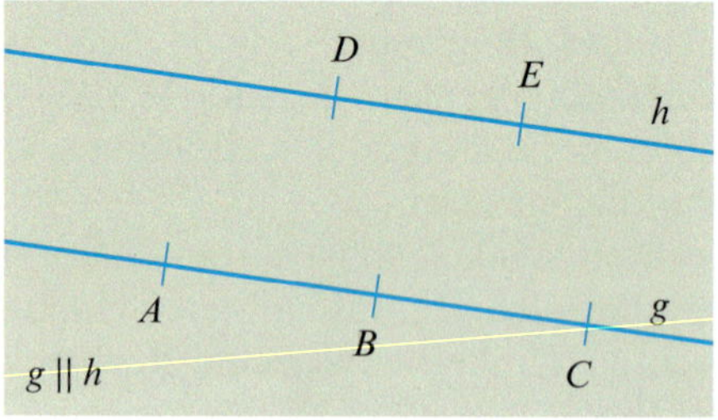

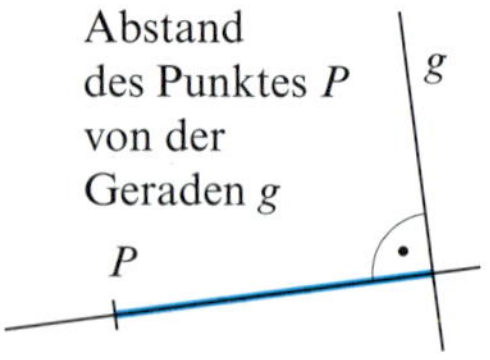

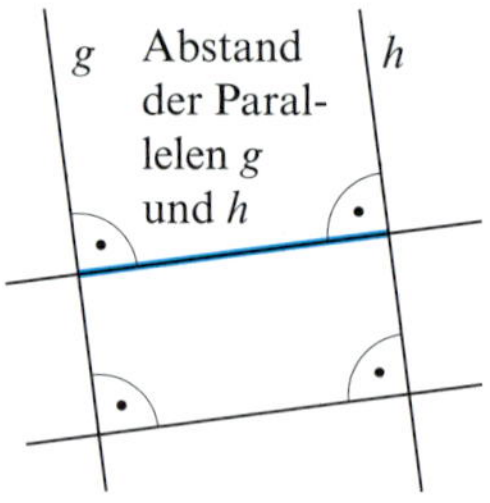

WISSEN

Der **Abstand eines Punktes P von einer Geraden g** ist die kürzeste Entfernung zwischen der Geraden g und dem Punkt P. Er wird entlang der Senkrechten zur Geraden g durch den Punkt P gemessen.
Sind zwei Geraden zueinander parallel, so hat jeder Punkt der beiden Geraden zur jeweils anderen Geraden immer denselben Abstand. Man bezeichnet ihn als den **Abstand der zueinander parallelen Geraden**.

3

a) Erläutere an der nebenstehenden Abbildung, wie man zwei zueinander parallele Geraden im Abstand von 15 mm zeichnet.
b) Zeichne zueinander parallele Geraden g und h im Abstand von 4 cm.
c) Zeichne fünf Punkte, die von g und h den Abstand 2 cm haben.

1. Schritt

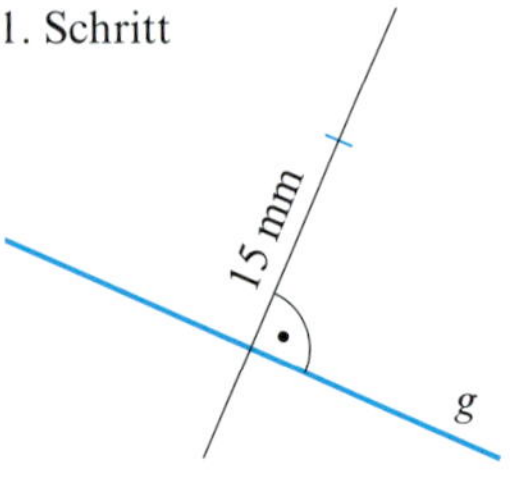

2. Schritt

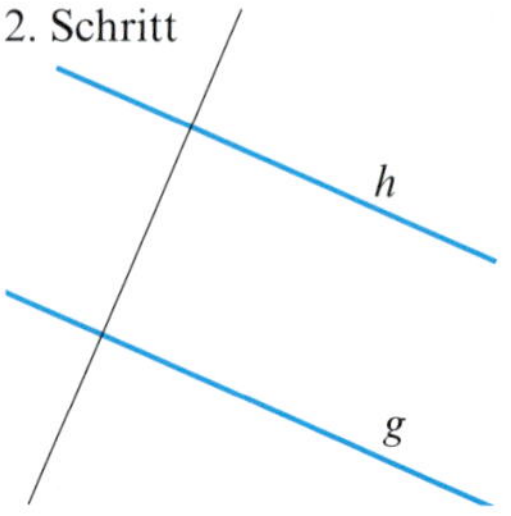

4

a) Welche Figuren entstehen, wenn zwei Paare paralleler Geraden einander schneiden? Probiere es im Heft aus. Wie viele hast du gefunden?
b) Was ist bei allen Figuren gleich, die beim Schneiden zweier Paare paralleler Geraden entstehen?
c) Frank versucht, ein Trapez mit zwei Paaren paralleler Geraden zu erzeugen. Kann ihm das gelingen?

5

a) Welche Eigenschaften unterscheiden ein Rechteck von einem Parallelogramm?
b) Welche Eigenschaften unterscheidet ein Parallelogramm von einem Trapez?
c) Welche Unterschiede bestehen zwischen einem Rhombus und einem Trapez?
d) Ist ein Rechteck ein besonderes Trapez?

6

Gib an, um welche Vierecke es sich handelt.
a) Zwei zueinander parallele, 3 cm lange Strecken haben den Abstand von 3 cm und zwei benachbarte Strecken die Länge von 3 cm.
b) Zwei zueinander parallele Strecken haben den Abstand von 5 cm. Die gegenüberliegenden Winkel sind jeweils gleich groß.
c) Die Diagonalen sind gleich lang und schneiden einander in einem rechten Winkel.
d) Mindestens zwei Seiten sind gleich lang.
e) Genau drei Seiten sind gleich lang.
f) Es gibt mindestens eine Symmetrieachse.

Jedes Rechteck ist ein Trapez

Peinlicher Fehler in Jauchs Show „Wer wird Millionär“
In Günther Jauchs beliebter Fernsehsendung „Wer wird Millionär“ verließ am Freitagabend Kandidatin Astrid mit 8000 Euro Gewinnsumme das Studio. Kein ungewöhnlicher Vorgang. Doch tatsächlich war die Frau an einer Quiz-Frage gescheitert, die regelwidrig gestellt worden war: Von den vier Vorschlägen waren nämlich zwei richtig – nicht nur einer. Verblüffender noch, dass bis heute offenbar niemand die Panne bemerkt zu haben scheint. Selbst auf der entsprechenden Homepage von RTL konnte man noch gestern lesen, welche Antwort hier angeblich die einzig richtige war. Die 16 000-Euro-Frage lautete „Jedes Rechteck ist ein …?“ und als mögliche Antworten wurden vorgeschlagen A: Rhombus, B: Quadrat, C: Trapez und D: Parallelogramm. …

(Berliner Morgenpost, 03.02.2003)

Haus der Vierecke

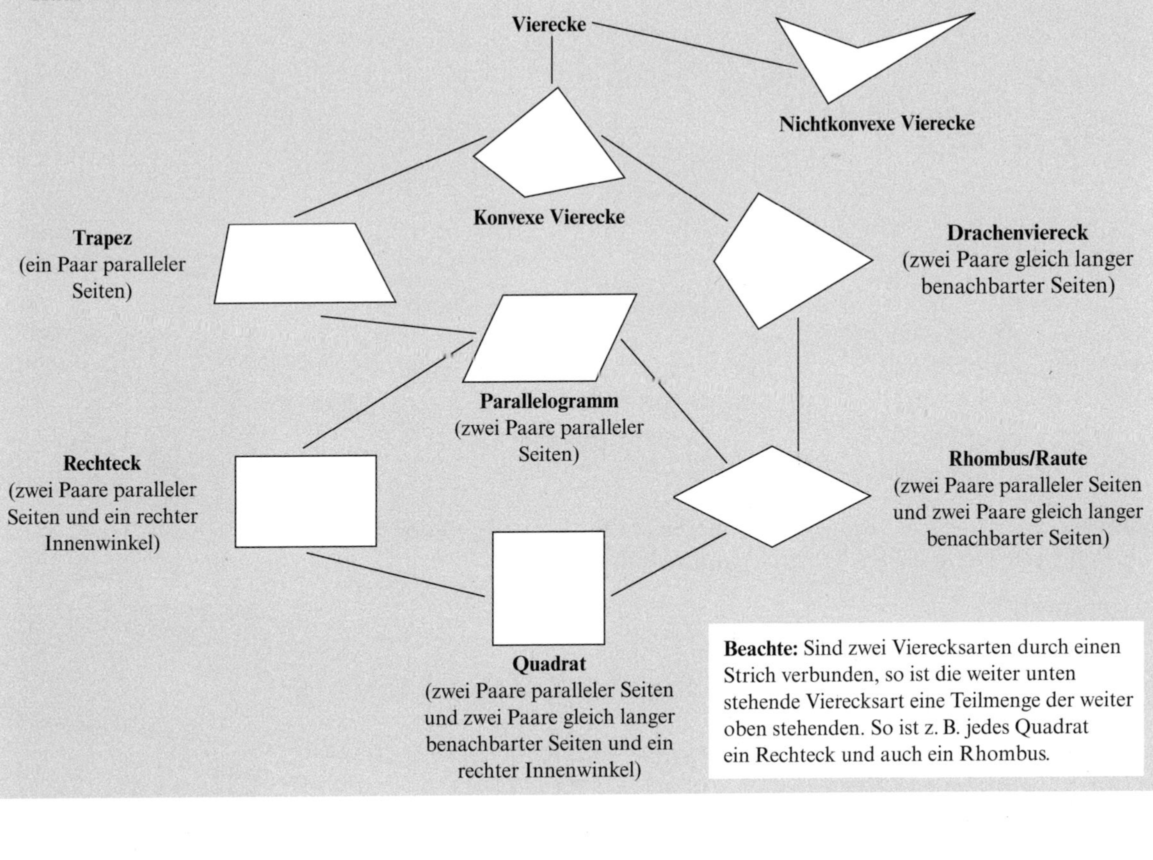

Beachte: Sind zwei Vierecksarten durch einen Strich verbunden, so ist die weiter unten stehende Vierecksart eine Teilmenge der weiter oben stehenden. So ist z. B. jedes Quadrat ein Rechteck und auch ein Rhombus.

Umfang und Flächeninhalt (Wdh.)

1

Familie Bauer ist durch ein Loch im Zaun eine Ente weggelaufen. Nun müssen alle Zäune der Gehege erneuert werden.

a) Wie viel Meter Zaun brauchen sie (s. Bild)?
b) Wie viel Quadratmeter Platz haben die Enten?

WISSEN

Die Länge der Begrenzungslinie einer Figur nennt man den **Umfang *u*** der Figur.
Wird eine Figur nur durch Strecken begrenzt, so ermittelt man den Umfang der Figur, indem man die Streckenlängen addiert.

Beispiel:

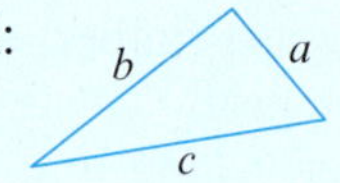

$u = a + b + c$

Umfang und **Flächeninhalt** bei Rechteck und Quadrat

Rechteck mit den Seitenlängen a und b

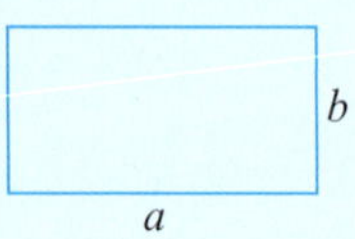

Quadrat mit der Seitenlänge a

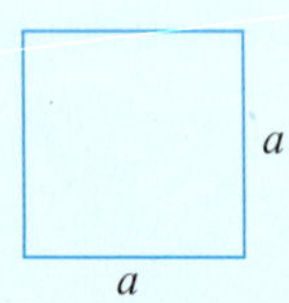

Umfang
$u = 2 \cdot a + 2 \cdot b$
$= 2 \cdot (a + b)$

Flächeninhalt
$A = a \cdot b$

Umfang
$u = 4 \cdot a$

Flächeninhalt
$A = a^2$

INFORMATION
Das Formelzeichen A für den Flächeninhalt einer Figur ist abgeleitet von dem lateinischen Wort *area* (Fläche).

2

Fertige eine Zeichnung an und berechne den Umfang. Überprüfe deine Rechnung anhand deiner Zeichnung.

a) Quadrat: $a = 5{,}5$ cm
b) Rechteck: $a = 3$ cm, $b = 4{,}7$ cm
c) Raute: $a = 4{,}2$ cm
d) Dreieck: $a = 3$ cm, $b = 1{,}5$ cm, $c = 3{,}2$ cm

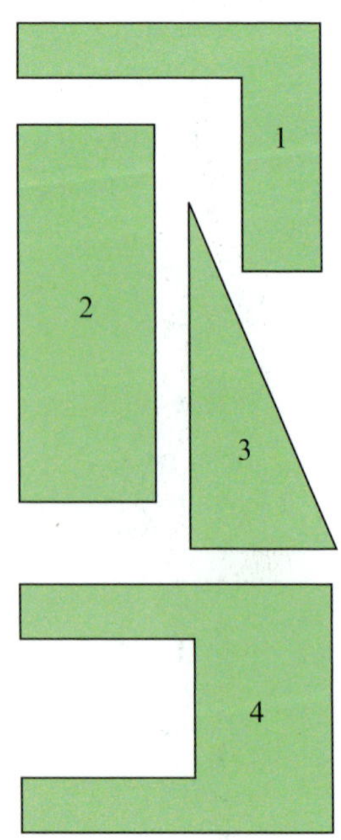

3

Miss bei jeder Figur (s. Randspalte) die Seitenlängen und gib den Umfang an. Berechne, wenn möglich, auch den Flächeninhalt.

4

Berechne den Umfang u und den Flächeninhalt A eines Rechtecks mit den Seitenlängen a und b.

a) $a = 4{,}6$ cm; $b = 7{,}8$ cm
b) $a = 4{,}9$ mm; $b = 19{,}8$ mm
c) $a = 4{,}2$ km; $b = 14{,}1$ km
d) $a = 4{,}8$ m; $b = 4{,}8$ m

5

Zeichne eine Planfigur und gib den zugehörigen Kongruenzsatz an. Konstruiere dann das Dreieck und berechne den Umfang.

a) $a = 3$ cm, $b = 6$ cm, $c = 7$ cm
b) $b = 5{,}5$ cm, $c = 4$ cm, $\alpha = 40°$
c) $c = 3{,}3$ cm, $\alpha = 65°$, $\beta = 33°$
d) $b = 6{,}7$ cm, $c = 4{,}8$ cm, $\beta = 55°$

6

Ein Fußballfeld ist 110 m lang und 80 m breit.

a) Wie groß ist der Umfang des Feldes (einer Spielfeldhälfte)?
b) Berechne die Rasenfläche, die der Platzwart mähen muss.

7

a) Ein Dreieck hat einen Umfang von 20 cm. Zeichne mindestens vier verschiedene Dreiecke in dein Heft, auf die diese Aussage zutrifft.
b) Ein Viereck hat einen Umfang von 24 cm. Zeichne mindestens vier verschiedene Vierecke in dein Heft, auf die diese Aussage zutrifft.

TIPP

Falls du die Umrechnungszahlen einmal vergessen hast, kannst du sie leicht finden:

$1\ \text{cm}^2 = (1\ \text{cm})^2 = (10\ \text{mm})^2 = 100\ \text{mm}^2$

$1\ \text{km}^2 = (1\ \text{km})^2 = (1\,000\ \text{m})^2 = 1\,000\,000\ \text{m}^2$

$1\ \text{a} = (10\ \text{m})^2 = 100\ \text{m}^2$

$1\ \text{ha} = (100\ \text{m})^2 = 10\,000\ \text{m}^2 = 100 \cdot 100\ \text{m}^2 = 100\ \text{a}$

8

Die Fläche eines Grundstückes beträgt 836 m² und hat eine Straßenfront von 22 m. Ein zweites Grundstück ist mit 608 m² etwas kleiner und hat eine Straßenfront von 16 m. Welches Grundstück ist länger?

WISSEN

Umrechnungszahlen

$\text{mm}^2 \xrightarrow{:100} \text{cm}^2 \xrightarrow{:100} \text{dm}^2 \xrightarrow{:100} \text{m}^2 \xrightarrow{:100} \text{a} \xrightarrow{:100} \text{ha} \xrightarrow{:100} \text{km}^2$

(jeweils in Gegenrichtung $\cdot 100$; von m^2 nach km^2: $:1\,000\,000$)

9ᴸ

Rechne in die nächstkleinere Einheit um.

a) 4 m²; 6 m²; 2,30 m²; 23,4 m²
b) 0,80 m²; 0,4 m²; 2,5 m²; 0,08 m²
c) 2 dm²; 6 dm²; 0,7 dm²; 0,09 dm²
d) 0,005 dm²; 10,6 dm²; 692,23 dm²

BEISPIEL

Umrechnen von 7 cm² in mm²: Die Einheit wird kleiner, der Zahlenwert muss größer werden.
Also mit der Umrechnungszahl multiplizieren:

$7\ \text{cm}^2 = 100 \cdot 7\ \text{mm}^2 = 700\ \text{mm}^2$

10ᴸ

Rechne in die nächstgrößere Einheit um.

a) 200 mm²; 4 000 mm²; 340 mm²
b) 23 mm²; 19 000 mm²; 806 mm²
c) 9 800 cm²; 470 cm²; 40 cm²;
d) 2 004 cm²; 230 cm²; 19 037 cm²

11ᴸ

Von einem Rechteck sind der Flächeninhalt und die Länge einer Seite bekannt. Ermittle die Länge der anderen Seite.

a) $A = 237{,}5$ cm²; $a = 12{,}5$ cm
b) $A = 31{,}20$ cm²; $b = 24$ mm
c) $A = 2{,}808$ m²; $a = 7{,}8$ m
d) $A = 654$ cm²; $b = 6{,}2$ dm

Flächeninhalt von Dreiecken

1

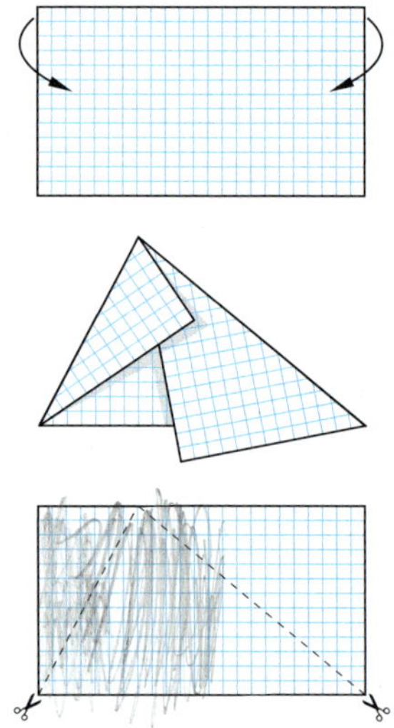

Zeichne in dein Heft drei verschiedene Rechtecke und schneide sie aus.

a) Knicke bei jedem Rechteck auf verschiedene Weise zwei Ecken so ein, dass ein Dreieck entsteht. Dabei soll eine Seite des Rechtecks zugleich eine Dreiecksseite sein. Der dieser Seite gegenüberliegende Eckpunkt des Dreiecks soll auf der gegenüberliegenden Rechteckseite liegen (s. Rand).

b) Schneide die geknickten Ecken ab.
Vergleiche die abgeschnittenen Flächen mit der Fläche des Dreiecks?

c) Gib den Flächeninhalt des jeweiligen Rechtecks und den des Dreiecks an.

d) Beschreibe, wie man den Flächeninhalt des Dreiecks berechnen kann.

2

Konstruiere jedes der Dreiecke in deinem Heft und zeichne das „umschließende“ Rechteck.
Berechne jeweils den Flächeninhalt des Dreiecks.

a) $a = 7{,}5$ cm, $b = 5{,}2$ cm, $c = 10$ cm

b) $b = 6{,}5$ cm, $c = 8{,}8$ cm, $\alpha = 20°$

c) $a = 5$ cm, $b = 10{,}1$ cm, $\beta = 86°$

d) $\alpha = \beta = 46°$, $c = 8{,}3$ cm

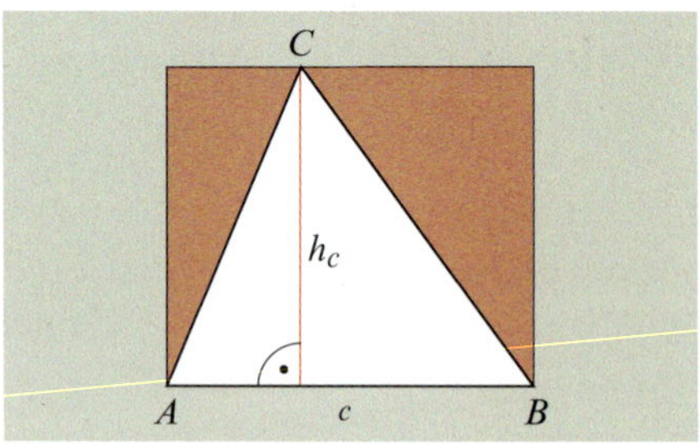

3

Susanne möchte die Flächeninhalte der beiden Dreiecke (s. Rand) ermitteln. Sie hat eine Idee und legt die Dreiecke wie im Bild zusammen. Wie groß ist jeweils der Flächeninhalt eines Dreiecks?

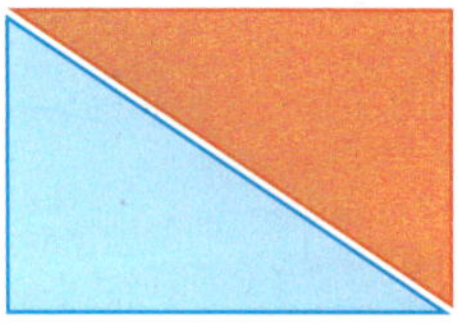

WISSEN

Berechnung des Flächeninhalts A eines Dreiecks

Gegeben sei ein Dreieck mit einer Seite g und der Höhe h_g auf g.

$$A = \frac{g \cdot h_g}{2}$$

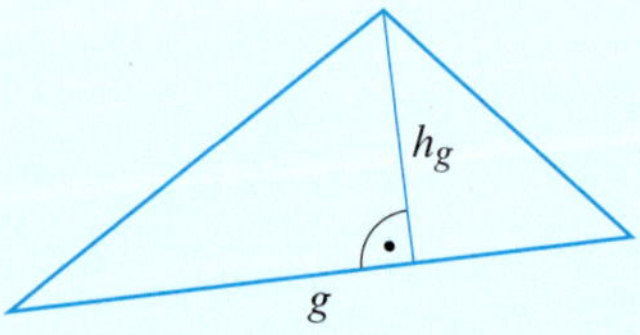

BEISPIEL

Es ist der Flächeninhalt eines Dreiecks mit einer Seite $g = 7{,}8$ cm und der Höhe auf dieser Seite $h_g = 4{,}7$ cm zu berechnen.

$A = \frac{g \cdot h_g}{2}$

$A = \frac{7{,}8 \text{ cm} \cdot 4{,}7 \text{ cm}}{2}$

$A = 18{,}33 \text{ cm}^2$

Überschlag: $8 \cdot 5 : 2 = 20$
Nebenrechnung: $7{,}8 \cdot 4{,}7 = 36{,}66$
$36{,}66 : 2 = 18{,}33$

INFORMATION
Sind die gegebenen Werte nur Näherungswerte, z. B. Messwerte, dann sollte man nach der Regel von Seite 77 sinnvoll runden:
$A \approx 18 \text{ cm}^2$.

4

Berechne den Flächeninhalt eines Dreiecks, von dem eine Seite und die Höhe auf dieser Seite gegeben sind.

a) $g = 6{,}2$ cm; $h_g = 5{,}6$ cm
b) $a = 18{,}3$ cm; $h_a = 27{,}1$ cm
c) $b = 2{,}3$ m; $h_b = 0{,}73$ m
d) $c = 34$ mm; $h_c = 187$ mm
e) $b = 1{,}45$ km; $h_b = 0{,}067$ km
f) $c = 2{,}98$ m; $h_c = 1{,}05$ m
g) $a = 0{,}23$ cm; $h_a = 1{,}05$ cm
h) $b = 176$ m; $h_b = 95$ m

BEACHTE
Wie die Dreiecksseite benannt ist, spielt keine Rolle.
Wichtig ist, dass die gegebene Höhe des Dreiecks zur verwendeten Seite gehört.

5^L

Berechne den Flächeninhalt des Dreiecks.

a) $a = 2{,}3$ m; $h_a = 84$ cm
b) $b = 9{,}1$ cm; $h_b = 34$ mm
c) $b = 45$ m; $h_b = 57$ dm
d) $c = 0{,}67$ m; $h_c = 91$ cm
e) $c = 0{,}345$ km; $h_c = 1{,}287$ km
f) $a = 0{,}34$ cm; $h_a = 56$ mm
g) $b = 17$ dm; $h_b = 2{,}3$ m
h) $c = 13{,}4$ m; $h_c = 453$ cm

6

Berechne den Flächeninhalt der Dreiecke im Bild.
Entnimm die Maße der Zeichnung.

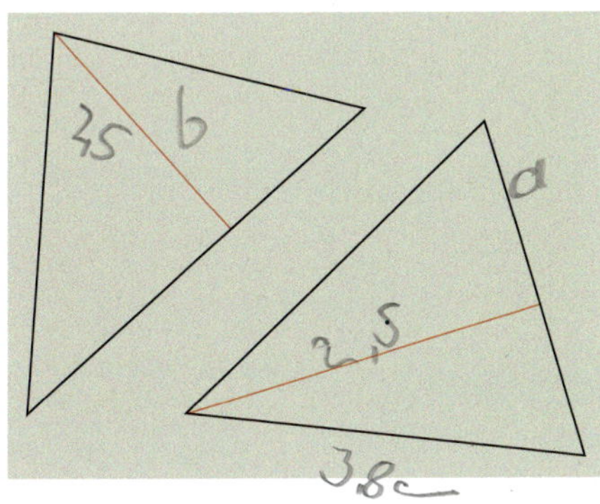

7

Lege mit einer Schnur von etwa 50 cm Länge verschiedene Dreiecke. Vergleiche die Umfänge und die Flächeninhalte der Dreiecke.

8

Berechne den Flächeninhalt der Dreiecke. Zeichne sie und konstruiere eine Figur, die den doppelten Flächeninhalt besitzt.

a) $b = 3{,}8$ cm, $c = 4{,}4$ cm, $\alpha = 60°$
b) $a = 4{,}7$ cm, $\beta = 22°$, $\gamma = 88°$
c) $a = 3$ cm, $b = 4$ cm, $c = 5$ cm

9

Zeichne ein Koordinatensystem (Einheit 1 cm). Trage in das Koordinatensystem folgende Punkte ein: $A(1|0)$, $B(5|0)$, $C(2|4)$.

a) Ermittle den Umfang des Dreiecks ABC.
b) Berechne den Flächeninhalt des Dreiecks ABC.
c) Wie ändert sich der Flächeninhalt des Dreiecks ABC, wenn der Punkt C auf einer Parallelen zur x-Achse verschoben wird?

10

Die Giebelfläche eines Hauses soll wärmegedämmt werden (s. Bild). Wie viel Quadratmeter des Dämmstoffes sind erforderlich?

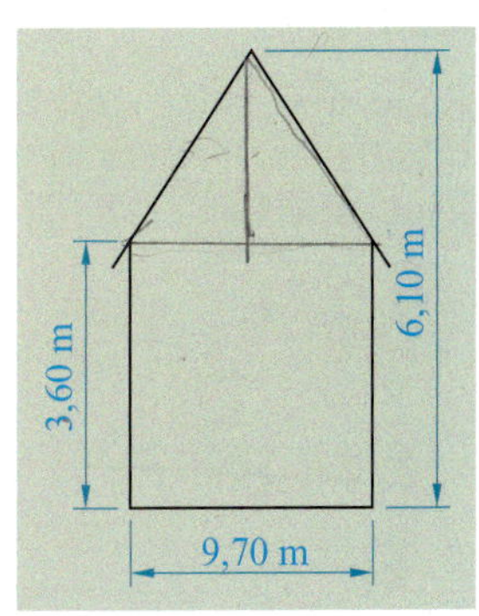

11[L]

Gegeben sind jeweils zwei der drei Größen g, h_g und A eines Dreiecks. Ermittle die dritte Größe.

a) $g = 5{,}6$ cm; $A = 17{,}3$ cm^2
b) $A = 453$ m^2; $h_g = 25$ m
c) $g = 26{,}2$ cm; $h_g = 10{,}5$ m
d) $g = 17$ mm; $A = 189$ mm^2
e) $A = 12$ m^2; $h_g = 2{,}5$ m
f) $A = 0{,}364$ km^2; $h_g = 1{,}2$ km

12

a) Ermittle die Wohnfläche von dem im Bild 1 dargestellten Erdgeschoss eines Wohnhauses.
b) Ist das Arbeitszimmer größer als das Wohnzimmer? Begründe.

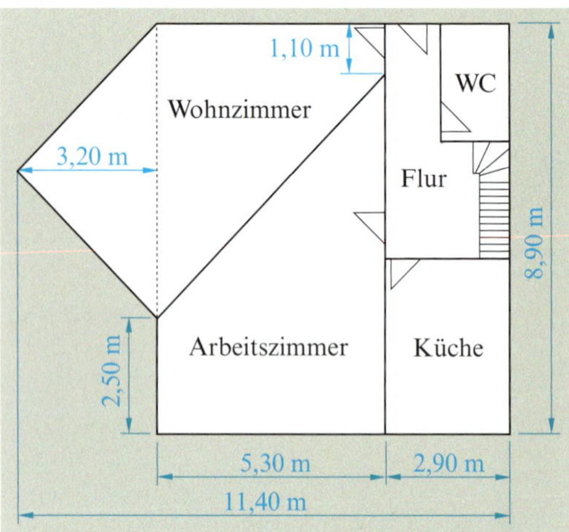

Bild 1

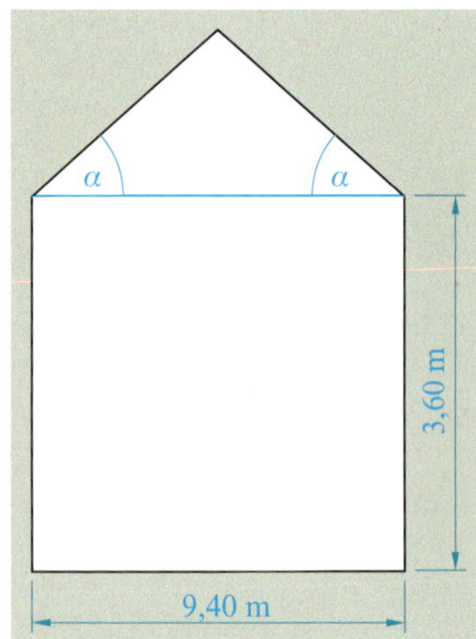

Bild 2

13

a) Wie hoch ist das Haus im Bild 2, wenn der Giebel eine Fläche von 56 m^2 (72 m^2) hat?
b) Fertige jeweils eine Zeichnung zu den Giebeln aus a) in einem geeigneten Maßstab an. Ermittle dann die Dachneigung α durch Messung in deiner Zeichnung.

14

René und Jana sind enttäuscht. Sie haben beim Berechnen des Flächeninhalts des Dreiecks im nebenstehenden Bild irgend etwas falsch gemacht. Finde die Fehler. Rechne den Flächeninhalt richtig aus.

René
$a = 36$ mm $= 3{,}6$ cm $b = 3{,}2$ cm
$A = a \cdot b = 3{,}6$ cm $\cdot 3{,}2$ cm
NR: $3{,}6 \cdot 3{,}2 = 11{,}52$
$A = 11{,}52$ cm^2 f

Jana
$A = \frac{a \cdot b}{2} = \frac{36 \cdot 3{,}2}{2}$
NR: $36 \cdot 3{,}2 = 115{,}2$ $115{,}2 : 2 = 57{,}6$
$A = 57{,}6$ cm^2 f

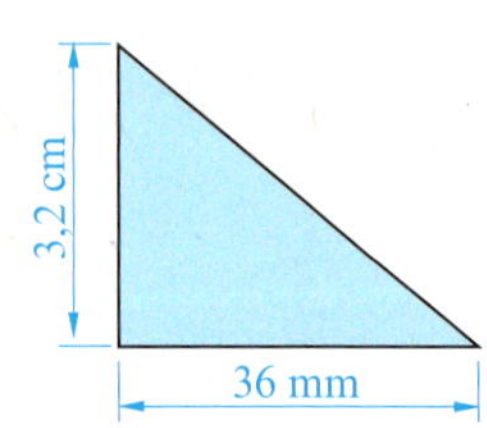

15

Das Bild zeigt einen Ausschnitt einer Wanderkarte im Maßstab 1 : 100 000.
Die Klasse 6 b der Goethe-Grundschule macht eine Exkursion mit dem Fahrrad. Vom Bahnhof fahren die Schüler zuerst zum Tiergehege, anschließend zum Freilichtmuseum. Am Ende verweilen sie noch an der Badestelle. Von dort fahren sie zum Bahnhof zurück.

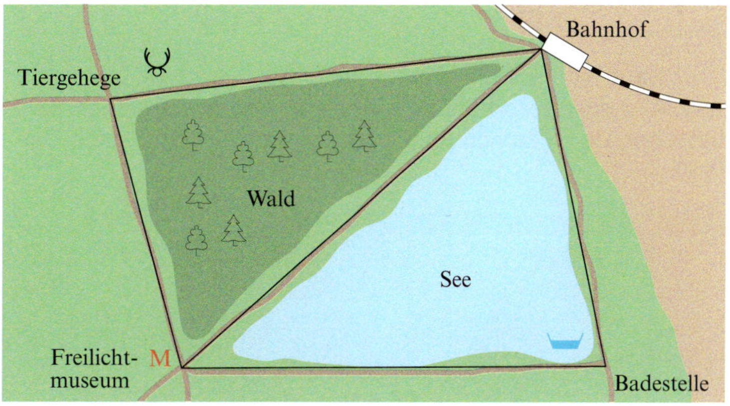

a) Wie lang ist die Strecke, die die Gruppe mit dem Fahrrad zurückgelegt?
b) Welche Fläche hat das Waldstück, das sie zu umfahren haben?
c) Welche Fläche nimmt der See ein?
d) Um wie viel Kilometer wäre der Weg der Gruppe kürzer gewesen, wenn sie vom Freilichtmuseum direkt zum Bahnhof gefahren wäre?

16

Ein Baugrundstück soll wie im nebenstehenden Bild in zwei gleich große Grundstücke geteilt werden. In welchem Abstand vom Punkt A bzw. vom Punkt D soll der Vermesser die Grenzsteine setzen?

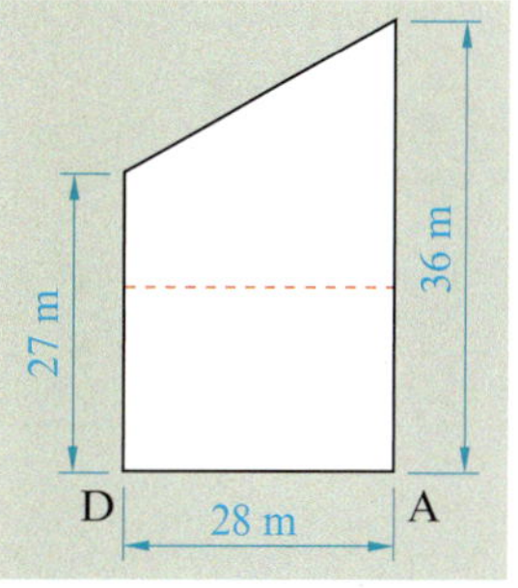

17

Gegeben sind die Dreiecke ABC und DEF in einem Koordinatensystem. Es ist $A(1|4)$, $B(5|7)$, $C(1|0)$, $D(0|2)$, $E(4|1)$ und $F(4|6)$.
a) Welches der beiden Dreiecke hat den größeren Flächeninhalt?
b) Welchen Flächeninhalt haben beide Dreiecke zusammen?
c) Ermittle von jedem der beiden Dreiecke den Umfang.

18

a) Untersuche an geeigneten Dreiecken, wie sich der Flächeninhalt von Dreiecken verändert, wenn die Seite g oder die Höhe h_g größer wird.
b) Vergleiche die Seiten g, die Höhen h_g und die Flächeninhalte A der Dreiecke im Bild miteinander.
Wie verändert sich der Flächeninhalt in Abhängigkeit von g und h_g?

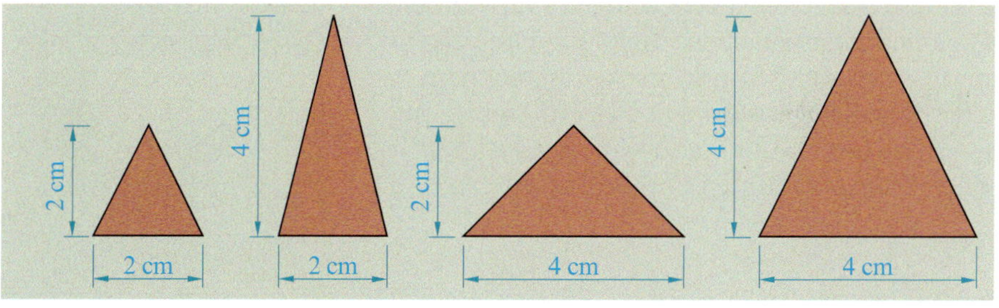

Flächeninhalt von Vierecken

1

Paul kann von jedem Viereck den Flächeninhalt ausrechnen. Falls nötig zerlegt er das Viereck in zwei Dreiecke und berechnet deren Flächeninhalte. Berechne den Flächeninhalt der Figuren im Bild nach der Methode von Paul.

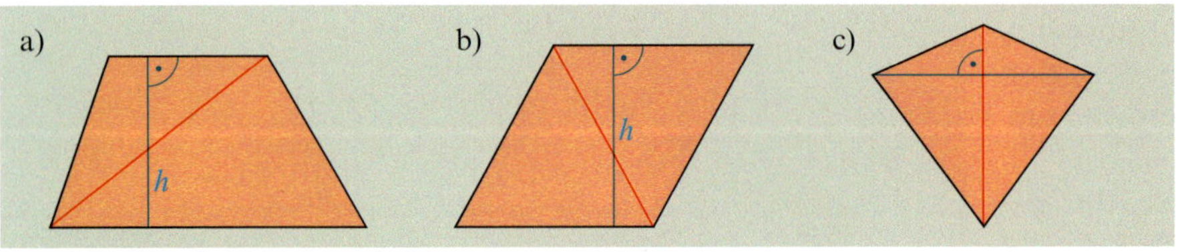

2

„Mit den Formeln für die Flächeninhalte von Dreieck und Rechteck kann man den Flächeninhalt jedes Vierecks berechnen.“ Stimmt diese Aussage?

a) Übertrage die Vierecke in dein Heft, schneide sie aus.
Versuche, jedes Viereck so zu zerlegen, dass du die Teile zu einem Rechteck zusammenfügen kannst. Gelingt das nicht, zerlege das Viereck in Dreiecke.

b) Berechne jeweils den Flächeninhalt.

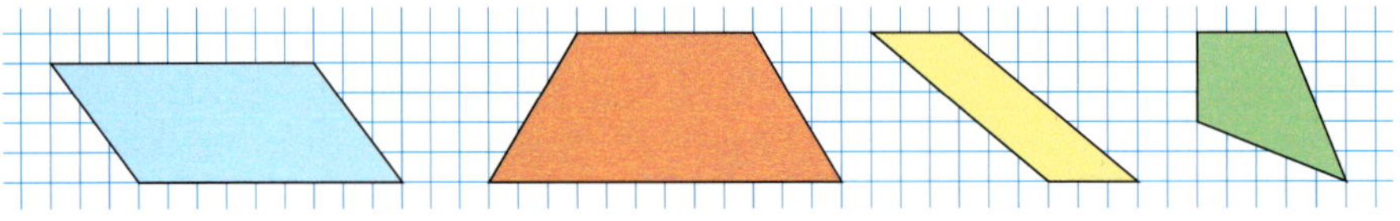

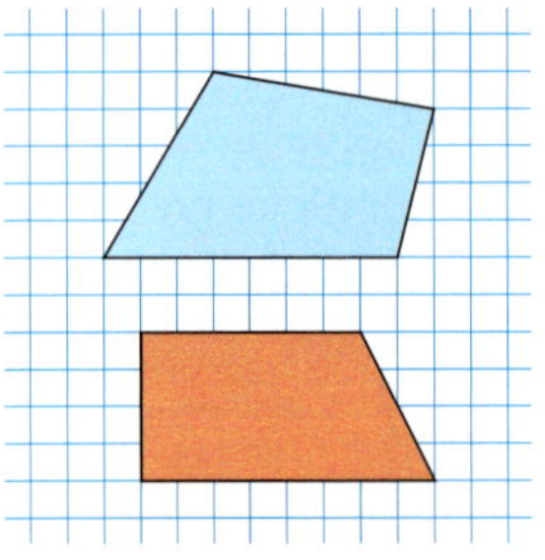

3

Alexander verwandelt ein beliebiges Trapez in ein Rechteck (s. Bild).

a) Begründe die Verwandlung vom Trapez in ein flächengleiches Rechteck.

b) Begründe, dass $\frac{a+c}{2}$ eine Seitenlänge des Rechtecks ist.

c) Welche Formel ergibt sich daraus für die Berechnung des Flächeninhalts eines Trapezes?

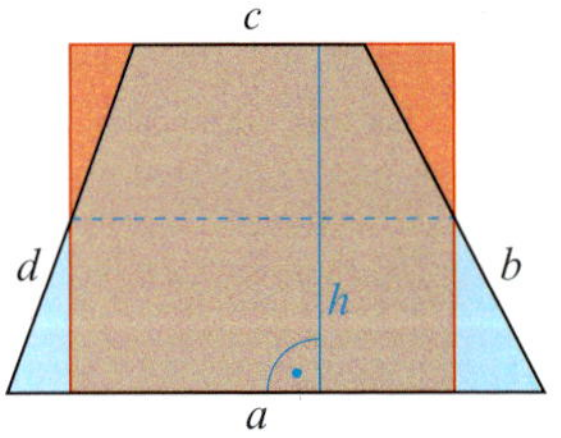

WISSEN

Ein Viereck kann immer in zwei Dreiecke zerlegt werden.
Manche Vierecke lassen sich in flächengleiche Rechtecke verwandeln.
Mit den Formeln zur Berechnung des Flächeninhalts für Dreiecke und Rechtecke kann man den Flächeninhalt von Vierecken berechnen.
Für den **Flächeninhalt eines Parallelogramms und eines Rhombus** mit der Grundseite g und der Höhe h erhält man die Formel: $\boldsymbol{A = g \cdot h}$.
Für den **Flächeninhalt eines Trapezes** mit den parallelen Seiten a und c erhält man die Formel: $\boldsymbol{A = \frac{a+c}{2} \cdot h}$

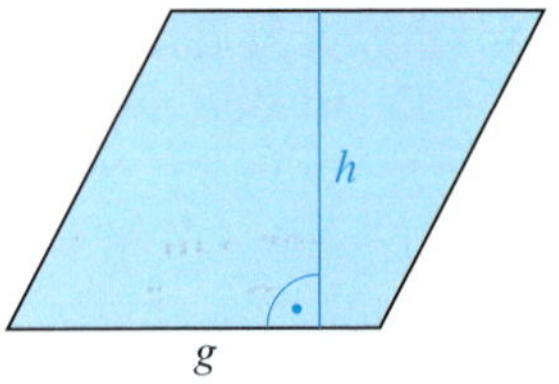

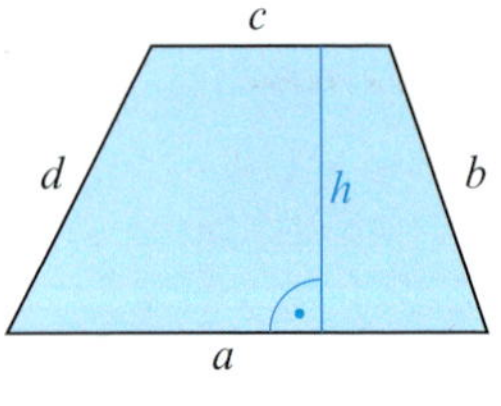

4

Berechne den Flächeninhalt des Parallelogramms mit der Grundseite g und der Höhe h.

a) $g = 4{,}5$ cm; $h = 3{,}8$ cm
b) $g = 23{,}5$ m; $h = 42{,}1$ m
c) $g = 145$ m; $h = 73$ m
d) $g = 67$ mm; $h = 4{,}7$ cm

5L

Berechne den Flächeninhalt eines Trapezes mit den zueinander parallelen Seiten a und c und mit der Höhe h.

a) $a = 8{,}9$ cm; $c = 7{,}2$ cm, $h = 4{,}2$ cm
b) $a = 54$ m; $c = 124$ m; $h = 35$ m
c) $a = 23$ mm; $c = 35$ mm; $h = 57$ mm
d) $a = 0{,}34$ km; $c = 0{,}12$ km; $h = 0{,}46$ km

6

Eine Entsorgungsfirma möchte ihre 62 Schuttcontainer (Bild 1; oben offen) von außen neu mit Farbe spritzen. Je Quadratmeter werden dafür 0,6 kg Farbe benötigt. Wie viel Kilogramm Farbe muss die Firma für den Anstrich veranschlagen?

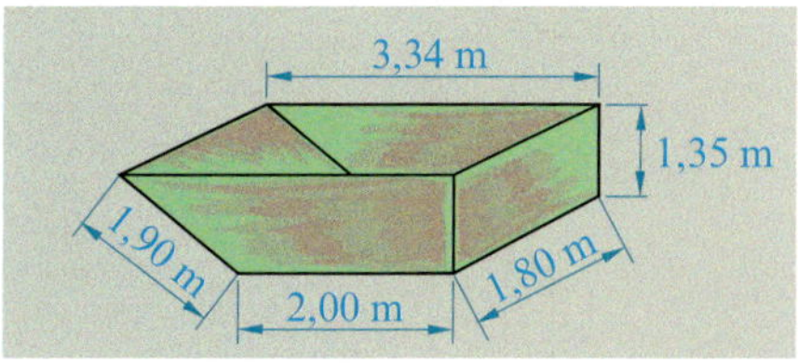

Bild 1

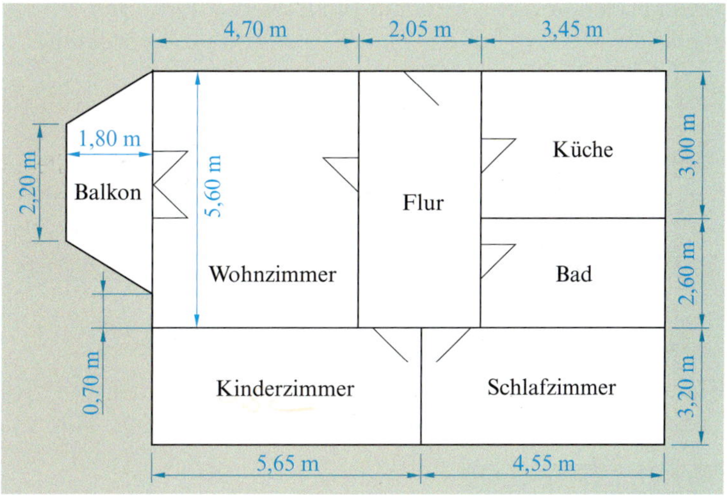

Bild 2

7

Navinas Eltern wollen eine neue Wohnung beziehen (Bild 2). Je Quadratmeter Wohnfläche werden im ersten Jahr 4,50 € Kaltmiete verlangt, für die Balkonfläche nur die Hälfte je Quadratmeter.

a) Gib die Wohnfläche der einzelnen Räume an.
b) Welche Kaltmiete werden Navinas Eltern je Monat bezahlen müssen?
c) Das Wohn- und das Kinderzimmer sollen mit Teppichboden ausgelegt werden. Der Quadratmeter kostet 14,90 €. Es gibt die Auslegware nur 4 m oder 5 m breit. Wie viel Euro wird die Auslegware für beide Zimmer kosten? Begründe.

8

Ein trapezförmiger Platz vor dem Bahnhof (nebenstehendes Bild) soll mit neuen Gehwegplatten gestaltet werden. Die Platten sind quadratisch (40 cm × 40 cm). Sie werden auf Paletten zu je 120 Stück angeliefert. Wie viele Paletten sind für den Platz erforderlich?

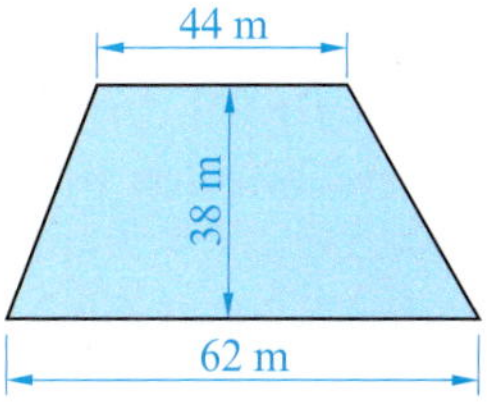

9

Nina und Rico können sich nicht darüber einig werden, wessen Eltern den größeren Garten haben. Hilf ihnen.

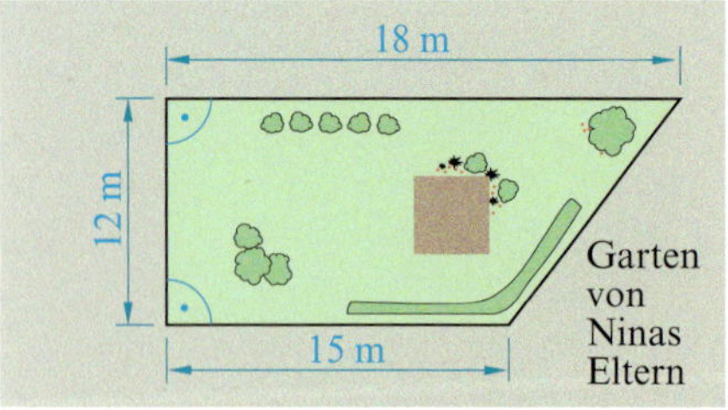

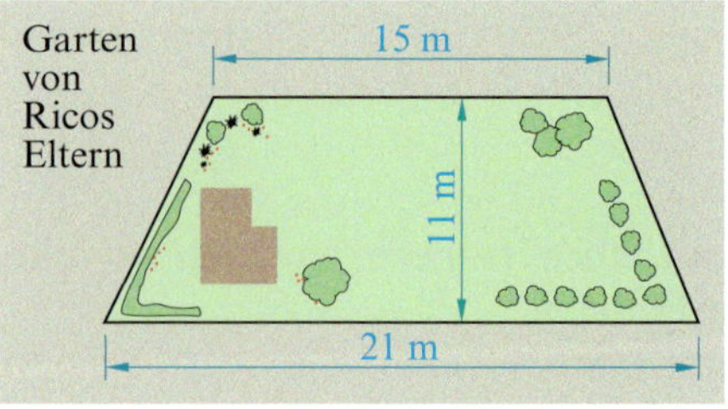

10

Janine meint: „Ich kann den Flächeninhalt von beliebigen Vielecken berechnen. Ich brauche sie ja nur in Dreiecke zu zerlegen.“
Pause die Vielecke auf ein Blatt Papier und probiere Janines Idee aus.

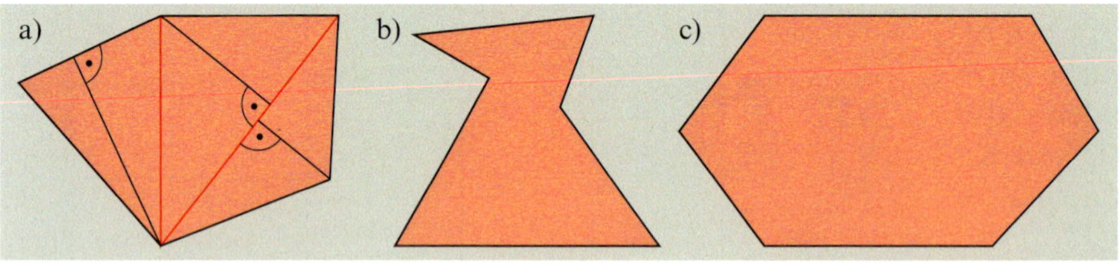

11

Hans meint, er könne den Flächeninhalt eines Drachenvierecks bestimmen, indem er nur das Produkt der Diagonalen berechnet. Stimmt das?

WISSEN

Für den **Flächeninhalt eines Drachenvierecks** mit den Diagonalen e und f erhält man die Formel $A = \frac{e \cdot f}{2}$

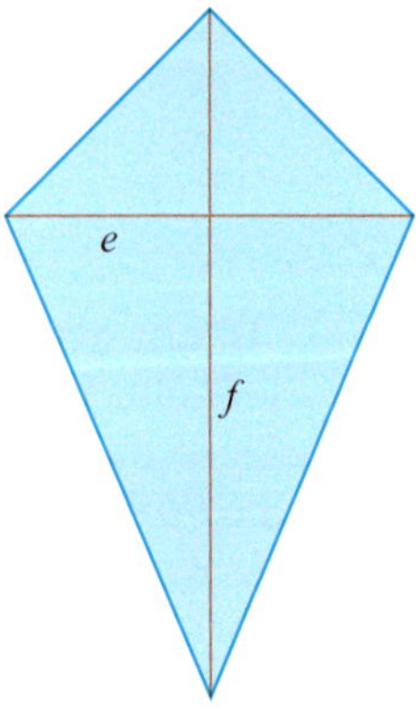

Drachenviereck

12

Berechne den Flächeninhalt des Drachenvierecks.

a) $e = 5$ cm, $f = 3$ cm
b) $e = 4{,}8$ cm, $f = 7{,}3$ cm
c) $e = 3{,}2$ mm, $f = 6{,}7$ mm
d) $f = 1{,}4$ m, $e = 0{,}05$ m
e) $e = 1{,}2$ cm, $f = 23$ mm
f) $f = 2{,}6$ cm, $e = 4{,}9$ dm

13

Um was für ein Viereck kann es sich handeln? Wähle eine Möglichkeit aus und berechne den Flächeninhalt.

a) $a = 5$ cm, $b = 3$ cm, $h_b = 3{,}5$ cm
b) $e = 36$ mm, $f = 4{,}3$ cm
c) $a = 5{,}7$ cm, $b = 4{,}5$ cm
d) $g = 7{,}4$ m, $h = 3{,}8$ m
e) $a = 7{,}2$ cm, $c = 2{,}6$ cm, $h = 1{,}9$ cm
f) $a = 13{,}1$ mm

Teste dich!

1

a) Zeichne Strecken folgender Längen: 3 cm, 5 cm, 45 mm.
Konstruiere mit Zirkel und Lineal jeweils die Mittelsenkrechte.

b) Zeichne Winkel folgender Größen: 46°, 88°, 140°.
Konstruiere mit Zirkel und Lineal jeweils die Winkelhalbierende.

2

Skizziere eine Planfigur und gib den zugehörigen Kongruenzsatz an.

a) Zeichne ein Dreieck mit den Seitenlängen $a = 3$ cm, $b = 1{,}8$ cm, $c = 3{,}7$ cm und konstruiere den Umkreis.

b) Zeichne ein Dreieck mit den Stücken $b = 3$ cm, $c = 4{,}8$ cm, $\alpha = 50°$ und konstruiere den Inkreis.

c) Zeichne ein Dreieck mit den Stücken $a = 5{,}3$ cm, $\beta = 30°$, $\gamma = 68°$ und zeichne den Schwerpunkt ein.

d) Zeichne ein Dreieck mit den Stücken $a = 6{,}5$ cm, $b = 3{,}8$ cm, $\alpha = 110°$ und konstruiere alle Höhen des Dreiecks.

3

Welche Aussagen sind wahr?

a) Ein Trapez hat wenigstens ein Paar paralleler Seiten.

b) Trapeze haben keine rechten Winkel.

c) Jeder Rhombus ist ein Drachenviereck.

4

Berechne den Flächeninhalt der Figur.

a) $g = 5{,}3$ cm, $h = 3{,}4$ cm

b) $g = 2{,}8$ m, $h_g = 1{,}2$ m

c) $e = 4{,}3$ mm, $f = 6{,}1$ mm

d) $a = 4{,}7$ cm, $c = 2{,}3$ cm, $h = 1{,}8$ cm

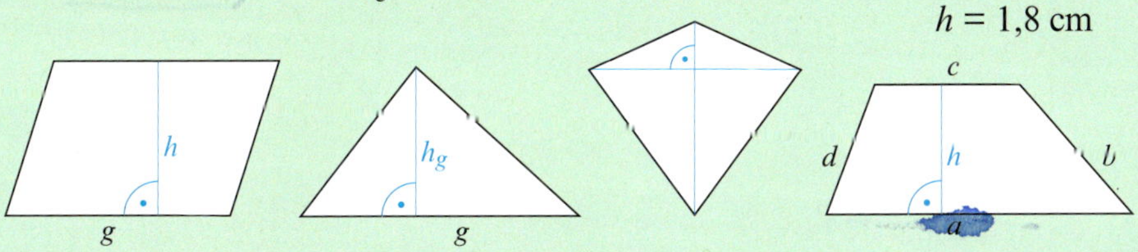

5

Lisa möchte sich einen Drachen basteln. Dazu kauft sie Kleber, Transparentpapier zum Bespannen, dünne Holzleisten für die Umrandung sowie zwei Holzstreben der Länge 1,20 m und 80 cm für das Drachenkreuz.

a) Die Holzstreben kreuzen sich rechtwinklig so, dass die Enden 40 cm lang sind. Fertige eine maßstabsgetreue Zeichnung des Drachens an.

b) Wie lang sind insgesamt die Holzstreben, die den Drachen umranden?

c) Wie groß ist die mit Transparentpapier zu bespannende Fläche?

d) Berechne die kleinste, durch die Streben entstandene Dreiecksfläche.

HINWEISE

1) Versuche zunächst, die Aufgaben ohne Hilfestellung zu lösen.

2) Wenn du doch Hilfe benötigst, findest du auf der angegebenen Seite ein Beispiel oder eine Anregung zum Lösen der Aufgabe.

Aufgabe	Seite
1	119/123
2a	124/131
2b	125/133
2c	126/134
2d	127/134
3	147
4	150/154/156
5	148/150/156

3) Im Anhang ab Seite 242 findest du die Lösungen der Aufgaben.
Vergleiche deine Ergebnisse mit diesen Lösungen und überprüfe so deinen Lernstand.

ZUSAMMENFASSUNG

Besondere Linien im Dreieck

Mittelsenkrechte	Die drei Mittelsenkrechten schneiden einander in einem Punkt. Dieser Punkt ist der Mittelpunkt des Umkreises des Dreiecks.
Seitenhalbierende	Die drei Seitenhalbierenden schneiden einander in einem Punkt. Dieser Punkt ist der Schwerpunkt des Dreiecks.
Winkelhalbierende	Die drei Winkelhalbierenden schneiden einander in einem Punkt. Dieser Punkt ist der Mittelpunkt des Inkreises des Dreiecks.
Höhen	Die drei Geraden, auf denen die Höhen liegen, schneiden einander in einem Punkt.

Kongruenzsätze

Zwei Dreiecke sind bereits dann kongruent zueinander, wenn sie in folgenden drei Stücken übereinstimmen:

- drei Seiten (sss)
- zwei Seiten und dem eingeschlossenen Winkel (sws)
- zwei Seiten und dem der größeren Seite gegenüberliegenden Winkel (SsW)
- einer Seite und den beiden anliegenden Winkeln (wsw)

Dreiecke, von denen drei Stücke entsprechend den Kongruenzsätzen gegeben sind, lassen sich eindeutig konstruieren. (Das gilt allerdings nur, wenn die drei gegebenen Stücke nicht im Widerspruch zu den Sätzen über Dreiecke stehen.)

Umfang und Flächeninhalt von Dreiecken und Vierecken

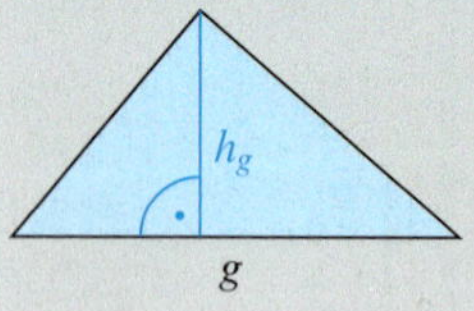

Dreieck

$A = \frac{g \cdot h_g}{2}$

u = Summe aller Seitenlängen

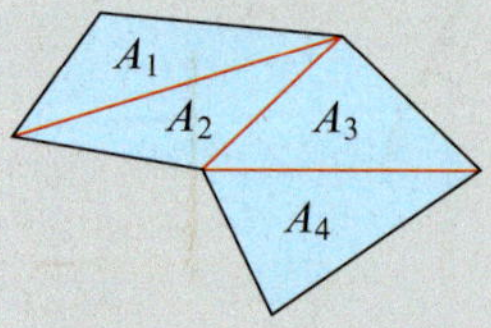

Vieleck

$A = A_1 + A_2 + A_3 + A_4$

u = Summe aller Seitenlängen

Trapez

$A = \frac{a + c}{2} \cdot h$

u = Summe aller Seitenlängen

Viereck

$A = A_1 + A_2$

u = Summe aller Seitenlängen

Drachenviereck

$A = \frac{e \cdot f}{2}$

$u = 2 \cdot a + 2 \cdot b$
$= 2 \cdot (a + b)$

Parallelogramm

$A = g \cdot h$

$u = 2 \cdot a + 2 \cdot b$
$= 2 \cdot (a + b)$

Rhombus/Raute

$A = g \cdot h$

$u = 4 \cdot a$

Rechteck

$A = a \cdot b$

$u = 2 \cdot a + 2 \cdot b$
$= 2 \cdot (a + b)$

Quadrat

$A = a^2$

$u = 4 \cdot a$

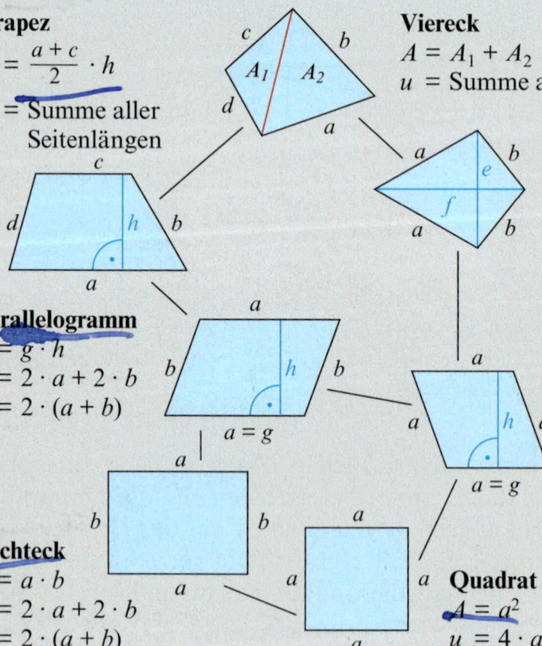

Proportionalität

Eine Fabrik produziert in einer Stunde 1000 Flaschen.
Nach einem Tag hat sie $24 \cdot 1\,000 = 24\,000$ Flaschen hergestellt.

An einem Tag befüllt eine Maschine 2 500 dieser Flaschen. In einer Woche werden von dieser Maschine demnach $7 \cdot 2\,500 = 17\,500$ Flaschen befüllt.
Zwei Maschinen der gleichen Art füllen an einem Tag 5 000 Flaschen, in der Woche 35 000 Flaschen.

Zuordnungen

1

Spielt in der Klasse eine Runde „Stadt – Land – Fluss“ mit einem geeigneten Buchstaben.
Stellt eure Ergebnisse in einer nach folgendem Muster angelegten Tabelle zusammen.

Buchstabe:	M		
Schüler	**Stadt**	**Land**	**Fluss**
Anton	München	Mexiko	Mosel
Bettina	Mailand	Marokko	Memel
Claudia	Meißen	Mexiko	Mekong
…	…	…	…

a) Schreibe in einer neuen Tabelle zu jedem Land aus eurer Tabelle die Hauptstadt und zeichne die Nationalflagge des Landes dazu.
b) Schreibe zu jeder Stadt aus der Tabelle das zugehörige Land.
c) Bearbeite die dem Aufgabenteil b) entsprechende Aufgabe für die Flüsse anstatt der Städte. Vergleiche mit Teil b).
d) Ordnet jedem Land aus eurer Tabelle die Namen der Spieler zu, die es notiert haben.
e) Ordnet jedem Land aus eurer Tabelle die Anzahl der Spieler zu, die dieses Land notiert haben. Was ist im Vergleich mit d) anders?

2

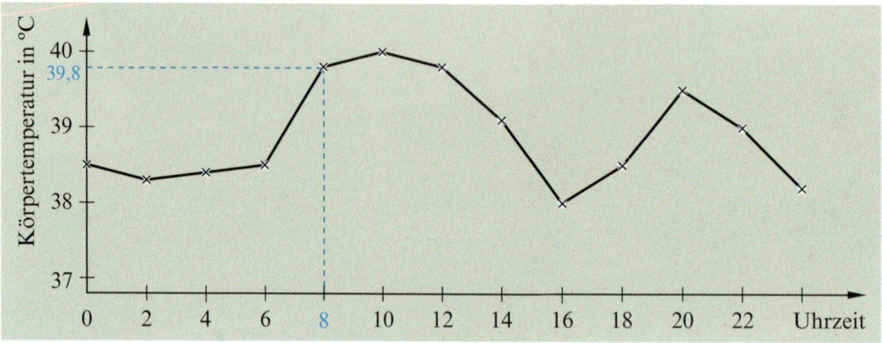

Das abgebildete Diagramm zeigt die Schwankungen der Körpertemperatur eines Kranken innerhalb von 24 Stunden.
a) Zu welcher Zeit war die Temperatur am niedrigsten bzw. am höchsten?
b) Wann betrug die Körpertemperatur genau 38,6 °C (39,8 °C; 37 °C)?
c) Erstelle eine Tabelle, in der Uhrzeiten und zugehörige Körpertemperaturen erfasst sind.

3

Das Normalgewicht eines Erwachsenen lässt sich nach einer Faustregel angeben: Körpergröße minus 100 Zentimeter, dann Zentimeter durch Kilogramm ersetzen. Bei Frauen muss man noch mit 0,9 multiplizieren.
a) Frage zehn Männer und zehn Frauen nach ihrer Körpergröße und ermittle daraus ihr Normalgewicht. Notiere die Werte in zwei Tabellen und stelle die Werte jeder der beiden Tabellen in je einer Grafik dar.
b) Stelle für die befragten Personen getrennt nach Frauen und Männern die Abweichung vom Normalgewicht grafisch dar.

BEISPIEL
Mann: 1,78 cm
→ 78 kg
Frau: 1,65 cm
→ 65 kg · 0,9
→ 58,5 kg

WISSEN

In vielen Situationen aus dem Alltag werden verschiedene „Werte" einander zugeordnet. Diese Werte können z. B. Zahlen oder Größen, aber auch Buchstaben oder Namen sein.

Bei einer **Zuordnung** wird jedem Wert aus einem vorgegebenen Bereich ein Wert aus einem anderen Bereich zugeordnet.

Eine Zuordnung zwischen zwei Größen x und y kann gegeben sein durch (Beachte dazu die Beispiele in der Randspalte.)

- eine (Werte-)**Tabelle**:
  Größe in der x-Zeile $\rightarrow$ Größe in der y-Zeile
- ein **Diagramm** (grafische Darstellung):
  Größe auf der x-Achse $\rightarrow$ Größe auf der y-Achse
- ein **Pfeildiagramm**:
  Größe aus dem einen Bereich $\rightarrow$ Größe aus dem anderen Bereich
- eine **Rechenvorschrift** (Gleichung oder Worte):
  Ausgangsgröße $x \rightarrow$ zugeordnete Größe y

BEISPIEL

Zuordnung gegeben durch eine **Tabelle**:

x	0	1	2	3	4
y	1	3	5	7	9

Zuordnung gegeben durch ein **Diagramm**:

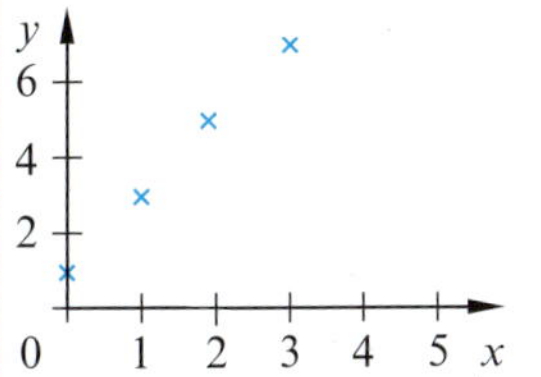

Zuordnung gegeben durch ein **Pfeildiagramm**:

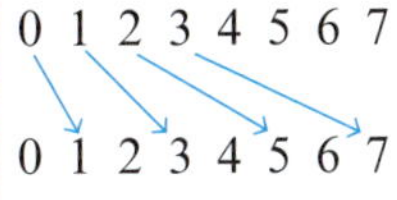

Zuordnung gegeben durch eine **Rechenvorschrift**:

$x \rightarrow y$ mit
$y = 2 \cdot x + 1$

Zuordnung gegeben durch eine **Wortvorschrift**:

„Jeder natürlichen Zahl wird ihr um eins vermehrtes Doppelte zugeordnet."

4

a) Nenne für die Beispiele aus den Aufgaben 2 und 3 jeweils die Größen, die einander zugeordnet werden.
b) Nenne weitere Beispiele für Zuordnungen.

5

a) Gib für die Aufgaben 1 bis 3 jeweils an, ob die Zuordnungen durch eine Tabelle, ein Diagramm oder eine Rechenvorschrift gegeben sind.
b) Gib jeweils 2 weitere Beispiele für Zuordnungen an, die durch eine Tabelle, ein Diagramm oder eine Rechenvorschrift gegeben sind.

6

Erstelle für folgende Zuordnungen $x \rightarrow y$ eine Tabelle und ein Diagramm.

a) $y = 2 \cdot x$ **b)** $y = 3 \cdot x + 1$ **c)** $y = 3$ **d)** $y = 48 - x$
e) $y = 16 - 2 \cdot x$ **f)** $y = 0$ **g)** $y = x^2 - x$ **h)** $y = x^2$

BEISPIEL

$x \rightarrow y$ mit $y = 5 \cdot x$

x	1	2	3	4	5
y	5	10	15	20	25

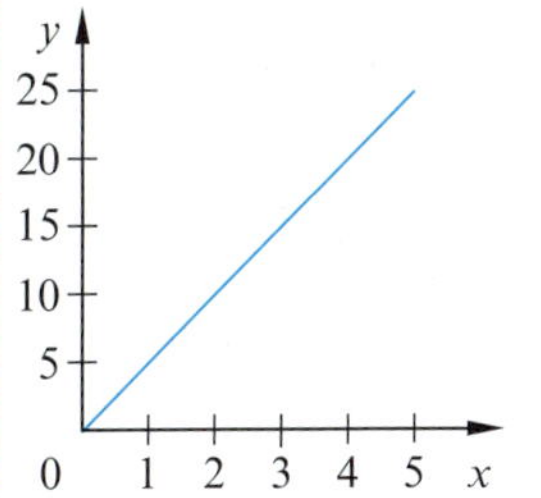

7^L

Erstelle zu den folgenden Wertetabellen jeweils ein Diagramm. Kannst du auch eine Rechenvorschrift aufstellen?

a)

x	0	1	2	3	4	5	6
y	0	3	6	9	12	15	18

b)

x	0	1	2	3	4	5	6
y	0	0,5	1	1,5	2	2,5	3

c)

x	0	1	2	3	4	5	6
y	8	7	6	5	4	3	2

d)

x	0	1	2	3	4	5	6
y	8	7,5	7	6,5	6	5,5	5

8

Ein Eisverkäufer will eine Tabelle erstellen, aus der er schnell ablesen kann, wie viel der Kunde bezahlen muss.

Anzahl der Kugeln	1	2	3	4	5	6	7	8	9	10
Eis ohne Waffel										
Eis mit einer Waffel										
Diät-Eis ohne Waffel										
Diät-Eis mit einer Waffel										

a) Übertrage die Tabelle ins Heft und fülle sie aus.
b) Stelle die beiden Zuordnungen
Anzahl der Kugeln → Preise für Eis
Anzahl der Kugeln → Preise für Diät-Eis
in einem gemeinsamen Diagramm dar.
c) Stelle die beiden Zuordnungen
Anzahl der Kugeln → Preise für Eis
Anzahl der Kugeln → Preise für Eis mit Waffel
in einem gemeinsamen Diagramm dar.
d) Nenne Gemeinsamkeiten und Unterschiede der beiden Diagramme.

9

HINWEIS
1 cbm = 1 m^3

WASSER-Abrechnung 2002		Zählernummer: 2258928
Stand-Alt:	369 cbm	vom: 01.01.2002
Stand-Neu:	551 cbm	bis: 31.12.2002
Verbrauch:	182 cbm	Monate: 12
Verbrauchspreis:	1,05 € · 182 (cbm)	191,10 €
Zählermiete:	6,50 € · 12 (Monate)	78,00 €
		Summe: 269,10 €

Wasseruhr

a) Kontrolliere die obige Wasserabrechnung einer Wohnung für 2000.
b) Erstelle eine Grafik, aus der man für verschiedene Werte des Wasserverbrauchs den zugehörigen Verbrauchspreis ermitteln kann.
c) Erstelle eine Berechnungsvorschrift, mit der man zu jedem Wasserverbrauch x die zugehörige Jahresabrechnungssumme ermitteln kann.

10

Müllers mieten in ihrer Ferienwohnung ein Telefon. Die Grundgebühr beträgt 15,00 €, jede Telefoneinheit wird mit 0,35 € berechnet.
a) Wie hoch ist die Telefonrechnung am Urlaubsende, wenn 10, 15, 20, 25, 50 Einheiten vertelefoniert wurden?
b) Erstelle für die Telefonrechnung eine Berechnungsvorschrift.
c) Wie viele Einheiten wurden vertelefoniert, wenn die Rechnung 26,55 € oder 34,25 € oder 50,35 € beträgt?

11

An einem Wandertag will eine Schulklasse in den Zoo gehen.
Es gelten folgende Eintrittspreise:

Einzelkarte	3 €
Fünferkarte	12 €
Zehnerkarte	21 €

a) Erfasse in einer Tabelle die kostengünstigsten Eintrittspreise für 1, 2, 3, ..., 30 Karten.
b) Stelle die Zuordnung in einem Diagramm dar.
c) Welcher Kartenkauf ist möglich, welcher ist am kostengünstigsten bei 8, 9, 18, 19, 22, 23 Karten?
d) Ermittle den günstigsten Kartenkauf für deine Klasse.

12

Übertrage die abgebildete Figur in dein Heft. Benenne alle markanten Punkte mit großen Buchstaben und notiere die entsprechenden Wertepaare in einer Tabelle.

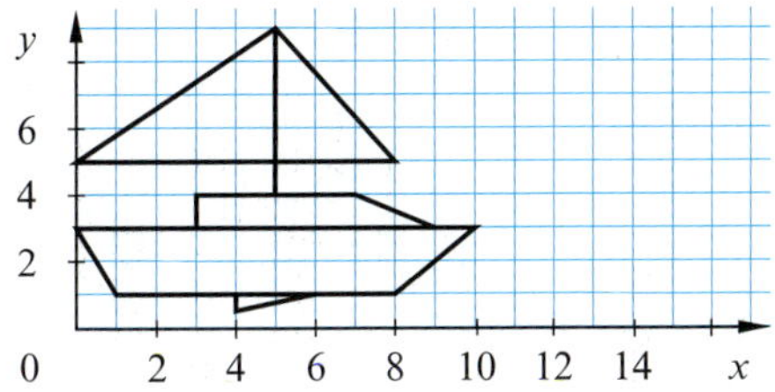

13

Übertrage das Diagramm ins Heft und zeichne darin die Punkte mit folgenden Koordinaten ein:
(0|7) (2|8) (9|8) (8|7) (5|7)
(5|5) (7|4) (8|2) (7|1,5) (6|4)
(6|0) (5|0) (5|4) (3|4) (3|5)
(2|7) (1|6) (1|4) (0|4)
Verbinde sie in der angegebenen Reihenfolge zu einer Figur.

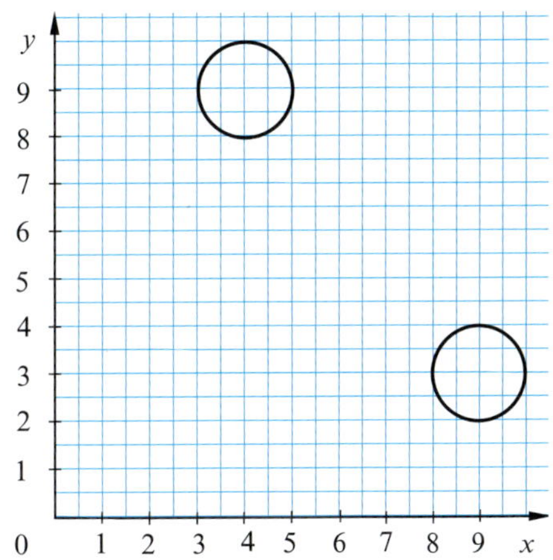

14

Auf dem LCD-Display von Taschenrechnern sind die Ziffern in der Schriftart „Liquid Crystal" dargestellt:

a) Erfasse in einer Tabelle die Anzahl der Striche, aus denen jede Ziffer von 0 bis 9 besteht und stelle die Zuordnung *Ziffer → Anzahl der Striche* in einem Diagramm dar.
b) Ergänze die Tabelle aus Teilaufgabe a) um die Zahlen von 10 bis 20. Setze das Diagramm aus a) entsprechend fort.
c) Welche Zahlen zwischen 0 und 20 sind mit genau sieben Strichen darstellbar?
d) Schreibe alle Zahlen zwischen 0 und 100 auf, die mit genau 10 Strichen darstellbar sind.

15

a) Untersuche den Zusammenhang zwischen Körpergröße und Normalgewicht aus Aufgabe 3. Kann jeder Körpergröße genau ein Gewicht zugeordnet werden?

b) Sechs Personen haben in der nebenstehenden Tabelle Angaben über ihre Körpergröße, ihr Normalgewicht und ihr Geschlecht (m/w) gemacht. Übertrage die Tabelle in dein Heft und vervollständige sie.

Person	**Körpergröße in cm**	**Normalgewicht in kg**	**Geschlecht**
1	172		m
2		64	w
3	169	62	
4	184		w
5	196	96	
6		82	m

16

Andreas und Birgit haben sich für ihre Briefe eine Geheimschrift ausgedacht. Diese haben sie in einer Verschlüsselungstabelle festgehalten:

A	B	C	…	K	L	M	N	O	P	…	X	Y	Z
Z	Y	X	…	P	O	N	M	L	K	…	C	B	A

a) Übertrage die Verschlüsselungstabelle ins Heft und vervollständige sie.
b) Verschlüssele die Nachricht: „Mathe-Hausaufgaben heute bei mir“.
c) Entschlüssele die Nachricht: „VISLOHZNV UVIRVM“.
d) Verschlüssele weitere eigene und entschlüssele fremde Nachrichten.
e) Erfinde andere mögliche Verschlüsselungstabellen.

17

Hast du schon einmal vom Morse-Alphabet gehört? Dort werden alle Buchstaben durch Folgen von Punkten und Strichen bzw. von kurzen und langen Signalen verschlüsselt (z. B. bedeutet · – ein „A“).
a) Suche aus einem Lexikon das Morse-Alphabet heraus.
b) Entschlüssele folgende Nachrichten:
(1) ··· ––– ···   (2) –·–· ––– –·· ·· · ·–· · –·
(3) ·––· ·–· ·· –– ––·· ·– ···· ·–·· · –·
c) Verschlüssele eigene Nachrichten und morse sie mit einer Taschenlampe zu einem Freund, der sie dann entschlüsseln soll.

ÜBRIGENS
Der Amerikaner Samuel Morse (1791 – 1872) hat erstmals 1837 telegrafisch Nachrichten über eine 64 km lange Strecke zwischen Washington und Baltimore übertragen.

18

Auf einer 350 m² großen Freifläche soll Rasen gesät werden. Ein 1,5 kg Paket Rasensamen kostet 29,98 € und reicht für eine Fläche von 120 m². Wie viele Pakete werden für die Fläche gebraucht und wie viel kosten sie?

19

Die Radgröße bei Fahrrädern wird in Zoll angegeben. Ein 28-er Rad hat einen Durchmesser von 28″. Es legt bei 1 Umdrehung 223,43 cm zurück.
a) Wie viel legt ein Rad der Größe 18″ (24″, 26″) bei 1 Umdrehung zurück?
b) Welche Größe hat ein Rad, das bei 1 Umdrehung eine Strecke von 127,67 cm (159,59 cm, 191,51 cm) zurücklegt?

HINWEIS
Die Längeneinheit Zoll wird durch das Zeichen ″ abgekürzt.
1″ = 2,54 cm

20

a) Erstelle zu den folgenden Diagrammen jeweils die zugehörige Tabelle.
b) Gib jeweils an, welcher Wert vermutlich zu $x = 10$ gehört.
c) Ermittle zu jeder Teilaufgabe eine Rechenvorschrift.
d) Berechne mithilfe der Rechenvorschrift jeweils den zu $x = 10$ gehörenden Wert.

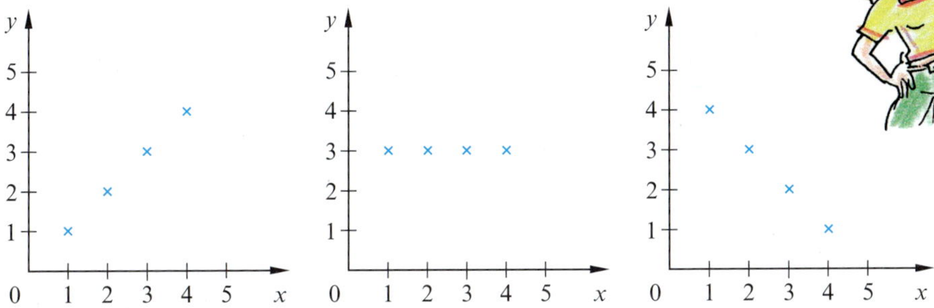

METHODE

Zeichnen eines Graphen

Häufig ist es nützlich, Zuordnungen zwischen Größen durch einen Graphen im Koordinatensystem zu veranschaulichen. Zum Beispiel kann man anhand des Graphen etwa die zeitliche Entwicklung einer Größe gut erkennen.
Gehe zum Zeichnen eines Graphen so vor:

- Überlege, welche der Größen auf der waagerechten Achse, welche auf der senkrechten Achse des Koordinatensystems abgetragen werden soll.
- Lege eine Wertetabelle an. Oft genügen einige Beispielwerte.
- Achte auf einheitliche Maßeinheiten.
- Überlege dir eine geeignete Einteilung für die Koordinatenachsen.
- Zeichne dann ein rechtwinkliges Koordinatensystem passender Größe, eventuell auf Millimeterpapier. Teile die Achsen ein und beschrifte sie.
- Trage alle Wertepaare $(x|y)$ aus der Zuordnungstabelle als Punkte in das Koordinatensystem ein.
- Überlege, ob es sinnvoll ist, die Punkte miteinander zu verbinden.
  Je nach Sachverhalt kann das Verbinden durch gerade Linien geschehen oder durch eine möglichst „glatte" Kurve.

Beispiel:
Kosten für ein Mobiltelefon („Handy")
monatliche Grundgebühr: 10 €
Preis je angefangene Gesprächsminute: 40 Cent

interessierende Zuordnung:
Gesprächszeit → Telefonkosten

Wertetabelle:
Wir setzen zur Abkürzung:
x = monatliche Gesprächsdauer in Minuten
y = monatliche Kosten in €

x (in min)	60	120	300	600
y (in €)	34	58	130	250

Beispiel für die Werteberechnung:
Den y-Wert zu $x = 120$ erhält man durch die Rechnung $y = 120 \cdot 0{,}40 + 10$.

Graph:

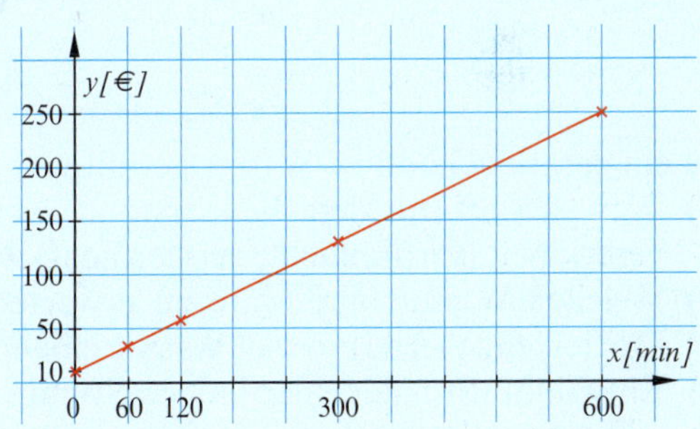

Proportionale Zuordnungen

1

Leon hat ein sehr großes Aquarium zum Geburtstag bekommen. Nun muss er es mit Wasser füllen.
Leon will wissen, wie viel Wasser er in das Aquarium füllen muss, bis es 5 cm unter der Oberkante des Glases steht.
Er gießt zunächst einen Eimer Wasser (10 l) hinein. Danach steht das Wasser 6 cm hoch.
Er probiert weiter und notiert einige Wassermengen und dazugehörige Wasserhöhen in einer Tabelle.

Wassermenge in l	10	20	30	40	50			
Wasserhöhe in cm	6	12						

a) Finde weitere Zahlenpaare (Wassermenge; Wasserhöhe), die Leon gemessen haben könnte.
b) Wie viel Wasser muss Leon ins Aquarium gießen, damit das Wasser 40 cm hoch steht?
c) Das Wasser soll noch 1 cm steigen, wie viel Wasser muss aufgefüllt werden?
d) Wie viel Wasser ist im Aquarium, wenn es 5 cm unter dem oberen Rand des Glases steht? (*Hinweis*: Das Aquarium ist 50 cm hoch.)
e) Um wie viel Zentimeter steigt die Wasserhöhe, wenn 1 Liter Wasser eingegossen wird?
f) Wie hoch steht das Wasser, wenn 25 Liter Wasser eingefüllt werden?
g) Trage alle errechneten Zahlenpaare in eine Tabelle (wie oben) ein.

2

Ein Messbecher soll hergestellt werden. Suche dazu ein großes gerades Glasgefäß (Aquarium, Topf o. Ä.). An der Außenseite dieses Gefäßes soll mit einem wasserfesten Stift eine Mess-Skala angezeichnet werden. Fülle dazu mit einem Messbecher immer die gleiche Menge Wasser (z. B. 0,5 l) in das Gefäß und markiere jeweils den Wasserstand.
Kannst du auch Werte angeben, die du nicht gemessen hast?

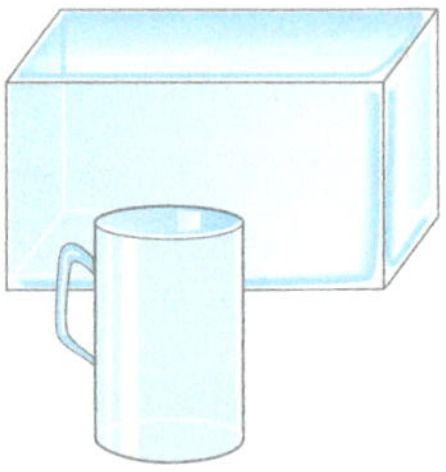

3

In ein gerades Gefäß ist Wasser gefüllt worden.
a) Was passiert mit dem Wasserstand, wenn die eingefüllte Wassermenge verdoppelt (verdreifacht, vervierfacht) wird?
b) Welcher Wasserstand wäre zu erwarten gewesen, wenn nur halb (ein Drittel, ein Viertel) so viel Wasser eingefüllt worden wäre?
c) Ein Gefäß ist nach einer halben Stunde bis zum Rand gefüllt. Nach wie vielen Stunden sind acht Gefäße voll?

WISSEN

Die Zuordnung *Wassermenge → Wasserhöhe in einem geraden Gefäß* ist eine besondere Zuordnung, denn die Verdopplung der Wassermenge bedeutet eine Verdopplung der Wasserhöhe. Zuordnungen mit dieser besonderen Eigenschaft sollen auch einen besonderen Namen erhalten: **proportionale Zuordnung**.

Bei einer **proportionalen Zuordnung** folgt aus der Verdopplung (Verdreifachung, …) bzw. Halbierung (Drittelung, …) der einen Größe die Verdopplung (Verdreifachung, ...) bzw. Halbierung (Drittelung, ...) der zugeordneten Größe.

NACHGEDACHT
Haben alle Zuordnungen diese Eigenschaft?

4[L]

Welche der folgenden Zuordnungen sind proportional?

a) Anzahl von gleichen Cola-Flaschen → Preis
b) Menge Äpfel → Preis
c) Körpergröße → Schuhgröße
d) Anzahl der Familienmitglieder → Anzahl der Kinder in der Familie
e) Fahrweg → Fahrdauer
f) Anzahl von gleichen Schokoladentafeln → Masse
g) Anzahl von Kindern gleichen Alters → Masse

TIPP
Überprüfe:
Verdoppelt, verdreifacht ... sich die zweite Größe, wenn man die erste Größe verdoppelt, verdreifacht …?

5

Überprüfe, welche der Zuordnungen aus der ersten Lerneinheit (S. 160 bis 165) proportionale Zuordnungen sind.

6

Übertrage folgende Wertetabellen proportionaler Zuordnungen ins Heft und fülle sie aus.
Was stellst du fest?

a)

x	1	2	3	4	5
y	2	4	6	8	10
$\frac{y}{x}$	2	2	2	2	2

b)

x	1	2	3	4	5
y	3	6	9	12	15
$\frac{y}{x}$	3	3	3	3	3

WISSEN

Eine Zuordnung heißt **proportional**, wenn der Quotient aus dem zugeordneten Wert und dem vorgegebenen Wert immer gleich groß, aber nicht null ist.
Diese Eigenschaft nennt man **Quotientengleichheit**.

Den Quotienten nennt man **Proportionalitätsfaktor**.

HINWEIS
Der Proportionalitätsfaktor trägt den Namen „Faktor“, weil man nur den x-Wert mit ihm multiplizieren muss, um den y-Wert zu erhalten.
Es gilt: $x \cdot \frac{y}{x} = y$.

7

Der Proportionalitätsfaktor darf nicht null sein. Warum?

8[L]

Welche der folgenden in Tabellenform gegebenen Zuordnungen sind proportionale Zuordnungen?

a)

x	2	4	6	8	10
y	4	8	12	16	20

b)

x	1	2	3	4	5
y	3	6	9	13	15

c)

x	5	4	3	2	1
y	25	20	15	10	5

d)

x	5	4	3	2	1
y	8	12	16	20	24

e)

x	2	4	6	8	10
y	0,3	0,6	0,9	1,2	1,5

f)

x	3	4	1	2	5
y	6	6	6	6	6

g)

x	$\frac{1}{3}$	$\frac{2}{3}$	1	$\frac{4}{3}$	$\frac{5}{3}$
y	$\frac{2}{3}$	$\frac{4}{3}$	2	$\frac{24}{9}$	$\frac{20}{6}$

h)

x	$\frac{1}{2}$	$\frac{2}{3}$	$\frac{3}{4}$	$\frac{4}{5}$	$\frac{5}{6}$
y	$\frac{3}{4}$	1	$\frac{9}{8}$	$\frac{6}{5}$	$\frac{5}{4}$

HINWEIS
Überprüfe jeweils, ob für alle Wertepaare $(x; y)$ der Quotient $\frac{y}{x}$ gleich groß ist.

9

In den folgenden Tabellen sind verschiedene (Einkaufs-)Situationen erfasst. Übertrage die Tabellen ins Heft und fülle sie aus.
Welche der Zuordnungen sind proportional?

a) Ein Päckchen Orangensaft (200 ml) kostet 0,21 €.

Anzahl der Päckchen	1	2	3	4	5	6	8	10	15	20
Preis in Euro										

b) Ein Liter frische Vollmilch kostet bei Selbstabfüllung 0,69 €, hinzu kommt ein Pfand für das Gefäß von 2,00 €.

Menge Milch in Liter	0	0,5	0,75	1,0	1,5	2,0	2,5	3,0	3,5	4,0
Gesamtpreis in Euro										

c) Eine Flasche Mineralwasser (0,75 l) kostet 0,49 € mit Pfand.

Anzahl der Flaschen	1	2	3	5	8	12	18	24	36	48
Preis in Euro										

10[L]

a) Gib für die Zuordnungen aus Aufgabe 6 jeweils den Proportionalitätsfaktor an.

b) Gib für die proportionalen Zuordnungen aus Aufgabe 8 jeweils den Proportionalitätsfaktor an.

c) Welcher Proportionalitätsfaktor liegt der Zuordnung in Aufgabe 1 zugrunde?

11

Es ist schwierig, die genaue Dicke einer Münze festzustellen, denn unsere Lineale usw. sind nicht genau genug für solche kleinen Abstände.
Deshalb benutzen wir einen Trick:
Wir legen viele Münzen übereinander, messen die Höhe des Münzstapels und teilen dann durch die Anzahl der Münzen.

a) Bestimme durch Ausmessen von unterschiedlich hohen Münzstapeln die Dicke von bei uns im Umlauf befindlichen Münzen.
b) Wie hoch sind Münzstapel aus jeweils 50 gleichen Münzen?
c) Welchen größten und welchen kleinsten Wert kann ein Münzstapel von 1 Meter Höhe haben?

BEISPIEL

Eine Jugendgruppe will in den Sommerferien mit dem Rad durch die Schweiz fahren. Als Taschengeld sollen pro Kind 60,00 € umgetauscht werden.
Bei einer Bank beträgt der Wechselkurs:
100,00 CHF = 62,24 €.
Wie viel Schweizer Franken (CHF) erhält jedes Kind der Gruppe?

1. Schritt:
Gegebene Größen:
62,24 € = 100,00 CHF

2. Schritt:
Schluss auf die Einheit:
Für 1 € bekommt man also 1,61 CHF.

3. Schritt:
Schluss auf die gesuchte Größe:
Für 60 € bekommt man 96,60 CHF.

	EUR	CHF	
	62,24	100	
: 62,24 ↓			↓ : 62,24
	1,00	1,61	
· 60 ↓			↓ · 60
	60,00	96,60	

Jedes Kind der Gruppe bekommt 96,60 CHF.

WUSSTEST DU SCHON?
CHF steht für Schweizer Franken.

AUFGABE
Rechne aus, wie viel Schweizer Franken man für 25 €, 75 €, 85 €, 120 € bekäme.

12

Erkundige dich bei einer Bank nach den momentanen Wechselkursen von Schweizer Franken (CHF), US-Dollars (USD) bzw. Japanischen Yen (JPY) in Euro (EUR).
Vergleiche folgende Preise für die verschiedenen Anziehsachen. Bilde zuerst einen Überschlag.

	CHF	USD	JPY
T-Shirt	38,50	23,50	2 800
Jeans-Hose	98,90	64,99	7 500
Jeans-Jacke	119,50	72,00	9 300
Turnschuhe	71,50	45,00	5 700

WISSEN

Dreisatz bei proportionalen Zuordnungen

Zuerst schließt man durch Division auf die Einheit und von der Einheit durch Multiplikation auf die gesuchte Größe.

		x-Größe	y-Größe	
gegebenes Verhältnis	$:x$	x	y	$:x$
Schluss auf die Einheit		1	$a = \frac{y}{x}$	
Schluss auf die gesuchte Größe	$\cdot k$	k	$b = k \cdot \frac{y}{x}$	$\cdot k$

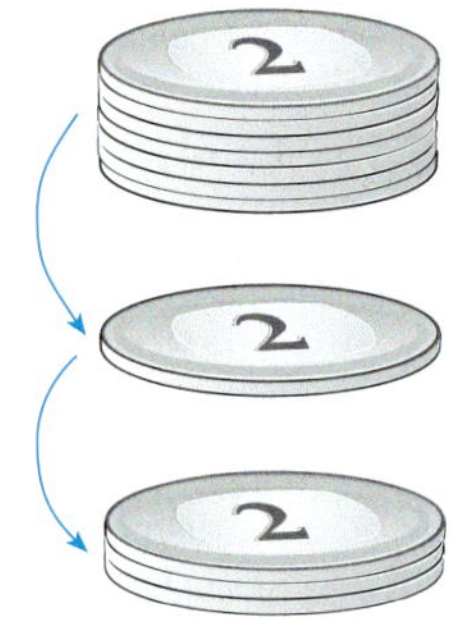

13[L]

a) 5 CDs kosten 4,95 €. Wie viel kosten 3 CDs?
b) 25 Schrauben kosten 5,00 €. Wie viel kosten 30 Schrauben?
c) 1 Liter Saft hat 430 kcal. Wie viel kcal hat ein Glas mit 300 ml Saft?
d) Ein menschliches Kopfhaar wächst ca. 3 mm pro Woche. Wie viel wächst es in 10 Tagen (einem Jahr)?
e) 1 kg Salami kostet 12,90 €. Wie viel kosten 50 g (255 g, $\frac{1}{8}$ kg)?

14

Ein gerader Haushalts-Messbecher hat eine Mess-Skala bis zu einem Volumen von 2 Liter. Bei einer Flüssigkeitshöhe von 4 cm enthält er 500 ml Flüssigkeit.
a) Wie viel Flüssigkeit enthält er bei einer Flüssigkeitshöhe von 3 cm (5 cm, 7 cm, 10 cm, 12 cm)?
b) Wie hoch steht die Flüssigkeit, wenn der Messbecher 50 ml (75 ml, 1 029 ml, 1,75 l, $\frac{1}{8}$ l, $\frac{3}{4}$ l) Flüssigkeit enthält?

15

a) Ein Beutel Reis muss 20 min kochen, um essfertig zu sein.
Wie lange müssen drei Beutel Reis kochen, um essfertig zu sein?
b) Zwischen zwei Steckdosen in der Wand ist ein 8 m langes Dreifachkabel verlegt.
Wie lang ist ein Fünffachkabel zwischen diesen beiden Steckdosen?
c) Mit 22 Spielern dauert ein Fußballspiel 90 min.
Wie lange dauert es mit 21 Spielern?

TIPP
Überlege zuerst, ob wirklich eine proportionale Zuordnung vorliegt.

16

Wie viel von den Zutaten aus dem nebenstehenden Rezept muss man für 50 Krokantbissen in Pralinenförmchen nehmen? Probiere das Rezept doch einmal aus.

17

a) Sieben Maurer erstellen den Rohbau eines Hauses in sechs Wochen. Wie lange hätten dazu 14 Maurer gebraucht?
b) Zwei Pumpen leeren ein Wasserbecken in 3 Stunden. Wie lange müssen drei Pumpen arbeiten, bis das Becken leer ist?

18

Suche aus folgenden Angeboten das jeweils preisgünstigere heraus.

a)	150 g Joghurt	0,89 €	200 g Joghurt	1,16 €
b)	125 g Käse	1,06 €	500 g Käse	4,24 €
c)	0,75 l Rapsöl	1,49 €	1 l Rapsöl	2,09 €
d)	24 × 0,5 l Sprudel	7,95 €	12 × 0,7 l Sprudel	5,95 €

19

1 000 Reißzwecken wiegen mit Schachtel 85 g (Schachtelgewicht 15 g).
a) Wie viel Gramm wiegen 50, 130, 750, 1298 Reißzwecken?
b) Eine Schachtel mit einem Rest Reißzwecken wiegt 27,2 g. Wie viele Reißzwecken enthält sie?

20

A certain aquarium weighs 51 lb when it contains 5 gal of water. The aquarium itself has the weight of 5 lb.
a) How much did the water weigh per gallon?
b) What would the aquarium weigh (in lb) if it contains 8 gal of water?
c) What would the aquarium weigh (in g) if it contains 13 gal of water?

1 lb = 1 pound
1 lb = 453,59 g
1 gal = 1 gallon
1 gal = 3,79 l

21

Die nebenstehenden Nährwertinformationen stammen von einer Cornflakes-Packung.
Überprüfe die Nährwertangaben in der letzten Spalte. Nutze dazu die Nährwertangaben pro 100 g Cornflakes und die Angaben für fettarme Milch (siehe Randspalte).

NÄHRWERTINFORMATION

Nährwertgehalt	pro 100 g	pro Portion von 30 g mit 125 ml fettarmer Milch
Energie	1557 kJ 367 kcal	710 kJ 168 kcal
Proteine (Eiweiss)	7,3 g	6,2 g
Kohlenhydrate – davon Zucker – davon Stärke	83 g 8,6 g 74 g	31 g 8,6 g 22 g
Fett – davon gesättigte Fettsäuren	0,6 g 0,2 g	2,1 g 1,3 g

22

Ein Farbtintenstrahldrucker hat eine Auflösung von 360 dpi, d.h. er druckt auf einer waagerechten Linie der Länge 1″ genau 360 Punkte. Seine Druckleistung beträgt dabei maximal 5 Seiten pro Minute.
a) Wie viele Punkte druckt der Drucker auf einer waagerechten Linie der Länge 0,125″ (0,5″, 3,5″, 5,25″)?
b) Wie viele Punkte hat eine Linie der Länge 6,35 cm (19,05 cm, 21 cm)?
c) Wie lang ist eine waagerechte Linie aus genau 180 (1260, 2340) Punkten?
d) Wie viele Seiten kann der Drucker in 20 min (1 h, 1,5 h) drucken?

INFORMATION
dpi bedeutet „dots per inch“
dot (engl.): Punkt
per (engl.): pro
inch (engl.): Zoll

Grafische Darstellung von proportionalen Zuordnungen

1

Die Zahlenpaare aus den Wertetabellen bei Zuordnungen lassen sich in Diagrammen grafisch darstellen. Für die Werte aus Aufgabe 1 der vorigen Lerneinheit sieht das beispielsweise so aus:

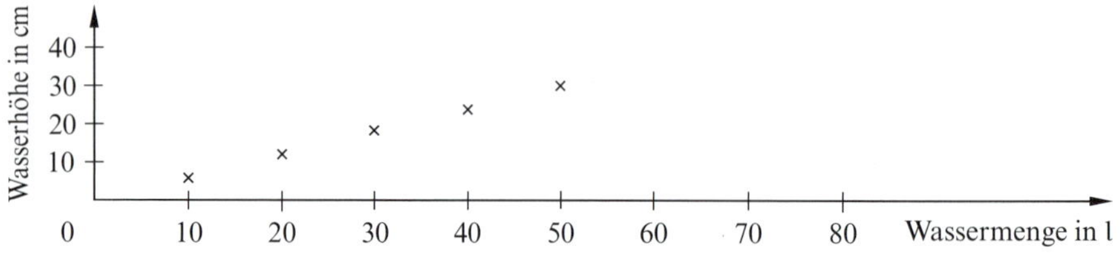

Überprüfe, ob die zu den folgenden Diagrammen gehörenden Zuordnungen proportional sind. Begründe deine Antwort.

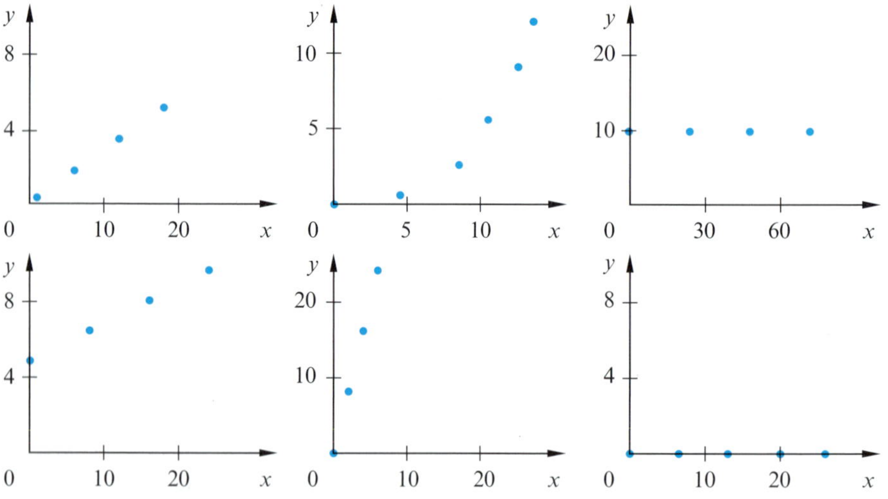

WISSEN

Bei der grafischen Darstellung einer **proportionalen Zuordnung** liegen alle Punkte auf einer Geraden, die durch den Koordinatenursprung geht.

BEACHTE

Die Gerade darf nicht auf der x-Achse oder der y-Achse liegen. Warum?

2

Betrachte die Diagramme zur Aufgabe 2, Seite 160 bzw. zur Aufgabe 20, Seite 165. Sind dort proportionale Zuordnungen dargestellt?

3

Stelle die Zuordnungen aus den Aufgaben 6, 7, 9, 10 und 11 aus der ersten Lerneinheit grafisch dar. Welches sind proportionale Zuordnungen?

4

Übertrage die folgenden Diagramme ins Heft. Ergänze sie, falls möglich, jeweils so um weitere vier Punkte, dass sie proportionale Zuordnungen darstellen.

HINWEIS
Überlege zunächst, wo die Punkte bei einer proportionalen Zuordnung liegen müssen.

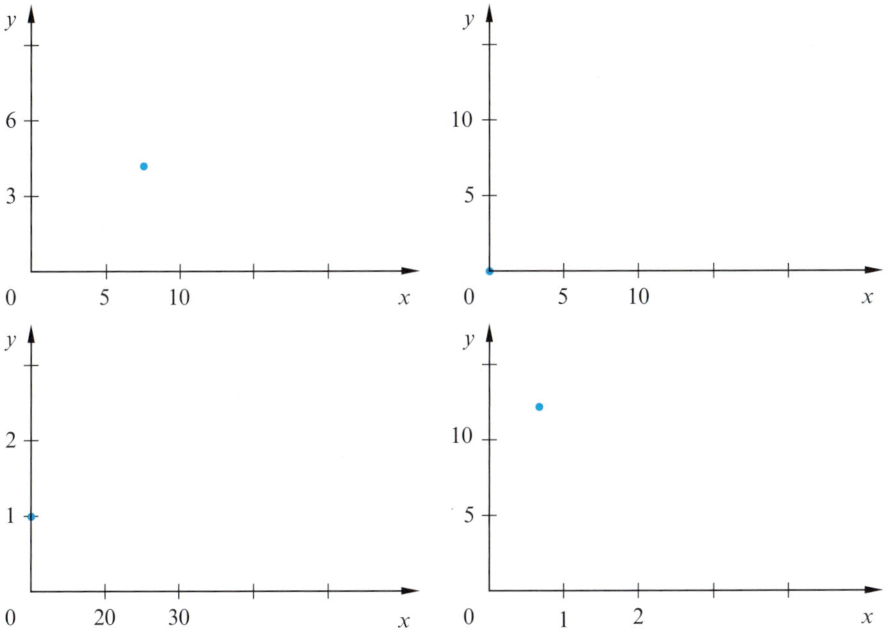

5

Das nebenstehende Diagramm zeigt, dass bei verschiedenen Stoffen die Masse m proportional zum Volumen V ist.

a) Ermittle aus dem Diagramm jeweils die Masse von 5 cm³, 10 cm³, 15 cm³, 20 cm³ und 30 cm³ Kupfer und Aluminium.

b) Ermittle aus dem Diagramm jeweils das Volumen von 25 g, 50 g, 75 g, 100 g, 125 g und 150 g Kupfer bzw. Aluminium.

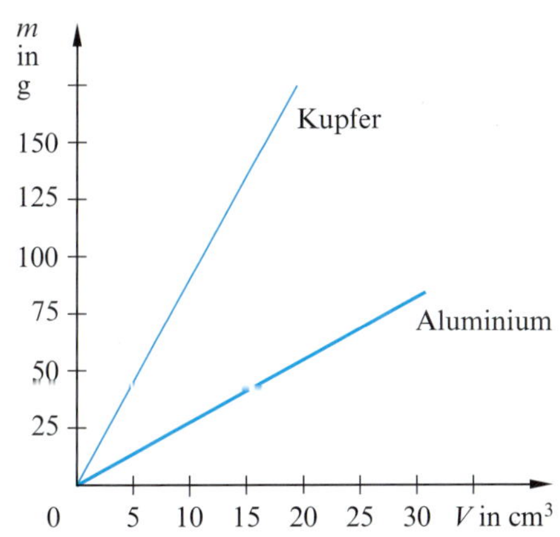

HINWEIS
Der Proportionalitätsfaktor $\frac{m}{V}$ der Zuordnung zwischen Masse und Volumen hat eine besondere Bedeutung: er gibt an, wie dicht ein bestimmter Stoff ist.
Er trägt deshalb den Namen „Dichte".

6

In einem Supermarkt kostet 1 kg Butter-Käse 6,90 €.

a) Erfasse in einer Tabelle die Preise für verschiedene Käsemengen. Erstelle zu der Tabelle ein Diagramm und verbinde die Punkte.

b) Lies aus dem Diagramm die Preise ab, die für 50 g, 125 g, 175 g, 300 g, 450 g, 600 g, 750 g und 900 g zu zahlen sind.

c) Wie viel Gramm Käse bekommt man für 1,25 €, 3,00 €, 4,67 €, 5,30 € bzw. 6,12 €?

Ein Blick in die Umwelt

Größenordnungen in der Natur

Vorsilbe	Faktor
Mikro	0,000 001
Milli	0,001
Zenti	0,01
Dezi	0,1
Deka	10
Hekto	100
Kilo	1 000
Mega	1 000 000

Es gibt weltweit etwa 30 Millionen Arten von Lebewesen. Nur etwa 1,4 Millionen Arten sind gegenwärtig schon beschrieben. Jedes Lebewesen hat seinen eigenen ganz bestimmten Größenbereich. Das kleinste Lebewesen, ein Bakterium, ist etwa 3 Mikrometer lang und nur unter dem Mikroskop zu sehen. Der größte Baum ist über 100 m hoch.

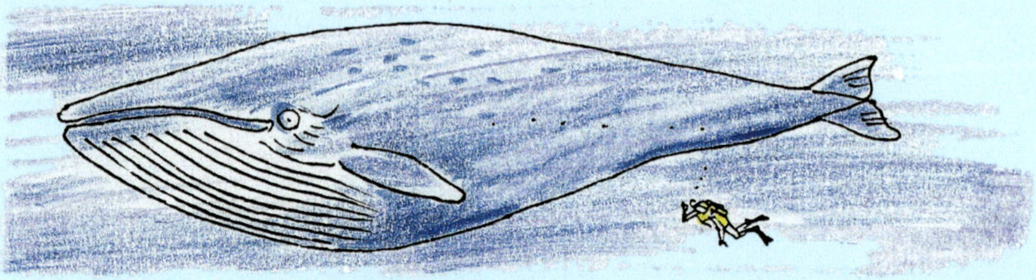

Du kennst sicher einige Geschichten oder Filme, in denen phantastische Lebewesen, die riesig groß oder winzig klein sind. Beispiele hierzu sind „Gullivers Reisen" von Jonathan Swift, „Rübezahl" von Johann Karl August Musäus, „Der Riese und der Schneider" von den Gebrüdern Grimm, „Die Geschichte von dem kleinen Muck" von Wilhelm Hauff und „Der kleine Däumling" von Ludwig Bechstein. Könnten solche Lebewesen überhaupt leben? Würden die Knochen nicht unter dem Riesengewicht zusammenbrechen? Könnten Zwerge überhaupt laufen?
Wir wollen uns in Aufgabe 3 überlegen, was wäre, wenn eine Maus so groß wie eine Katze, ein Affe so groß wie King Kong oder ein Mensch tatsächlich riesengroß wäre.

AUFGABEN

1. **a)** Wievielmal so groß wie das kleinste Bakterium ist etwa der größte Baum?
   b) Suche aus einem Nachschlagewerk die Größen des kleinsten und des größten Säugetieres (Etruskerspitzmaus und Blauwal) heraus. Wievielmal so groß wie die Etruskerspitzmaus ist der Blauwal?
   c) Stelle dir vor, alle Lebewesen wären gleichmäßig über alle Größenbereiche verteilt. Wie lang wäre dann ein Lebewesen durchschnittlicher Größe?

2. Erstellt in eurer Klasse eine Tabelle zur Art, Größe, Länge und Gewicht eurer Haustiere. Denkt euch verschiedene Fragestellungen zu diesen Daten aus, auch passend zum Thema Proportionalität.
   Beantwortet eure Fragen.

3. **a)** Vergrößere die Fläche der Maus im Quadrat maßstäblich auf ihre 10-fache Länge und Breite. Dabei kann dir ein Raster aus 10 mal 10 Quadraten helfen.
   Um welchen Faktor hat sich der Flächeninhalt des Quadrates und damit der Oberflächeninhalt der Maus vergrößert?
   b) Vergrößere das räumliche Bild der Maus im Würfel maßstäblich auf die 10-fache Länge, Breite und Höhe.
   Um welchen Faktor hat sich das Volumen des Würfels und damit der Maus vergrößert?
   c) Wie ändern sich Oberfläche und Volumen bei einer maßstäblichen Vergrößerung auf das Doppelte, das 5-fache, das 20-fache bzw. bei einer Verkleinerung auf die Hälfte, ein Viertel, ein Hundertstel?

Riesenmaus und Menschenriese sind im Vergleich zu normalen Lebewesen tausendmal schwerer. Ihre Muskeln, Knochen und Sehnen haben aber nur die 100fache Querschnittsfläche. Die Knochen müssten also bei gleicher Querschnittsfläche das 10fache Gewicht wie beim Menschen tragen.
Das Körpervolumen von Riesenmaus und Menschenriese ist 1000-mal so groß wie unseres. Sie hätten Riesenköpfe mit dem 1000fachen des Gehirns. Ihre Augenfläche wäre 100-mal größer als bei uns.

Menschliche Riesen gibt es nur in der Phantasie. Riesenhafte, von Menschen geschaffene Bauwerke gibt es wirklich. Wir wollen „Baumeister“ Natur und „Baumeister“ Mensch vergleichen.
In der folgenden Tabelle findest du Höhen und Durchmesser verschiedener natürlicher und menschlicher „Bauwerke“.

NACHGEDACHT
Das Körpervolumen von Riesenmaus und Menschenriese ist 1000-mal so groß wie unseres, essen sie auch 1000-mal so viel? Bedenke, dass die Haut, über die sie ihre Wärmeabgabe an die Umwelt regeln, nur 100-mal so groß ist,wie bei uns. Ist ihnen deshalb wärmer oder kälter als uns?

	Höhe *h* in m	Durchmesser *d* in m
Roggen	1,5	0,003
Palme	35	0,58
Fichte	60	1,6
Schornstein	145	8
Berliner Fernsehturm	368	20,5

WEITERE AUFGABEN

4. Glaubst du, dass sich eine Riesenmaus oder ein Menschenriese wohl fühlen würde? Filmregisseure und Märchenautoren haben daran offenbar keine Zweifel. Bedenke die Anmerkung in der Randspalte.

5. **a)** Miss Höhe und Durchmesser verschiedener Bäume und Gräser. Bilde jeweils den Quotienten aus Höhe und Durchmesser. Worüber sagt er etwas aus?
   b) Berechne den Quotienten aus Höhe und Durchmesser für die Daten in der Tabelle.
   c) Welches der Objekte in der Tabelle ist deiner Meinung nach am schlanksten?
   d) Wie dick wäre ein Roggenhalm, wenn er so groß wie der Fernsehturm wäre?
   e) Wie dünn wäre der Fernsehturm, wenn er so kurz wie ein Roggenhalm wäre?

6. Welchen Belastungen ist ein Roggenhalm bzw. ein Fernsehturm ausgesetzt? Welche Anforderungen stellt das an ihre Bauweise?

7. Die Masse eines Körpers ist proportional zu seinem Volumen.
   a) Eine normale Feldmaus wiegt etwa 60 g. Wievielmal schwerer wäre sie, wenn sie 10-mal so groß wäre?
   b) Wie groß und wie schwer wäre ein Mensch mit einer Größe von 1,60 m und einer Masse von 50 kg, wenn man ihn auf das 10-fache vergrößern, ihn also zum Riesen machen würde?

8. Wären Riesenmaus und Menschenriese auch 1000-mal klüger? Könnten sie besser oder gar schlechter sehen als wir?

Indirekt proportionale Zuordnungen

1

Die Grünanlage und die Blumenbeete der Goethe-Schule werden wöchentlich von den Schülern einer Klasse gepflegt. In der letzten Woche haben 8 Schüler 3 Stunden gearbeitet. Für die Pflege in dieser Woche haben sich die Schüler der Klasse 6 a gemeldet.

a) Wie lange muss jeder Schüler arbeiten, wenn sich alle 24 Schüler der Klasse beteiligen?
b) Wie viele Schüler müssen arbeiten, damit die wöchentliche Pflege in 2 Stunden geschafft ist?
c) Wie lange muss ein Schüler arbeiten, wenn er die Pflege alleine ausführen würde?
d) Stelle eine Tabelle auf:

Anzahl der Schüler	2	4	6	8	10	12
Arbeitszeit pro Schüler in h				3		

e) Begründe, dass die Zuordnung *Anzahl der Schüler* → *Arbeitszeit pro Schüler* nicht proportional ist.

AUFGABE
Jens meint: Am schnellsten sind wir fertig, wenn alle 480 Schüler der Schule mithelfen würden. Welche Zeit hat er hierfür berechnet? Beurteile den Vorschlag von Jens.

WISSEN

Eine Zuordnung heißt **indirekt proportional**, wenn die Produkte einander zugeordneter Größen stets den gleichen von null verschiedenen Wert haben.
Anstelle von indirekt proportionaler Zuordnung spricht man häufig auch von **umgekehrt proportionaler** Zuordnung.

2

Was passiert bei indirekt proportionalen Zuordnungen mit der zugeordneten Größe, wenn man die Ausgangsgröße verdoppelt, verdreifacht, vervierfacht usw. oder halbiert, drittelt, viertelt usw.?

3

Von Berlin nach Rostock fährt man etwa 240 km auf der Autobahn.

a) Wie lange braucht ein LKW bei einer Durchschnittsgeschwindigkeit von 80 km/h für die Fahrt von Berlin nach Rostock?
b) Wie schnell ist Herr Hurtig gefahren, wenn er für den Weg 2 h brauchte?
c) Ein Schwerlasttransport kann nur mit einer Durchschnittsgeschwindigkeit von 60 km/h fahren. Wie lange braucht er für die Strecke?
d) Übertrage die Tabelle ins Heft und ergänze die fehlenden Größen.

Geschwindigkeit in km/h	40	60	80	100	120	160	200
Zeit in h							

e) Begründe, dass die Zuordnung *Geschwindigkeit* → *Zeit* indirekt proportional ist.

Finde heraus, auf welcher Autobahn das Fahrzeug im Moment fährt und aus welcher Richtung es kommt.

BEISPIEL

Wie untersucht man, ob die Zuordnung indirekt proportional ist?
Man untersucht, ob die Produkte $x \cdot y$ alle gleich sind.

1. Beispiel:

x	2	4	6	8	10
y	18	9	6	4,5	3,6
$x \cdot y$	36	36	36	36	36

Ergebnis: Die Zuordnung ist indirekt proportional, denn stets gilt $x \cdot y = 36$.

2. Beispiel:

x	5	10	15	20	25
y	20	10	6	4	3
$x \cdot y$	100	100	90	80	75

Ergebnis: Die Zuordnung ist nicht indirekt proportional, denn die Produkte $x \cdot y$ haben nicht stets den gleichen Wert.

4[L]

Prüfe, ob die folgenden Zuordnungen indirekt proportional sind.

a)

x	4	8	12
y	24	12	8

b)

x	6	12	18
y	9	18	27

c)

x	48	24	12
y	2	4	8

d)

x	0	5	10
y	40	8	4

5

Übertrage die Tabellen ins Heft. Ergänze sie so, dass indirekt proportionale Zuordnungen vorliegen. Gib jeweils eine Zuordnungsvorschrift an.

a)

x	4	8	12	16
y	20			

b)

x	2		6	
y		30	20	15

c)

x		1	2	
y	100	25		12,5

6

Entscheide, ob indirekte Proportionalität vorliegt.

a) Je größer die Fluggeschwindigkeit, desto geringer ist die Flugzeit.
b) Je kürzer die Nacht, um so länger ist der Tag.
c) Je mehr Essenteilnehmer, um so kleiner sind die Portionen.
d) Je mehr Angler am Teich sitzen, um so weniger Fische fängt jeder.

7

Proportionale, indirekt proportionale Zuordnung oder weder noch?

a)

x	2	4	6	8
y	24	12	8	6

b)

x	3	6	9	12
y	5	10	15	20

c)

x	5	10	15	20
y	12	6	4	3

d)

x	4	8	12	16
y	16	12	8	4

9

Zum Abernten eines Erdbeerfeldes benötigen 12 Helfer 8 Stunden.
Wie viele Stunden benötigen 8 (10, 16, 18, 24, 30, 36) Helfer?

NACHGEDACHT

Max behauptet:
„An ‚je mehr – desto weniger‘ oder an ‚je weniger – desto mehr‘ kann ich immer erkennen, ob indirekte Proportionalität vorliegt oder nicht.“ Gib ein Gegenbeispiel an.
Jonas behauptet:
„Wenn für die Zuordnung nicht ‚je mehr – desto weniger‘ oder ‚je weniger – desto mehr‘ gilt, so liegt keine indirekte Proportionalität vor.“ Oder?

Darstellung von indirekt proportionalen Zuordnungen

1

Die indirekt proportionale Zuordnung zwischen den Seitenlängen a und b bei allen möglichen Rechtecken mit einem Flächeninhalt von $A = 12\ \text{cm}^2$ soll grafisch dargestellt werden.

a) Übertrage die Tabelle ins Heft und vervollständige sie.

Seite a in cm	1	2	3	4	5	6	7	8	9	10	11	12
Seite b in cm												

b) Begründe, dass $a = 0$ cm nicht möglich ist.

c) Zeichne auf Millimeterpapier ein Koordinatensystem. Trage alle Wertepaare aus obiger Tabelle als Punkte ein.

d) Prüfe, ob die gezeichneten Punkte auf einer Geraden liegen.

e) Berechne mindestens 6 weitere Punkte für nicht ganzzahlige Werte der Seite a. Trage auch diese Punkte in das Koordinatensystem ein.

f) Zeichne die gekrümmte Linie, die alle diese Punkte verbindet.

g) Lies aus der grafischen Darstellung die in folgender Tabelle fehlenden Werte ab.

Seite a in cm	2,4	3,6	4,8			9,6
Seite b in cm				1,8	1,5	

h) Betrachte den gezeichneten Graphen und formuliere eine Aussage über die Abhängigkeit der Seite b von der Länge der Seite a.

2

Von Merseburg bis Berlin beträgt die kürzeste Fahrtstrecke etwa 180 km.

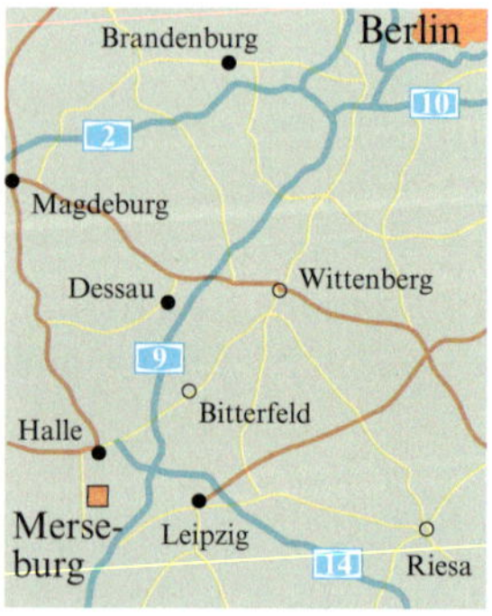

a) Berechne die Zeit (t), die ein Fahrzeug mit der in der Tabelle angegebenen Durchschnittsgeschwindigkeit (v) für diese Strecke jeweils benötigt.

v in km/h	10	20	30	40	50	60	70	80	90	100	110	120
t in h												

b) Stelle die Zuordnung in einem Diagramm dar.
Trage auf der waagerechten Achse die Geschwindigkeiten ab. Teile die Achse so, dass 1 cm einer Geschwindigkeit von 10 km/h entspricht.
Trage auf der senkrechten Achse die Zeiten ab. Teile diese Achse so, dass 1 cm einer Zeit von 1 h entspricht.

c) Entnimm dem Diagramm die in folgender Tabelle fehlenden Werte.

v in km/h	25	36	45			144
t in h				3,6	2,5	

d) Wie hängt die Fahrtzeit für die Strecke von Merseburg nach Berlin von der Durchschnittsgeschwindigkeit des Fahrzeuges ab?

WISSEN

Der Graph einer indirekt proportionalen Zuordnung heißt **Hyperbel**.

Beispiel:
$x \rightarrow y$ mit $y \cdot x = 6$
bzw. $y = \frac{6}{x}$, $x \neq 0$

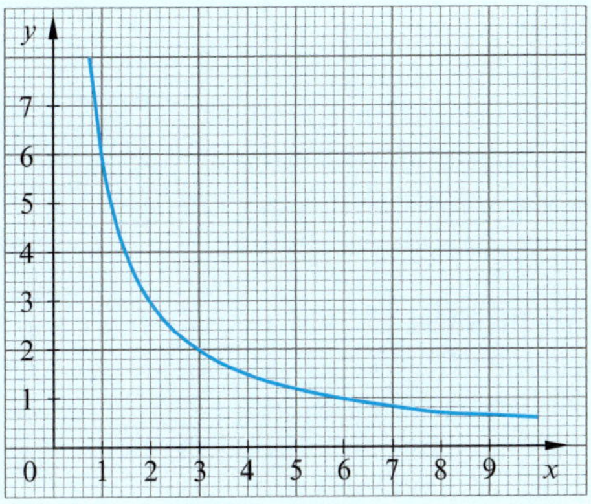

BEISPIEL
Angenommen der Punkt $Q(5|6)$ gehört zu einer indirekt proportionalen Zuordnung.
Es gilt $5 \cdot 6 = 30$.
Also muss für alle Wertepaare $(x; y)$ der Zuordnung gelten:
$x \cdot y = 30$.
Deshalb gehören z. B. die Punkte $A(1|30)$, $B(2|15)$ und $C(3|10)$ auch zu dieser Zuordnung.

3

Die Zuordnungsvorschrift einer indirekt proportionalen Zuordnung lautet $x \rightarrow y$ mit $x \cdot y = 24$, $x \neq 0$.

a) Berechne zehn Wertepaare.
b) Zeichne den Graphen dieser indirekt proportionalen Zuordnung.
c) Welche der Punkte $A(2|12)$, $B(3|9)$, $C(8|3)$, $D(10|3)$, $E(3|8)$, $F(6|5)$, $G(1|25)$ und $H(24|1)$ liegen ebenfalls auf diesem Graphen?

4[L]

Der Punkt $P(2|5)$ gehört zum Graphen einer indirekt proportionalen Zuordnung. Wie lautet die Zuordnungsvorschrift?
Berechne mindestens sechs weitere Punkte und zeichne den Graphen.

5

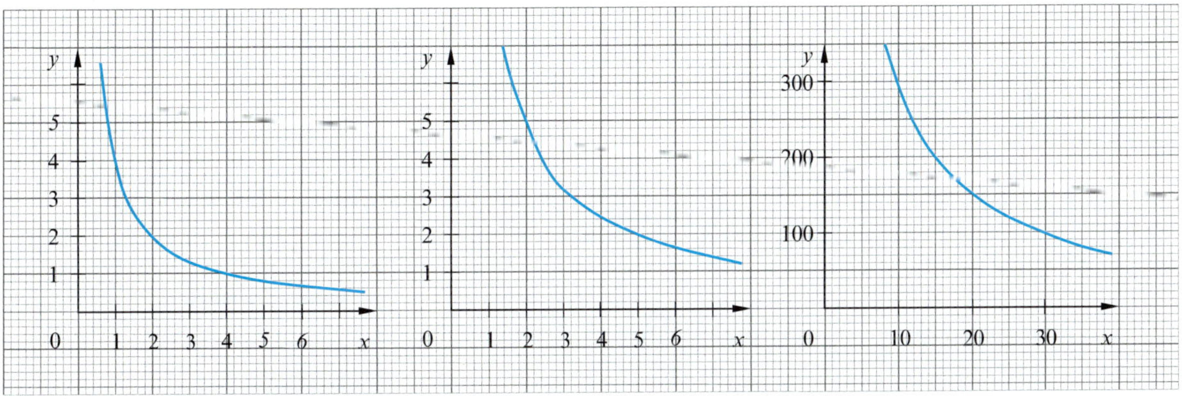

Die Bilder 1 bis 3 zeigen Graphen indirekt proportionaler Zuordnungen.

a) Lies jeweils aus den Darstellungen mindestens ein Wertepaar ab.
b) Gib jeweils die Zuordnungsvorschrift an.
c) Berechne jeweils drei weitere Wertepaare und vergleiche diese mit der Darstellung.

Ein Blick in die Computerwelt

Tabellenkalkulation

Eine **Tabellenkalkulation** (engl. Spreadsheet) ist ein Programm, mit dem Daten übersichtlich erfasst und grafisch dargestellt werden können. Besonders nützlich sind solche Programme, um die erfassten Daten rechnerisch zu verarbeiten, also mit ihnen zu kalkulieren.

Die Daten werden in ein **Tabellenblatt** (s. Bild 1) eingetragen und dort verarbeitet. Das Tabellenblatt ist durch **Spalten** und **Zeilen** in **Zellen** eingeteilt.
Jede Zelle hat genau einen Namen (**Adresse**) und kann mit Inhalt (Text, Zahlen oder Formeln) gefüllt werden. Z. B. hat die markierte Zelle in Bild 2 die Adresse „C2". Sie ist mit dem Inhalt „Füllfaktor" gefüllt.

Ein seit Tagen gleichmäßig tropfender Wasserhahn erreicht in einem geraden Gefäß in 30 min eine Füllhöhe von 6 cm. 180-1

Mit einem geeigneten Tabellenblatt kannst du für jede Zeitspanne, die der Wasserhahn tropft, die entsprechende Füllhöhe ermitteln.
In Bild 2 ist eine Tabelle angelegt.

Jetzt verwende die Tabelle und nutze die Vorteile des Kalkulationsprogramms aus. Zur Berechnung der Füllhöhe nach 10 min musst zu zunächst den Proportionalitätsfaktor (Füllfaktor) berechnen. Trage hierfür in die Zelle C3 die Rechnung: „=B3/A3" (Bedeutung s. Tabelle rechts) ein. Drücke jetzt die Enter-Taste und es erscheint der Füllfaktor „0,2".

Nun kannst du alle Füllhöhen berechnen. Beginne bei der Berechnung von 10 min. Klicke dazu auf die Zelle B4 und trage dort die Rechnung „=A4*0,2" hinein. Drücke jetzt die Enter-Taste und es erscheint das Ergebnis „2".

Die anderen Füllhöhen kannst du durch Übertragen der Rechnung auf die anderen Zellen berechnen lassen. Klicke dafür die Zelle B4 an, bewege das Cursorkreuz auf den Punkt rechts unten in der Zelle, halte die linke Maustaste gedrückt und ziehe die Maus in die darunter liegenden Zellen. Automatisch erscheinen alle Füllhöhen (siehe Bild 3).

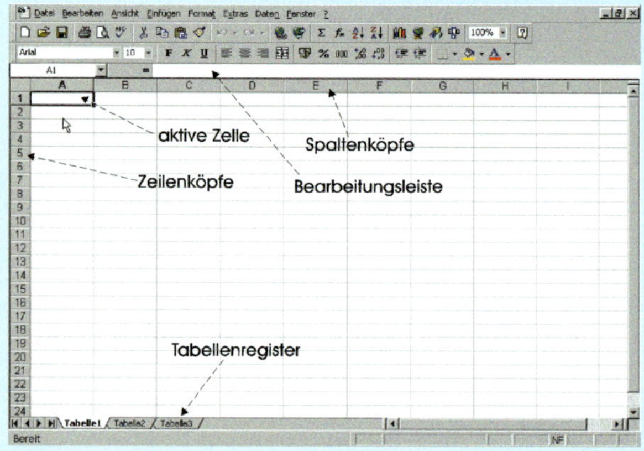

Bild 1

	A	B	C
1	Tropfender Wasserhahn		
2	Minuten	Füllhöhe in cm	Füllfaktor
3	30	6	
4	10		
5	15		
6	23		
7	60		

Bild 2

Beispiel	Bedeutung: Die Zellenwerte von …
=A3+B5	A3 und B5 werden addiert
=C7–B3	C7 und B3 werden subtrahiert
=E1*C2	E1 und C2 werden multipliziert
=B3/A3	B3 und A3 werden dividiert

	A	B	C
1	Tropfender Wasserhahn		
2	Minuten	Füllhöhe in cm	Füllfaktor
3	30	6	0,2
4	10	2	
5	15	3	
6	23	4,6	
7	60	12	
8			
9			

Bild 3

Die Zuordnung *Minuten → Füllhöhe* kannst du jetzt in einem Diagramm darstellen lassen. Dazu klickst du die Zelle des ersten Wertes links oben (A3 mit dem Eintrag „30") mit der linken Maustaste an, hältst diese gedrückt und ziehst den Cursor bis zum rechten unteren Wert (B7 mit dem Eintrag „12").

Über der Tabelle befindet sich die so genannte Symbolleiste. Klickst du auf den Button, wird der Diagramm-Assistent gestartet. Du kannst zwischen verschiedenen Diagrammtypen wählen. Für diese Aufgabe ist es sinnvoll, das Koordinatensystem mit der Darstellung „Punkte mit Linien" zu wählen (siehe Bild 4), da es sich um eine Zuordnung handelt. Die Minuten werden an der x-Achse und die Füllhöhen an der y-Achse abgelesen. Klickst du auf das Feld „Weiter", folgt Schritt 2 des Diagramm-Assistenten. Hier muss nichts verändert werden.

Trage beim dritten Schritt den Diagrammtitel „Tropfender Wasserhahn" und die Benennungen der Rubrikachse x „Minuten" und Rubrikachse y „Füllhöhe in cm" (s. Bild 5) ein.

Als letztes kannst du entscheiden, ob du das Diagramm auf einem neuen Blatt oder neben deiner Tabelle eingefügt haben möchtest, um schließlich mit einem Klick auf „Fertig stellen" das Diagramm zeichnen zu lassen (s. Bild 5).
Zum Drucken wählst du den Button .

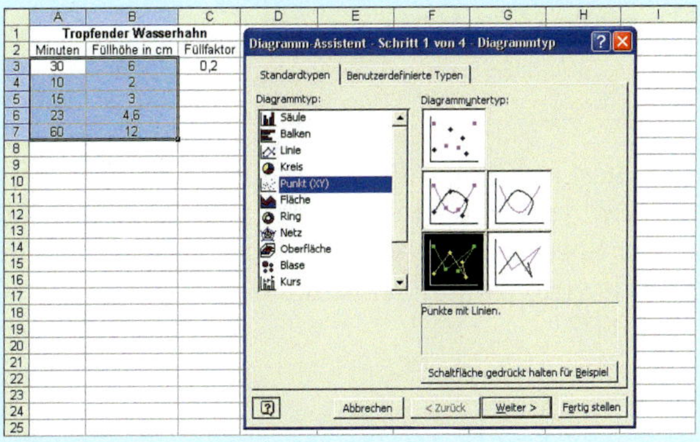

Bild 4

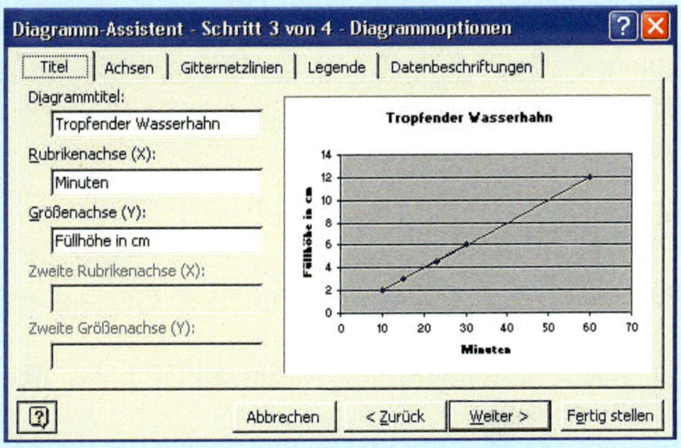

Bild 5

181-1

AUFGABEN

1. Ergänze die Tabelle aus dem Beispiel durch weitere Zeiten (19, 34, 47, 111) und lasse die Füllhöhen ausrechnen. Fertige mithilfe des Programms ein Diagramm für die erweiterte Tabelle an.

2. Bearbeite das Beispiel neu unter der Annahme, dass die Füllhöhe bei 30 min nicht 6 cm sondern 3,9 cm beträgt.

3. Ein Auto fährt durchschnittlich mit 73 km/h. Wie viel Kilometer hat es ungefähr nach 0,5 h (4 h, 6,5 h, 2,5 h, 24 h) zurückgelegt? Verwende ein Kalkulationsprogramm.

4. Peters Vater will mit dem Auto von Berlin nach München fahren. Die Fahrzeit für die 652 km lange Strecke hängt von seiner Durchschnittsgeschwindigkeit ab.
Bei 120 km pro Stunde benötigt Peters Vater 5,43 h reine Fahrzeit. Lege im Tabellenkalkulationsprogramm eine Tabelle an:

Durchschnittsgeschwindigkeit in km pro h	**Fahrzeit in h**

Wähle als Durchschnittsgeschwindigkeiten 8 sinnvolle Werte. Ermittle mit dem Kalkulationsprogramm die dazugehörigen Fahrzeiten. Fertige mit dem Programm ein Diagramm zu der Zuordnung an.
Beschreibe das Diagramm.

Sachaufgaben

1

Max liest auf einem Preisschild: 0,220 kg Schnittkäse, Preis: 1,96 €.

a) Wie viel kosten 150 g, 200 g, 250 g, 300 g, 350 g, 500 g Schnittkäse dieser Sorte?

b) Wie viel Gramm Schnittkäse erhält man für 50 Cent, für 3,00 € bzw. für 5,00 €?

HINWEIS
Prüfe zuerst, ob eine proportionale, eine indirekt proportionale oder eine andere Zuordnung vorliegt.

2

Das Auto der Familie Neumann kostet 12 000,– €. Die Hälfte des Kaufpreises haben sie sofort beim Autokauf bezahlt, den Restbetrag wollen sie in monatlichen Raten zurückzahlen.
Wie hoch sind die monatlichen Raten (ohne Zinsen) mindestens, wenn der Kredit in 24 Monaten, 30 Monaten, 36 Monaten oder 48 Monaten zurückgezahlt werden soll?

3

Auf einer rechteckigen Fläche eines Gartens soll Rasen eingesät werden. Die Fläche ist 27,5 m lang und 8,2 m breit.

a) Wie viel Kilogramm Rasensamen muss man kaufen, wenn 3 kg für 80 m^2 benötigt werden.

b) Für wie viel Quadratmeter Gartenfläche reicht eine Packung Rasensamen mit 5 kg?

4

Der transportable Swimming-Pool von Familie Fischer hat ein Fassungsvermögen von 20 m^3. Er wird Anfang Juni im Garten aufgebaut und mit einer elektrischen Pumpe mit Wasser gefüllt. Nach drei Stunden hat das Wasser eine Höhe von 35 cm erreicht.

a) Nach wie viel Stunden ist der Pool vollständig gefüllt, wenn er eine Wassertiefe von 1,25 m hat?

b) Berechne die Förderleistung der Pumpe in Kubikmeter pro Stunde.

c) Die Nachbarn von Familie Fischer besitzen eine Wasserpumpe mit der doppelten Förderleistung. Wie lange dauert es, wenn man den Pool gleichzeitig mit beiden Pumpen füllt?

5

Marion ist eine „Leseratte“. Sie beginnt mit dem Lesen eines sehr dicken Buches und überlegt: Wenn ich jeden Tag 32 Seiten lese, bin ich in 27 Tagen fertig.

a) Wie viel Tage benötigt sie, wenn sie jeden Tag 48 Seiten liest?

b) Wie viele Seiten muss sie pro Tag mindestens lesen, wenn sie das Buch bereits nach 10 Tagen zurück in die Bibliothek bringen muss?

6

Bauer Grünwald möchte auf seiner Wiese einen rechteckigen Auslauf für seine Gänse einzäunen. Die Fläche des Auslaufes soll möglichst groß werden. Zur Verfügung stehen 60 m Maschendraht.

a) Bezeichne die Länge des Rechtecks mit a und die Breite mit b.
Stelle in einer Tabelle mögliche Seitenlängen zusammen:

Seite a in Metern							
Seite b in Metern							

b) Ist die Zuordnung $a \rightarrow b$ proportional, indirekt proportional oder anders geartet?

c) Berechne für die Werte von a und b aus der Tabelle jeweils den Flächeninhalt des Rechtecks.
Für welche Abmessungen ist die Fläche des Auslaufes am größten?

7

Manuela und Karsten bestimmen Masse und Volumen einiger Gegenstände aus verschiedenen Metallen. Die Masse der Gegenstände bestimmen sie mit einer Briefwaage. Zur Messung des Volumens verwenden sie die Überlaufmethode.

a) Bei der Untersuchung von drei Gegenständen aus Kupfer erhalten sie folgende Messwerte:

Volumen	8 cm^3	12 cm^3	21 cm^3
Masse	71 g	107 g	187 g

Überprüfe, ob die Masse des Kupfers zum Volumen proportional ist.

b) Für eine Kugel aus Kupfer messen sie ein Volumen von 16 cm^3 und eine Masse von 88 g. Kann diese Messung richtig sein?

c) 85 cm^3 Aluminium wiegen 229,5 g.
Wie viel Gramm wiegen 42 cm^3 (200 cm^3) Aluminium?
Welches Volumen haben 64 g (250 g) Aluminium?

d) Von einem weiteren Gegenstand messen sie ein Volumen von 22 cm^3 und eine Masse von 156 g.
Kann dieser Gegenstand auch aus Aluminium bestehen?

e) Manuelas Mutter besitzt einen Armreifen, der glänzt wie Gold.
Wie kann sie überprüfen, ob dieser Armreifen wirklich aus Gold ist?

AUFGABE

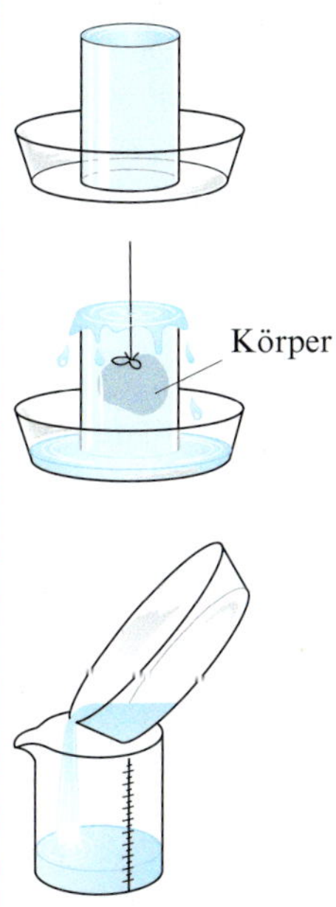

Erkläre die Überlaufmethode anhand der Abbildung.

8

Ein Pkw durchfährt eine Strecke auf der Autobahn mit einer Durchschnittsgeschwindigkeit von 160 km/h in 2 Stunden und 15 Minuten.
Wie lange benötigt ein Motorrad für die gleiche Strecke, wenn es mit 140 km/h fährt?

9

Berechne für ein gleichschenkliges Dreieck mit den Basiswinkeln α und β den Innenwinkel γ, den zugehörigen Außenwinkel γ' und den Winkel $\frac{\beta}{2}$.
Übertrage die Tabelle ins Heft und ergänze:

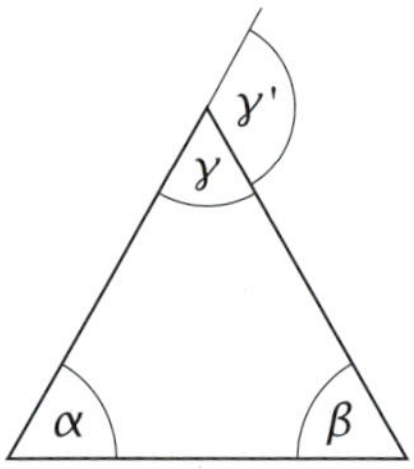

α	10°	20°	30°	40°	50°	60°	70°	80°
γ								
γ'								
$\frac{\beta}{2}$								

Welche der Zuordnungen $\alpha \to \gamma$, $\alpha \to \gamma'$, $\alpha \to \frac{\beta}{2}$ sind proportional?

10

Bauer Lindemann hat im Vorjahr folgende Ernteerträge erzielt:

a) Mit welchen Erträgen kann Bauer Lindemann unter gleichen Bedingungen wie im Vorjahr etwa rechnen?

HINWEIS
dt: Dezitonne
1 dt = 100 kg

	bestellte Fläche im Vorjahr	Ertrag im Vorjahr	bestellte Fläche in diesem Jahr
Weizen	12 ha	624 dt	23 ha
Zuckerrüben	21 ha	8 715 dt	14 ha
Gerste	15 ha	660 dt	11 ha

b) Wie viel Hektar Zuckerrüben darf er höchstens anbauen, wenn er nicht mehr als 10 000 dt verkaufen kann?

c) Wie viel Hektar Weizen muss er mindestens anbauen um 500 dt zu erzeugen?

Kornfeld

11

Dirk testet sein neues Fahrrad. Er fährt mit gleichmäßiger Geschwindigkeit und benötigt für eine Strecke von 36 Kilometern eineinhalb Stunden.

a) Welche Strecke hat er nach 20 Minuten (50 Minuten) zurückgelegt?

b) Welche Zeit benötigt er für 10 Kilometer (15 Kilometer)?

12

Das Fahrrad von Claudia hat eine Gangschaltung mit 7 Gängen. In dem Prospekt der Gangschaltung liest sie: Bei einer vollen Umdrehung des Tretlagers legt das Fahrrad folgende Strecken zurück: 1. Gang – 2,56 m, 2. Gang – 2,92 m, 3. Gang – 3,51 m, 4. Gang – 4,31 m, 5. Gang – 5,29 m, 6. Gang – 6,36 m, 7. Gang – 7,26 m.

a) Von zu Hause bis zur Schule benötigt Claudia 225 Umdrehungen im 4. Gang. Wie oft müsste sie im 3. bzw. im 5. Gang treten?

b) Bei einer Fahrt zu einem Aussichtsturm muss sie einen steilen Anstieg bewältigen. Sie zählt 75 Umdrehungen im 3. Gang. Im 1. und 2. Gang ist die Steigung jedoch leichter zu bewältigen.
Wie viele Umdrehungen des Tretlagers sind dafür jeweils erforderlich?

Teste dich!

1

Nenne einen Sachverhalt, der durch eine proportionale Zuordnung und einen Sachverhalt, der durch eine indirekt proportionale Zuordnung beschrieben werden kann. Erläutere.

2

Ein Karton mit 6 Flaschen Apfelsaft kostet 7,80 €. Wie viel muss man für 10 Flaschen bezahlen?

3

a) Zwei Gärtner brauchen zum Mähen der Rasenfläche eines großen Parks drei Arbeitstage zu acht Stunden. Wie lange brauchen drei Gärtner für dieselbe Arbeit?
b) Wie viele Leute müssten mähen, damit die Arbeit in acht Stunden geschafft wird?

4

a) Erstelle zu dem Diagramm eine Wertetabelle und ermittle eine Rechenvorschrift.
b) Welcher Wert gehört zu $x = 10$, welcher Wert gehört zu $x = 0$?
c) Handelt es sich um eine proportionale Zuordnung? Begründe.

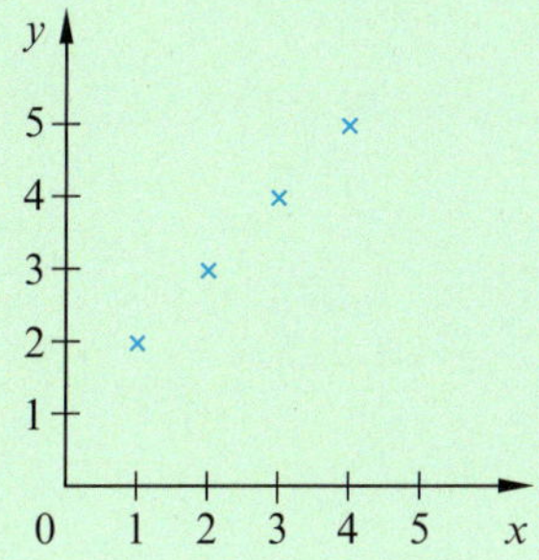

5

Skizziere eine grafische Darstellung
a) einer proportionalen Zuordnung,
b) einer indirekt proportionalen Zuordnung.

6

Übertrage die Wertetabellen in dein Heft.
Ergänze die fehlenden Werte so, dass sich bei a) eine proportionale Zuordnung und bei b) eine indirekt proportionale Zuordnung ergibt.

a)

x	2	5	7	14	20	100
y			35			

b)

x	2	5	7	14	20	100
y			35			

7

Ein Rechteck habe die Seiten a und b, mit $a = 2$ cm. Der Flächeninhalt A des Rechtecks hängt von der Länge der Seite b ab. Stelle die Zuordnung $b \to A$ grafisch dar. Um was für eine Zuordnung handelt es sich?

HINWEISE
1) Versuche zunächst, die Aufgaben ohne Hilfestellung zu lösen.

2) Wenn du doch Hilfe benötigst, findest du auf der angegebenen Seite ein Beispiel oder eine Anregung zum Lösen der Aufgabe.

Aufgabe	Seite
1	167/176
2	170
3	177
4	165/167/176
5	172/179
6	167/177
7	165/167/176

3) Im Anhang ab Seite 242 findest du die Lösungen der Aufgaben.
Vergleiche deine Ergebnisse mit diesen Lösungen und überprüfe so deinen Lernstand.

ZUSAMMENFASSUNG

Bei Zuordnungen wird jedem Wert aus einem Bereich ein Wert aus einem anderen Bereich zugeordnet. Zuordnungen können z.B. durch Wertetabellen, Diagramme oder Rechenvorschriften gegeben sein.

Proportionale Zuordnung

Wird die eine Größe verdoppelt (verdreifacht, ...), so verdoppelt (verdreifacht, ...) sich auch die andere Größe.
Wird die eine Größe halbiert (gedrittelt, ...), so halbiert (drittelt, ...) sich auch die andere Größe.

Faustregel: „Je mehr – desto mehr“

Die Verhältnisse
einander zugeordneter Zahlen sind stets gleich.

Zuordnungsvorschrift
$x \rightarrow y$ mit $\frac{y}{x} = m$ bzw. $y = m \cdot x,\ x \neq 0$

Beispiel
$x \rightarrow y$ mit $y = 1{,}5 \cdot x$

Wertetabelle

x	0,5	1	1,5	2	2,5	3
y	0,75	1,5	2,25	3	3,75	4,5

Grafische Darstellung

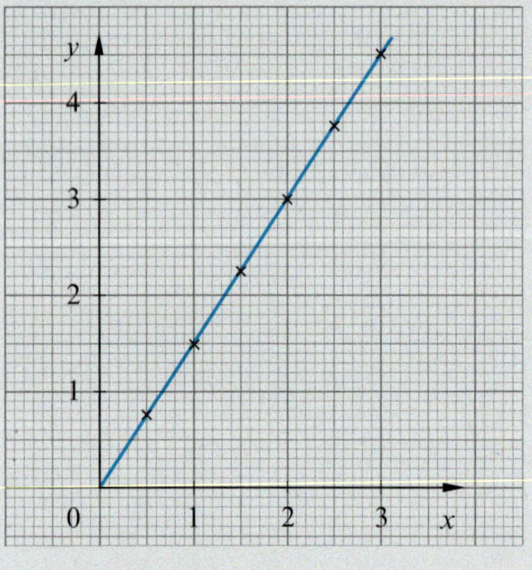

Alle Punkte liegen auf einer Geraden, die durch den Nullpunkt geht.

Indirekt proportionale Zuordnung

Wird die eine Größe verdoppelt (verdreifacht, ...), so halbiert (drittelt, ...) sich die andere Größe.
Wird die eine Größe halbiert (gedrittelt, ...), so verdoppelt (verdreifacht, ...) sich die andere Größe.

Faustregel: „Je mehr – desto weniger“

Die Produkte
einander zugeordneter Zahlen sind stets gleich.

Zuordnungsvorschrift
$x \rightarrow y$ mit $y \cdot x = k$ bzw. $y = \frac{k}{x},\ x \neq 0$

Beispiel
$x \rightarrow y$ mit $y \cdot x = 4$ bzw. $y = \frac{4}{x},\ x \neq 0$

Wertetabelle

x	0,5	1	2	3	4	5
y	8	4	2	$\frac{4}{3}$	1	0,8

Grafische Darstellung

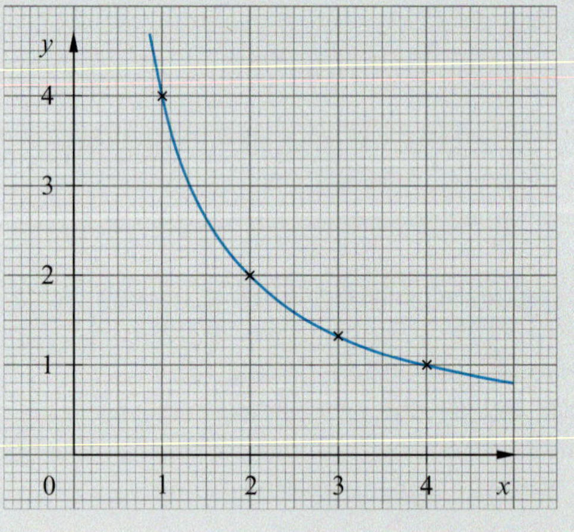

Die Punkte liegen auf einer Kurve, die sich für sehr kleine x-Werte an die y-Achse und für sehr große x-Werte an die x-Achse anschmiegt.

Spiegelung, Verschiebung und Drehung

Dreht sich ein Riesenrad, so sieht es in vielen Stellungen immer wieder gleich aus. Würde man es an einer der zahlreichen Symmetrieachsen oder am Mittelpunkt spiegeln, so ergäben sich ebenfalls keine Veränderungen.

Achsensymmetrie

1

Anja und Paul warten nach der Schule auf den Bus, der schon um 11.56 Uhr kommen sollte. Paul fragt Anja ungeduldig, wie spät es ist.
Anja: „Schau dir mal meine Uhr an. Dass Ziffernblatt mit den Zeigern ist gerade achsensymmetrisch, wenn die Achse durch die Zeiger gelegt wird.“

a) Wie spät ist es auf Anjas Uhr?
b) Überlege, welche Uhrzeiten noch achsensymmetrisch sind.
c) Testet an einer Uhr, ob ihr alle Zeiten herausgefunden habt.
d) Welche Uhrzeiten sind bei digitaler Anzeige achsensymmetrisch?

2

Falte ein Blatt Papier. Tropfe in die Falte etwas Tinte. Drücke dann beide Seiten zusammen.
Was fällt dir alles auf?

3

Das Bild eines Schmetterlings ist zumindest auf den ersten Blick achsensymmetrisch. Nenne weitere Tiere, die achsensymmetrisch sind.
Skizziere diese Tiere.

Kleiner Schillerfalter

WISSEN

Achsensymmetrische Figuren können so gefaltet werden, dass die dabei entstehenden zwei Teile der Figur genau deckungsgleich sind.

Die Faltgerade nennt man auch **Symmetrieachse** der Figur.

AUFGABE
Sind diese Blumen symmetrisch?
Nenne weitere symmetrische Blumen.

a)

b)

c)

4

a) Welche der Figuren im Bild sind achsensymmetrisch?
b) Übertrage die achsensymmetrischen Figuren ins Heft und zeichne die Symmetrieachsen ein.

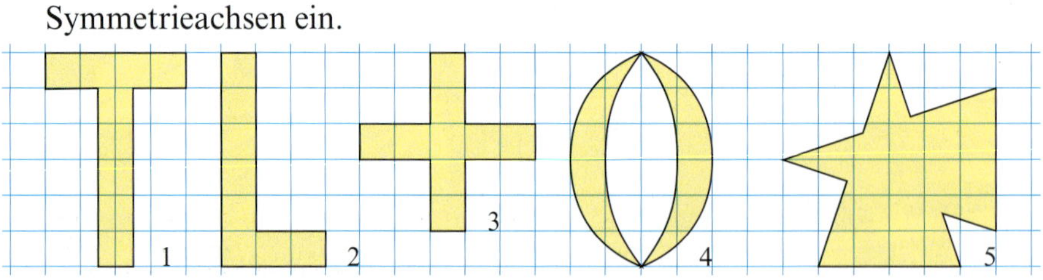

5

Zeichne selbst achsensymmetrische Figuren und eine Symmetrieachse.
Zeichne dabei auch Figuren mit mehreren Symmetrieachsen.

6

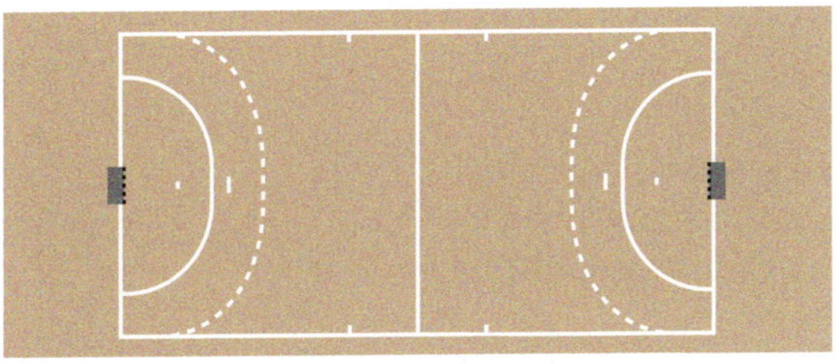

Handballfeld

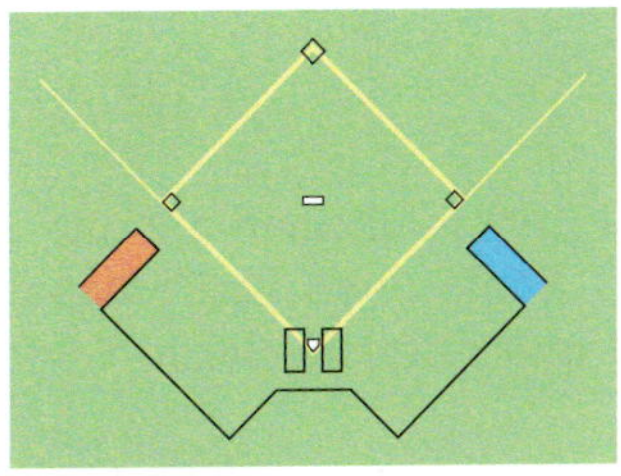

Baseballfeld

a) Sind die Spielfelder achsensymmetrisch? Gib gegebenenfalls die Symmetrieachsen an.
b) Nenne andere Sportarten mit einem achsensymmetrischen Spielfeld.

AUFGABE

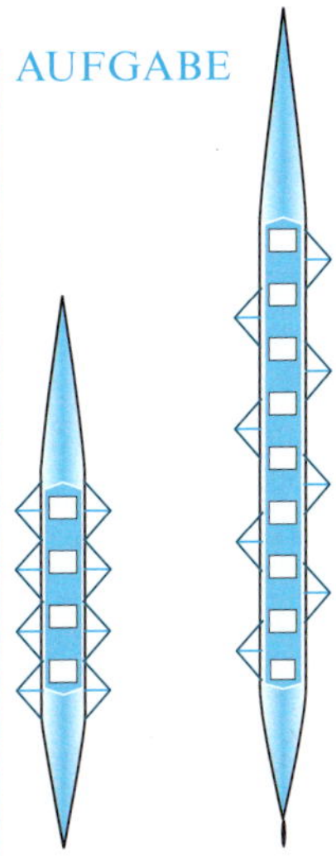

Doppelvierer Achter

Welches der Ruderboote ist achsensymmetrisch, welches nicht?

7

Friederike zeigt uns Ballettpositionen. Welche sind achsensymmetrisch? Finde heraus, wie sich diese Ballettpositionen nennen.

8

Skizziere die Stadtplanzeichen im Heft. Zeichne die Symmetrieachsen ein.

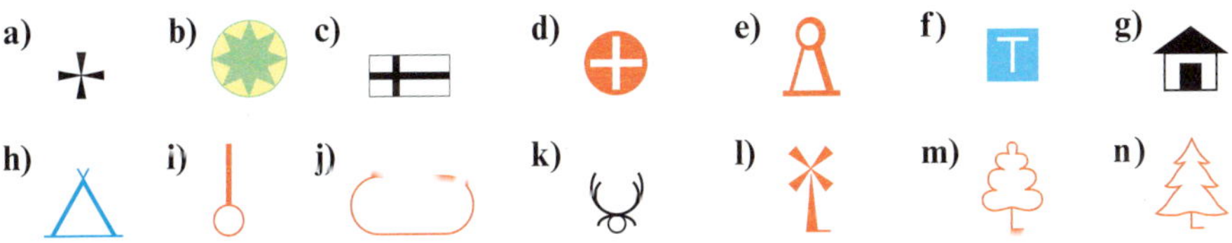

AUFTRAG
Die Zeichen aus Aufgabe 8 findet man in der Legende von Stadtplänen. Suche in einem Stadtplan die Erklärung zu jedem Zeichen.

9

Sind die Ornamente achsensymmetrisch?
Wie kannst du sie sonst drehen, wenden oder verschieben, dass wieder die gleiche Figur entsteht?

a)

b)

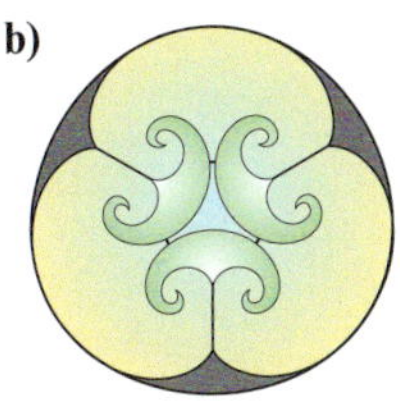

c)

Spiegelung

1

Spiegelbilder am Spiegel

Zeichne eine Gerade s auf eine Kästchenlinie und auf eine Seite neben der Geraden ein Dreieck ABC. Stelle einen Taschenspiegel aufrecht auf die Gerade s. Umfahre jetzt die Figur mit dem Bleistift und beobachte den Stift im Spiegelbild.

a) Zeichne das Bild A' des Punktes A dort hinter dem Spiegel auf, wo man das Spiegelbild sieht. Kennzeichne ebenso die Bildpunkte B' und C'.

b) Prüfe, ob du die Punkte A', B', C' richtig eingezeichnet hast.

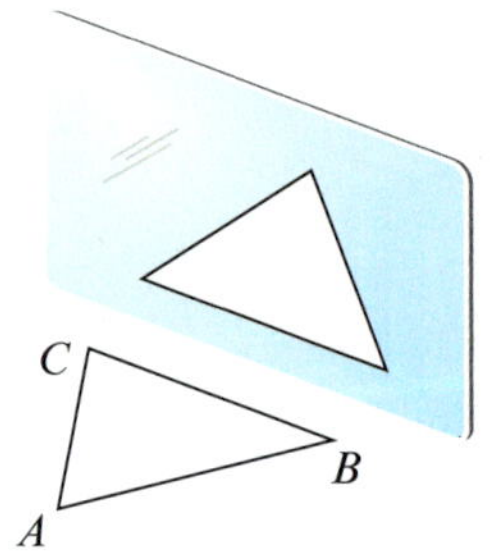

2

Übertrage ins Heft. Zeichne jeweils das Bild der Figur bei der Spiegelung an s. Prüfe mit einem Taschenspiegel, ob du richtig gezeichnet hast.

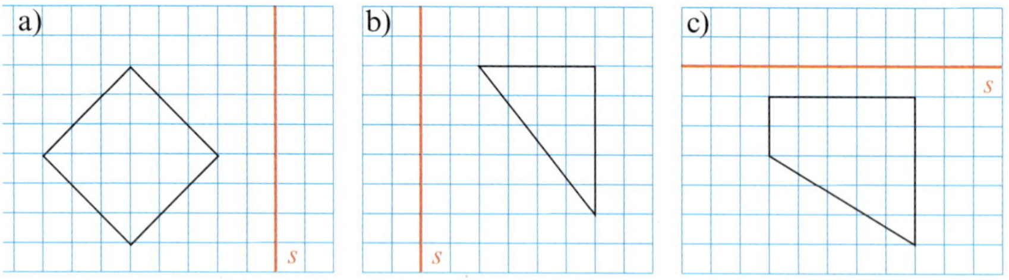

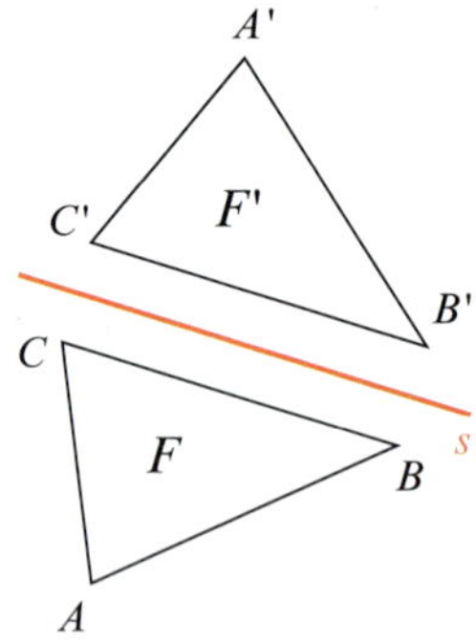

3

Spiegelbilder durch Nadelkopien

a) Zeichne ein Vieleck $AB\ldots$ (Figur F) und eine Gerade s auf ein Blatt. Falte das Blatt entlang der Geraden s und kopiere jeden Eckpunkt mit einem Nadelstich. Bezeichne die Bildpunkte mit A', B', … und verbinde die Bildpunkte zur Bildfigur F'.

b) Stelle einen Spiegel senkrecht auf die Faltlinie s. Betrachte das Spiegelbild der Figur F und die Nadelkopie F'. Was stellst du fest?

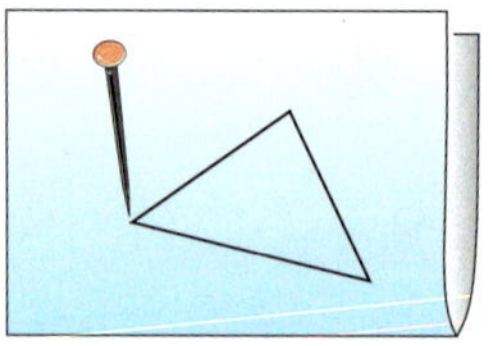

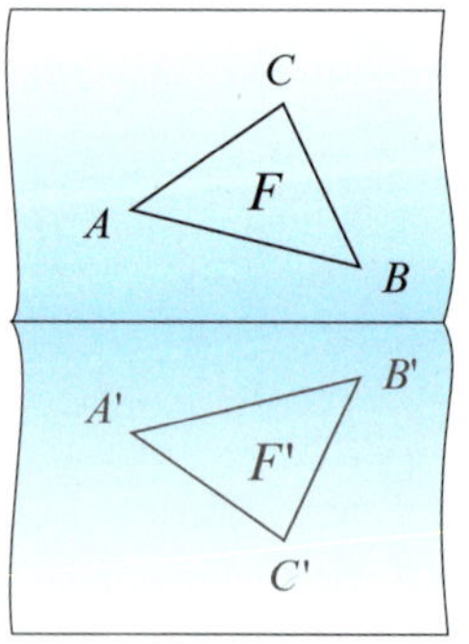

4

Übertrage die Figur F und die Faltgerade s auf ein Blatt Papier. Erzeuge das Spiegelbild F' durch eine Nadelkopie.

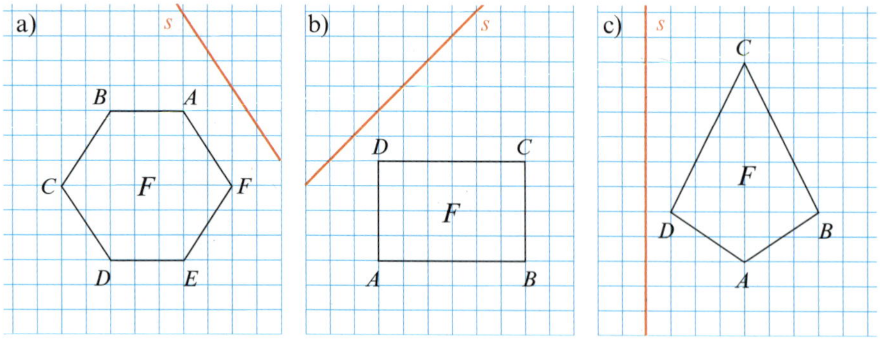

5

a) Zeichne die Figur aus Aufgabe 4c) ins Heft und trage die Symmetrieachse ein. Prüfe mit dem Taschenspiegel: Ist die Symmetrieachse auch Spiegelgerade?

b) Wie unterscheiden sich Symmetrieachse und Spiegelgerade? Überlegt in kleinen Gruppen und formuliert einen Antwortsatz.

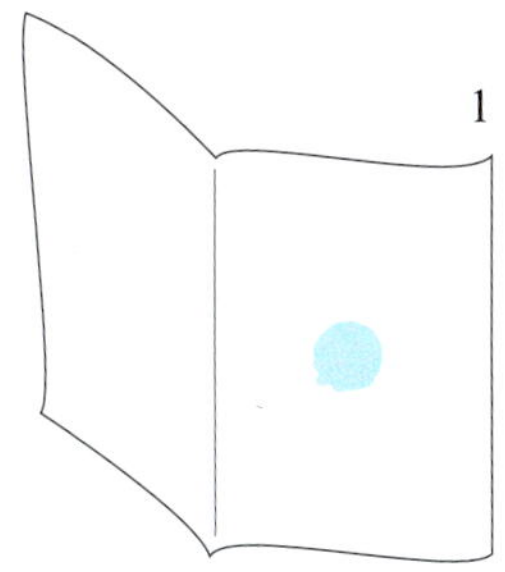

6

Spiegelbilder durch Klecksbilder

Stelle ein Klecksbild her (s. rechts). Kennzeichne einige Punkte in der Figur F und bezeichne diese mit A, B usw. Bezeichne die zugehörigen Bildpunkte mit A', B' usw. Stelle einen Taschenspiegel senkrecht auf die Faltlinie s. Überprüfe, ob du jedem Punkt den richtigen Bildpunkt zugeordnet hast.

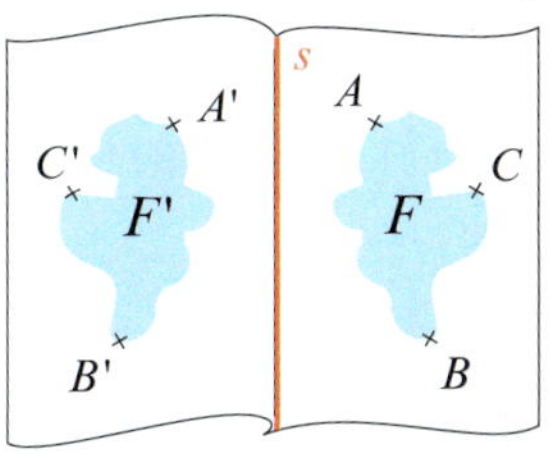

WISSEN

Mithilfe eines Spiegels, einer Nadelkopie oder eines Klecksbildes kann man zu einer Figur F ein **Spiegelbild F'** erzeugen.
Alle diese Verfahren sind Beispiele für eine **Achsenspiegelung**.

Die Punkte der Originalfigur F bezeichnet man mit $A, B, C, \ldots$
Die zugehörigen Bildpunkte in der Bildfigur F' werden mit $A', B', C', \ldots$ bezeichnet.

Die Faltlinie s nennt man **Spiegelgerade**.

Die Figuren F und F' liegen achsensymmetrisch zur Spiegelgeraden s.

7

Spiegelbilder von Körpern

a) Baue aus Bausteinen einen Körper auf einem Blatt Papier. Zeichne eine Gerade s auf das Blatt und stelle senkrecht auf s einen Taschenspiegel. Baue das Spiegelbild aus Bausteinen hinter dem Spiegel nach.

b) Baue weitere Körper und deren Spiegelbilder, ohne den Spiegel zu benutzen. Überprüfe anschließend mit einem Taschenspiegel. Korrigiere, wenn nötig, das aufgebaute Spiegelbild.

Spiegelung eines Körpers an einer Ebene

WISSEN

Bei der Spiegelung von Körpern tritt an die Stelle der Spiegelgeraden eine **Spiegelebene**.

Die Spiegelebene kann man sich durch den Spiegel veranschaulichen.

Ein Körper und sein Spiegelbild liegen ebenensymmetrisch zur Spiegelebene.

8

Übertrage die Figur F und die Gerade s ins Heft. Zeichne das Spiegelbild F'.

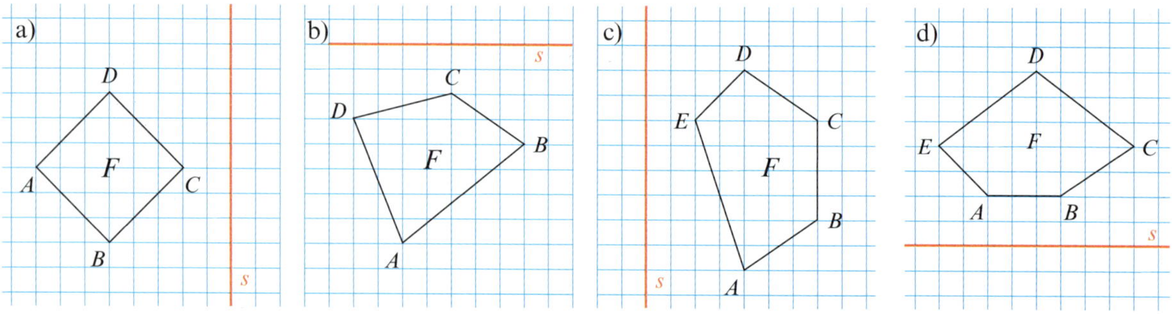

9

Zeichne das Viereck $ABCD$ und die durch die Punkte P und Q gegebene Spiegelgerade s in ein Koordinatensystem (Einheit: 1 Kästchen).
Spiegele das Viereck an der Geraden s. Bezeichne die Bildpunkte. Überprüfe deine Zeichnung mit einem Taschenspiegel.

a) $A(3|0)$, $B(6|1)$, $C(3|4)$, $D(0|1)$, $P(8|0)$, $Q(0|8)$
b) $A(6|0)$, $B(12|0)$, $C(14|4)$, $D(6|4)$, $P(1|0)$, $Q(14|13)$
c) $A(11|5)$, $B(8|5)$, $C(6|3)$, $D(11|0)$, $P(6|0)$, $Q(6|6)$

10

Die Figur F' ist das Spiegelbild der Figur F.

a) Beschreibe die Lage eines Punktes und seines Bildpunktes zur Spiegelgeraden.
b) Wie liegen die Strecken $\overline{AA'}$, $\overline{BB'}$, $\overline{CC'}$ und $\overline{DD'}$ zur Spiegelgeraden?

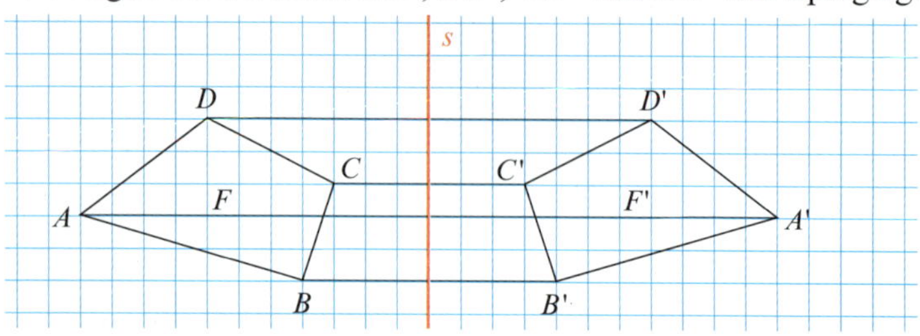

WISSEN

Konstruktion eines Bildpunktes A' zu einem Punkt A bei einer Geradenspiegelung **(Achsenspiegelung)**

1. Man zeichnet durch den Punkt A die Senkrechte zur Spiegelachse.
2. Der Bildpunkt A' hat von der Spiegelachse s den gleichen Abstand wie A.
$\overline{A'P} = \overline{AP}$

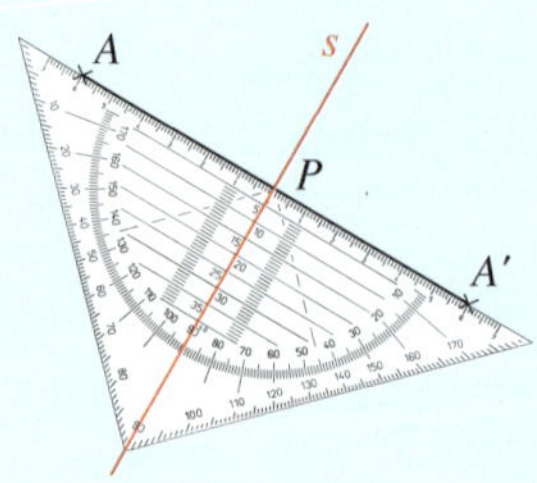

INFORMATION
Die Spiegelgerade ist die Symmetrieachse von Figur und Bildfigur. Deshalb spricht man auch von einer **Spiegelachse**.

11

Übertrage die Figur F ins Heft. Spiegele die Eckpunkte mit dem Geodreieck an der Geraden s. Bezeichne die Bildpunkte und verbinde diese zur Bildfigur F'.

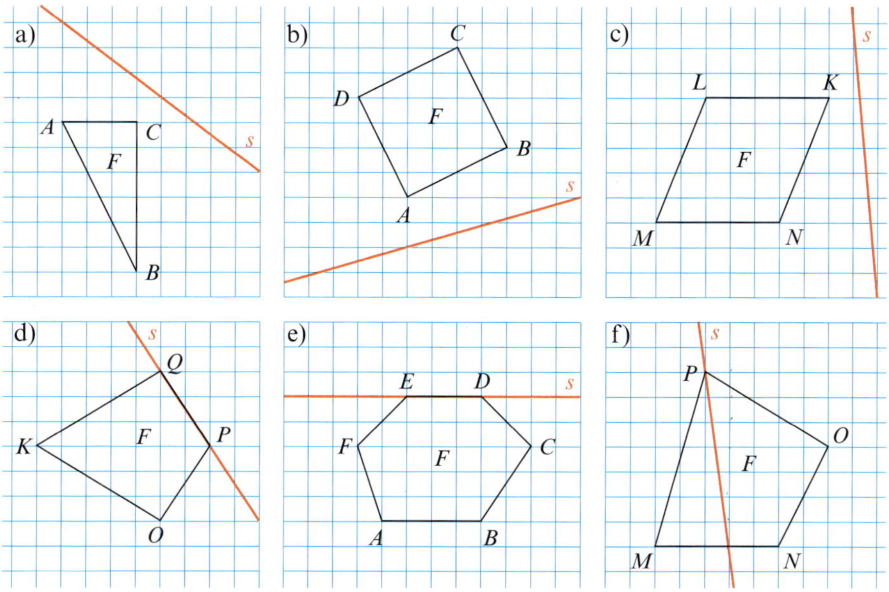

HINWEIS
Liegt ein Punkt A auf der Spiegelgeraden s, so fällt er mit seinem Bildpunkt A' zusammen: $A = A'$.

12

Zeichne ein Rechteck $ABCD$ mit $\overline{AB} = 4$ cm und $\overline{AD} = 3$ cm.
Ermittle jeweils das Bild der Spiegelung.

a) Spiegelung an AB **b)** Spiegelung an BC **c)** Spiegelung an AC

BEACHTE
A' sei der Bildpunkt eines Punktes A bei einer Geradenspiegelung.
Die Strecke $\overline{AA'}$ ist dann senkrecht zur Spiegelgeraden s.
Die Spiegelgerade s halbiert die Strecke $\overline{AA'}$.

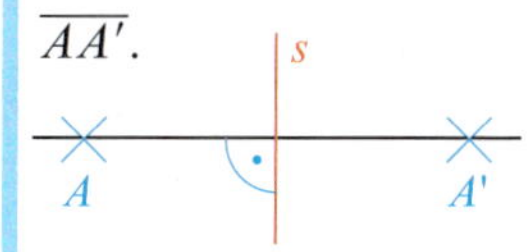

„s ist die Mittelsenkrechte der Strecke $\overline{AA'}$."

13

Zeichne zwei Punkte A und A' beliebig in dein Heft. Konstruiere dann eine Spiegelgerade so, dass A' das Bild von A ist.
Erläutere deine Konstruktion.

14

Vergleiche dein Bild im Spiegel mit einem Foto von dir. Was fällt dir auf?

ANREGUNG
Besorgt euch eine Digital-Kamera. Malt euch mit Creme einen Punkt ins Gesicht und fotografiert euch gegenseitig. Ladet das Bild auf den Computer und druckt es aus. Haltet das Foto gerade vor einen Spiegel und vergleicht. Was fällt euch auf?

15

a) Zeichne in ein Koordinatensystem: das Dreieck $A(1|1)$, $B(3|1)$, $C(1|5)$ und die Gerade s durch die Punkte $P(5|1)$ und $Q(0|6)$.
b) Spiegele das Dreieck ABC an der Geraden s und bezeichne die Bildpunkte.
c) Vergleiche die Länge jeder Strecke und der zugehörigen Bildstrecke.
d) Miss jeden Winkel im Dreieck ABC und den zugehörigen Bildwinkel. Vergleiche die Winkelgrößen.

WISSEN

Bei jeder Spiegelung erhält man deckungsgleiche Figuren.

Deshalb gilt insbesondere:

1. Jede Bildstrecke hat die gleiche Länge wie die Originalstrecke.
2. Jeder Bildwinkel hat die gleiche Größe wie der Originalwinkel.

BEACHTE

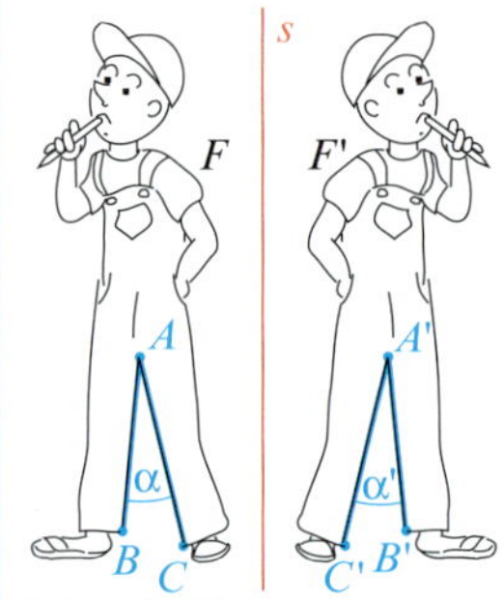

$\overline{AB} = \overline{A'B'}$,
$\overline{AC} = \overline{A'C'}$,
$\alpha = \alpha'$

BEISPIEL

Die Figur $A'B'C'D'$ ist *nicht* das Bild von $ABCD$ bei der Achsenspiegelung an s.

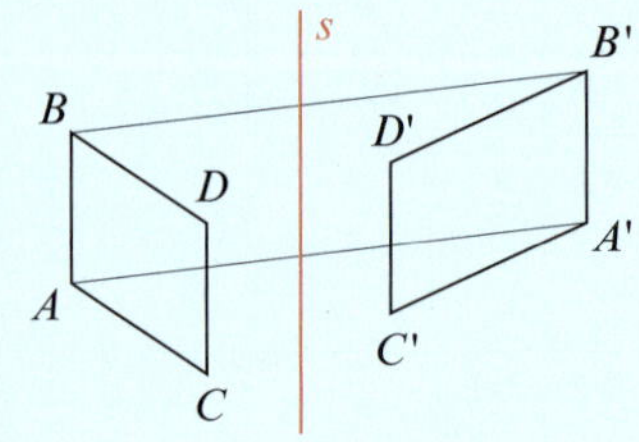

Mögliche Begründungen sind:
- $\overline{AC}$ und $\overline{A'C'}$ sind nicht gleich lang (oder $\overline{BD}$ und $\overline{B'D'}$ sind nicht gleich lang).
- $\overline{AA'}$ ist nicht senkrecht zu s (oder $\overline{BB'}$ ist nicht senkrecht zu s).

16

Dreieck PQR ist das Bild des Dreiecks ABC bei Spiegelung an der Geraden s.
Nenne gleich große Strecken und gleich große Winkel in den beiden Dreiecken.

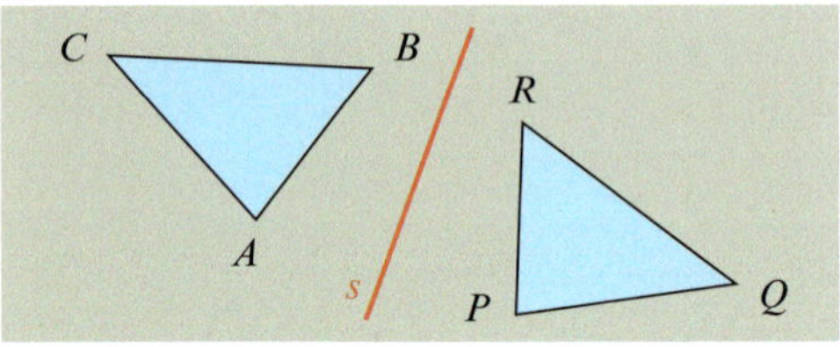

17

Zeichne in ein Koordinatensystem die Punkte $A(2|2)$, $B(6|3)$, $C(5|7)$, $D(3|6)$ sowie $A'(13|2)$, $B'(8|3)$, $C'(9|7)$, $D'(12|6)$ und $P(7|1)$, $Q(7|8)$.
Ist das Viereck $A'B'C'D'$ ein Spiegelbild von $ABCD$ an der Geraden PQ?

18

Untersuche, ob die Figur F' das Bild der Figur F bei der Spiegelung an der Gerade s sein kann. Begründe deine Entscheidung.

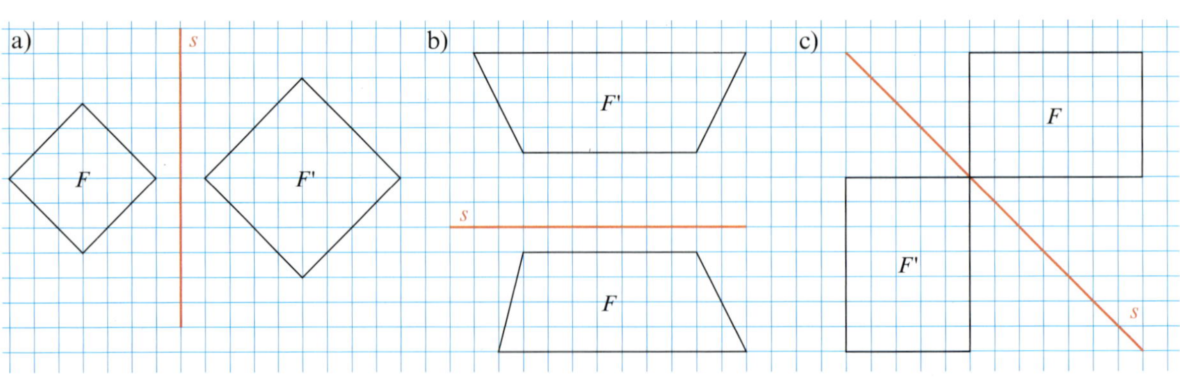

19

a) Untersuche, ob die Figur F' durch eine Achsenspiegelung an der Spiegelgeraden s aus der Figur F entstanden ist. Begründe deine Entscheidung mit den Eigenschaften der Achsenspiegelung.

b) Zeichne die Figuren F und die Spiegelachsen s ins Heft. Spiegele jeweils die Figur F mit dem Geodreieck an s und vergleiche mit den vorgegebenen Bildfiguren.

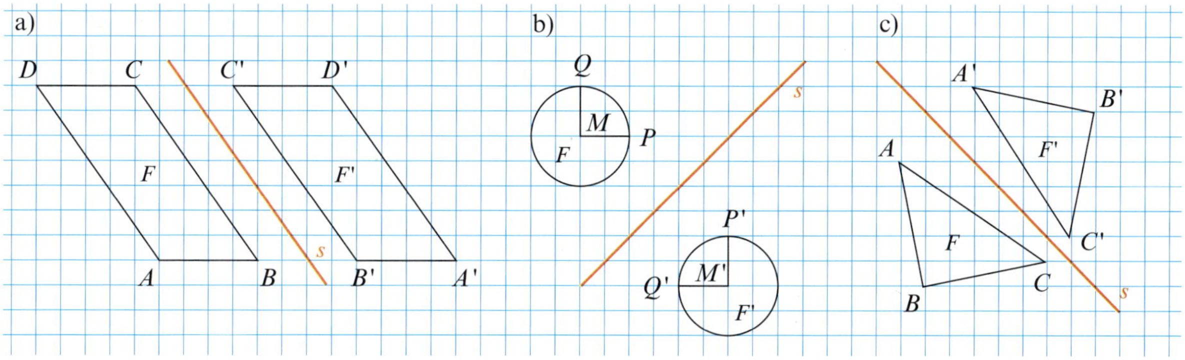

20

Zeichne einen beliebigen Winkel. Wie kannst du einen gleich großen Winkel erhalten ohne die Winkelgröße zu messen?

21

Übertrage die Figur F und den Bildpunkt A' ins Heft. Konstruiere dann die Spiegelgerade s so, dass der Punkt A' das Spiegelbild des Punktes A ist. Spiegele nun die Figur F an der Geraden s.

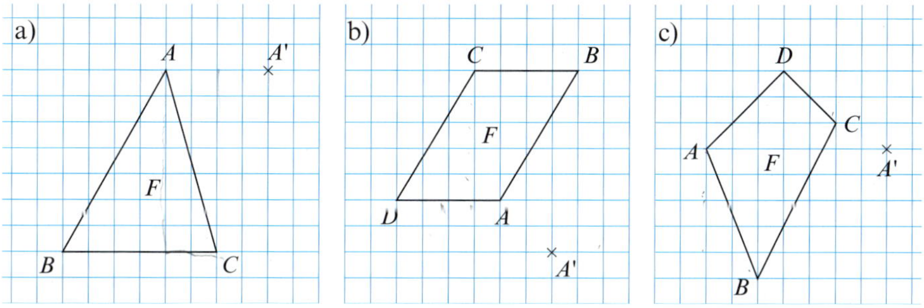

22

Für diese Aufgabe benötigst du einen Partner.
Jeder von euch nimmt sich ein kariertes Blatt Papier, um darauf drei Aufgaben zu Spiegelungen zu entwerfen. Dazu zeichnet ihr eine lange Spiegelachse s und drei verschiedene Figuren F. Anschließend tauscht ihr die Zeichnungen mit eurem Partner aus und jeder konstruiert zu den Figuren F des Partners die Spiegelbilder F' bezüglich der Geraden s.
Sind alle Figuren gespiegelt, überprüft ihr die Ergebnisse eures Partners.

Regelmäßige Vielecke

Ein Dreieck, in dem alle Seiten gleich lang sind, nennt man ein **gleichseitiges Dreieck**.

BEISPIEL

Konstruktion eines gleichseitigen Dreiecks mit der Seitenlänge 2 cm

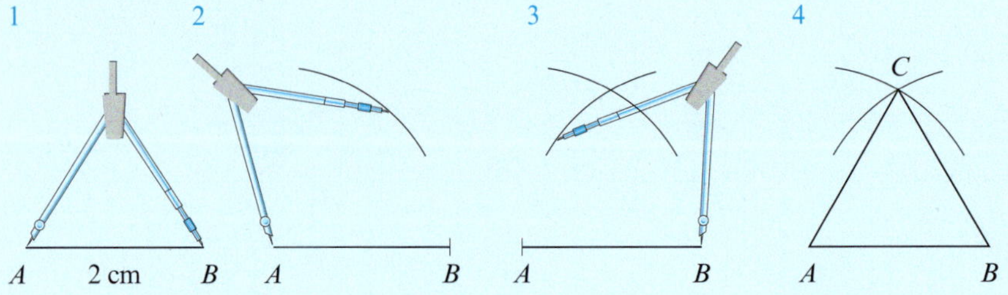

INFORMATION
Wenn Zeichnungen mit Zirkel und Lineal ausgeführt werden, spricht man von der **Konstruktion** einer Figur.

1

Konstruiere ein gleichseitiges Dreieck mit der Seitenlänge 4 cm.
a) Miss alle drei Winkel.
b) Wie viele Symmetrieachsen hat das gleichseitige Dreieck?
c) Konstruiere gleichseitige Dreiecke mit der Seitenlänge 5 cm (6 cm; 8 cm). Welche Eigenschaften haben alle gleichseitigen Dreiecke?

HINWEIS
Gehe sorgfältig mit dem Zirkel um. Verletzungsgefahr!

2

Zeichne einen Kreis mit einer Zirkelspanne von 3 cm. Behalte die Zirkelspanne auch weiterhin bei.
a) Markiere auf der Kreislinie einen Punkt *A*. Konstruiere von *A* aus mit der Zirkelspanne 3 cm die Punkte *B*, *C* usw. (siehe Randspalte). Wenn du sehr genau zeichnest, gelangst du wieder zum Punkt *A*.
b) Verbinde die Punkte *A*, *B*, *C* usw. auf der Kreislinie durch einen geschlossenen Streckenzug. Welche Figur ist entstanden?
c) Verbinde alle Punkte mit dem Punkt *M*.
Miss alle am Punkt M entstandenen Winkel. Vergleiche sie untereinander und mit dem Vollwinkel von 360°.

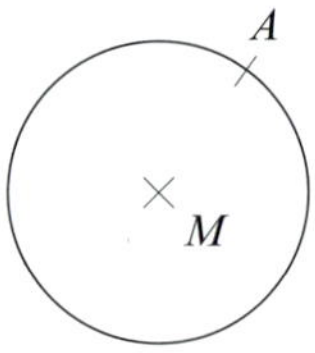

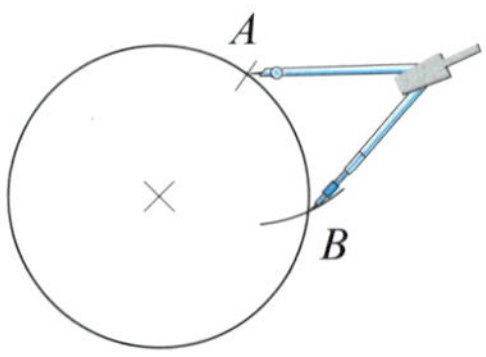

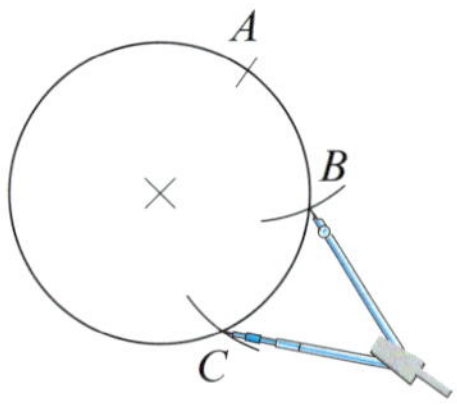

WISSEN

Bei einem **regelmäßigen Vieleck** sind alle Seiten gleich lang. Die Eckpunkte liegen auf einem Kreis.

3-Eck

4-Eck

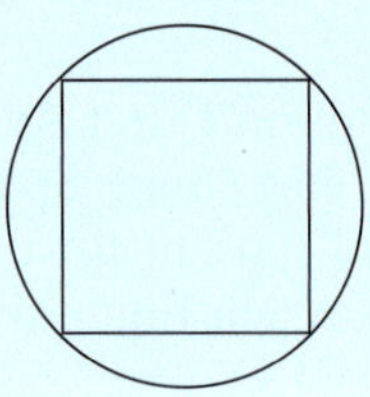

6-Eck

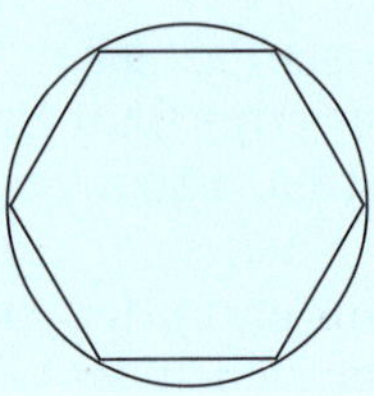

3

Bei Aufgabe 2 entstand ein regelmäßiges Sechseck. Hast du eine Idee, wie man ein regelmäßiges Achteck konstruieren kann? Beachte besonders Aufgabenteil 2 c). Probiere deine Konstruktion aus.

4

a) Zeichne ein Quadrat mit der Seitenlänge 5 cm. Das Quadrat ist ein regelmäßiges Viereck. Wie findest du den Mittelpunkt des Kreises, auf dem die Eckpunkte des Quadrates liegen? Zeichne auch den Kreis.
b) Jedes regelmäßige Viereck ist auch gleichseitig. Es gibt aber gleichseitige Vierecke, deren Eckpunkte nicht auf einem Kreis liegen und somit nicht regelmäßig sind. Zeichne ein Viereck, das gleichseitig, aber nicht regelmäßig ist.

BEISPIEL

Konstruktion von regelmäßigen Vielecken mithilfe eines Kreises und der gleich großen Winkel in der Mitte.

Beispiele:
4-Eck: 360°:4 = 90°
5-Eck: 360°:5 = 72° (siehe Bild)
9-Eck: 360°:9 = 40°

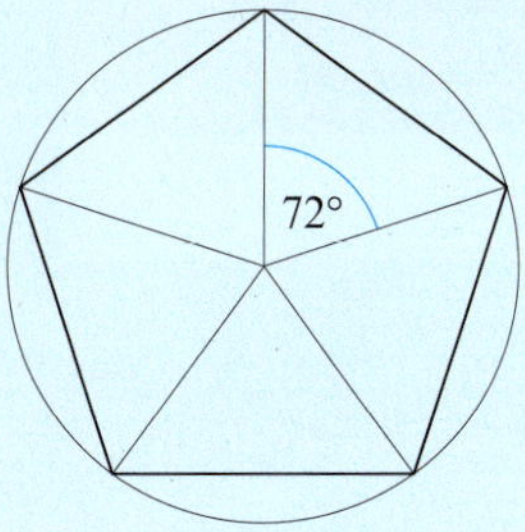

AUFGABE
Untersuche alle Figuren dieser Seite, auf Achsensymmetrie. Gib jeweils die Symmetrieachsen an.

5L

a) Wie groß sind die Winkel in der Mitte bei einem regelmäßigen 3-, 8-, 10- bzw. 12-Eck?
b) Konstruiere ein regelmäßiges 5-Eck, 8-Eck, 9-Eck, 10-Eck und 12-Eck. Zeichne dazu jeweils einen Kreis mit der Zirkelspanne von 3 cm.
c) Wie viele Symmetrieachsen haben die Vielecke jeweils? Formuliere zwei Sätze der Art: Ein regelmäßiges Vieleck mit … Ecken hat … Symmetrieachsen.

6

a) Warum kann man ein regelmäßiges Siebeneck nicht so leicht zeichnen wie ein regelmäßiges Fünf- oder Neuneck?
b) Zeichne einen Winkel von 103° und um seinen Scheitelpunkt einen Kreis mit Radius 5 cm. Nimm dann als Zirkelspanne den Abstand der beiden Schnittpunkte und konstruiere wie in Aufgabe 2 weitere Punkte auf der Kreislinie. Warum erreichst du, wenn du genau zeichnest, beim siebten Mal beinahe einen der Ausgangspunkte?

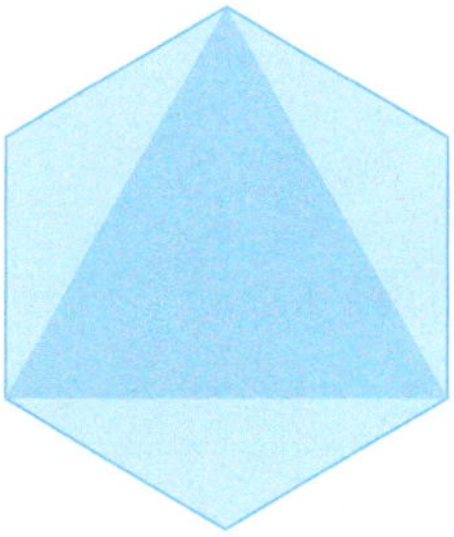

7

In ein regelmäßiges Sechseck kann man ein regelmäßiges Dreieck einzeichnen. Welche regelmäßigen Vielecke kann man in ein regelmäßiges 12-Eck einzeichnen? Überlege erst und probiere es dann aus.

Ein Blick in die Computerwelt

Dynamische Geometrie-Software

Symmetrie. Ein Schmetterling hat die Eigenschaft, dass seine beiden Flügel beim Zusammenklappen zur Deckung kommen. Er ist achsensymmetrisch.

AUFGABEN

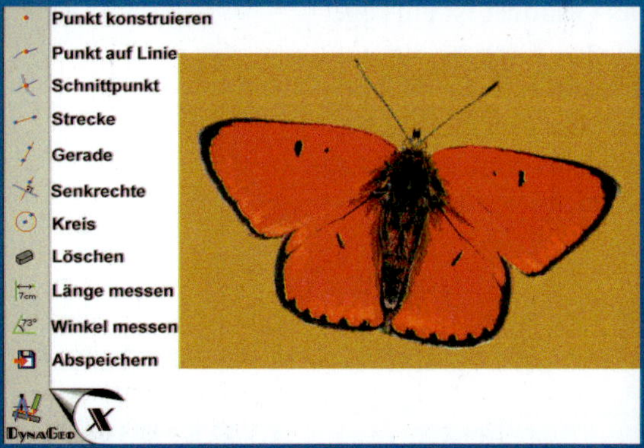

1. Drucke die Datei aus und falte so, dass die Schmetterlingsflügel zur Deckung kommen.
- Wie verläuft die Spiegelachse? Zeichne sie möglichst genau in der Datei ein.
- Markiere auf dem rechten Flügel einen Punkt und verbinde ihn mit dem entsprechenden Punkt auf dem linken Flügel. Wiederhole dies für weitere Punkte. Was fällt dir bei den Strecken auf? Benutze die Messwerkzeuge.
- Zeichne Kreise, die durch jeweils zusammengehörige Punkte gehen. Wieso können diese Kreise helfen, achsensymmetrische Figuren zu erstellen? Notiere deine Beobachtungen.

2. Zu jedem Punkt der „Schmetterlings"-Figur gibt es einen Spiegelpunkt.
- Konstruiere mit den Werkzeugen *Kreis* und *Schnittpunkt* die jeweiligen Spiegelpunkte.
- Noch einfacher geht es mit dem Werkzeug *Objekt an Achse spiegeln*, indem du auf den Punkt und die Achse klickst. Spiegele A, B, C, D, E, F, G an der Spiegelachse und vervollständige zu einem N-Eck.
- Verändere auch die Figur durch Ziehen an den Punkten zu anderen „Batman"-Figuren.

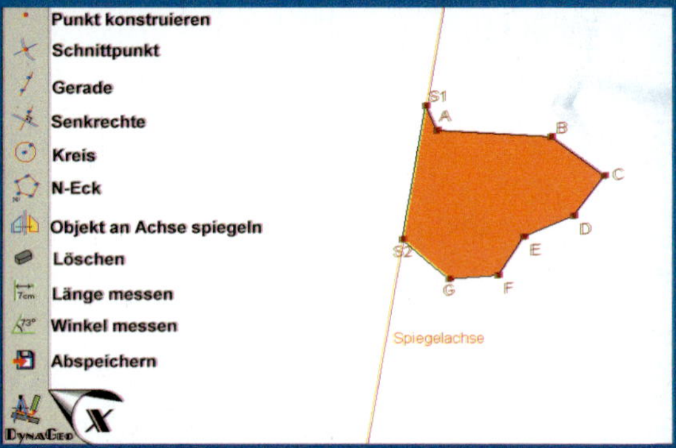

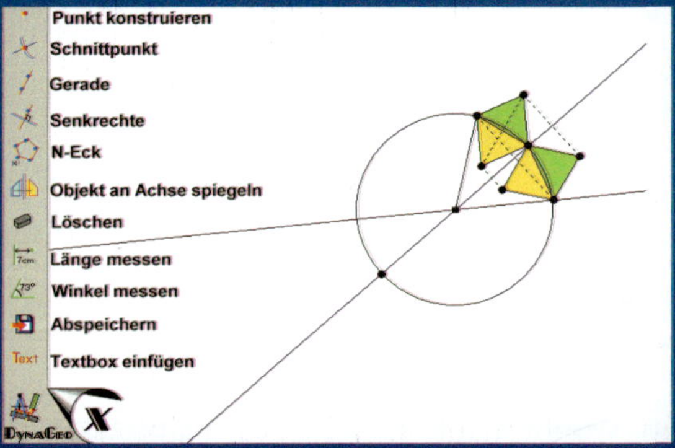

3. Erzeuge aus der Figur oben einen Stern mit dem Werkzeug *Objekt an Achse spiegeln.*
- Verändere die Figur durch Ziehen an den Punkten, erzeuge verschiedene Sternfiguren. Welche Besonderheiten haben diese Sterne?
  Tipp: Verwende auch die Messwerkzeuge.

198-1

Muster. In deiner Umwelt begegnen dir überall geometrische Muster. Denke etwa an Verkehrszeichen oder an die Logos von Automarken und anderen Firmen. Solche Muster kannst du hier untersuchen und selber erstellen.

Übrigens

Wo findest du in deiner Umgebung Muster? Skizziere zwei von diesen Mustern. Beobachte, wie die Muster aufgebaut sind. Notiere deine Feststellungen.
Gib drei Werkzeuge in deiner DGS an, die wesentlich sein könnten um diese Muster zu erstellen.

AUFGABEN

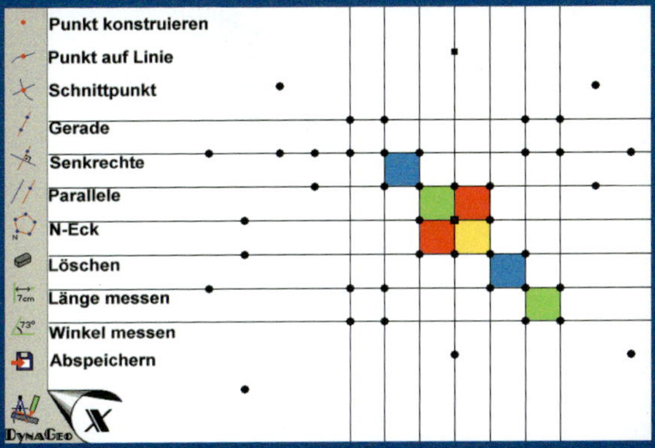

4. Betrachte die dargestellten Geraden, sie bilden ein Muster.
- Untersuche, wie dieses Muster aufgebaut ist. Miss auch die Abstände der Geraden. Halte deine Ergebnisse im Heft fest.
- Konstruiere obenstehendes oder ein ähnliches Geradenmuster mit deiner DGS. Ergänze das Muster weiter; verwende auch das Werkzeug Parallele.
- Du kannst dem Geradenmuster auch Vierecke hinzufügen und diese färben. Erweitere dein Geradenmuster in dieser Weise. Beziehe dabei auch die vorgegebenen Punkte mit ein und nutze die Möglichkeit, Flächen zu färben. Verwende auch das Werkzeug *Vieleck* (*N-Eck*).

5. Muster können auf unterschiedliche Art und Weise gebildet werden.
- Ergänze das Dreiecksmuster durch geeignete Verbindung vorhandener Punkte. Es sind mehrere Kombinationen denkbar.
- An „Zug 1" und „Zug 2" kannst du ziehen. Beobachte die Veränderungen des Musters, wenn du an diesen beiden Punkten ziehst.
- Die vorgegebenen Punkte liegen auf zwei Kreisen. Konstruiere diese.
- Fülle weitere Bereiche deines Musters durch Einfügen weiterer N-Ecke.
- Welche Muster findest du besonders schön? Versuche, deine Empfindung zu begründen.

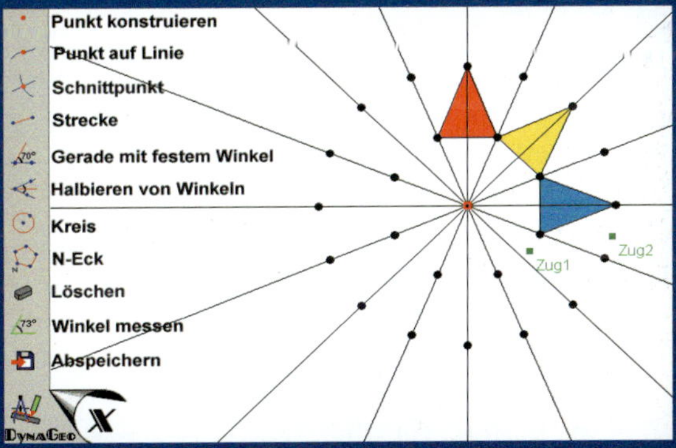

199-1

Verschiebung

1

Beatrice hilft beim Tapezieren. Ihre Mutter erklärt ihr, dass man beim Zuschneiden der Tapeten genau auf das Muster achten muss.

a) Beschreibe, durch welche Verschiebungen in welche Richtungen das ganze Muster aus einer Grundfigur entsteht.

b) Wie muss das obere Ende einer Tapetenbahn gemustert sein, die neben die abgebildete Bahn geklebt werden soll? Spielt es eine Rolle, ob die Bahn rechts oder links angebracht wird?

c) Entwirf selbst eine Tapete, deren Muster durch Verschiebungen einer Grundfigur entsteht.

2

In der Zeichnung ist das Viereck $A'B'C'D'$ das Bild des Vierecks $ABCD$ bei der Verschiebung um den Pfeil $\overrightarrow{PQ}$. Übertrage die Vierecke und den Pfeil ins Heft.
Verbinde jeden Eckpunkt mit seinem Bildpunkt durch einen Pfeil (Spitze beim Bildpunkt).

a) Vergleiche die Länge der Pfeile $\overrightarrow{PQ}$, $\overrightarrow{AA'}$, $\overrightarrow{BB'}$, $\overrightarrow{CC'}$ und $\overrightarrow{DD'}$.

b) Was kannst du über die Lage der fünf Pfeile sagen?

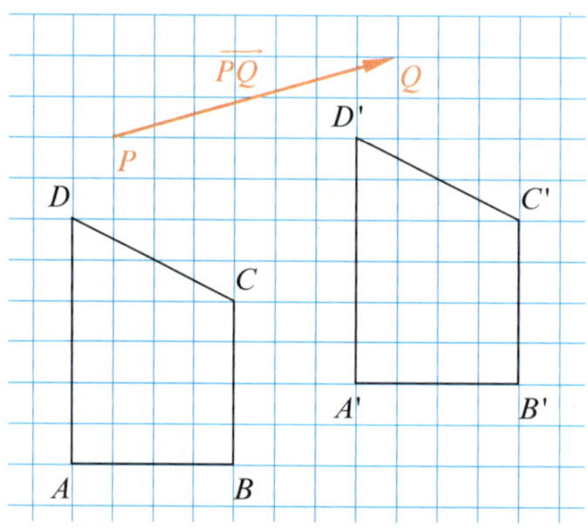

WISSEN

Um die Verschiebung einer Figur festzulegen, muss man mitteilen, wie weit und in welche Richtung verschoben wird.
Das geschieht am einfachsten durch einen **Verschiebungspfeil**.

Verschiebung um den Pfeil $\overrightarrow{PQ}$
Alle Pfeile $\overrightarrow{PQ}$, $\overrightarrow{AA'}$, $\overrightarrow{BB'}$ usw. sind
- zueinander parallel,
- gleich lang,
- gleich gerichtet.

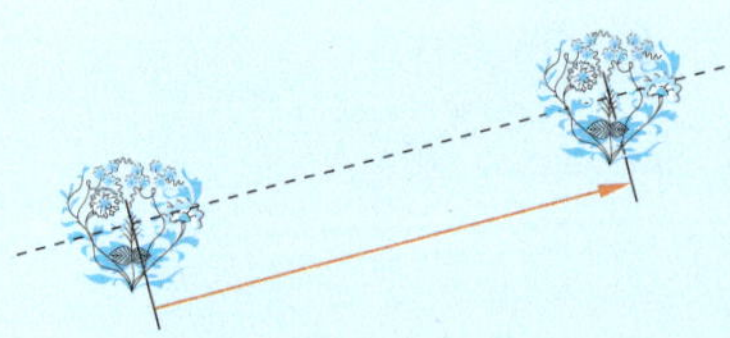

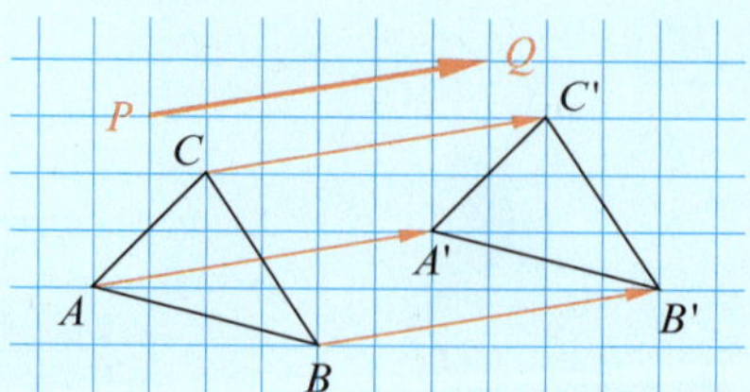

HINWEIS
Parallele Pfeile heißen **gleich gerichtet,** wenn sie so verlaufen:

Parallele Pfeile heißen **entgegengesetzt gerichtet,** wenn sie so verlaufen:

3

Beschreibe für die Ornamente im Bild jeweils eine mögliche Grundfigur, aus der durch Verschiebung das Ornament entwickelt werden kann.
Um wie viel Zentimeter wurde die Grundfigur verschoben?
Beachte, dass mehrere Möglichkeiten existieren können.

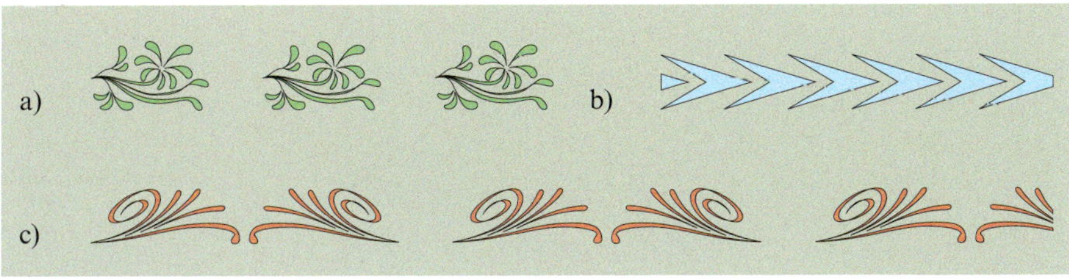

ANREGUNG
Entwerft gemeinsam Ornamente, die durch Verschiebung aus einer Grundfigur gewonnen werden können. Bemalt oder beklebt damit Gläser, Kästchen, Körbchen oder anderes.

4

Übertrage die Zeichnungen aus dem Bild ins Heft und verschiebe das Dreieck ABC um den Pfeil $\overrightarrow{PQ}$ sowie das Fünfeck $EFGHI$ um den Pfeil $\overrightarrow{RS}$.

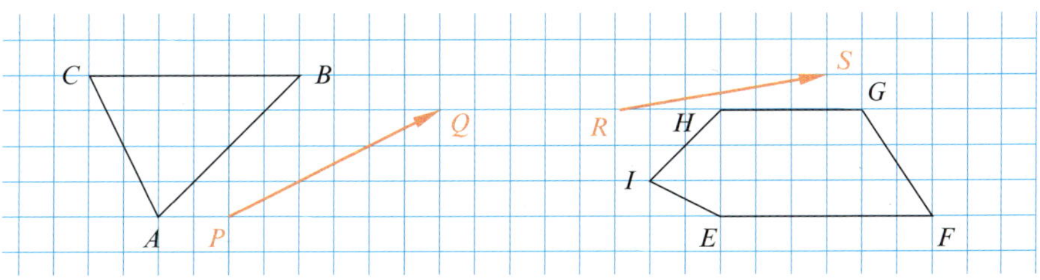

ZUM KNOBELN
Welcher ist der richtige Schattenriss?

5

Übertrage die Zeichnung aus nebenstehendem Bild ins Heft und verschiebe das Viereck $ABCD$ so, dass D' der Bildpunkt von D ist.

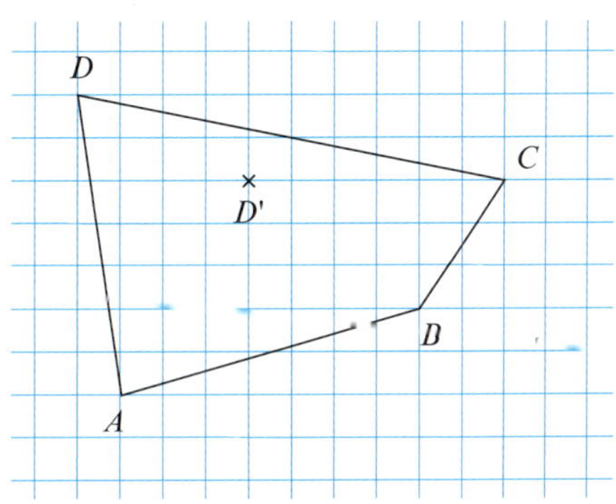

6

Überlege, wie du einen Punkt um einen vorgegebenen Pfeil verschieben kannst, wenn keine Kästchen als Hilfe vorhanden sind.

7

Nimm ein Blatt ohne Kästchen und zeichne darauf einen Punkt A und einen Pfeil $\overrightarrow{PQ}$.

a) Überlege, wie du den Bildpunkt A' bei der Verschiebung um den Pfeil $\overrightarrow{PQ}$ finden kannst. Schreibe eine Arbeitsanweisung, wie du vorgehst.

b) Lies deinem Tischnachbarn deine Vorgehensweise aus a) vor und lass sie wortgetreu ausführen. Wird dabei der richtige Punkt A' gefunden? Wenn nötig, berichtige oder ergänze dein Geschriebenes.

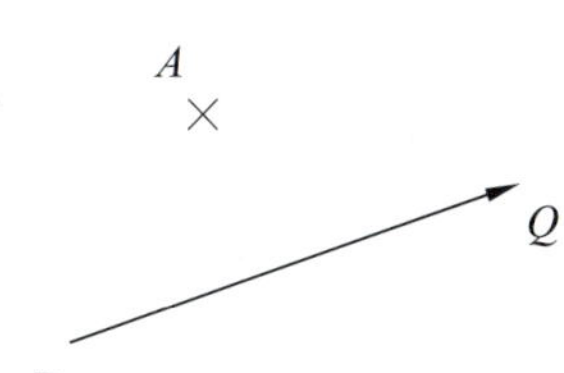

WISSEN

Konstruktion eines Bildpunktes bei einer Verschiebung

Gegeben sind der Pfeil $\overrightarrow{AB}$ und der Punkt P.

1. Die Parallele zur Geraden AB durch P zeichnen
2. Auf der Parallelen den Punkt P' festlegen, für den gilt: die Strecken $\overline{PP'}$ und $\overline{AB}$ sind gleich lang und die Pfeile $\overrightarrow{PP'}$ und $\overrightarrow{AB}$ sind gleich gerichtet.

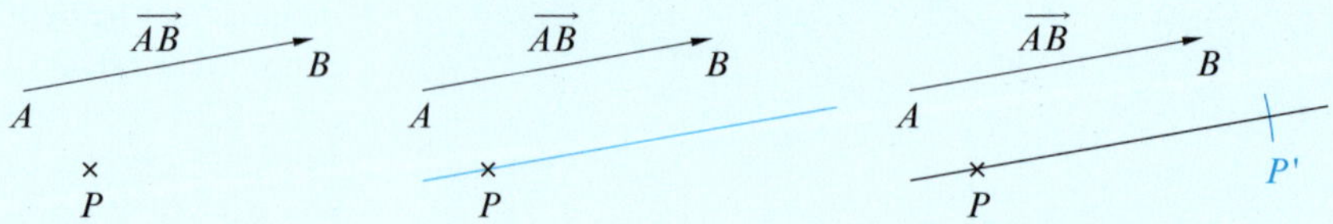

8

Jörg, Thomas, Nadine und Katrin haben jeweils den Punkt P um den Pfeil $\overrightarrow{AB}$ verschoben. Bei einigen traten Fehler auf. Welche Fehler sind das?

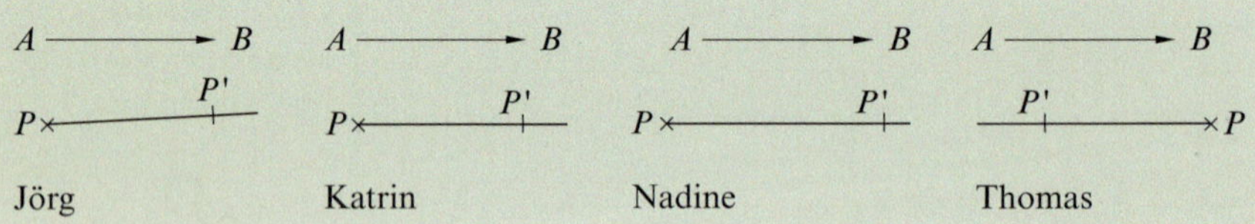

9

Fertige eine Lochschablone an (Methode Seite 212) und führe die Verschiebungen aus.

a) Dreieck KGA um Pfeil $\overrightarrow{LN}$
b) Dreieck PRG um Pfeil $\overrightarrow{KS}$
c) Viereck $KMCA$ um Pfeil $\overrightarrow{FN}$
d) Viereck $LIBF$ um Pfeil $\overrightarrow{MS}$

10[L]

Übertrage das Koordinatensystem mit den gegebenen Punkten ins Heft. Ermittle die Bildpunkte A', B', ... bei der Verschiebung der Punkte A, B, ... um den Verschiebungspfeil $\overrightarrow{PQ}$. Gib die Koordinaten der Bildpunkte an.

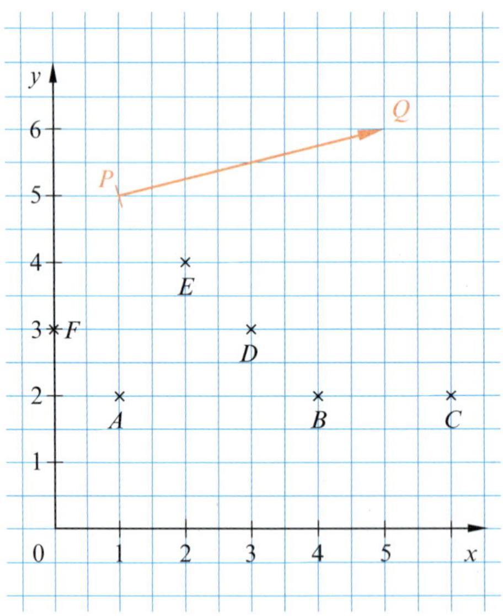

ZUM KNOBELN

a) Wie lang ist jeweils der kürzeste Verschiebungspfeil?

b) Bilde möglichst viele neue Wörter aus den Buchstaben des Wortes VERSCHIEBUNG.

11

Zeichne ein Rechteck $ABCD$ mit den Seitenlängen $\overline{AB} = 5$ cm und $\overline{AD} = 3$ cm. Verschiebe das Rechteck um die folgenden Pfeile.

a) $\overrightarrow{AB}$ **b)** $\overrightarrow{DA}$ **c)** $\overrightarrow{DB}$ **d)** $\overrightarrow{CA}$

12

Welche Vierecke der Randspalte können durch Verschiebung aufeinander abgebildet werden? Warum geht das bei den anderen nicht?

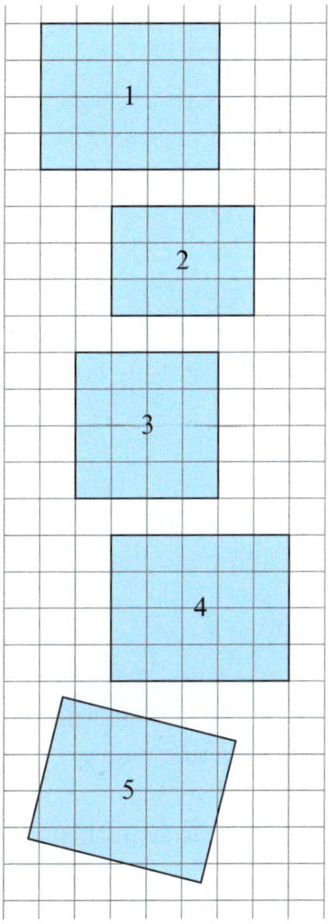

13

Welche der Aussagen gelten für Verschiebungen, welche für Spiegelungen?
- Jede Bildstrecke hat die gleiche Länge wie die Originalstrecke.
- Jeder Bildwinkel hat die gleiche Größe wie der Originalwinkel.
- Original- und Bildgerade sind zueinander parallel.

14

Hagen hat das Dreieck ABC um den Pfeil $\overrightarrow{PQ}$ verschoben. Als Bild erhielt er das Dreieck $A'B'C'$. Das Dreieck $A'B'C'$ hat er nochmals verschoben, diesmal um den Pfeil $\overrightarrow{RS}$. Das Bild ist $A''B''C''$.

a) Zeichne ebenfalls ein Dreieck ABC, das du zweimal hintereinander verschiebst. Zeichne die Pfeile $\overrightarrow{AA''}$, $\overrightarrow{BB''}$ und $\overrightarrow{CC''}$ ein.

b) Begründe, dass man die nacheinander ausgeführten Verschiebungen durch eine einzige Verschiebung ersetzen kann.

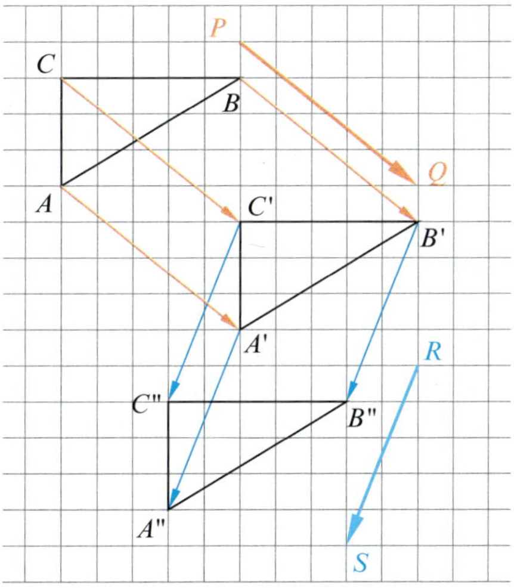

NACHGEDACHT
Sind auch drei oder mehr Verschiebungen einer Figur hintereinander durch eine Verschiebung ersetzbar?

15

a) Zeichne mit der Lochschablone (Methode, Seite 212) das Viereck $FLHA$. Verschiebe es zunächst um $\overrightarrow{KN}$ und dann das erhaltene Bild $F'L'H'A'$ um $\overrightarrow{JR}$. Bezeichne das erhaltene Bild mit $F''L''H''A''$.

b) Zeichne den Verschiebungspfeil $\overrightarrow{KN}$. Trage an seiner Spitze einen Pfeil an, der zu $\overrightarrow{JN}$ parallel, gleich lang und gleich gerichtet ist. Verbinde den Anfangspunkt von $\overrightarrow{KR}$ mit der Spitze des angetragenen Pfeils. Vergleiche den erhaltenen Pfeil mit $\overrightarrow{AA''}$, $\overrightarrow{BB''}$, $\overrightarrow{CC''}$ und $\overrightarrow{DD''}$.

WISSEN

Für Verschiebungen gilt:
1. Jede Bildstrecke hat die gleiche Länge wie die Originalstrecke (z. B. $\overline{AC} = \overline{A'C'}$).
2. Jeder Bildwinkel hat die gleiche Größe wie der Originalwinkel (z. B. $\alpha = \alpha'$).
3. Original- und Bildgerade sind zueinander parallel (z. B. $AC \parallel A'C'$).
4. Zwei nacheinander ausgeführte Verschiebungen können durch eine Verschiebung ersetzt werden.

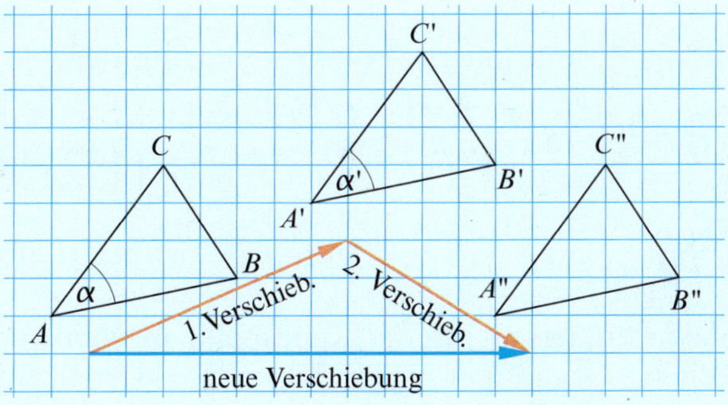

16

Versucht die Aufgabe gemeinsam zu lösen. Diskutiert die Fragen.
Kapitän Cook und seine Mannschaft suchen nach einem Seeräuberschatz. Sie befinden sich auf der Affeninsel und können der alten Karte entnehmen, dass der Schatz genau 4 Kilometer nördlich auf dem Meeresboden liegt. Sie stellen genau Kurs Norden ein und fahren genau 4 Kilometer. Trotz guter Ausrüstung können sie den Schatz nicht unter sich auf dem Meeresgrund finden.

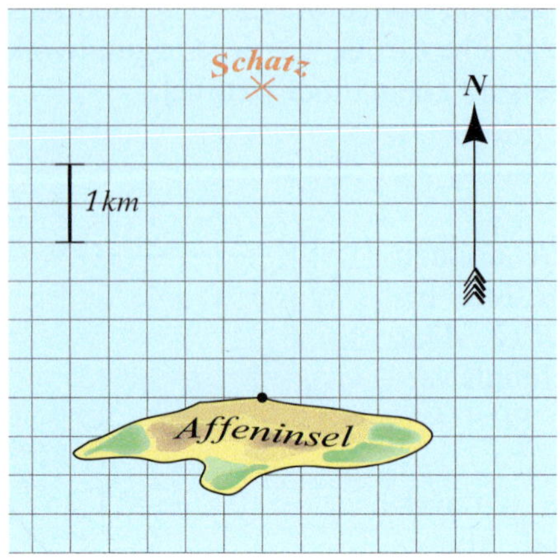

a) Woran hat Kapitän Cook wohl nicht gedacht?

b) Skizziert wichtige Punkte der Karte ins Heft.
Überlegt, welchen Kurs die Schatzsucher nehmen müssen, wenn sie wissen, dass sie um 1,5 Kilometer nach Osten abgetrieben werden. Zeichnet den Kurs, den sie steuern müssen, in die Skizze ein.
Lest aus der Zeichnung ab, wie weit sie fahren müssen.

17

Matthias hat das Viereck *ABCD* an der Geraden *g* und anschließend das Bild *A′B′C′D′* an der Geraden *h* gespiegelt.

a) Begründe, dass er das Viereck *A″B″C″D″* aus dem Viereck *ABCD* auch durch eine Verschiebung erhalten kann.

b) Verfahre mit einer eigenen Figur wie Matthias. Ergibt sich auch eine Verschiebung der Figur? Vergleicht eure Ergebnisse miteinander.

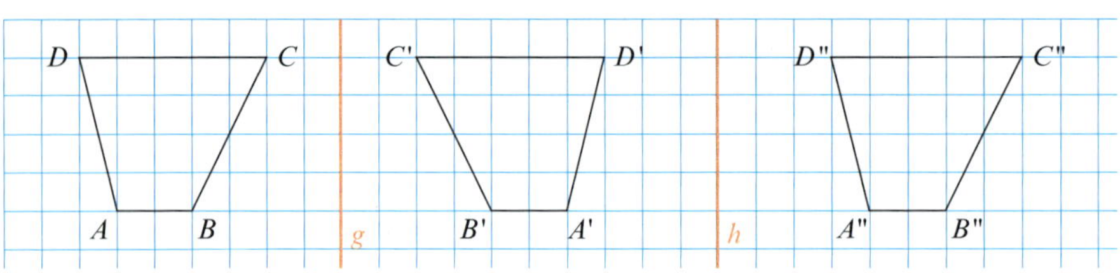

18[L]

Wie könnten die unteren Folgen ergänzt werden?

a) A B C D E F G H
Ɐ … H

b) 1 2 3 4 5 6 7 8

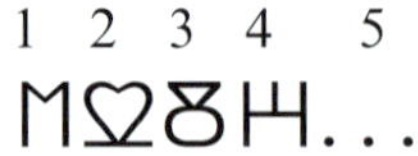

19

Zeichne zu den drei in der Randspalte abgebildeten „Parkettierungen" jeweils eine Grundfigur. Beschreibe, wie das Ornament aus dieser Grundfigur durch Verschiebungen entsteht.

INFORMATION
Wird beim Verschieben einer Grundfigur in verschiedene Richtungen die ganze Ebene lückenlos überdeckt, spricht man von einer **Parkettierung**. Beispiele hierzu sind:

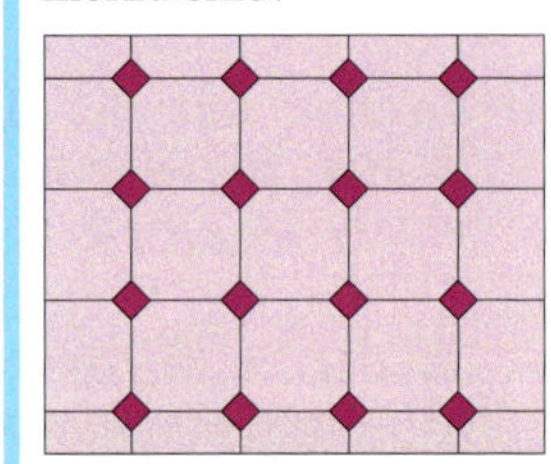

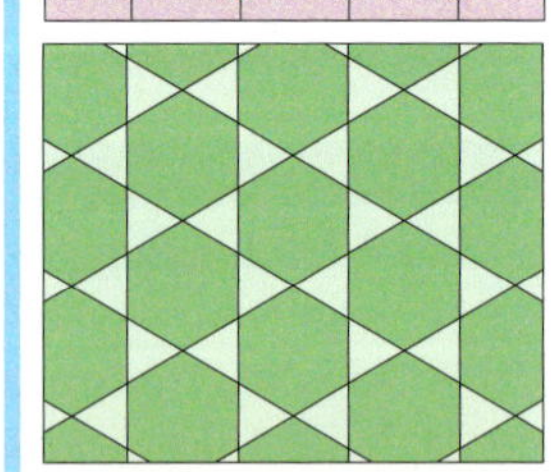

20

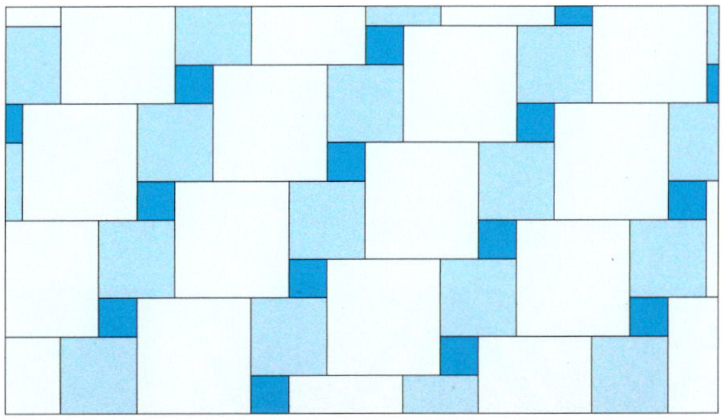

Die Grundfigur der abgebildeten Parkettierung besteht aus drei verschieden großen Quadraten.

a) Zeichne die Parkettierung auf kariertem Papier nach. Zeichne dann Pfeile für verschiedene Verschiebungen ein, die das Muster auf sich selbst abbilden.

b) Entwirf eine Parkettierung mit einer Grundfigur aus 4 verschieden großen Quadraten.

21

Die Abbildung zu dieser Aufgabe zeigt eine Parkettierung, deren Grundfigur aus zwei deckungsgleichen Figuren, einem gelben und einem grünen Sechseck, besteht. Durch welche Abbildung kann man das eine Sechseck aus dem anderen erhalten?

22

Das hier abgedruckte Bild „Swans“ des niederländischen Grafikers M. C. Escher zeigt (im mittleren Bereich) die Möglichkeit, die Ebene lückenlos mit Schwänen zu bedecken. Zeichne mithilfe von Transparentpapier einen der Schwäne nach und fertige eine Schablone mit diesem Motiv an. Prüfe, ob die Schwäne deckungsgleich sind. Kannst du mit einer einzigen Schablone eine Schwanenparkettierung zeichnen?

WISSEN

Parallelverschiebung

Bei Verschiebungen liegen die Verschiebungspfeile parallel zueinander. Mit einem Geodreieck und einem Lineal kannst du auch ohne Karopapier diese parallelen Pfeile leicht zeichnen.

1. Lege das Geodreieck an den parallel zu verschiebenden Pfeil an.
2. Lege das Lineal seitlich am Geodreieck an.
3. Verschiebe das Geodreieck entlang des Lineals, bis der Punkt erreicht ist, an dem der neue Pfeil ansetzen soll. Zeichne eine Parallele zum Ausgangspfeil.
4. Übertrage die Länge des Ausgangspfeils.

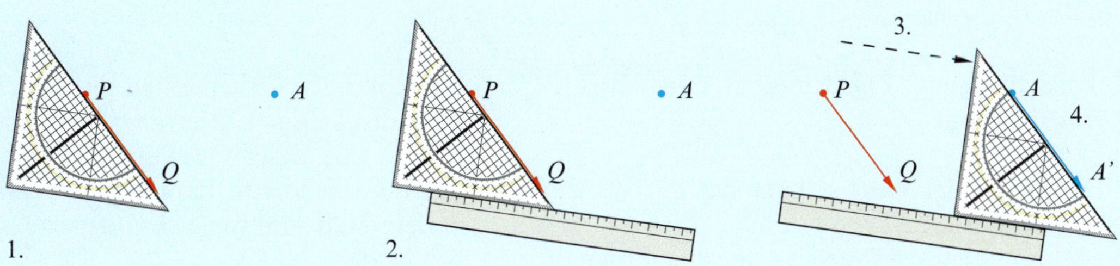

Ein Blick in die Kunst

Die Symmetrie
ist das historisch große Geschenk der Mathematik
an die Kunst!

Ornamente und Parkettierungen

Peruanisches Textilmuster

Fußboden einer römischen Villa

Auch heute noch begegnen einem überall Muster. Für Designer sind sie Grundstrukturen ihrer „Sprache“. Beeindruckend sind Muster in der Kunst, wie z. B. bei M. C. Escher.

Der Ursprung der Symmetrie liegt in der Natur. In Anlehnung an die Symmetrie und im Bedürfnis des Menschen, seine Umwelt dekorativ zu gestalten, wurden Ornamente (Parkette, Muster) kreiert. Man findet sie in allen Kulturen und zu allen Zeiten.

Symmetrie ist die älteste Verbindung zwischen Geometrie und der schmückenden Gestaltung von Flächen und Gegenständen.

Die ersten geometrischen Ornamente entstanden sehr wahrscheinlich beim Flechten von Körben, beim Drehen von Seilen und später beim Weben von Stoffen. Während man webt, stickt oder häkelt, wachsen langsam Muster heran. Weltweit haben Stoffe und Gefäße immer wiederkehrende Muster.

Bandornamente

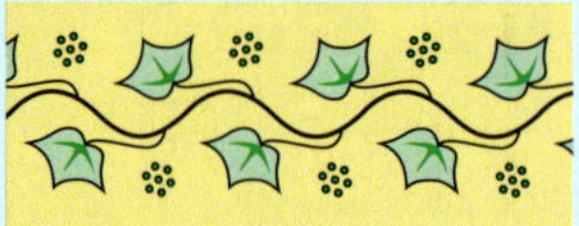

Parkettierungen

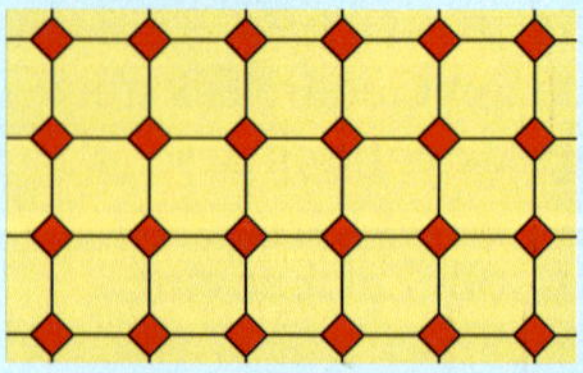

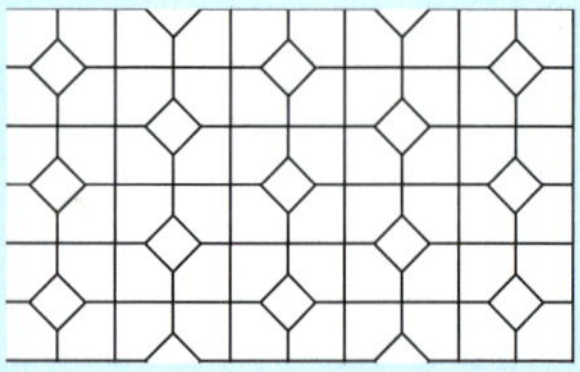

AUFGABEN

1. Gib verschiedenen Erklärungen zum Wort „Symmetrie“ an.

2. Woher stammt das Wort „Ornament“?

3. Gib mehrere Gegenstände an, auf denen man heute noch Muster und Ornamente findet.

4. **a)** Gib von allen Ornamenten dieser Seite die Grundfigur an. Erkläre, wie das jeweilige Muster aus dieser Figur entstanden ist.
   b) Zeichne die dritte Parkettierung zweimal in dein Heft und male sie auf verschiedene Arten aus.
   c) Erfinde selbst eine Parkettierung.

Morgenland-Abendland

Die Kuppeln der Tilla-Kari Medrese

Blaue Moschee, Mazar i Sharif

In der islamischen Kultur dürfen keine Lebewesen, sondern nur geometrische oder pflanzenartige Ornamente dargestellt werden. Mit Hilfe der Geometrie entwickelten islamische Künstler und geschickte Handwerker eine wunderbare Welt der Ornamente.
Auf ihren Kreuzzügen entdeckten Europäer diese Ornamente und nahmen sie mit nach Hause, wie bei vielen Verzierungen in den großen Kirchen Europas zu sehen ist.
Die Morgenland-Abendland-Ornamente sind Fußbodenmuster aus verschiedenen Moscheen in Kairo und aus den gotischen Domkirchen in Ravenna, Neapel und Venedig. Die Ähnlichkeiten der Muster zeigen, dass der Sinn für Symmetrie und geometrische Ordnung länderübergreifend ist.

Die alten Griechen waren der Ansicht, dass Menschen ein Wohlbefinden verspüren, wenn sie ideale Formen und Proportionen sehen. Für sie waren klare Strukturen in Ornamenten eine Art Naturgesetz. Darum mussten griechische Künstler geschickte Mathematiker sein, um mit der Geometrie Schönheit und Wohlbefinden zu erzeugen.

Der Fußboden der Kirche San Marco in Venedig wurde von 1204 bis 1450 von einheimischen und aus orientalischen Ländern stammenden Künstlern angefertigt. Hier wurde mit optischen Effekten, einer vorgetäuschten zweifach interpretierbaren Räumlichkeit gespielt.

Ein 1886 in einer Ruine in Griechenland gefundenes Ornament

Der Mäander, ein typisch griechisches Bandornament

WEITERE AUFGABEN

5. Suche im Internet nach Erläuterungen zu den religiösen Hintergründen der Ornamente.

6. Erkundige dich nach verschiedenen Ornament-Typen und zeichne sie in dein Heft.

7. Welche mathematischen Kenntnisse können in Ornamenten enthalten sein?

8. **a)** Setze den Mäander in deinem Heft fort.
   b) Entwickle ein eigenes Ornament im Heft.

Drehung und Punktsymmetrie

1

Ein Hubschrauber kann fliegen, weil sich der Propeller dreht. Ein Motorschiff bewegt sich vorwärts, weil sich die Schiffsschraube dreht.
Nenne weitere Geräte, die nur funktionieren, weil sich ein Teil dreht.

2

a) Schneide in eine Pappe eine hübsche Figur als Schablone. Nimm eine feste Unterlage (Pappe oder Holz) und lege darauf ein Blatt Papier. Befestige darauf die Schablone wie im Bild mit einem Reißnagel.
Drehe nun die Schablone um verschiedene Winkel und zeichne jeweils die Figur nach.

b) Schneide in eine Pappe ein Dreieck und gehe weiter wie in a) vor. Bezeichne die Eckpunkte des ersten gezeichneten Dreiecks mit A, B und C und bei den folgenden Dreiecken entsprechend mit A', B' und C' sowie A'', B'' und C'' usw.

c) Drehe die Dreiecksschablone jeweils ganz herum, während du den Bleistift je einmal in jeder der drei Ecken hältst.
Was für Linien hast du erhalten? Was folgt daraus für den Abstand eines Original- und seines Bildpunktes vom Drehzentrum?

d) Bezeichne den Punkt, in dem der Reißnagel eingestochen war, mit Z.
Zeichne und miss die Winkel $\sphericalangle AZA'$, $\sphericalangle BZB'$ und $\sphericalangle CZC'$. Was stellst du fest?

WISSEN

Bei einer **Drehung** liegen Originalpunkt A und Bildpunkt A' auf demselben Kreis um das **Drehzentrum Z**.
A und A' haben deshalb den gleichen Abstand von Z.
Alle Punkte einer Figur werden bei der Drehung um denselben **Drehwinkel** $\delta = \sphericalangle AZA'$ um Z gedreht.

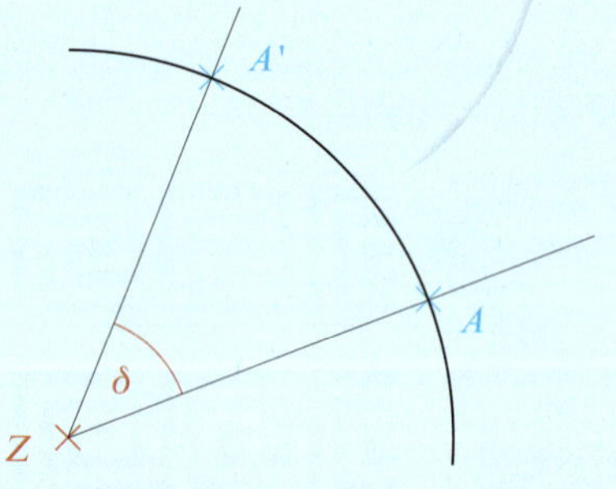

3

Nicole und Anja drehen das gleiche Dreieck um das gleiche Drehzentrum um jeweils 90°.
Warum haben sie nicht das gleiche Bild erhalten? Ist eine von ihnen falsch vorgegangen?

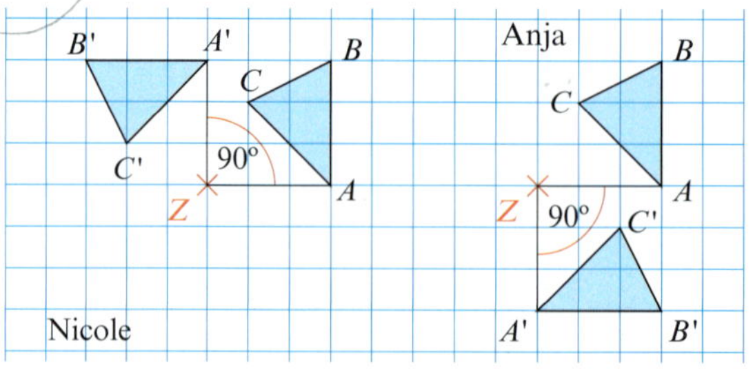

MERKE
Der Drehwinkel wird entgegen der Richtung des Uhrzeigers angetragen.

WISSEN

Konstruktion eines Bildpunktes bei einer Drehung

Der Punkt A soll um den Drehwinkel δ um das Drehzentrum Z gedreht werden.

1. Trage den Drehwinkel δ an den Strahl $\overline{ZA}$ an.
2. Markiere auf dem freien Schenkel des angetragenen Winkels den Punkt A', der dieselbe Entfernung von Z hat wie A.

BEISPIEL

Konstruktion des Bildes des Dreiecks ABC bei einer Drehung von 95° um das Drehzentrum Z.

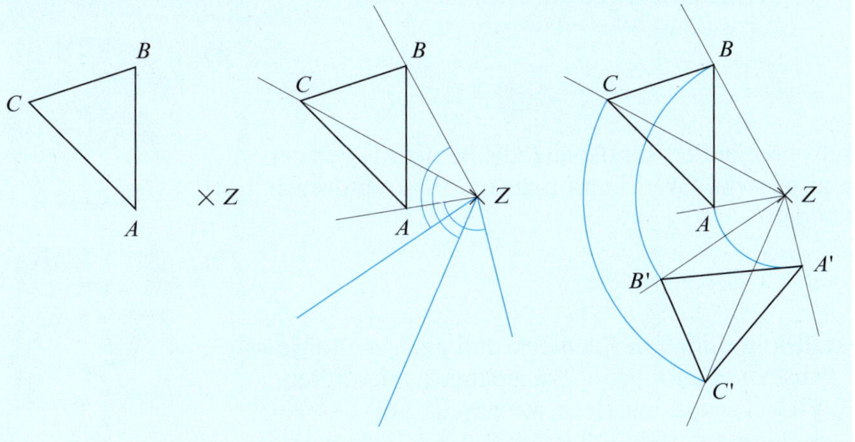

BEISPIEL

Gegeben:
Drehwinkel $\delta = 35°$
Drehzentrum Z
Punkt A
Gesucht:
Bildpunkt A'

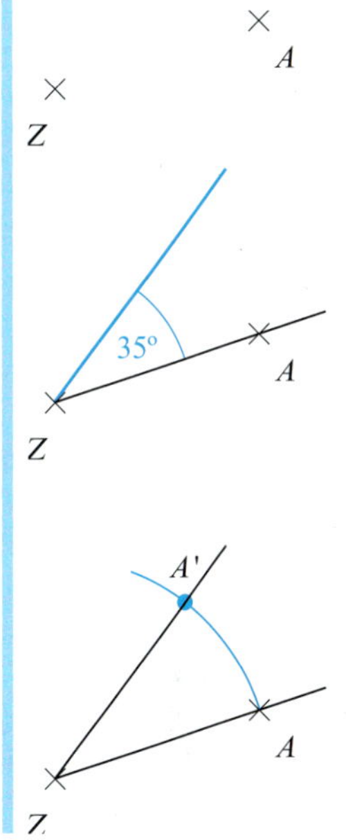

4

Beschreibe, wie du im Bild den Bildpunkt A' bei folgenden Drehungen um das Drehzentrum Z finden kannst: Drehwinkel δ von 90°, 180°, 270°.
Gib jeweils die Koordinaten des Bildpunktes A' an.

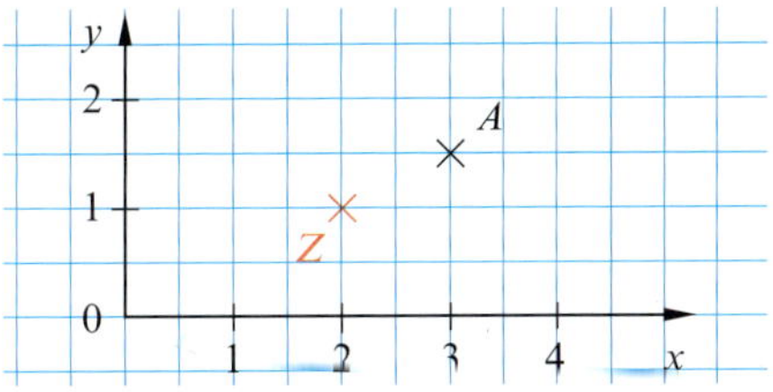

BEACHTE

Nur bei wenigen Drehwinkeln kann man das Bild bei einer Drehung ohne Winkelmesser und ohne Zirkel oder Lineal konstruieren.

5

Zeichne in ein Koordinatensystem (beide Achsen 12 Einheiten) das Dreieck ABC und das Drehzentrum Z. Zeichne dann jeweils das Bild $A'B'C'$ bei Drehwinkeln δ von 90°, 180°, 270°.

a) $A(9|6)$, $B(9|10)$, $C(6|10)$ und $Z(6|6)$
b) $A(4|6)$, $B(7|8)$, $C(2|8)$ und $Z(5|5)$

6

Gegeben ist ein Drehzentrum Z und ein Punkt A wie in Aufgabe 4.
Um wie viel Grad wurde der Punkt A gedreht, wenn der Bildpunkt A' auf der Geraden durch Z und A liegt?

7[L]

Konstruiere das Bild des Dreiecks bei der angegebenen Drehung um den Winkel δ. Die Angaben beziehen sich dabei auf die Lochschablone von Seite 212. Miss die Länge der Seiten sowie die Größe der Winkel in den Original- und Bilddreiecken. Vergleiche.

a) $\triangle MSJ$, Drehzentrum P, $\delta = 50°$ **b)** $\triangle KQA$, Drehzentrum H, $\delta = 140°$
c) $\triangle FHB$, Drehzentrum N, $\delta = 250°$ **d)** $\triangle RTI$, Drehzentrum I, $\delta = 270°$
e) $\triangle DEO$ Drehzentrum J, $\delta = 90°$ **f)** $\triangle ILM$, Drehzentrum C, $\delta = 60°$

WISSEN

Bei jeder Drehung gilt:
1. Jede Bildstrecke hat die gleiche Länge wie die Originalstrecke.
2. Jeder Bildwinkel hat die gleiche Größe wie der Originalwinkel.

8

Betrachte die gotischen Maßwerke in der Randspalte, die häufig als Fenster in Kirchen vorkommen. Um wie viel Grad kann man die Figuren drehen um sie auf sich selbst abzubilden?

a)
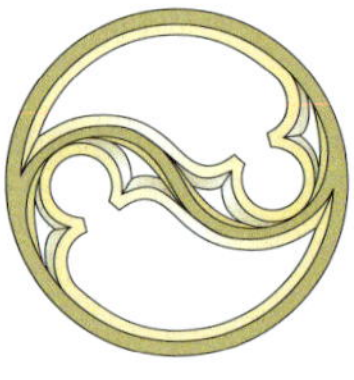

b)

c)
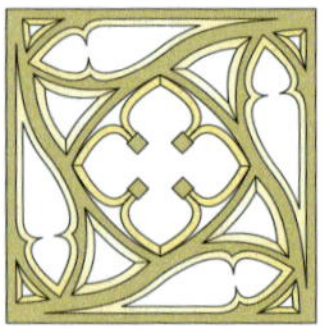

d)

9

Zeichne ein Trapez, ein Parallelogramm, ein Rechteck und ein Quadrat jeweils mit den Diagonalen. Pause die Figuren auf Transparentpapier durch. Schneide die abgepausten Vierecke aus und lege sie jeweils auf das zugehörige Original. Drehe sie dann um den Schnittpunkt der Diagonalen jeweils um 90°, 180°, 270° und 360°. Was stellst du fest?

WISSEN

Eine Figur heißt **drehsymmetrisch**, wenn sie bei einer Drehung von weniger als 360° auf sich selbst abgebildet wird.

10

Entscheide, ob es sich im Bild um drehsymmetrische Figuren handelt. Gib dann wenigstens einen Drehwinkel an, bei dem die Figur auf sich selbst abgebildet wird.

a)

b)

c)

d)

e)
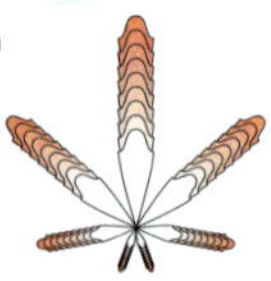
f)
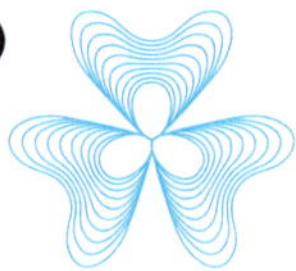

11

Zeichne drehsymmetrische Figuren, die bei dem genannten Drehwinkel auf sich selbst abgebildet werden.

a) 60° **b)** 90° **c)** 120° **d)** 180°

12

Von den drei Spielkarten ist nur eine richtig. Die beiden anderen sind Fehldrucke. Welches ist die richtige Spielkarte? Gib für jede der drei Spielkarten an, wie der untere Teil aus dem oberen entstanden ist.

NACHGEDACHT

Überlege, warum nur eine der drei Spielkartenformen günstig ist.

13

Anne hat eine drehsymmetrische Figur gezeichnet, die durch eine Drehung um 180° auf sich selbst abgebildet wird. Nun verbindet sie einige Punkte mit den zugehörigen Bildpunkten. Was stellt sie fest?
An welche geometrische Abbildung erinnern dich die Ergebnisse?

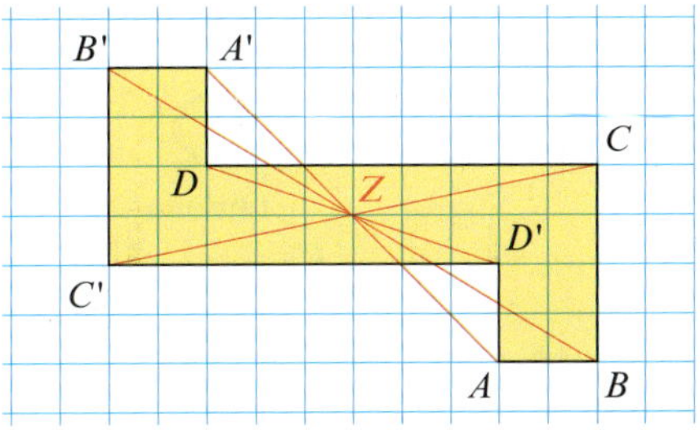

WISSEN

Die im Bild gezeigte Abbildung einer Figur bezeichnet man als **Punktspiegelung am Punkt *Z***.
Eine Punktspiegelung am Punkt *Z* bedeutet gleichzeitig eine Drehung um 180° um das Drehzentrum *Z*.

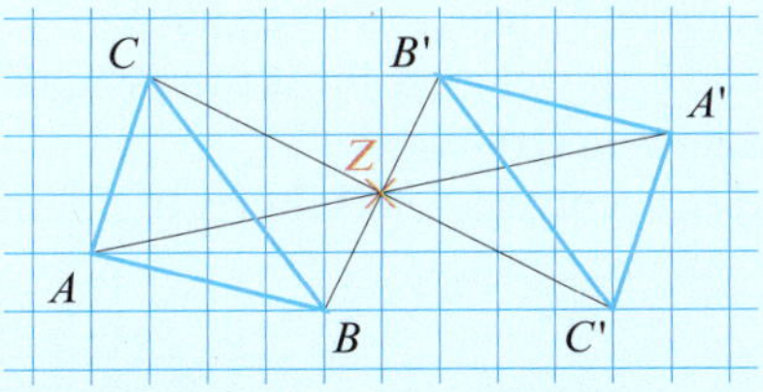

Eine Figur, die durch eine Punktspiegelung an einem Punkt *Z* auf sich selbst abgebildet wird, heißt **punktsymmetrisch** oder **zentralsymmetrisch**. Der Punkt *Z* heißt **Symmetriezentrum** der Figur.

14

a) Übertrage die Figuren der beiden Bilder ins Heft. Führe jeweils eine Punktspiegelung am Punkt *Z* aus. Gib die Koordinaten der Bildpunkte an.
b) Kannst du die Punktspiegelung der Vierecke aus Aufgabenteil a) durch eine Spiegelung an einer Geraden *g*, die durch den Punkt *Z* verläuft, ersetzen? Begründe deine Antwort

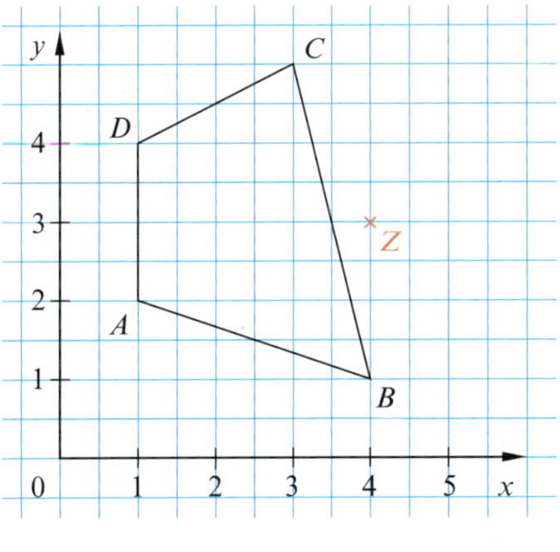

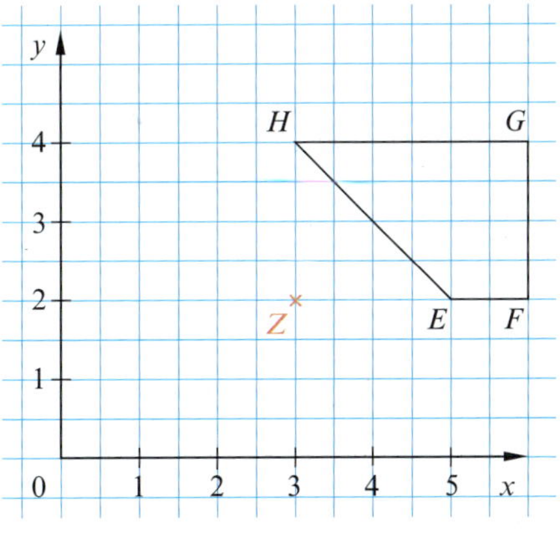

15

Welche Bedeutung haben die Zeichen in der Randspalte? Welche der Verkehrszeichen sind achsensymmetrisch, welche punktsymmetrisch?

16

Welche der griechischen Buchstaben sind achsensymmetrisch, welche sind zusätzlich punktsymmetrisch? Beschreibe die Lage der Symmetrieachsen.

Δ	Φ	Λ	Σ	Ω	Χ	Ξ
Delta	Phi	Lambda	Sigma	Omega	Chi	Xi

17

Übertrage die Zeichnungen aus den Bildern in dein Heft.

a) Spiegele jeweils das Dreieck ABC zunächst an g und dann das Bilddreieck $A'B'C'$ an h. Bezeichne das erhaltene Dreieck mit $A''B''C''$.

b) Falls sich die Hintereinanderausführung der beiden Spiegelungen durch eine Drehung ersetzen lässt: Um welchen Punkt muss das Dreieck ABC gedreht werden? Wie groß ist der Drehwinkel?

c) Wähle eigene Figuren und Spiegelgeraden. Überprüfe deine Aussagen.

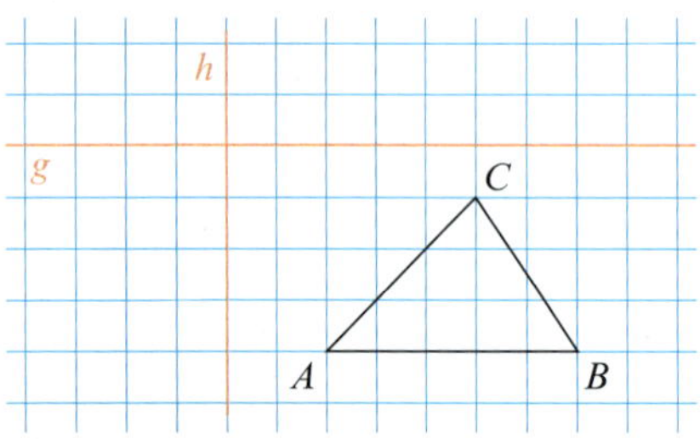

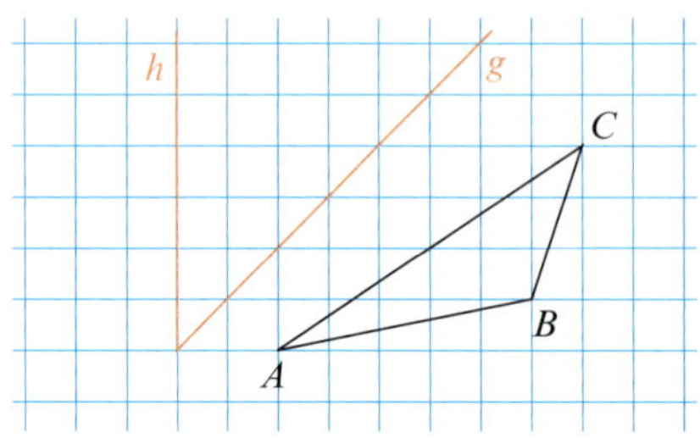

METHODE

Die Lochschablone

Der Einsatz einer Lochschablone garantiert, dass du und deine Mitschüler schnell die gleiche Figur ins Heft gezeichnet haben. Dabei brauchst du kein Koordinatensystem zu zeichnen.

Fertigung einer Lochschablone

1. Klebe Karopapier auf ein Stück Pappe.
2. Übertrage die nebenstehende Zeichnung auf das Papier.
3. Stich an den markierten Punkten ein kleines Loch in die Pappe. Fertig!

Zeichnen mit der Lochschablone

Sollst du z. B. das Viereck BHIE zeichnen, so legst du die Schablone auf dein Papier und markierst durch die Löcher der angegebenen Buchstaben die Punkte auf deinem Blatt. Entferne dann die Schablone und verbinde die Punkte mit einem Lineal zu einem Viereck.

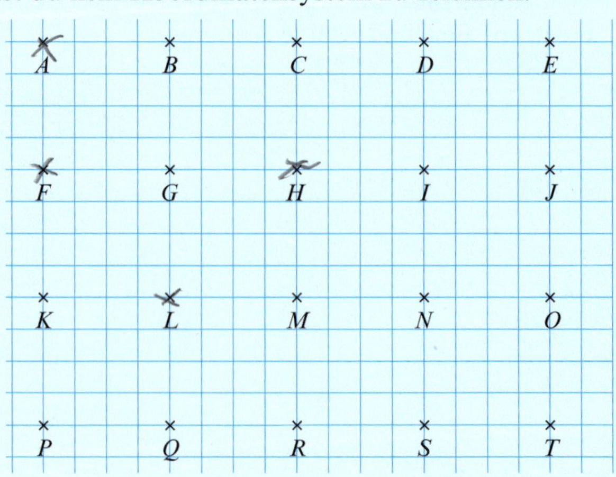

Teste dich!

1

Übertrage die Figuren ins Heft und spiegele sie jeweils an der Geraden *s*. Führe dann jeweils eine Punktspiegelung am Punkt *Z* aus.

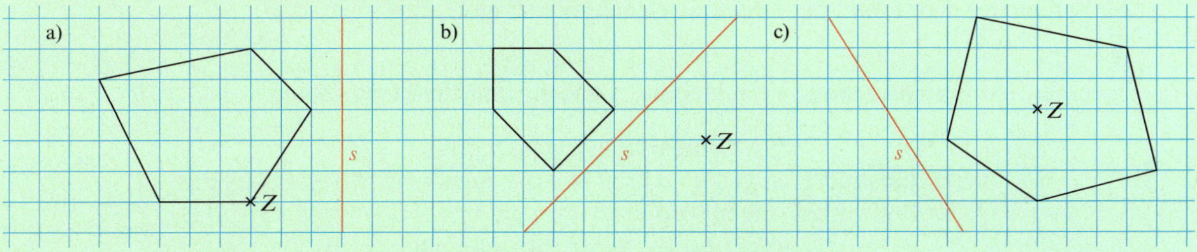

2

Verschiebe die obigen Figuren um 2 cm parallel zur Spiegelachse *s*.

3

Übertrage die Figuren ins Heft. Zeichne alle möglichen Symmetrieachsen ein. Welche Figuren sind drehsymmetrisch?

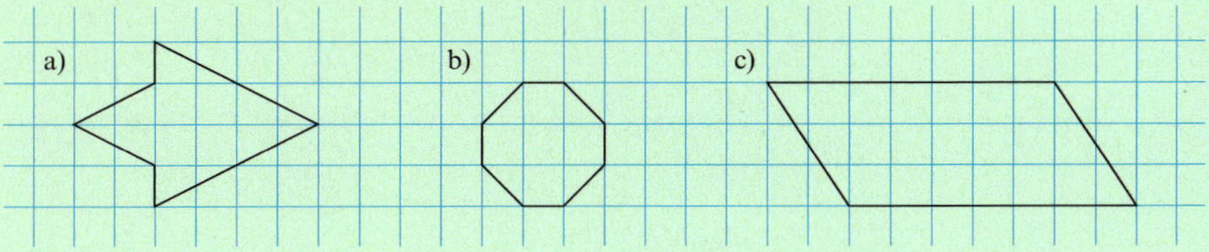

4

Lege mit 12 Streichhölzern ein regelmäßiges Sechseck wie im Bild.

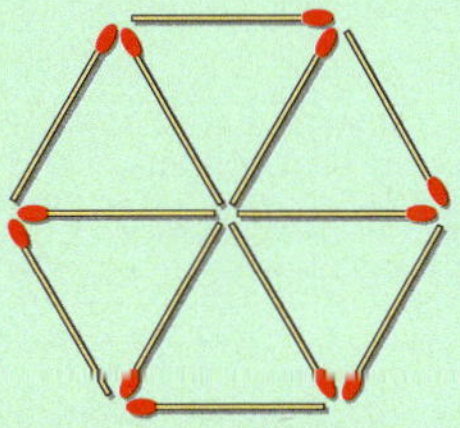

a) Welche Symmetrien weist die Figur auf?
b) Nimm drei innere Hölzchen weg, sodass im Innern Vierecke entstehen. Ist die Figur jetzt achsensymmetrisch? Ist sie drehsymmetrisch?
c) Finde verschiedene Möglichkeiten, aus der vollständigen Figur vier Hölzchen zu entfernen, sodass sie achsensymmetrisch bleibt. Gib jeweils die Anzahl der Symmetrieachsen an. Liegt auch Drehsymmetrie vor?

5

a) Gib die kleinste Grundfigur im Bild an.
b) Welche Spiegelungen, Verschiebungen, Drehungen der Grundfigur kommen vor?
c) Finde zwei verschiedene Figuren, mit denen man jeweils alleine einen Boden parkettieren kann.

HINWEISE

1) Versuche zunächst, die Aufgaben ohne Hilfestellung zu lösen.

2) Wenn du doch Hilfe benötigst, findest du auf der angegebenen Seite ein Beispiel oder eine Anregung zum Lösen der Aufgabe.

Aufgabe	Seite
1	192/211
2	200
3	188/210
4	188/209
	210
5	192/200/
	208

3) Im Anhang ab Seite 242 findest du die Lösungen der Aufgaben.
Vergleiche deine Ergebnisse mit diesen Lösungen und überprüfe so deinen Lernstand.

ZUSAMMENFASSUNG

Achsensymmetrie

Achsensymmetrische Figuren können so gefaltet werden, dass die dabei entstehenden zwei Teile der Figur deckungsgleich sind.
Die Faltgerade nennt man auch **Symmetrieachse** der Figur.

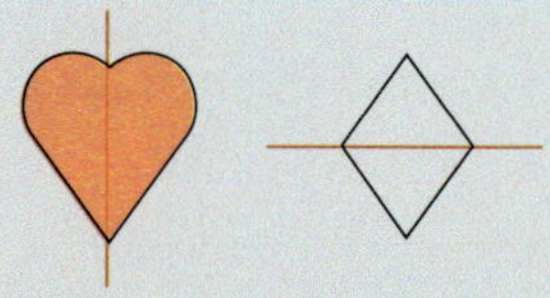

Eigenschaften von Spiegelung, Verschiebung, Drehung und Punktspiegelung

Gemeinsame Eigenschaften
Jede Bildstrecke ist genauso groß wie die zugehörige Originalstrecke.
Jeder Bildwinkel ist genauso groß wie der zugehörige Originalwinkel.
Original- und Bildfigur sind deckungsgleich.

(Achsen-)Spiegelung
Die Strecke $\overline{AA'}$ ist senkrecht zur Spiegelgeraden s.
Die Spiegelgerade s halbiert die Strecke $\overline{AA'}$.

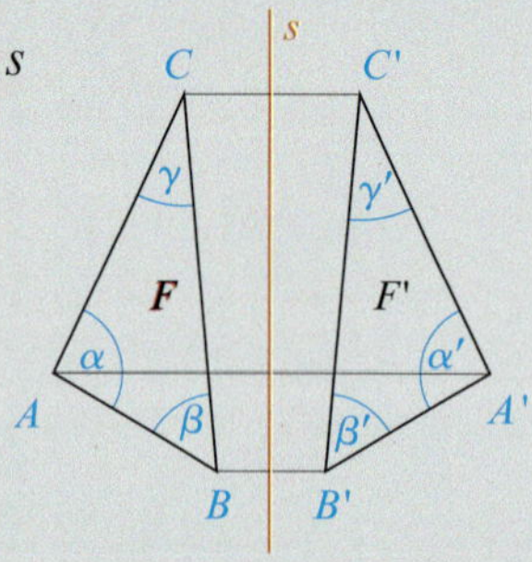

Verschiebung
Die Figur wird um den Pfeil $\overrightarrow{PQ}$ verschoben.
Jede Bildstrecke ist zu ihrer Originalstrecke parallel.

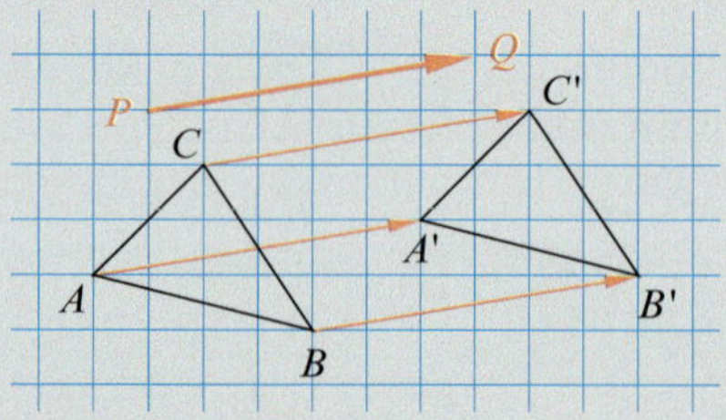

Punktspiegelung
Originalpunkt, Bildpunkt und Spiegelpunkt liegen auf einer Geraden.
$\overline{AZ} = \overline{A'Z}$

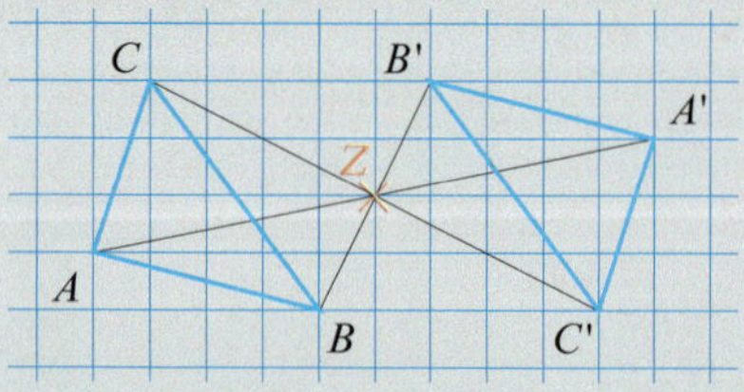

Drehung
Alle Punkte einer Figur werden mit demselben Winkel um ein Drehzentrum Z gedreht.

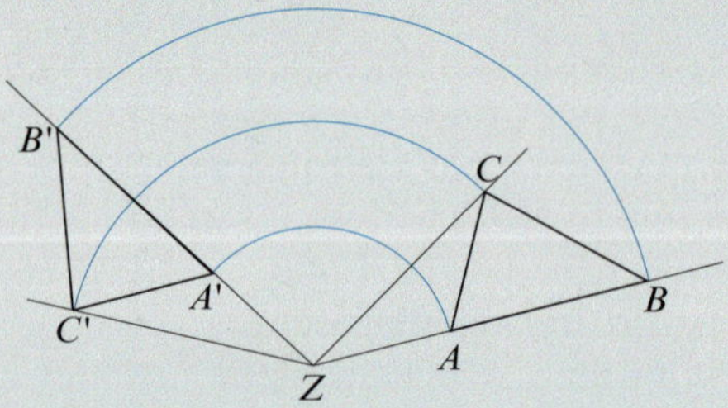

Regelmäßige Vielecke

Bei regelmäßigen Vielecken sind alle Seiten gleich lang.
Die Eckpunkte liegen alle auf einem Kreis.

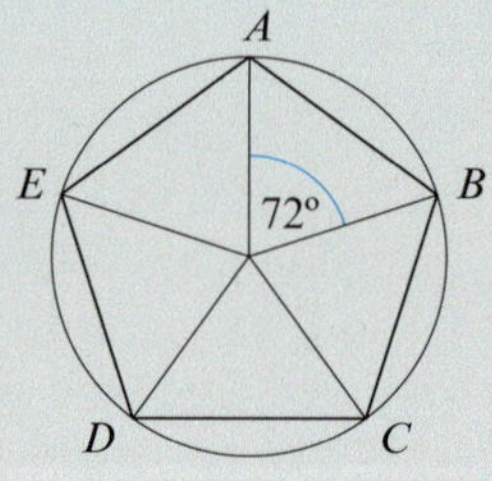

Zufall und Wahrscheinlichkeiten

Bei einer Lotto-Ziehung hängen die gezogenen Zahlen vom Zufall ab. Viele Menschen spielen Lotto und erhoffen sich einen großen Gewinn. Allerdings ist die Wahrscheinlichkeit, einen Sechser zu haben, äußerst gering.

Absolute und relative Häufigkeit

1

Klasse	6 a	6 b
keine Urkunde	10	8
Sieger-urkunde	13	11
Ehren-urkunde	9	8

An der Albert-Einstein-Schule fanden Bundesjugendspiele statt. Die Urkundenverteilung in den Klassen 6 a und 6 b siehst du in der Tabelle rechts.

a) Wie viele Schüler sind in der Klasse 6 a, wie viele in der 6 b?
b) Welche Klasse hat die meisten Urkunden erhalten?
c) Welche Klasse war erfolgreicher?
d) Denke dir weitere Fragen zu der Tabelle aus.

2

Erfasse die Anzahl der 10-, 11-, 12-, 13- und 14-Jährigen eurer Klasse in einer Häufigkeitstabelle. Gib den Anteil, den die jeweilige Altersgruppe an der Gesamtzahl der Schülerinnen und Schüler der Klasse hat als Bruch und als (auf 2 Kommastellen) gerundeten Dezimalburch an.

ERINNERE DICH

$\frac{3}{8} = 3 : 8 = 0{,}375$

3

Im Finale des Fußballpokalendspiels wird ein Schütze für den wahrscheinlich entscheidenden Elfmeter gesucht. Im Laufe der Saison hat Tom A. bei 10 Versuchen 8-mal getroffen, Achmed H. bei 5 Versuchen 3-mal und Markus M. bei 7 Versuchen 5-mal.
Ermittle, wer die beste Trefferquote hatte. Gib die Trefferquote als gemeinen Bruch und als Dezimalzahl an. Wer sollte den Elfmeter schießen?

WISSEN

Um in einer statistischen Erhebung die Häufigkeit eines bestimmten Ergebnisses besser bewerten und vergleichen zu können, ermittelt man den Anteil der Beobachtungen dieses Ergebnisses an der Gesamtzahl aller Beobachtungen. Dieser Anteil heißt **relative Häufigkeit**.

$$\text{relative Häufigkeit} = \frac{\text{absolute Häufigkeit}}{\text{Anzahl der Beobachtungen}}$$

Die beobachtete Häufigkeit des Ergebnisses heißt im Unterschied dazu **absolute Häufigkeit**.

BEISPIEL

In der Klasse 6 a sind 4 von 32 Schülerinnen und Schülern krank.

absolute Häufigkeit: 4

relative Häufigkeit: $\frac{4}{32} = \frac{1}{8} = 0{,}125$

In der Klasse 6 c sind 3 von 26 Schülerinnen und Schülern krank.

absolute Häufigkeit: 3

relative Häufigkeit: $\frac{3}{26} \approx 0{,}115$

In der Klasse 6 a ist die relative Häufigkeit der Erkrankten größer als in der Klasse 6 c.

4

In den Klassen 6 a und 6 b wurde die gleiche Mathematikarbeit geschrieben. Die Tabelle zeigt die Notenverteilung.

	1	2	3	4	5	6
6 a	5	7	10	6	3	1
6 b	4	6	9	5	2	2

a) Berechne den arithmetischen Mittelwert der Klassenarbeit.
b) Berechne die relativen Häufigkeiten der einzelnen Noten pro Klasse und zeichne dazu jeweils ein Streifendiagramm.
c) Welche Klasse hat besser abgeschnitten? Überlege dir die Kriterien, nach denen du das beurteilst.

ERINNERE DICH
Das arithmetische Mittel von 3, 7 und 8 ist $\frac{3+7+8}{3} = \frac{18}{3} = 6$

Achtung:
Der Notenspiegel gibt an, wie oft eine bestimmte Zensur vergeben wurde. Z. B. musst du bei drei Fünfen auch $5 + 5 + 5 = 15$ bzw. $3 \cdot 5 = 15$ rechnen.

5

Die Schülerinnen und Schüler der Bela-Bartok-Schule erreichen die Schule folgendermaßen:
314 zu Fuß, 237 mit dem Fahrrad, 86 mit einem motorisierten Zweirad (Mofa, Motorroller, Motorrad), 41 mit dem Auto und 197 mit dem Bus.
Gib die relativen Häufigkeiten als Dezimalbruch an.

6[L]

Gib den Anteil der im folgenden Diagramm dargestellten Nutzungsarten an der Gesamtfläche der Stadt Berlin an.

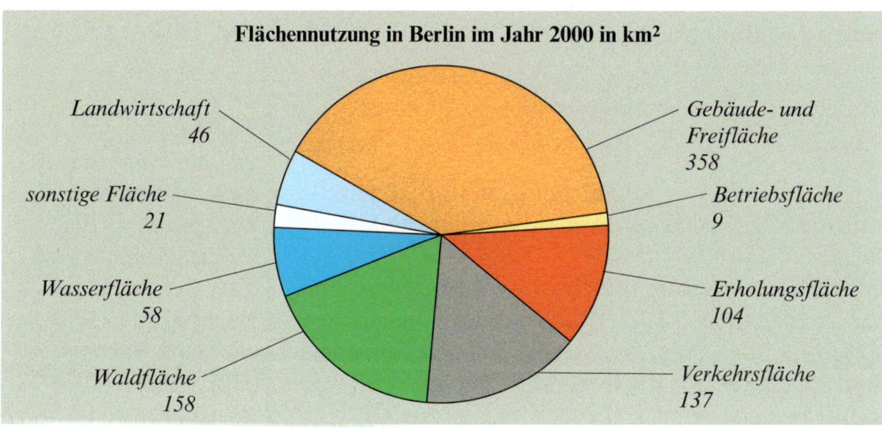

7

In einem Tempo-30-Bereich wurden die Geschwindigkeiten von 250 Fahrzeugen kontrolliert. Die Tabelle zeigt die Ergebnisse in Form von relativen Häufigkeiten.

bis 30 km/h	31 bis 40 km/h	41 bis 50 km/h	über 50 km/h
0,24	0,4	0,26	0,1

a) Berechne die zugehörigen absoluten Häufigkeiten.
b) Wie viele Pkw-Fahrer hielten sich an die Geschwindigkeitsbegrenzung, wie viele taten es nicht?

8

Bei einer Verkehrskontrolle wurden 144 Fahrräder begutachtet. Ein Drittel wies Mängel bei der Beleuchtung auf und ein Viertel hatte defekte Bremsen. Darunter waren 28 Fahrräder mit beiden Mängeln.

a) Wie viele Fahrräder waren in Ordnung?

b) Schreibe eine kurze Zeitungsmitteilung, in der du über das Ergebnis der Verkehrskontrolle informierst.

9

Arbeitet bei den folgenden statistischen Erhebungen in Gruppen.

a) Ermittelt die relativen Häufigkeiten der Farben der auf dem schulnahen Parkplatz abgestellten Autos.

b) Untersucht, wie viele Wochenstunden eure Mitschülerinnen und Mitschüler mit Lesen, Sport, Fernsehen und Musik hören verbringen. Stellt eure Ergebnisse in einem Diagramm dar.

10

Etwa 360 Mio. km^2 der Erdoberfläche sind Wasserfläche.
Die Landfläche setzt sich aus Asien (44 Mio. km^2), Amerika (43 Mio. km^2), Afrika (31 Mio. km^2), Europa (10 Mio. km^2), Australien und Ozeanien (9 Mio. km^2) und Antarktis (13 Mio. km^2) zusammen.

a) Ermittle die Anteile von Wasser und Land an der Erdoberfläche und veranschauliche sie in einem Diagramm.

b) Wie kannst du dein Ergebnis kontrollieren?

11

a) Wähle in einem englischen Text und in einem deutschen Text jeweils 20 Zeilen aus und ermittle die relativen Häufigkeiten, mit der die Vokale *a*, *e*, *i*, *o* und *u* vorkommen.

b) Eine Methode für die Verschlüsselung von Texten ist es, den Buchstaben *a* durch den Buchstaben *e* zu ersetzen, den Buchstaben *e* durch den Buchstaben *i* usw. Dies kann man so lange fortsetzen, bis der Text ohne weiteres nicht mehr lesbar ist. Kannst du die folgenden Zitate entziffern?
- Gitiolti Friadi ost duppilti Friadi.
- Dar Cimpetar ost aon Rachnar, kaon Dankar.

c) Wie könnten längere Texte, die auf diese Weise verschlüsselt worden sind, mithilfe der in Aufgabe a) ermittelten relativen Häufigkeiten entschlüsselt werden?

TIPP
Zur näherungsweisen Bestimmung der Gesamtanzahl der Buchstaben in einem Text genügt es, die Buchstaben einer vollständigen Textzeile zu zählen und mit der Anzahl der Zeilen zu multiplizieren.

12^L

Die Klasse 6c fordert ihren Mathematiklehrer Herrn Peters auf, bei Klassenarbeiten Taschenrechner zu erlauben. Herr Peters meint, er würde dann die Aufgaben etwas schwerer machen: „Wollt ihr das?“
Ergebnis: Von 32 Schülerinnen und Schülern waren 9 trotzdem für den Einsatz des Taschenrechners, 15 waren dagegen und der Rest enthielt sich der Stimme. Zeichne zu diesem Ergebnis ein Streifendiagramm.

13

Baue dir ein Glücksrad, wie es im Bild zu sehen ist (s. Rand).
Drehe das Glücksrad 50-mal und notiere dabei in einer Strichliste das jeweilige Ergebnis. Dazu musst du nur feststellen, welche Zahl in dem Sektor steht, der an der Bleistiftspitze stehen bleibt.

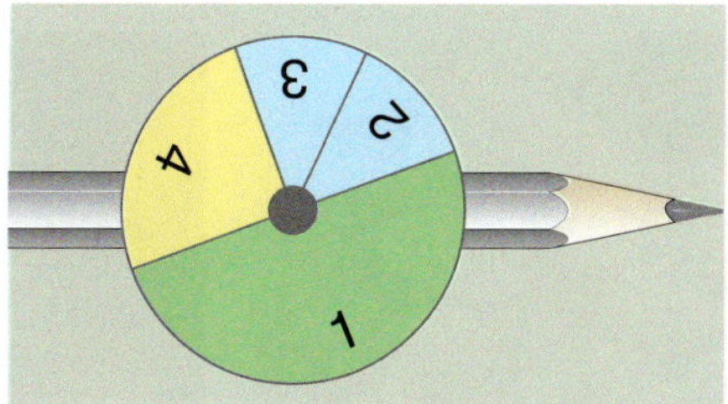

Kontrolliere, ob du insgesamt 50 Striche gezeichnest hast. Vervollständige dann die folgende Tabelle. Wie kannst du die Häufigkeiten erklären?

Ergebnis	Sektor 1	Sektor 2	Sektor 3	Sektor 4
Strichliste				
absolute Häufigkeit				
relative Häufigkeit				

BAUANLEITUNG
Du benötigst dazu lediglich ein kreisrundes Stück Pappe, etwa so groß wie der Deckel eines Marmeladenglases. Auf einer der beiden Kreisflächen zeichnest du die Sektoren ein und färbst bzw. nummerierst sie wie im Bild links. Wenn die Pappe zu dunkel dafür ist, klebst du vorher weißes Papier auf die Pappe. Mithilfe einer Reißzwecke befestigt du die Pappscheibe dann auf einem Sechskantbleistift.

14

Arbeitet bei dieser Aufgabe in Gruppen.

a) Werft zwei Würfel gleichzeitig und notiert die Augensumme. Führt diesen Versuch 100-mal durch. Erfasst die Ergebnisse in einer Strichliste und berechnet zu jeder Augensumme die relative Häufigkeit.
b) Fertigt ein Streifendiagramm für die Augensummen-Häufigkeiten an.
c) Welche Augensumme tritt am häufigsten auf? Wie erklärt ihr euch das?

Würfel

15[L]

Angelika hat 120-mal gewürfelt und die Häufigkeiten der Ergebnisse notiert. Dann hat sie die relativen Häufigkeiten der einzelnen Augenzahlen ermittelt und in eine Tabelle eingetragen. Leider hat sie den Wert für die 3 vergessen. Kannst du helfen? Wie oft trat die 3 als Ergebnis auf?

Augenzahl	1	2	3	4	5	6
relative Häufigkeit	0,18	0,10		0,22	0,14	0,20

16

Arbeitet bei der folgenden Aufgabe in Gruppen.

a) Das Bild in der Randspalte zeigt ein weiteres Glücksrad. Welche Anteile entfallen auf die einzelnen Zahlen bzw. Farben?
b) Fertigt ein solches Glücksrad an. Dreht es 100-mal und erfasst die Ergebnisse in einer Strichliste.
c) Berechnet die relativen Häufigkeiten der einzelnen Zahlen bzw. Farben bei eurem Versuch.
d) Vergleicht eure Ergebnisse aus den Aufgaben a) und c). Was stellt ihr fest?

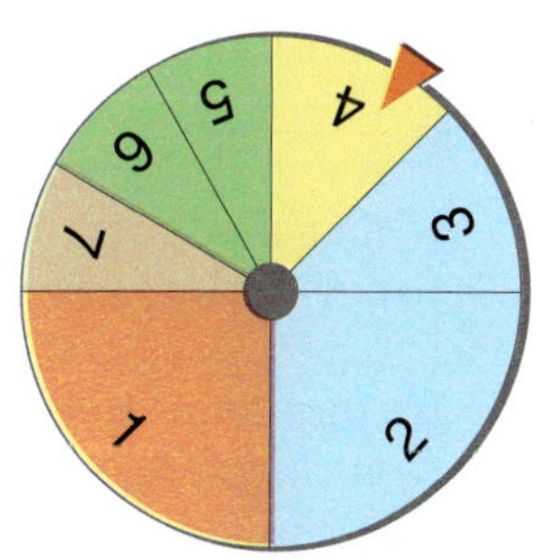

Ein Blick in die Gesundheit

Gesundheit und Ernährung

Nahrungsmittel

Schulkinder

Nahrungsmittel bestehen hauptsächlich aus Eiweiß, Fett und Kohlenhydraten. Außerdem enthalten sie Mineralstoffe, Vitamine und Wasser. Durch Nahrungsmittel wird dem menschlichen Körper Energie zugeführt.
Ernährungswissenschaftler empfehlen eine abwechslungsreiche Kost mit viel Kohlenhydraten sowie wenig Fett und Süßigkeiten. Viele Menschen essen jedoch zu viel, zu fett, zu süß und sie nehmen zu wenig Ballaststoffe zu sich.
Für eine gesunde und ausgewogene Ernährung sollte die Nahrung eines Erwachsenen höchstens zu einem Viertel aus Fett, zu drei Fünftel aus Kohlenhydraten und zu knapp einem Siebtel aus Eiweiß bestehen.
Die Tabelle enthält die Zusammensetzung einiger Nahrungsmittel.

Nahrungsmittel	Eiweiß	Fett	Kohlenhydrate	Energie
250 g Brötchen	23 g	5 g	125 g	2750 kJ (657 kcal)
50 g Roggenbrot	3 g	0,5 g	25 g	400 kJ (96 kcal)
125 g Butter	1,25	100 g	1,25 g	4000 kJ (955 kcal)
100 g Würstchen	15 g	26 g	–	1240 kJ (296 kcal)
20 g Schnittkäse	5 g	6 g	1 g	330 kJ (79 kcal)
150 g Äpfel	–	–	18 g	330 kJ (79 kcal)
200 g Bananen	2 g	–	36 g	680 kJ (162 kcal)
300 g Tomaten	3 g	–	9 g	210 kJ (50 kcal)
250 g Kartoffeln	5 g	–	50 g	880 kJ (210 kcal)
60 g Chips	3 g	24 g	28 g	1336 kJ (318 kcal)
100 g Schokolade	7 g	30 g	58 g	2210 kJ (528 kcal)

INFORMATION
Nahrung liefert Energie, die der Körper z. B. in Bewegung umwandeln kann. Die Energie wird in Kilojoule gemessen. Früher war dafür die Einheit (Kilo)Kalorien üblich.
1 Kilojoule (1 kJ) entspricht der Leistung, ein Kilogramm in einer Sekunde einen Meter hoch zu bewegen. Etwa ein Zehntel Gramm Brot enthält 1 kJ.
1 Kilokalorie (1 kcal) ist jene Energiemenge, die nötig ist, um ein Liter Wasser um ein Grad zu erwärmen. Kalorie stammt vom lateinischen „calor“ und bedeutet Wärme.

AUFGABEN

1. Sortiere die Lebensmittel aus der Tabelle jeweils nach ihrem relativen Eiweiß-, Fett- und Kohlenhydrategehalt.

2. Fertige zum Eiweiß-, zum Fett- bzw. zum Kohlenhydrategehalt aller Nahrungsmittel der Tabelle jeweils ein Säulendiagramm an.

3. **a)** Finde zu fünf weiteren Lebensmitteln die Bestandteile und Nährwertangaben heraus.
b) Wie viel Eiweiß, Fett und Kohlenhydrate sollst du pro Tag verzehren?
c) Stelle dir einen sinnvollen Essensplan nach den empfohlenen Nahrungsbestandteilen für einen Tag zusammen.

In Deutschland hat fast die Hälfte der Erwachsenen Übergewicht. Unter den Jugendlichen ist auch schon ein Fünftel übergewichtig.
Ob ihr Gewicht normal ist, können Erwachsene am Bodymassindex prüfen. Diese Zahl erhält man, indem man das Körpergewicht (in kg) durch das Quadrat der Körperlänge (in m) teilt. Liegt diese Zahl zwischen 19 und 25, gilt das Körpergewicht als normal.
Übergewicht kann man mit sportlichen Aktivitäten und gesunder Ernährung entgegenwirken.
Besonders geeignet sind Ausdauersportarten, wie z. B. Joggen, Wandern, Inlineskaten und Radfahren. Sie dienen dem Fettabbau. In der Woche sollte man drei bis viermal mindestens eine halbe Stunde Ausdauersport betreiben.

Der Energieverbrauch eines Menschen ist vom Grundumsatz (GU) und vom Leistungsumsatz (LU) abhängig. Der GU deckt den Energiebedarf der Organe. Der Leistungsumsatz hängt von der körperlichen Aktivität ab.

INFORMATION
Energieverbrauch = GU + LU

Berechnung GU:
Frau: 700 kcal + 7 kcal × Körpergewicht (als Zahl, gemessen in kg)
Mann: 900 kcal + 10 kcal × Körpergewicht (als Zahl, gemessen in kg)
Richtwerte LU:
kaum Bewegung: 30 kcal × Körpergewicht (als Zahl, gemessen in kg)
etwas Bewegung: 32 kcal × Körpergewicht (als Zahl, gemessen in kg)
sportliche Betätigung: 35 kcal × Körpergewicht (als Zahl, gemessen in kg)
viel und lange Sport: 40 kcal × Körpergewicht (als Zahl, gemessen in kg)

Zum Ausgleich für den Verzehr von	muss man aktiv werden in Form von Gymnastik	Radfahren	Schwimmen	Dauerlauf
1 Knackwurst	120 min	90 min	70 min	35 min
1 Schoko-Riegel	80 min	60 min	45 min	20 min
1 Kugel Eiskrem	50 min	35 min	25 min	12 min

WEITERE AUFGABEN

4. Speiseplan von Herrn Dickmann (50 Jahre):
Frühstück: 2 Brötchen (je 70 g) mit 40 g Butter und 50 g Schnittkäse.
Mittag: Würstchen (150 g) mit 200 g Kartoffeln und Tomatensalat (200 g).
Abendbrot: 2 Roggenschnitten (je 80 g) mit 40 g Butter und Schnittkäse (60 g).
Zwischendurch: 40 g Chips, 50 g Schokolade.
a) Entspricht die aufgenommene Kalorienmenge der von Wissenschaftlern empfohlenen Tagesmenge? Erkundige dich.
b) Entspricht die Zusammensetzung seiner Nahrung den empfohlenen Richtwerten?

5. **a)** Berechne deinen ungefähren Energieverbrauch pro Tag.
b) Fertige eine Häufigkeitstabelle zum Energieverbrauch deiner Mitschüler an. Überlege eine sinnvolle Einteilung der Kategorie Energieverbrauch. Berechne zu jeder Größe die relative Häufigkeit.

6. Tom hat drei Kugeln Eis gegessen und möchte die zugeführte Energie wieder ausgleichen.
a) Welche Strecke muss er dafür mit dem Rad zurücklegen, wenn er 15 km/h fährt?
b) Wie lange müsste Tom dafür joggen?

Zufallsexperimente

1

Ben hat zu seinem Geburtstag fünf Mitschüler eingeladen. Beim „Schokoladenessen“ kommt Unmut auf, da Paul schon dreimal hintereinander eine Sechs gewürfelt und schon die halbe Tafel Schokolade verspeist hat. Dagegen hatte Marie noch kein Glück und nur Vieren und Fünfen gewürfelt.

a) Würfelt Paul beim nächsten Mal wieder eine Sechs?
b) Würfelt Marie beim nächsten Mal eine Sechs?
c) Wenn beim ganzen Spiel 100-mal gewürfelt wird. Was schätzt du, wie oft die Sechs dabei auftritt?

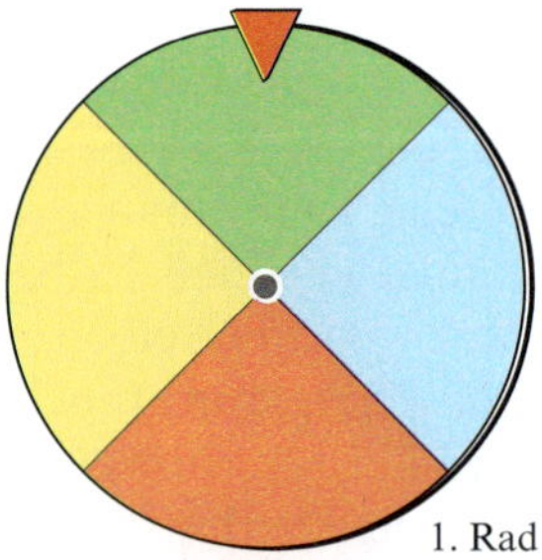
1. Rad

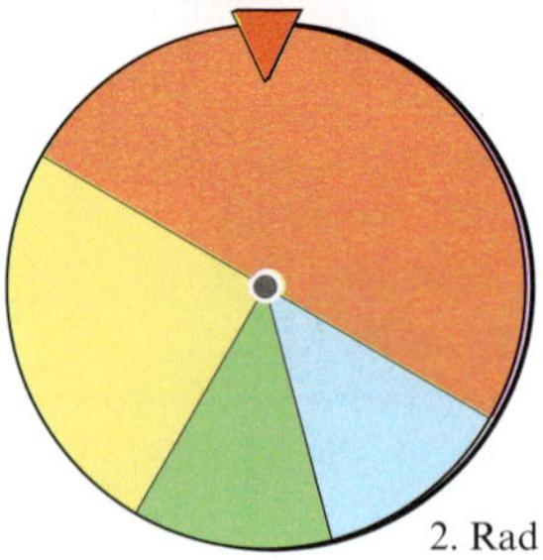
2. Rad

2

Arbeitet in Gruppen. Fertigt zwei Glücksräder an (s. Randspalte).

a) Jedes Glückrad soll 50-mal gedreht werden. Schätzt vorher für jedes Glücksrad, wie oft die einzelnen Farben erscheinen werden.
b) Ermittelt für jedes Glücksrad die Häufigkeit des Auftretens der einzelnen Farben.

Farbe	gelb	rot	grün	blau
absolute Häufigkeit				
relative Häufigkeit				

c) Vergleicht die erhaltenen Anzahlen mit eurer Schätzung.
d) Philipp und Alexander haben folgende relative Häufigkeiten erhalten. Wer hat wohl welches Glücksrad gedreht?

	gelb	rot	grün	blau
Philipp	0,28	0,48	0,11	0,13
Alexander	0,27	0,20	0,30	0,23

HINWEIS
Achtet beim Bau der Glücksräder auf einen gleichmäßigen Lauf der Glücksräder.

3

Rita wettet, bei 100 Würfen mit einer Streichholzschachtel mindestens 5 Landungen auf einer der beiden kleinsten Seitenflächen zu erreichen.

a) Arbeitet in Gruppen: Führt Ritas Versuch mit einer vollen und mit einer leeren Streichholzschachtel durch. Notiert jeweils die Ergebnisse.
b) Hat Rita eine gute Chance? Sollte sie mit einer leeren oder vollen Schachtel werfen?
c) Nach 50 Versuchen hat Rita erst 2 Landungen auf der kleinen Seite erreicht. Wie schätzt du ihre Chance ein, ihre Wette noch zu gewinnen?

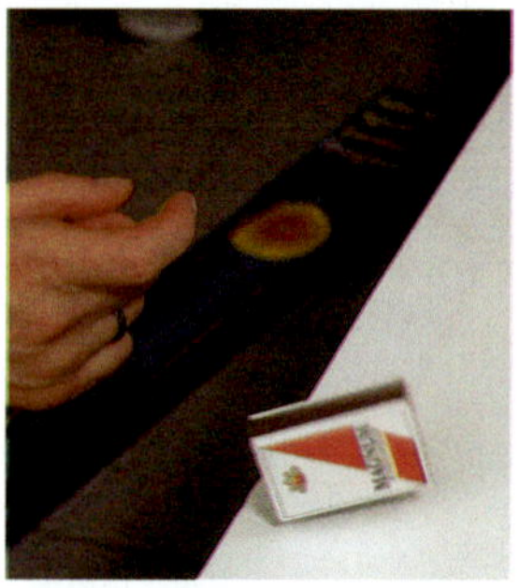
Werfen einer Streichholzschachtel

WISSEN

Vorgänge, deren Ergebnis vom Zufall abhängt, wie z. B. das Werfen eines Würfels oder einer Streichholzschachtel und das Drehen eines Glücksrads, nennt man **Zufallsexperimente**.

WISSEN

Vor der Durchführung eines Zufallsexperimentes überlegt man sich, welche **Ergebnisse** auftreten können.
Alle möglichen Ergebnisse eines Zufallsexperimentes zusammen bilden die **Ergebnismenge Ω** (Ω ist der griechische Buchstabe Omega.).
Folgende Eigenschaften kennzeichnen ein Zufallsexperiment:
- Es können verschiedene Ergebnisse auftreten, deren Eintreten nicht mit Sicherheit vorausgesagt werden kann.
- Es tritt immer genau eines der möglichen Ergebnisse auf.
- Das Experiment ist beliebig oft wiederholbar.

HINWEIS
Von einem „Zufallsexperiment“ spricht man, wenn man festgelegt hat, welche Ergebnisse man erfassen will, und man die Ergebnismenge kennt.
Beispielsweise könnte man bei der Geburt eines Kindes erfassen:
– das Geschlecht,
– das Geburtsgewicht,
– die Körperlänge u. a.
Ein Zufallsexperiment wäre dann die Ermittlung des Geschlechts mit Ω = {weiblich; männlich}
oder des Geburtsgewichts mit z. B. Ω = {bis 2000 g; 2001 g bis 2500 g; 2501 g bis 3000 g; 3001 g bis 3500 g; 3501 g bis 4000 g; 4001 g bis 4500g; mehr als 4500 g}.

4

Gib jeweils eine Ergebnismenge der Zufallsexperimente in den Aufgaben 1 bis 3 an.

5[L]

Gib zu den folgenden Vorgängen jeweils eine oder mehrere Ergebnismengen an.
a) Ermitteln des Geburtsmonats einer zufällig gewählten Person
b) Ziehen eines Loses
c) Spielen eines Schachspieles
d) Austragen eines Tennismatches
e) Werfen eines weißen und eines gelben Würfels

6

Entscheide, ob Zufallsexperimente vorliegen. Gib dann eine Ergebnismenge an.
a) Ziehen der ersten Kugel beim Lotto 6 aus 49
b) Ziehen einer Karte eines Skatspieles
c) Ermitteln der Masse einer Stahlkugel bei bekanntem Volumen
d) Ermitteln der Summe zweier vorgegebener Zahlen
e) Ermitteln der Blutgruppe eines zufällig ausgewählten Menschen

7

a) Denke dir Zufallsexperimente mit dazugehöriger Ergebnismenge aus.
b) Nenne Beispiele für Vorgänge, die keine Zufallsexperimente darstellen.

8

Handelt es sich um ein Zufallsexperiment? Gib dann die Ergebnismenge an.
a) Los bei linker Losbude
b) Los bei rechter Losbude
c) Zeitpunkt des Sonnenaufganges am 1. März nächsten Jahres
d) Masse eines Apfels

9

a) Wirf eine Münze dreimal hintereinander und notiere jedes Mal, ob Wappen (W) oder Zahl (Z) zu sehen war. Beispiel: WWZ. Wiederhole das noch 9-mal.

b) Lies dir den Methodenkasten auf Seite 225 durch. Erkläre das nebenstehende Diagramm eines dreimaligen Münzwurfs. Schreibe alle möglichen Wurfergebnisse auf (in der Form WWW, WWZ, …). Wie viele sind es? Prüfe, ob du beim Aufgabenteil a) alle möglichen Wurfergebnisse erhalten hast.

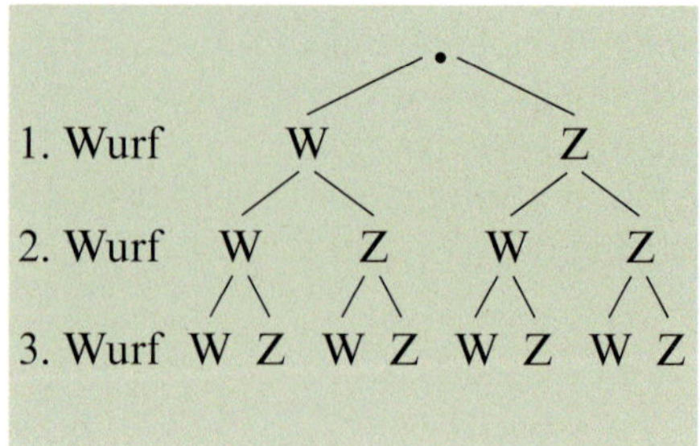

c) Wie viele verschiedene Wurfergebnisse sind beim viermaligen Werfen einer Münze möglich?

10

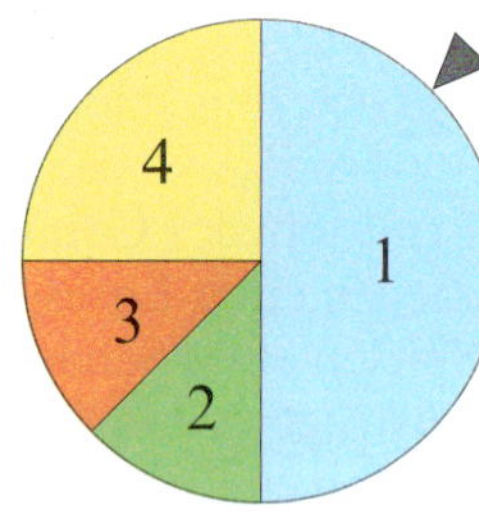

Ein Glücksrad (siehe Randspalte) wird zweimal gedreht.
Gewonnen hat derjenige, bei dem

a) die Summe der Zahlen kleiner als 6 ist,
b) beide Zahlen gleich sind,
c) die zweite Zahl größer als zwei ist,
d) die Zahl 3 dabei ist.

Zeichne jeweils ein Baumdiagramm (s. Methodenkasten auf Seite 225) und markiere die „Gewinnpfade". Gib jeweils die „Gewinnzahlen" an.

WISSEN

Oft interessieren bei einem Zufallsexperiment nicht alle Ergebnisse, sondern nur solche mit einer bestimmten Eigenschaft. D. h. wir betrachten die Ergebnisse im Hinblick auf ein bestimmtes **Ereignis**. Ein Ereignis ist eine Teilmenge der Ergebnismenge.

BEISPIEL
Man gewinnt in Aufgabe 1, wenn man dreimal das Gleiche geworfen hat. Interessierende Ereignisse.
$A = \{WWW; ZZZ\}$

11

Lege für das Werfen eines Würfels selbst Ereignisse fest und gib jeweils die Ergebnisse an, bei denen das Ereignis eintritt (s. BEISPIEL).

BEISPIEL
A – gerade Zahl
$A = \{2; 4; 6\}$

12^L

In einem Gefäß befinden sich 4 gelbe (g), 3 rote (r), 2 blaue (b) und 1 weiße (w) Kugel (s. Bild). Ohne Hinsehen sollen aus dem Gefäß in einem Zug 2 Kugeln genommen werden.

a) Gib die Ergebnisse an, bei denen die folgenden Ereignisse eintreten.
A – Beide Kugeln haben die gleiche Farbe.
B – Beide Kugeln haben verschiedene Farben.
C – Mindestens eine Kugel ist blau.
D – Genau eine Kugel ist rot.
E – Beide Kugeln sind weiß.

b) Nenne weitere Ereignisse und die jeweils zugehörigen Ergebnisse.

13

Stefan darf sich zum Geburtstag von seiner Oma drei Kuchen oder Torten wünschen. Zur Auswahl stehen Pflaumenkuchen (p), Käsekuchen (k), Butterkuchen (b), sowie als Torten Frankfurter Kranz (f) und Schokotorte (s). Stefan nimmt auf jeden Fall keinen Kuchen und keine Torte doppelt.

a) Nenne vier mögliche Ergebnisse.

b) Schreibe die Ergebnismenge auf. Verwende dazu die kleinen Buchstaben aus den Klammern – z. B.: $\Omega = \{pkb; pkf; \ldots\}$.

c) Bei welchen Ergebnissen treten die folgenden Ereignisse ein?
A – 3 Kuchen; B – mindestens eine Torte; C – nur Torten; D – höchstens eine Torte; E – mindestens zwei Kuchen; F – mindestens ein Kuchen.

METHODE

Anfertigen eines Baumdiagramms

Ein Baumdiagramm hilft dir, die Anzahl aller möglichen Ergebnisse eines Zufallsexperiments systematisch zu ermitteln. Das Baumdiagramm ist besonders nützlich, wenn sich ein Zufallsexperiment aus mehreren Stufen zusammensetzt.

allgemein	**Beispiel**
Zufallsexperiment mit mehreren Stufen	Gefäß mit drei Kugeln, nummeriert mit 1, 2 bzw. 3 Zufallsexperiment: Es wird eine Kugel gezogen, die Zahl notiert (z. B. 2) und wieder ins Gefäß gelegt. Dann wird eine zweite Kugel gezogen, die Zahl notiert (z. B. 3) und zurückgelegt. Es ergibt sich z. B. die Zahl 23.
1. Ermittele alle möglichen Ergebnisse bei der ersten Stufe des Zufallsexperiments	Möglichkeiten für die gezogene Kugel: 1; 2; 3
2. Notiere alle Ergebnisse der ersten Stufe des Zufallsexperiments nebeneinander.	1. Ziehung 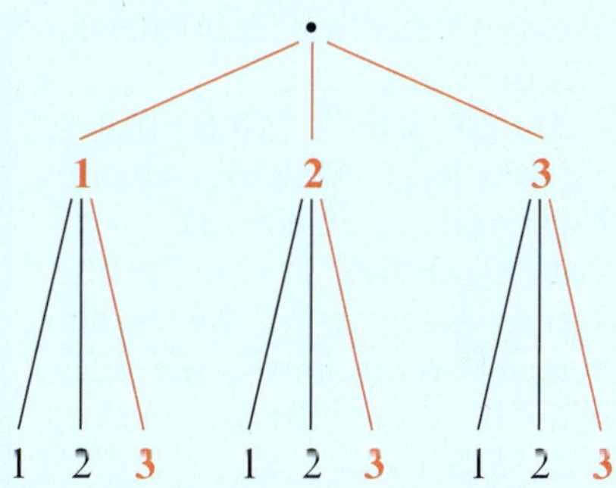
3. Notiere bei der zweiten Stufe unter jedem ersten Ergebnis wieder alle Ergebnisse. Verbinde alle Ergebnisse der ersten Stufe mit den Ergebnissen der zweiten Stufe.	2. Ziehung
4. Bei weiteren Stufen werden wieder alle Ergebnisse unter den Ergebnissen der vorherigen Stufe notiert.	(3. Ziehung …)
5. Die Ergebnismenge Ω des Zufallsexperiments erhältst du, wenn du von oben beginnend jedem „Pfad" folgst und nacheinander alle Möglichkeiten notierst.	$\Omega = \{11; 12; 13; 21; 22; 23; 31; 32; 33\}$ Sollen z. B. alle die Ergebnisse gewinnen, bei denen als zweite Zahl eine 3 gezogen wird, so sind die Ergebnisse 13, 23 und 33 „Gewinnzahlen". Die entsprechenden „Gewinnpfade" sind oben rot markiert.

Wahrscheinlichkeiten

1

Wirf eine Münze 100-mal und beobachte, ob Kopf (K) oder Zahl (Z) fällt.

a) Berechne nach jeweils fünf Würfen die relative Häufigkeit von Z.

Anzahl der Würfe	5	10	15	20	25	30	35	40	45	50	55	…	100
relative Häufigkeit													

b) Die relative Häufigkeiten für das Eintreten des Ergebnisses „Zahl“ soll nun in Abhängigkeit von der Anzahl der Versuchsdurchführungen grafisch dargestellt werden. Übertrage dazu das dargestellte Koordinatensystem und markiere nach 5, 10, 15, …, 100 Würfen die relative Häufigkeit des Ergebnisses Zahl.

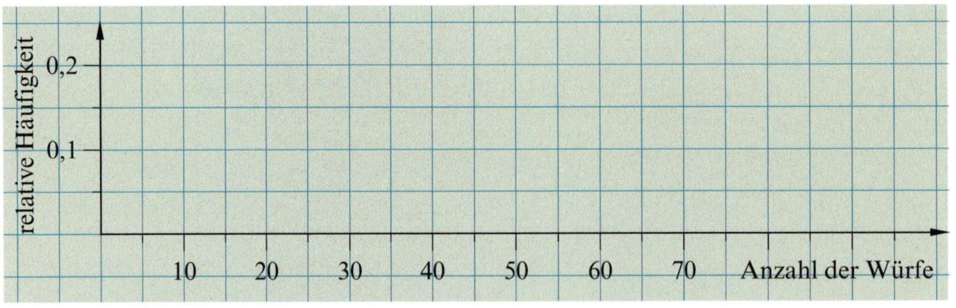

BEACHTE
Erweitere die Skala auf der y-Achse bis 0,7.

c) Vergleicht eure grafischen Darstellungen untereinander. Worin ähneln sich die Darstellungen?

2

Reißzwecken fallen auf den Rücken oder auf die Seite.
Wirf 20-mal jeweils 10 Reißzwecken. Zähle jedes Mal die Anzahl von Rücken (R) und Seite (S).
Trage die Ergebnisse in eine Tabelle nach unten stehendem Muster ein und berechne dann jeweils die relative Häufigkeit von Rücken (h(R)) und Seite (h(S)).
Stelle die relativen Häufigkeiten von Rücken und Seite in Abhängigkeit von der Anzahl n der Versuchsdurchführungen grafisch dar.

Geworfene Reißzwecken

n-ter Wurf	R	S	Summe R	Summe S	h(R)	h(S)
1	3	7	3	7	0,3	0,7
2	6	4	9	11	0,45	0,55
…						
20						

BEISPIEL
für die Berechnung von h(R) nach dem 2. Wurf (siehe Beispielwerte in der Tabelle):
Nach 2 Würfen wurde insgesamt 9-mal Rücken ermittelt (3-mal im ersten und 6-mal im zweiten Wurf).
Insgesamt wurden 20 Reißzwecken geworfen.
$h(R) = \frac{9}{20} = 0{,}45$

3

Arbeite mit deinem Nachbarn oder deiner Nachbarin zusammen.

a) Wirf einen Würfel 100-mal und trage wie in Aufgabe 1 die relativen Häufigkeiten von 5, 10, 15, …, 100 Würfen für das Ereignis „die Augenzahl ist kleiner als 3“ in eine Tabelle ein.

b) Stelle die relativen Häufigkeiten des Ereignisses „die Augenzahl ist kleiner als 3“ in Abhängigkeit von der Anzahl n der Versuchsdurchführungen grafisch dar (wie in Aufgabe 1 b). Was fällt dir auf?

BEACHTE
Die relative Häufigkeit eines Ereignisses wird analog zur relativen Häufigkeit eines Ergebnisses ermittelt.

In den Aufgaben 1 bis 3 wurden Zufallsexperimente oft durchgeführt und die relative Häufigkeit eines Ereignisses bei größer werdender Versuchszahl beobachtet. Die drei Aufgaben haben im Vergleich eines gemeinsam:

INFORMATION
Für die Wahrscheinlichkeit eines Ereignisses A schreibt man $P(A)$.
Der Buchstabe P stammt von dem englischen Wort *probability* für Wahrscheinlichkeit.

WISSEN

Die relative Häufigkeit eines Ereignisses nähert sich bei langen Versuchsserien an einen festen Wert an.

Diesen Wert nennt man die **Wahrscheinlichkeit** des Ereignisses.

Die relative Häufigkeit eines Ereignisses ist ein Näherungswert für die Wahrscheinlichkeit dieses Ereignisses.

Es ist nicht immer erforderlich, einen Versuch sehr oft zu wiederholen, um die Wahrscheinlichkeit eines bestimmten Ereignisses über die relative Häufigkeit abzuschätzen. Mitunter kann man schon aus den Versuchsbedingungen die Wahrscheinlichkeit bestimmter Ereignisse ablesen.
Z. B. wissen wir, dass eine Münze zwei Seiten hat, die etwa mit gleicher Häufigkeit fallen werden, wenn man die Münze wirft, d. h. jede Seite der Münze wird mit einer Wahrscheinlichkeit von 0,5 nach einem Wurf oben liegen.

4^L

Wie groß ist jeweils die Wahrscheinlichkeit der folgenden Ereignisse? Berücksichtige die Ergebnisse der Aufgaben 1, 2 und 3.

A – Mit dem Würfel eine 6 zu werfen.
B – Mit dem Würfel eine 1 oder eine 6 zu werfen.
C – Mit dem Würfel weder eine 1 noch eine 6 zu werfen.
D – Beim einmaligen Wurf einer Münze Zahl zu werfen.
E – Beim einmaligen Wurf zweier Münzen zweimal Kopf zu werfen.

AUFGABE
Gelten die Aussagen im blauen Kasten auch für Ergebnisse?

5

René und Katja haben sich auf dem Weg nach Schöndorf verlaufen. Endlich finden sie eine Wegkreuzung mit einem Wegweiser. Der ist aber leider abgebrochen. Nun müssen sie sich zufällig für eine der 5 Richtungen entscheiden.

a) Wie groß ist nach deiner Meinung die Wahrscheinlichkeit, dass sie in Schöndorf ankommen?

b) Wie groß ist die Wahrscheinlichkeit, dass sie schon nach 6 Kilometern in Schöndorf ankommen?

6

Zur Weihnachtsfeier in Anicas Klasse sollen Julklappgeschenke verteilt werden. Das bedeutet, jeder zieht verdeckt einen der 30 Namen und für die zum Namen gehörende Person muss ein kleines Geschenk besorgt werden. Für 4 Mädchen und 2 Jungen wüsste Anica sofort ein passendes Geschenk. Wie groß ist die Wahrscheinlichkeit dafür, dass Anica ein Los zieht, bei dem sie es leicht hat, ein Geschenk zu finden? Begründe deine Antwort.

INFORMATION
Julklapp ist ein schwedischer Brauch und bezeichnet ein (meistens scherzhaft verpacktes) kleines Weihnachtsgeschenk, das am Julfest von unbekanntem Geber in die Stube geworfen wird.

7

Friederike hat 20 eigene CD's und zwar 4 mit klassischer Musik, die die Eltern sehr mögen, 10 mit Pop und Rock, die die Eltern auch gerne hören und 6 mit „neumodischer" Musik, bei denen die Eltern immer rufen, dass Friederike die Anlage leiser stellen soll. Friederike greift wahllos eine CD heraus. Wie groß ist wohl die Wahrscheinlichkeit, dass sie keinen Ärger mit den Eltern bekommt?

WISSEN

Bei manchen Versuchsbedingungen haben alle möglichen Ergebnisse eines Zufallsexperiments die gleiche Chance einzutreten. Alle Ergebnisse sind dann **gleich wahrscheinlich**.

Bei solchen Zufallsexperimenten wird zunächst ermittelt, wie viele Ergebnisse es insgesamt gibt. Dann wird bestimmt, bei wie vielen Ergebnissen das Ereignis A eintritt, wie viele Ergebnisse also günstig sind für A.

Für die Wahrscheinlichkeit von A gilt:

$$P(A) = \frac{\text{Anzahl der für das Ereignis } A \text{ günstigen Ergebnisse}}{\text{Anzahl der möglichen Ergebnisse}}$$

INFORMATION
Zufallsexperimente, bei denen alle Ergebnisse gleich wahrscheinlich sind, heißen nach dem französischen Mathematiker Pierre Simon de Laplace auch **Laplace-Experimente**.

Pierre Simon de Laplace
1749–1827

BEISPIEL

Gesucht ist die Wahrscheinlichkeit dafür, dass eine zufällig aus einem gut gemischten Skatspiel gezogene Karte ein Ass ist (Ereignis A).

Es gibt insgesamt 32 Karten, von denen jede mit gleicher Wahrscheinlichkeit gezogen werden kann. Es gibt also 32 mögliche Ergebnisse, die alle gleich wahrscheinlich sind.

Bei vier Ergebnissen (Karoass, Herzass, Pikass und Kreuzass) tritt das interessierende Ereignis A „gezogene Karte ist ein Ass" ein.

Für die Wahrscheinlichkeit des Ereignisses A gilt somit: $P(A) = \frac{4}{32} = \frac{1}{8}$.

Würde man den Versuch sehr oft durchführen, wäre damit zu rechnen, dass man in durchschnittlich $\frac{1}{8}$ aller Fälle ein Ass ziehen würde.

MERKE
Man sagt, die vier Ergebnisse (Karoass, Herzass, Pikass, Kreuzass) sind für das Ereignis **günstig**.

8[L]

Entscheide, ob Zufallsexperimente vorliegen, bei denen alle Ergebnisse gleich wahrscheinlich sind.

Experiment	Ergebnisse
Münze werfen	Kopf; Zahl
Glücksrad 1 drehen	1; 2; 3
Glücksrad 2 drehen	1; 2; 3
Ermitteln der ersten Lottozahl	1; 2; …; 48; 49
Hersteller eines vorbeifahrenden Autos ermitteln	alle Autofirmen

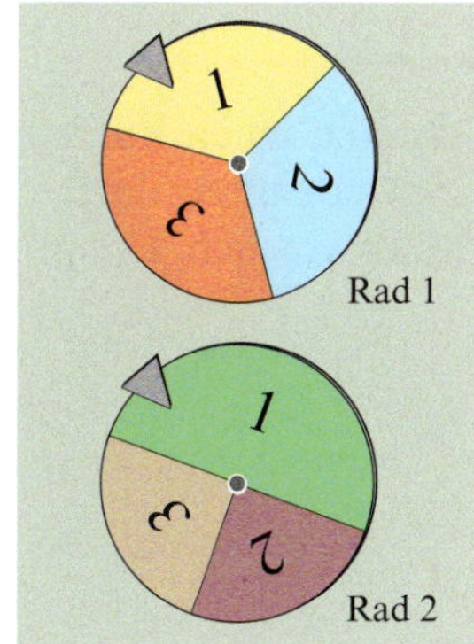

9

Entscheide, bei welcher der beiden vorgegebenen Ergebnismengen alle möglichen Ergebnisse die gleiche Wahrscheinlichkeit aufweisen.

a) Ziehen einer Karte aus einem gut gemischten Skatspiel.
Ω_1 = {Karo; Herz; Pik; Kreuz}, Ω_2 = {Ass; nicht Ass}

b) Werfen eines Würfels.
Ω_1 = {Eins; nicht Eins}, Ω_2 = {Eins; Zwei; Drei; Vier; Fünf; Sechs}

c) Aus dem Gefäß (s. Randspalte) wird wahllos eine Kugel gezogen.
Ω_1 = {gelbe Kugel; rote Kugel}, Ω_2 = {Kugel 1; 2; 3; 4; 5}

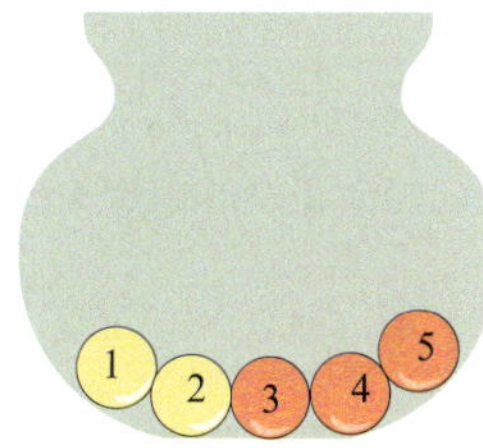

10

Aus einem Skatspiel wird ohne hinzusehen eine Karte gezogen (siehe Beispiel auf der vorigen Seite).
Berechne die Wahrscheinlichkeiten der folgenden Ereignisse.

A – Es wird eine Pikkarte gezogen.
B – Es wird eine 7 gezogen.
C – Es wird eine rote Karte gezogen.
D – Es wird eine Zahl gezogen.
E – Es wird eine schwarze Karte, aber kein Bube gezogen.

11

Beim Roulette haben die Spieler verschiedene Möglichkeiten mit einem Spielchip auf die Felder von 0 bis 36 zu setzen z. B. (s. Spielbrett):

1. auf eine Zahl
2. auf zwei Zahlen
3. auf drei Zahlen in der Reihe
4. auf vier Zahlen
5. auf sechs Zahlen
6. auf zwölf Zahlen in einer Zahlenspalte

Gib für alle genannten Möglichkeiten die Gewinnchance an.
Gib weitere Setz-Möglichkeiten an.

Roulettetisch

Spielplan

12

Schreibe einen kurzen Text, in dem du das folgende Diagramm interpretierst. Benutze dazu die Begriffe relative Häufigkeit, Wahrscheinlichkeit, Zufallsversuch, Ereignis.

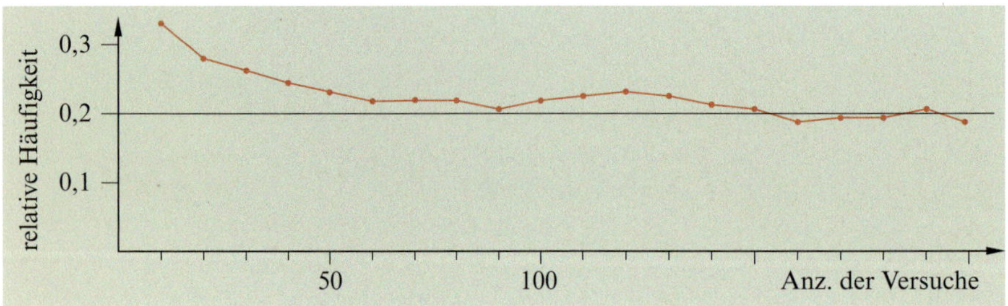

AUFGABE
Gib einen Zufallsversuch an, der dem Diagramm zugrunde liegen könnte.

13

Berechne die Wahrscheinlichkeiten der Ereignisse aus Aufgabe 12 a (Seite 224).

14

Karl spielt mit Freunden „Mensch ärgere dich nicht" und ist an der Reihe zu würfeln. Wie groß ist die Wahrscheinlichkeit, dass Karl (rot) beim nächsten Wurf …

a) Tina (gelb) hinausschmeißt?
b) Tina oder Tom (schwarz) hinausschmeißt?
c) in sein Haus kommt?
d) in sein Haus kommt, wenn Hinausschmeißen vor Setzen ins Haus geht?
e) mit seinem letzten Stein herauskommt?

AUFGABEN ZUR WIEDERHOLUNG

1. Rechne im Kopf.
   a) $\frac{4}{7}+\frac{2}{7}$ **b)** $\frac{1}{3}+\frac{5}{3}$ **c)** $\frac{4}{9}+\frac{2}{9}$
   d) $\frac{1}{8}+\frac{5}{8}$ **e)** $\frac{1}{6}+\frac{1}{3}$ **f)** $\frac{3}{4}+\frac{1}{8}$
   g) $\frac{3}{4}-\frac{3}{8}$ **h)** $\frac{1}{2}+\frac{1}{4}$ **i)** $\frac{1}{8}+\frac{1}{4}$
   j) $\frac{3}{8}-\frac{1}{4}$ **k)** $\frac{1}{2}-\frac{1}{6}$ **l)** $\frac{1}{3}-\frac{1}{6}$

2. Rechne schriftlich.
   a) $\frac{4}{5}+\frac{1}{3}$ **b)** $\frac{1}{2}+\frac{5}{7}$ **c)** $\frac{1}{3}+\frac{1}{4}$
   d) $\frac{5}{6}+\frac{1}{8}$ **e)** $\frac{7}{8}-\frac{1}{6}$ **f)** $\frac{1}{2}-\frac{1}{3}$
   g) $\frac{4}{5}-\frac{2}{3}$ **h)** $\frac{3}{2}-\frac{2}{3}$ **i)** $\frac{4}{9}-\frac{5}{12}$

3. Vergleiche. Begründe deine Entscheidung, ohne zu rechnen.
   a) $\frac{1}{5}+\frac{1}{6}$ und $\frac{1}{7}+\frac{1}{6}$ **b)** $\frac{1}{4}+\frac{6}{11}$ und $\frac{1}{3}+\frac{7}{11}$
   c) $\frac{4}{5}-\frac{1}{3}$ und $\frac{4}{5}-\frac{1}{4}$ **d)** $\frac{7}{8}-\frac{1}{3}$ und $\frac{5}{8}-\frac{1}{3}$

4. Klaus möchte die Flüssigkeit aus den drei Gläsern in das Litergefäß zusammengießen. Passt alles hinein?

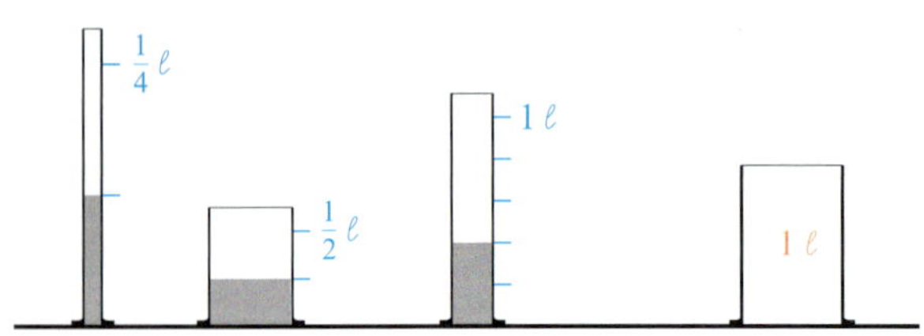

Teste dich!

1

Auf dem Rummel gibt es verschiedene Losbuden, die mit unterschiedlichen Gewinnversprechungen locken.

a) Berechne für jede Losbude die relative Häufigkeit, einen Gewinn zu erzielen.

b) Wo würdest du dein Los kaufen?

Losbude	A	B	C
Anzahl aller Lose	600	750	800
Anzahl der Gewinnlose	20	25	28

2

Handelt es sich um Zufallsexperimente? Gib gegebenenfalls die Ergebnismenge an.

a) Ina und Max würfeln um die Wette, wer zuerst eine Sechs hat.

b) Marlen und Anna rennen um die Wette bis zum Baum.

c) Frau Lutter spielt Lotto und gibt einen Tipp für 6 aus 49 ab.

d) Der Schiedsrichter wirft eine Münze, um zu entscheiden, welche Mannschaft beginnen darf.

e) Herr Pauli setzt beim Roulette-Spiel auf die Zahl 7.

3

In einem Gefäß befinden sich neun Kugeln mit den Nummern 1 bis 9. Von diesen neun Kugeln sind 3 weiß, 1 grün, 4 blau und 1 rot. Ohne Hinsehen sollen aus dem Gefäß in einem Zug drei Kugeln entnommen werden. Gib alle Ergebnisse an, bei denen die folgenden Ereignisse eintreten.

a) Alle drei Kugeln haben die gleiche Farbe.

b) Die Kugeln haben drei aufeinander folgende Nummern.

c) Eine Kugel ist rot.

d) Die Nummern sind alle gerade.

e) Die Nummern 7 und 11 sind dabei.

4

Gib ein Zufallsexperiment an, zu dem das Baumdiagramm gehören kann (R = rot, G = gelb, B = blau).

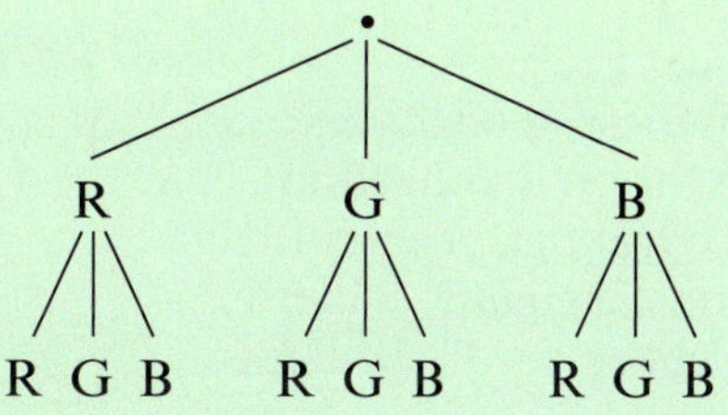

5

Ein Würfel wird zweimal geworfen. Dabei interessiert die Reihenfolge und ob die gewürfelten Zahlen gerade oder ungerade sind.

a) Zeichne ein Baumdiagramm.

b) Gib die Ergebnismenge an.

c) Berechne die Wahrscheinlichkeiten aller möglichen Ergebnisse.

d) Wie groß ist die Wahrscheinlichkeit, dass eine Zahl gerade und die andere ungerade ist?

HINWEISE

1) Versuche zunächst, die Aufgaben ohne Hilfestellung zu lösen.

2) Wenn du doch Hilfe benötigst, findest du auf der angegebenen Seite ein Beispiel oder eine Anregung zum Lösen der Aufgabe.

Aufgabe	Seite
1	216
2	222
3	223
4	225
5	223/225/228

3) Im Anhang ab Seite 242 findest du die Lösungen der Aufgaben. Vergleiche deine Ergebnisse mit diesen Lösungen und überprüfe so deinen Lernstand.

ZUSAMMENFASSUNG

Begriffe | **Beispiele**

Häufigkeiten

Die beobachtete Häufigkeit eines Ergebnisses heißt **absolute Häufigkeit** dieses Ergebnisses.

Die **relative Häufigkeit** ist der Anteil der Beobachtungen eines Ereignisses an der Gesamtzahl aller Beobachtungen. Sie ist der Quotient aus der absoluten Häufigkeit und der Gesamtzahl der Beobachtungen.

relative Häufigkeit $= \frac{\text{absolute Häufigkeit}}{\text{Gesamtzahl der Beobachtungen}}$

Beispiel: Wenn bei 50-maligem Würfeln 8-mal die Augenzahl 4 beobachtet wurde, ist 8 die absolute Häufigkeit.

Die relative Häufigkeit der Augenzahl 4 ist dann

$\frac{8}{50} = \frac{16}{100} = 0{,}16$

Zufallsexperiment

Ein **Zufallsexperiment** hat mehrere mögliche Ergebnisse, von denen man nicht voraussagen kann, welches eintritt.
Alle möglichen Ergebnisse eines Zufallsexperiments bilden die **Ergebnismenge** $\boldsymbol{\Omega}$.

Beispiel: Wird die Augenzahl beim Wurf eines Würfels ermittelt, so ist die Ergebnismenge $\Omega = \{1; 2; 3; 4; 5; 6\}$.

Ein **Ereignis** umfasst mehrere mögliche Ergebnisse eines Zufallsexperiments, ist also eine Teilmenge der Ergebnismenge.

Beispiel: Das Ereignis A „Es wird eine Primzahl gewürfelt“ ist $A = \{2; 3; 5\}$.

Mit einem **Baumdiagramm** kann man die Anzahl aller möglichen Ergebnisse eines Zufallsexperiments systematisch ermitteln

Beispiel: Dreimaliger Münzwurf

W = Wappen
Z = Zahl

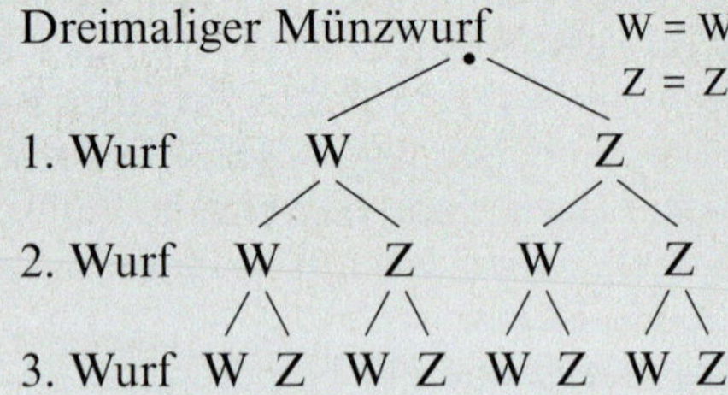

Wahrscheinlichkeiten

Die **Wahrscheinlichkeit eines Ereignisses** beschreibt die Chance des Eintretens dieses Ereignisses.
Wird ein Zufallsversuch sehr oft durchgeführt, stabilisiert sich die relative Häufigkeit eines Ereignisses. Der erhaltene Wert ist ein guter Näherungswert für die Wahrscheinlichkeit des Ereignisses.

Beispiel: Ein (noch grober) Näherungswert für das Würfeln einer Primzahl ist $P(A) \approx 0{,}54$

Sind für ein Zufallsexperiment alle Ergebnisse der Ergebnismenge gleich wahrscheinlich, so kann die Wahrscheinlichkeit des Ereignisses A berechnet werden:

$$P(A) = \frac{\text{Anzahl der für das Ereignis } A \text{ günstigen Ergebnisse}}{\text{Anzahl der möglichen Ergebnisse}}$$

Beispiel: $P(A) = \frac{3}{6} = \frac{1}{2} = 0{,}5$

Übungen und Anwendungen

1

Vierecke erraten (Spiel zu zweit)
Für dieses Spiel braucht ihr Stäbchen oder Streichhölzer und eine Unterlage sowie einen Block Papier und einen Stift.
Setzt euch Rücken an Rücken. Eine/Einer hat Block und Stift der/die andere die Streichhölzer mit der Unterlage.
Der/Die Erste zeichnet ein Viereck auf den Block und beschreibt es, ohne den Namen zu nennen.

Der/Die Zweite legt das Viereck entsprechend der Beschreibung.
Dann kontrolliert der/die Erste das Ergebnis anhand der Zeichnung. Diskutiert, wo Fehler auftraten und wie ihr besser beschreiben könnt.
Tauscht dann die Rollen.

2

Eine Computerschrift enthält die in der Randspalte abgebildeten Symbole. Alle Symbole lassen sich durch Bewegungen (Achsenspiegelung, Drehung, Verschiebung, Punktspiegelung) aufeinander abbilden.

Beschreibe die Bewegungen,
a) die ein Symbol aus dem jeweils vorausgehenden Symbol entstehen lässt,
b) die ein Symbol aus dem ersten (dem letzten) Symbol entstehen lässt.

3

Frau Meier wird von ihrer Dortmunder Firma zu einer Messe nach Stuttgart geschickt. Sie will Montag früh fahren und für die Hin- und Rückfahrt den ICE benutzen. Die Entfernung zwischen Dortmund und Stuttgart beträgt 502 Bahnkilometer.
a) Frage nach dem Preis der Bahnfahrt und ihrer Dauer.
b) Herr Meier meint, sie könne viel günstiger und schneller mit dem Auto nach Stuttgart gelangen, denn die Strecke über die Autobahn ist nur 451 km lang. Ihr Auto verbraucht 11,2 l Superbenzin auf 100 km. Berechne die benötigte Benzinmenge (Hin- und Rückfahrt) und den Preis dafür. Schätze die Fahrzeit für die Hinfahrt.
c) Die Bahnfahrtkosten werden von der Firma übernommen; für eine Fahrt mit dem Auto erhält Frau Meier 30 ct je gefahrenen Kilometer. „Du machst ein Geschäft, wenn du mit dem Auto fährst!“ meint ihr Mann. Was meinst du dazu?

4

Aus einer Aufgabensammlung für Gymnasien (von 1890): „Der alte griechische Fuß betrug 0,30828 m, der alte römische Fuß 0,29574 m.
Wie groß war ein römischer Fuß in griechischen Fußen und umgekehrt?“

5

Zeichne ein Quadrat mit einer Seitenlänge von 10 cm. Zerschneide es entsprechend der Skizze und nummeriere die Teile.
Lege aus den Teilen (bzw. auch aus einem Teil) die Figuren Quadrat, Rechteck, Parallelogramm, Trapez, Raute und notiere dir die Nummer(n). Versuche möglichst viele solcher Figuren zu legen. Vergleiche mit deinem Nachbarn. Hast du alle Möglichkeiten gefunden?

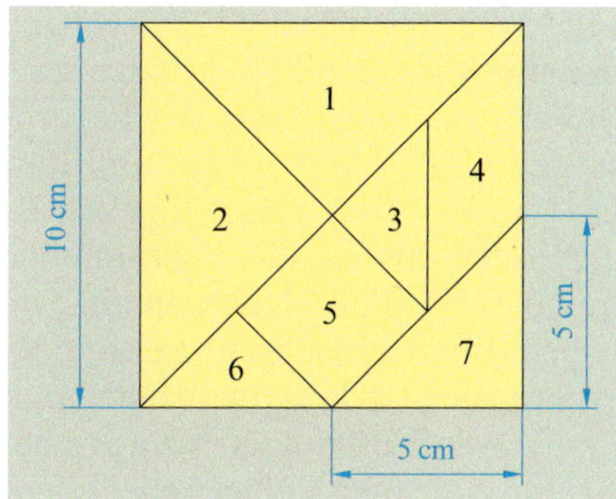

ERINNERE DICH
Die zerschnittene Figur ist ein TANGRAM, ein altes chinesisches Legespiel.
Man kann daraus über 300 verschiedene Figuren legen.

6

Zum Legen eines gleichseitigen Dreiecks brauchst du drei Streichhölzer; für sechs gleichseitige, zueinander kongruente Dreiecke genügen aber zwölf, statt 18 Streichhölzer. Probiere es mal.
Nun lege vier Streichhölzer so um, dass drei gleichseitige Dreiecke entstehen, von denen zwei zueinander kongruent sind.

7

Die Melodien von Musikstücken enthalten oft ein Thema, das anschließend rückwärts wieder auftritt (Krebs). Eine andere beliebte Technik ist es, das Thema so abzuändern, dass alle Tonsprünge (Intervalle), die nach oben führen, durch gleiche Sprünge nach unten ersetzt werden (Umkehrung).

B 1

ZUR INFORMATION
Diese Kompositionstechniken kommen z. B. in Liedern und Kanons vor. Besondere Bedeutung erhielten sie für die Komponisten der *Zwölf-Ton-Musik* zu Beginn des 20. Jahrhunderts.

a) Welche geometrischen Bewegungen entsprechen diesen Veränderungen des musikalischen Themas?
b) Prüfe, ob in Bild B 2 nach einer der Veränderungen (Krebs, Umkehrung, Krebsumkehrung) der zweite Takt aus dem ersten entstanden ist.

B 2

B 3

c) Schreibe hinter den Takt in Bild B 3 die drei Veränderungen (Krebs, Umkehrung, Krebsumkehrung). Spiele Thema und Veränderung hintereinander auf dem Klavier, der Flöte (wenn du es nicht selbst kannst, macht es zu mehreren).
Gefällt dir deine „Komposition"? Wie klingt es, wenn alle vier Varianten hintereinander gespielt werden? Versuche dabei verschiedene Reihenfolgen, beginne aber immer mit dem angegebenen Thema.

8

Das erste Autorennen um die Welt begann am 12. Februar 1908. In New York starteten 6 Fahrzeuge, um quer durch Nordamerika, über Alaska, Sibirien und Russland nach Paris zu fahren. Drei der Fahrzeuge stammten aus Frankreich, je eines aus den USA, Deutschland und Italien. Start und Ziel waren so gewählt, weil die *New York Times* und die Pariser Zeitung *Le Matin* die Schirmherrschaft über das Rennen übernommen hatten.
Zum Start um 11.15 Uhr trafen sich 50 000 Menschen am Times Square.

a) Gegen 20.15 Uhr desselben Tages erreichten drei der Wagen Hudson (180 km) und einer Poughkeepsie (118 km); die beiden anderen schafften es nur bis Peekskill (70 km). Alle hatten nachmittags eine halbe Stunde halten müssen, um die Straße von einer Schneewehe freizuräumen. Berechne die durchschnittliche Geschwindigkeit der Wagen.

b) Nach einer langen Fahrt über oft nahezu unwegsames Gelände traf am Abend des 24. März der amerikanische Wagen Thomas Flyer als erster in San Francisco ein. Die Fahrstrecke betrug etwa 6 000 km. Wie viel Kilometer hatte er durchschnittlich pro Tag zurückgelegt?

c) Auf einer historischen Karte für das Autorennen war die Entfernung New York–San Francisco mit 2400 Miles angegeben. Informiere dich über die Umrechnung Miles–Kilometer. Was meinst du zu dieser Entfernungsangabe? Vergleiche auch mit **b)**.

ZUR INFORMATION
Drei der Fahrzeuge mussten unterwegs aufgeben. Sieger des Rennens wurde der amerikanische Wagen. Er erreichte nach 112 Tagen Paris mit 11 Tagen Vorsprung vor dem deutschen und 14 Tagen vor dem italienischen Wagen.

Autorennen um 1908

9

Ein Punkt P lässt sich im Koordinatensystem auch durch seinen Abstand vom Punkt (0|0) und den Winkel, den die Verbindungsstrecke von (0|0) und P mit der x-Achse bildet, angeben. Z. B. besitzt der Punkt $P(8|5)$ die **Polarkoordinaten** $P(9{,}4|32°)$.

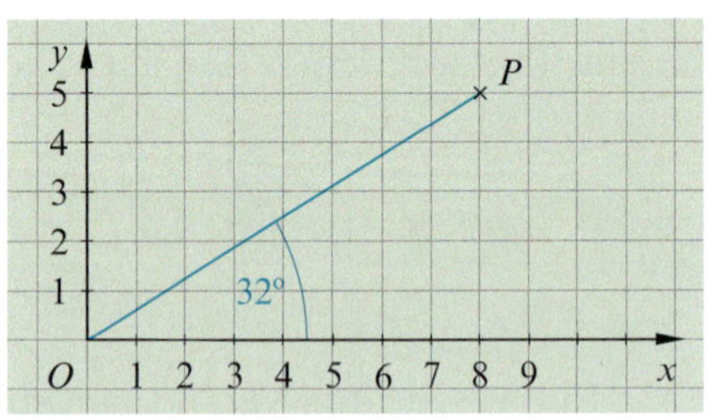

a) Zeichne die Punkte ins Koordinatensystem und ermittle ihre Polarkoordinaten: $A(6|6)$, $B(10|5)$, $C(5|10)$, $D(0|7)$, $E(5{,}5|9{,}5)$.

b) Zeichne die Punkte ins Koordinatensystem und ermittle ihre Koordinaten: $P(5|0°)$, $Q(5{,}7|45°)$, $R(1|84°)$, $S(4{,}1|14°)$, $T(8{,}25|76°)$.

c) Prüfe, ob das Dreieck OKL mit $O(0|0°)$, $K(6{,}1|9{,}5°)$, $L(6{,}1|80{,}5°)$ gleichseitig oder gleichschenklig ist.

10

Zum Ausbau eines Dachbodens wird eine 2,30 m hohe trapezförmige Trennwand eingezogen. Sie misst unten 8,00 m und oben 2,00 m. In der Mitte der Wand ist eine 2,00 m hohe und 0,75 m breite Tür vorgesehen. Beide Seiten der Wand sollen mit Raufasertapete tapeziert und dann zweimal weiß gestrichen werden.

a) Die Farbe gibt es in Dosen, deren Inhalt für 4 bis 5 m^2 reicht, in kleinen Eimern für 20 bis 25 m^2 und in großen Eimern für 40 bis 50 m^2. Was würdest du an Farbe einkaufen?

b) Auf einer 53 cm breiten Rolle der ausgewählten Raufasertapete sind 17 m. Diskutiert in der Gruppe oder in der Klasse über folgenden Vorschlag zur Berechnung der Anzahl der benötigten Tapetenrollen:
Man berechnet den Flächeninhalt der zu tapezierenden Wandfläche. Den Flächeninhalt dividiert man durch 0,53 m und erhält die benötigte Tapetenlänge. Dann dividiert man die benötigte Tapetenlänge durch 17 m und rundet den erhaltenen Wert auf eine natürliche Zahl auf. Das ist die benötigte Anzahl.
Wie viele Rollen würdet ihr kaufen? Begründet.
Vergleicht mit dem Ergebnis, das man nach dem Vorschlag erhalten würde.

TIPP
Zur Berechnung des Flächeninhalts eines symmetrischen Trapezes:

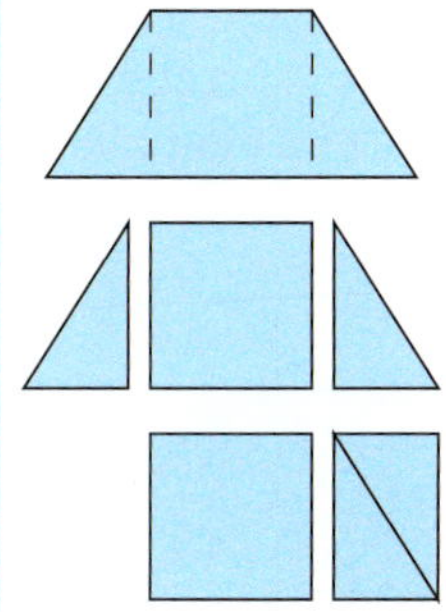

11

In der nebenstehenden Zeichnung siehst du, wie man ein gleichseitiges Dreieck in vier zueinander kongruente Dreiecke zerlegen kann.

a) Zeichne ein solches Dreieck mit der Zerlegung und schneide es aus.

b) Schneide das obere Dreieck ab. Wie heißt die Figur, die von den übrigen drei Dreiecken gebildet wird?

c) Versuche, die bei b) entstandene Figur wieder in vier zueinander kongruente Teile zu zerschneiden.
Wie heißen diese zueinander kongruenten Figuren? Überprüfe die Kongruenz.

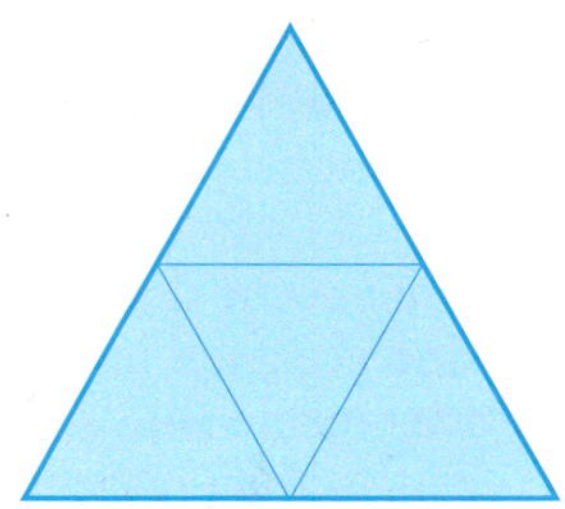

12

a) Welchen Winkel bilden Stunden- und Minutenzeiger um 7 Uhr?

b) Es ist 6 Uhr. Wie spät ist es, wenn die beiden Zeiger das nächstemal denselben Winkel einschließen wie jetzt?

c) Wie lange dauert es, bis die Zeiger wieder im selben Winkel zueinander stehen wie um 9 Uhr?

13

Das amerikanische Weltraumlabor *Skylab* wurde am 14. Mai 1973 gestartet. Es umkreiste die Erde in 435 km Höhe auf einer kreisförmigen Umlaufbahn. Für eine Erdumkreisung benötigte es 93 Minuten.

a) Begründe, warum *Skylab* im Oktober 1973 genau 480-mal die Erde umkreiste.

b) Wie oft umkreiste *Skylab* in einem Jahr (365 Tage) die Erde? Schätze erst und berechne dann.

Weltraumlabor Skylab

14

Der erste Nonstop-Flug um die Erde fand 1949 statt. Ohne Zwischenlandung flog die *Lucky Lady II* vom Luftwaffenstützpunkt Carswell bei Fort Worth (Texas, USA) über die Azoren, Saudi-Arabien, die Philippinen und Hawaii und wieder zurück nach Carswell. Das Flugzeug wurde auf der 37 000 km langen Strecke mehrmals während des Fluges aufgetankt. Es brauchte insgesamt 94 Stunden.

a) Verfolge die Flugstrecke im Atlas. Kann man von einem „Flug um die Erde“ sprechen? Vergleiche auch mit dem Erdumfang.

b) Welche Geschwindigkeit hatte das Flugzeug während des Fluges?

15

Mosaikboden in Portugal

Kreuzparkett

a) Untersuche den Mosaikboden im Bild links genau. Welche Bewegungen sind geeignet, um das Muster auf sich selbst abzubilden?

b) Das rechte Bild zeigt ein regelmäßiges „Kreuzparkett“. Untersuche seinen Aufbau. Zeichne es dann in dein Heft. Beschreibe zuletzt den Aufbau des Musters so genau mit Worten, dass man es danach zeichnen kann, ohne es vorher gesehen zu haben.

c) Entwirf selbst ein regelmäßiges Parkettmuster und zeichne es sauber auf ein besonderes Blatt. Hängt eure Bilder im Klassenraum aus.

16

Auf Verkehrsschildern müssen die kleinen Buchstaben $\frac{5}{7}$ der Höhe der großen Buchstaben haben.

a) Auf einem Schild sind die großen Buchstaben 12 cm hoch. Welche Höhe müssen die kleinen Buchstaben haben?

b) Der Lehrling hat Schwierigkeiten, ein solches Schild anzufertigen. Er fragt den Meister, ob er für die großen Buchstaben 14 cm Höhe verwenden darf. „Nein, größer als 13 cm dürfen sie nicht werden!“ ordnet der Meister an.
Besprecht in kleinen Gruppen, wie der Lehrling vorgehen könnte, um die Bestimmungen und die Anordnung des Meisters exakt einzuhalten.
Fertigt selbst ein Schild nach den Vorgaben der Aufgabe.

17

Stefans Vater möchte ein Wandstück fliesen, das 2,15 m breit und 2,45 m hoch ist. Er möchte die Fliesen mindestens 1,80 m hoch und möglichst in der ganzen Breite kleben. Da er beim Zerschneiden immer viele Fliesen zerstört, will er diesmal ohne Schneiden auskommen. Zwischen den Fliesen sollen einheitlich Fugen von 3 mm Breite entstehen.
Im Laden werden Fliesen in den folgenden Maßen angeboten:

15 cm breit,	15 cm hoch;	20 cm breit,	30 cm hoch;
15 cm breit,	20 cm hoch;	7,5 cm breit,	7,5 cm hoch.

Außerdem sind Fliesen für eine obere Abschlusskante in der Breite 20 cm und der Höhe 10 cm erhältlich.

a) Entwirf eine mögliche Empfehlung, welche Fliesen Stefans Vater kaufen sollte.
b) Vergleicht eure Lösungen. Tauscht Argumente aus und versucht euch auf einen Vorschlag zu einigen.
c) Normalerweise werden Fliesen in Packungen zu etwa 1 m^2 verkauft. Die kleinste Sorte (7,5 cm Seitenlänge) enthält jeweils nur 16 Stück. Die Fliesen für die Abschlusskante kann man einzeln erhalten. Berechne für deine Empfehlung in **a)** und den gemeinsamen Vorschlag in **b)**, wie viele Fliesen gekauft werden müssen. Wie hoch ist der Anteil der Fliesen, die nicht benötigt werden?

18

Übertragt das Schema in euer Heft und füllt es mit Brüchen.

a) Geht zu zweit vor. Ergänzt abwechselnd einen Bruch oder eine Rechenoperation mit einem Bruch, bis das Schema ausgefüllt ist. Überprüft immer sofort, ob die Eintragung richtig ist. Wer macht die wenigsten Fehler?

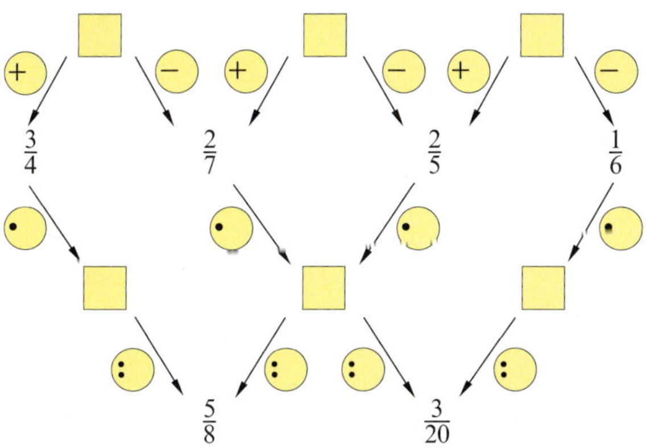

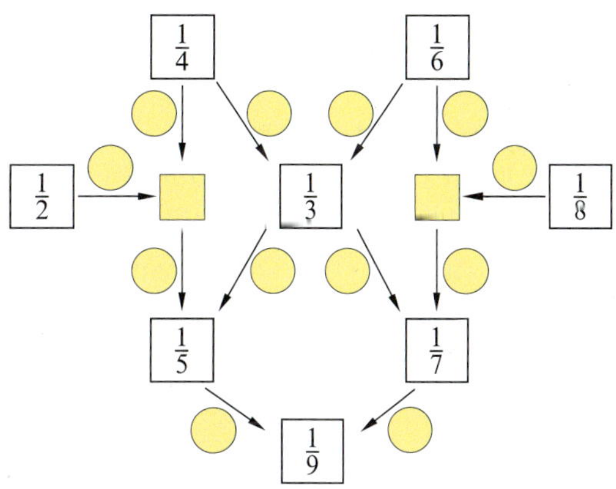

b) Ergänze das zweite Schema. Die Brüche in den Kästchen sollen alle den Zähler 1 besitzen. Verwende bei den Operationen nur Addition und Subtraktion (nur Multiplikation).
c) Entwirf ein eigenes Schema und stelle für das Ausfüllen Spielregeln auf. Achte darauf, dass die Spielregeln eindeutig formuliert sind. Gib dann das Schema zum Ausfüllen an eine Mitschülerin oder einen Mitschüler. Überprüfe, ob alle Eintragungen richtig sind.

19

In den Jahren 1944/45 wurden die Mini-U-Boote Biber und Seehund gebaut. Sie besaßen für die Unterwasserfahrt jeweils einen Elektromotor. Für das Fahren über Wasser gab es im Biber einen Benzinmotor, der Seehund hatte dafür einen Dieselmotor. Der Biber erreichte über Wasser eine Geschwindigkeit von 5,8 km/h, der Seehund schaffte 7 Knoten.

a) Informiere dich und vergleiche die beiden Höchstgeschwindigkeiten.

b) Der Biber hatte eine Wasserverdrängung von 6,7 t, der größere Seehund von 14,9 t. Vergleiche die Leistungen des Benzin- und des Dieselmotors.

20

Als im Jahre 1969 Neil Armstrong als erster Mensch den 384 400 km von der Erde entfernten Mond betrat, behauptete ein Witzbold: *„Hätten sich die Chinesen alle übereinander gestellt, der zweite auf die Schultern des ersten, der dritte auf die Schultern des zweiten und so weiter, dann hätten sie einen der ihren auch ohne Rakete zum Mond bringen können!“*
Was sagst du dazu? (Es gab damals etwa 750 Millionen Chinesen, ihre mittlere Schulterhöhe sei 1,40 m.) Welche Probleme treten auf?

21

Moritz und Ingo wollen eine Tombola veranstalten und haben dazu ein Glücksrad gebaut (s. Bild). Sie wollen ihr Glücksrad testen und drehen es 300-mal.
Stelle für jede Farbe eine Vermutung über die relative Häufigkeit an, dass das Rad auf dieser Farbe stehen bleibt. Begründe deine Vermutung.

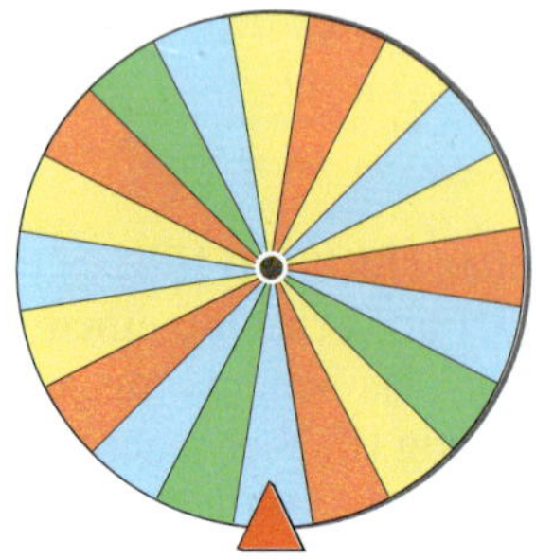

22

In dem altägyptischen Rechenbuch *Papyrus Rhind* heißt es:
„Siehe da kommt der Rinderhirte mit 70 Ochsen. Vom Rechner wird der Hirte gefragt: Wieviel bringst du von deinem zahlreichen Vieh? Der Hirte antwortet: Ich führe $\frac{2}{3}$ vom Drittel von meinem Hornvieh; berechne mir also die ganze Anzahl des Bestandes.“

ZUR INFORMATION
Der *Papyrus Rhind* wurde um 1700 v. Chr. verfasst. Er wird im Britischen Museum in London aufbewahrt.

23

Bei Glasermeister Bruch richtet sich der Preis rechteckiger Fensterscheiben nach ihrem Flächeninhalt. Bei davon abweichenden Scheibenformen muss der Verschnitt mit bezahlt werden.
Was würden die folgenden Scheiben mindestens kosten, wenn 1 Quadratmeter Glas 110,00 € kostet?

a) eine rechteckige Scheibe mit Kantenlängen von 65 cm und 1,10 m

b) eine runde Glasscheibe mit einem Durchmesser von 85 cm

c) zwei Scheiben in Form rechtwinkliger Dreiecke mit jeweils Kantenlängen von 30 cm, 40 cm und 50 cm

24

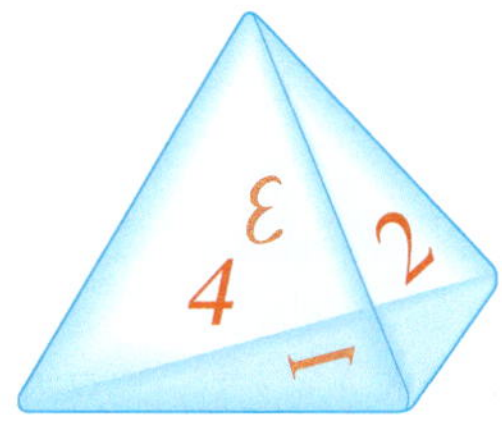

Bei einem Spiel wird ein Würfel in Form eines Tetraeders verwendet. Auf dessen vier Seiten stehen die Zahlen 1, 2, 3 und 4.
Die Zahl auf der Standfläche ist die geworfene Augenzahl – im Bild die 1.
Bei 50 Würfen ergaben sich die folgenden Augenzahlen:

3 3 4 1 2   1 1 1 4 3   2 2 4 2 4   3 4 2 2 4   4 3 1 2 2
2 1 1 3 3   1 4 1 3 3   4 2 1 4 2   2 2 3 2 3   4 2 3 3 2

a) Fertige für die geworfenen Augenzahlen eine Strichliste an.
b) Gib für jede geworfene Augenzahl die absolute Häufigkeit an.
c) Berechne die relativen Häufigkeiten der Augenzahlen und veranschauliche sie in einem Kreisdiagramm.
d) Wie weit stimmen die Ergebnisse des Würfelexperiments mit deinen Erwartungen überein? Hättest du vielleicht andere Ergebnisse erwartet?

25

Hannes und Felix treffen sich zu einem Tennismatch. Sie legen fest, dass derjenige gewinnt, der zuerst drei von fünf Sätzen für sich entschieden hat. Hannes gewinnt nach fünf Sätzen.
Gib alle Möglichkeiten für den Ausgang der fünf Sätze an. Wie viele Möglichkeiten gibt es?
(Es ist jeweils nur zu unterscheiden, ob Hannes oder ob Felix gewonnen hat.)

TIPP
Kennzeichne einen Sieg von Hannes mit H, einen Sieg von Felix mit F.

26

Die drei Glücksräder im nebenstehenden Bild werden gedreht. An jedem Glücksrad wird eine Farbe angezeigt.
Wie viele Farbkombinationen sind möglich,

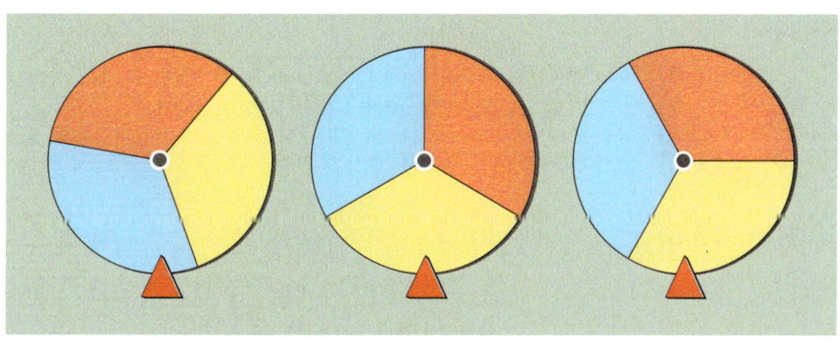

a) wenn man unberücksichtigt lässt, an welchem Rad eine Farbe angezeigt wird,
b) wenn man unterscheidet, an welchem Rad eine Farbe angezeigt wird?

27

Lena und Moritz spielen mit einem gelben und einem roten Würfel. Sie würfeln nacheinander mit beiden Würfeln. Lena schlägt vor, dass sie einen Punkt erhält, wenn die Augensumme 5 ist. Moritz bekommt einen Punkt, wenn die Augensumme 10 ist.
a) Wer hat die größere Gewinnchance? Begründe deine Entscheidung.
b) Bei welchen Augensummen hätten Lena und Moritz die gleichen Gewinnchancen?
c) Welche Augensumme würdest du wählen, um zu gewinnen?

Ausgewählte Lösungen

KAPITEL „GEBROCHENE ZAHLEN"

S. 11: **26 a)** 33 **b)** 45 **c)** 99 **d)** 42 **e)** 21 **f)** 14 **g)** 28 **h)** 0 **i)** 8 **j)** 24

S. 15: **18 a)** 2,9 dm **b)** 52,102 kg **c)** 0,00007 km **d)** 0,4 € **e)** 0,24 dm

S. 16: **3 a)** Hauptnenner: 6; $\frac{5}{6} > \frac{4}{6} = \frac{2}{3}$ **b)** Hauptnenner: $5 \cdot 4 \cdot 7 = 140$; $\frac{9}{35} = \frac{36}{140} > \frac{25}{140} = \frac{5}{28}$

S. 23: **9 a)** 109,09; gerundet auf Zehner: 110; gerundet auf Zehntel: 109,1
b) 46,16; gerundet auf Zehner: 50; gerundet auf Zehntel: 46,2

S. 25: **19 a), b), c), d)** sind endlich; **e)** und **f)** sind periodisch

S. 27: Teste dich!
1 a) $\frac{1}{2}$ **b)** $\frac{4}{15}$ **c)** $\frac{7}{12}$ **d)** $\frac{2}{3}$

2 a) 8; 14; 40; 10; 21; 50 **b)** 2; 12; 100; 24; 150; 189
c) 20; 16; 4; 50; 60; 900 **d)** 12; 36; 24; 6; 48; 144

3 a) $<$ **b)** $<$ **c)** $>$ **d)** $>$ **e)** $<$ **f)** $>$ **g)** $>$ **h)** $>$ **i)** $<$ **j)** $>$ **k)** $>$ **l)** $=$

4 a) 0,1; 0,5; 0,6; 0,85; 1,4; 1,7 **b)** 0,75; 1,25; 2,5; 3,125; 4; 4,375

5 a) 3,57 **b)** 0,83 **c)** 5,80 **d)** 1,44 **e)** 7,57 **f)** 0,13 **g)** 0,58 **h)** 0,83
i) 0,29 **j)** 2,67 **k)** 0,25 **l)** 0,33 **m)** 0,44 **n)** 1,11 **o)** 0,08

KAPITEL „RECHNEN MIT GEBROCHENEN ZAHLEN"

S. 32: **10 a)** $\frac{7}{12}$ **b)** $\frac{3}{2}$ **c)** $\frac{11}{30}$ **d)** $\frac{1}{2}$ **e)** $\frac{1}{2}$ **f)** $\frac{41}{12}$

S. 38: **3 a)** $\frac{20}{3}$ **b)** $\frac{36}{5}$ **c)** $\frac{10}{3}$ **d)** $\frac{14}{5}$ **e)** $\frac{9}{8}$ **f)** $\frac{16}{5}$

S. 39 **6 a)** 4 **b)** 3 **c)** 5 **d)** 6
7 a) mit einem beliebigen Vielfachen von 7: 7, 14, 21, 28, …
b) mit einem beliebigen Vielfachen von 13

S. 40: **11 a)** $\frac{5}{10} : 5 = \frac{1}{10}$ **b)** $\frac{2}{3} : 2 = \frac{1}{3}$ **c)** $\frac{1}{4} : 2 = \frac{1}{8}$

S. 41 **13 a)** $\frac{2}{9}$ **b)** $\frac{1}{7}$ **c)** $\frac{4}{15}$ **d)** $\frac{1}{9}$ **e)** $\frac{2}{9}$ **f)** $\frac{1}{3}$

S. 47 **25 a)** 11,475 **b)** 23,45 **c)** 0,5675 **d)** 2,36 **e)** 1,23575 **f)** 9,65
g) 23,45675 **h)** 3,004 **i)** 23,058 **j)** 0,2256 **k)** 1,21875 **l)** 0,728

S. 49: **4 a)** $\frac{8}{35}$ **b)** $\frac{7}{108}$ **c)** $\frac{15}{56}$ **d)** $\frac{10}{77}$ **e)** $\frac{40}{63}$ **f)** $\frac{4}{15}$
6 a) $n = 3$ **b)** $n = 5$ **c)** $n = 14$ **d)** $n = 3$

S. 50: **13 a)** 22 **b)** 42 **c)** $\frac{189}{20} = 9{,}45$ **d)** $\frac{47}{2} = 23{,}5$ **e)** $\frac{21}{5} = 4{,}2$

S. 56: **10 a)** $0{,}3 \cdot 0{,}7$ **b)** beide Faktoren müssen kleiner als 1 sein **c)** nein
11 a), b) Es geht jede Zahl > 0, die kleiner als 1 ist. **c)** jede Zahl > 0 **d)** nicht lösbar

S. 57: **18 a)** 12,116 **b)** 324,736 **c)** 10 049,1 **d)** 367,36

S. 63: **5 a)** $2\frac{1}{4}\,\text{kg} : \frac{3}{4}\,\text{kg} = \frac{9}{4} : \frac{3}{4} = 3$; dreimal **b)** $3\,\text{m} : \frac{2}{5}\text{m} = 3 : \frac{2}{5} = \frac{15}{2} = 7{,}5$; siebeneinhalbmal

S. 64: **13 a)** $\frac{9}{16}$ **b)** $\frac{2}{3}$ **c)** $\frac{15}{7}$ **d)** $\frac{2}{3}$

S. 65: **14 a)** jeder beliebige Bruch kleiner als 1, z. B. $\frac{1}{2}, \frac{1}{3}, \frac{1}{4}$ **b)** jeder Bruch ist möglich

S. 66: **20 a)** $\frac{5}{8}$ **b)** $\frac{5}{12}$ **c)** $\frac{1}{2}$

21 a) $\left(1\frac{1}{2} - \frac{7}{8}\right) : \frac{2}{3} = \frac{15}{16}$ **b)** $\frac{4}{7} \cdot \frac{7}{4} - 0{,}6 = 0{,}4$ **c)** $3\frac{1}{4} \cdot \frac{4}{9} : 4\frac{2}{3} = \frac{13}{42}$

S. 77: **30 a)** 88 **b)** 8,20 **c)** 9,8 **d)** 14 **e)** 1 702 **f)** 6,8 **g)** 0,66 **h)** 14,2

S. 78: **3 a)** $\frac{1}{4} = 25\,\%$ **b)** $\frac{1}{2} = 50\,\%$ **c)** $\frac{2}{3} \approx 67\,\%$ **d)** $\frac{1}{4} = 25\,\%$

S. 79: **8 a)** 150 Schafe **b)** 100 € **c)** 40 € **d)** 9 Karten **e)** 90 km **f)** 600 €

S. 81: Teste dich!

1 a) 3 **b)** $\frac{1}{2}$ **c)** $\frac{7}{6}$ **d)** $\frac{89}{100}$ **e)** $\frac{16}{15}$ **f)** $\frac{1}{6}$ **g)** $\frac{13}{4}$

h) $\frac{113}{100}$ **i)** $\frac{1}{12}$ **j)** $\frac{139}{48}$ **k)** $\frac{11}{24}$ **l)** $\frac{41}{96}$

2 a) 12,2 **b)** 6,2 **c)** 7,98 **d)** 0,49 **e)** 4,55 **f)** 32,73

g) 18,055 **h)** 23,235 **i)** 1271,35 **j)** 14,702

3 a) $\frac{73}{10} = 7{,}3$ **b)** $\frac{9}{10} = 0{,}9$ **c)** $\frac{58}{25} = 2{,}32$ **d)** $\frac{253}{75}$ **e)** $\frac{109}{70}$

4 a) $\frac{2}{3}$ **b)** $\frac{3}{20}$ **c)** $\frac{7}{9}$ **d)** $\frac{27}{28}$ **e)** $\frac{9}{5}$ **f)** $\frac{3}{4}$

g) $\frac{15}{2}$ **h)** $\frac{3}{28}$ **i)** $\frac{7}{10}$ **j)** $\frac{5}{4}$ **k)** $\frac{125}{168}$ **l)** 1

5 a) 23,2 **b)** 4,255 **c)** 0,625 **d)** 1,4 **e)** 1,3563 **f)** $3{,}\overline{6}$

g) 61,908 **h)** 5,3 **i)** 20,7474 **j)** 0,039 **k)** 23,7 **l)** 3

6 a) 2,68 € **b)** 1,27 € **c)** 2,24 € **d)** 1,12 € **e)** 3,58 €

7 a) $\left(\frac{9}{5} - \frac{1}{6}\right) + \frac{2}{5} = \frac{61}{30} = 2\frac{1}{30}$ **b)** $\left(\frac{3}{14} + \frac{19}{28}\right) - \frac{4}{7} = \frac{9}{28}$

KAPITEL „WINKEL UND DREIECKE"

S. 85: **3 a)** $\alpha = \sphericalangle KML$; $\beta = \sphericalangle OPN$; $\gamma = \sphericalangle SRQ$; $\delta = \sphericalangle TUV$

S. 88: **7 b)** $\sphericalangle FAB = 78°$; $\sphericalangle HBF = 318°$; $\sphericalangle BAF = 282°$; $\sphericalangle AEF = 80°$; $\sphericalangle CDG = 117°$

8 a) 90°, 30°, 150°, 300°, 225°, 345°

b) 180°, 30°, 150°, 258°, 357°

S. 94: **8 a)** blau = rot = 110°; gelb = 70° **b)** rot = 120°; blau = 70°

S. 97. **3** $\triangle KLN$, $\triangle KMN$, $\triangle LMN$

S. 101: **16 a)** Ein gleichseitiges Dreieck ist auch gleichschenklig. Gleichschenklige Dreiecke sind nicht unregelmäßig und unregelmäßige Dreiecke können nicht gleichschenklig sein.

S. 103: **5 a)** 75° **b)** 48° **c)** 105° **d)** 40°

S. 104: **10 a)** $\gamma = 70° - 15° = 55°$; $\alpha = 180° - 55° - 70° = 55°$

b) $\beta = 70°$; $\gamma = 180° - 70° - 70° = 40°$

11 a) grün = 90°; gelb = 50°; blau = 40°; rot = 50°

b) grün = 80°; gelb = 40°; blau = 60°; rot = 40°

S. 105: **15 a)** $\alpha_1 = 135°$; $\beta_1 = 100°$; $\gamma = 55°$; $\gamma_1 = 125°$

S. 107: **6 a)** 4 cm $< c <$ 18 cm, z. B. c = 8 cm **b)** 5,5 m $< a <$ 10,5 m, z. B. a = 7 m

S. 115: Teste dich!

1 a) $\sphericalangle KML = \alpha = 44°$ **b)** $\sphericalangle DSA = \alpha = 42°$; $\sphericalangle BSC = \beta = 42°$; $\sphericalangle CSD = \gamma = 138°$

c) $\sphericalangle QRS = \delta = 269°$

2 a)

Scheitelwinkel	Nebenwinkel	Stufenwinkel	Wechselwinkel
$\alpha_1\alpha_3$; $\alpha_2\alpha_4$	$\alpha_1\alpha_2$; $\alpha_2\alpha_3$; $\alpha_3\alpha_4$; $\alpha_4\alpha_1$	$\alpha_1\delta_2$; $\alpha_2\delta_3$; $\alpha_3\delta_4$; $\alpha_4\delta_1$	$\alpha_3\delta_2$; $\alpha_4\delta_3$; $\alpha_2\delta_1$; $\alpha_1\delta_4$
$\beta_1\beta_3$; $\beta_2\beta_4$	$\beta_1\beta_2$; $\beta_2\beta_3$; $\beta_3\beta_4$; $\beta_4\beta_1$	$\alpha_1\beta_4$; $\alpha_2\beta_1$; $\alpha_3\beta_2$; $\alpha_4\beta_3$	$\beta_2\gamma_3$; $\beta_3\gamma_4$; $\beta_1\gamma_2$; $\beta_4\gamma_1$
$\gamma_1\gamma_3$; $\gamma_2\gamma_4$	$\gamma_1\gamma_2$; $\gamma_2\gamma_3$; $\gamma_3\gamma_4$; $\gamma_4\gamma_1$	$\beta_1\gamma_4$; $\beta_2\gamma_1$; $\beta_3\gamma_2$; $\beta_4\gamma_3$	$\beta_1\alpha_4$; $\beta_2\alpha_1$; $\beta_3\alpha_2$; $\beta_4\alpha_3$
$\delta_1\delta_3$; $\delta_2\delta_4$	$\delta_1\delta_2$; $\delta_2\delta_3$; $\delta_3\delta_4$; $\delta_4\delta_1$	$\gamma_1\delta_4$; $\gamma_2\delta_1$; $\gamma_3\delta_2$; $\gamma_4\delta_3$	$\gamma_1\delta_2$; $\gamma_2\delta_3$; $\gamma_3\delta_4$; $\gamma_4\delta_1$

b) $\alpha_1 = \alpha_3 = \delta_2 = \delta_4 = 113°$; $\alpha_2 = \alpha_4 = \delta_3 = \delta_1 = 67°$

c) $\gamma_1 = \gamma_3 = \beta_2 = \beta_4 = 59°$; $\gamma_2 = \gamma_4 = \beta_1 = \beta_3 = 121°$

3

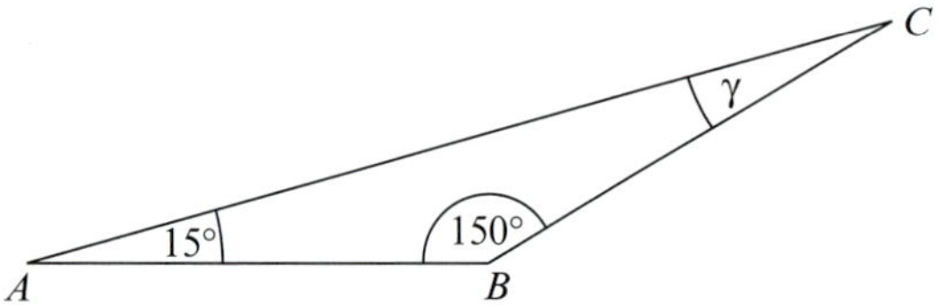

$\gamma = 15°$
$15° + 15° + 150° = 180°$

4 a)	spitzwinklig	rechtwinklig	spitzwinklig
b)	unregelmäßig	unregelmäßig	gleichseitig
c)	$b + c > 6$ cm	$b + c > 16$ cm, da b; $c > 8$ cm	$b + c = 6$ cm
d)	$\alpha = 75°$	$\alpha = 43°$	$\alpha = 60°$

KAPITEL „DREIECKE UND VIERECKE“

S. 120: **12 a)** $S(3|2)$ **b)** $S(4|3)$ **c)** $S(7|4{,}5)$

S. 122: **17 a)** $L\,(5|2)$ **b)** $L\,(4|2)$ **c)** $L(1{,}5|6)$

S. 125: **5 a)** $M(4{,}9|3)$ **b)** $M(5{,}4|4{,}6)$ **c)** $M(5|5)$

8 a) $W(4{,}5|3{,}9)$ **b)** $W(5{,}8|4{,}2)$ **c)** $W(6{,}2|3{,}8)$

S. 126: **11 a)** $S(4{,}7|3{,}7)$ **b)** $S(5{,}7|4{,}3)$ **c)** $S(6|4)$

S. 133: **12 a)** $c = 4{,}7$ cm **b)** $c = 7{,}1$ cm **c)** $b = 7{,}7$ cm

S. 149: **9 a)** 400 dm^2; 600 dm^2; 230 dm^2; 2340 dm^2

c) 200 cm^2; 600 cm^2; 70 cm^2; 9 cm^2

10 a) 2 cm^2; 40 cm^2; 3,40 cm^2; **b)** 98 dm^2; 4,7 dm^2; 0,4 dm^2

11 a) $b = 19$ cm **b)** $a = 130$ mm $= 13$ cm

S. 151: **5 a)** $A = 0{,}966\ m^2 \approx 0{,}97\ m^2$ **b)** $A = 15{,}47\ cm^2 \approx 15{,}5\ cm^2$ **c)** $A = 128{,}25\ m^2 \approx 130\ m^2$

S. 152: **11 a)** $h_g \approx 6{,}18$ cm $\approx 6{,}2$ cm **b)** $g = 36{,}24$ m ≈ 36 m **c)** $A \approx 1{,}376\ m^2 \approx 1{,}38\ m^2$

S. 155: **5 a)** $A = 33{,}81\ cm^2 \approx 34\ cm^2$ **b)** $A = 3115\ m^2 \approx 3100\ m^2$ **c)** $A = 1653\ mm^2 \approx 1700\ mm^2$

S. 157: Teste dich!

1 a)

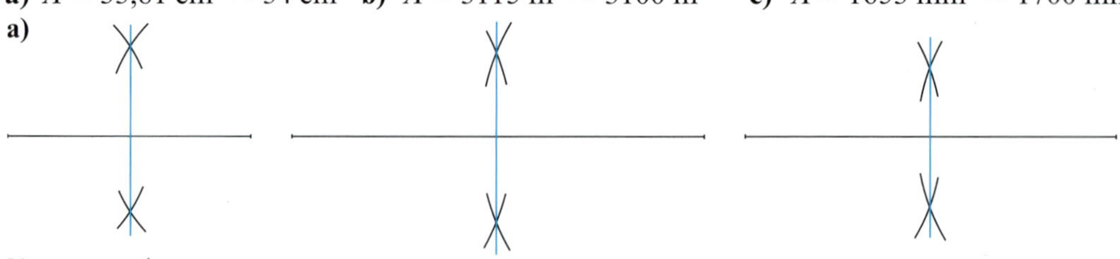

b)

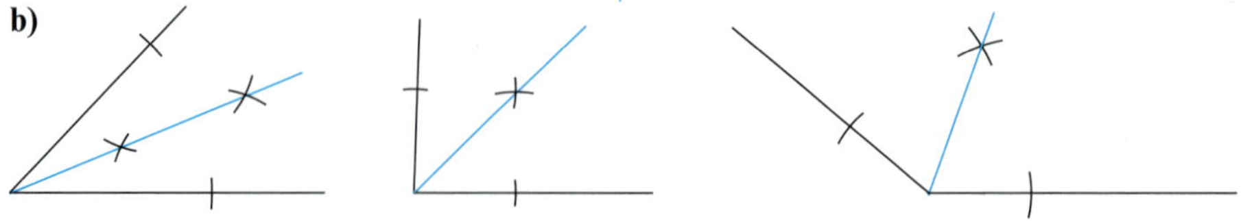

S. 157: **2 a)**

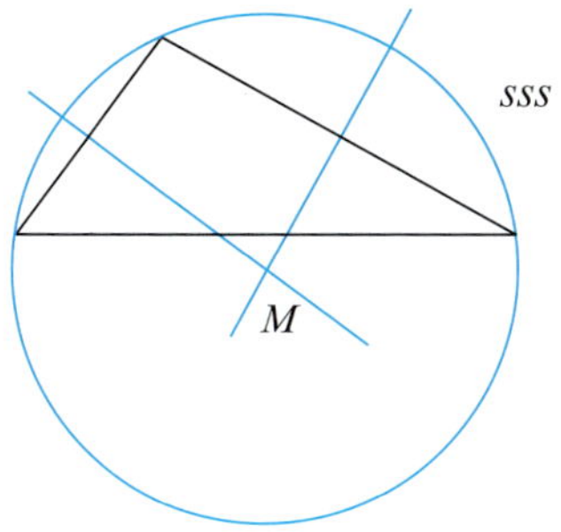

b)

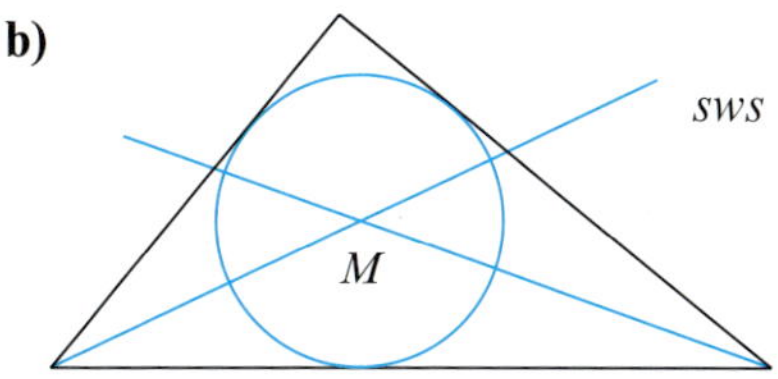

c)

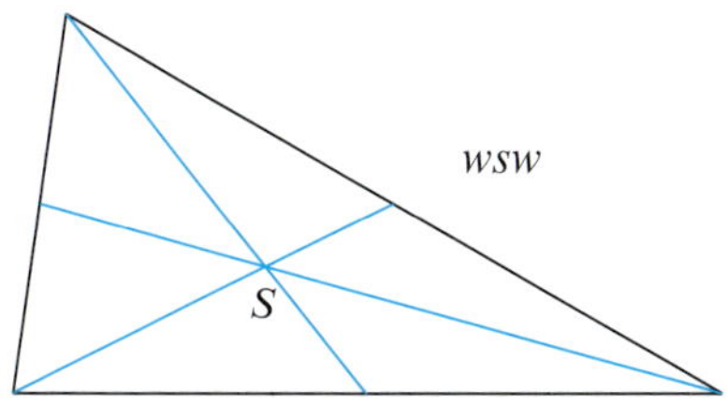

d)

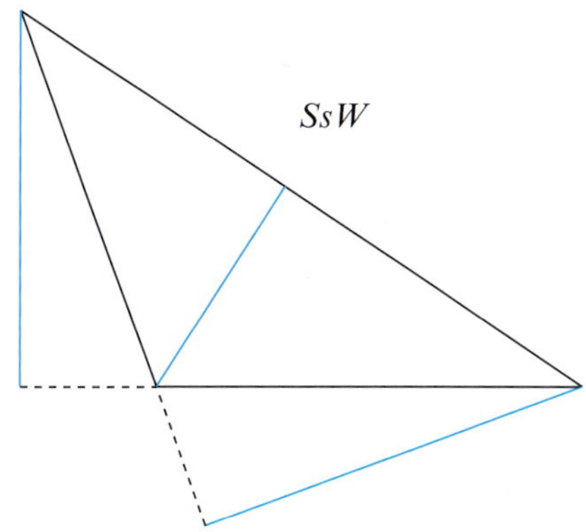

3 a) wahr **b)** falsch **c)** wahr
4 a) 18,02 cm^2 **b)** 1,68 m^2
c) 13,12 mm^2 **d)** 6,3 cm^2
5 a) 1 : 20

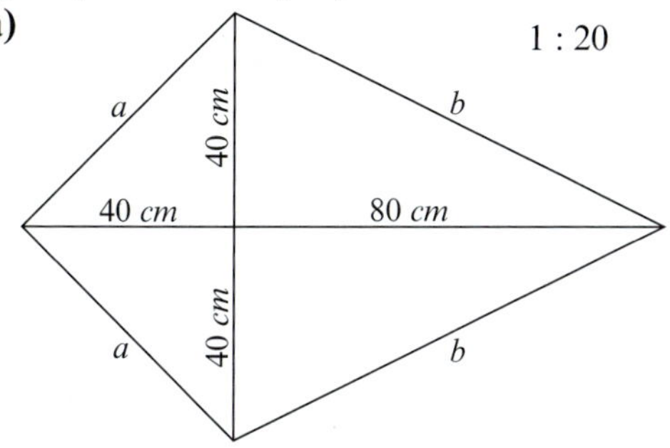

b) 2,92 m
c) 0,48 m^2
d) 0,08 m^2 = 800 cm^2

KAPITEL „PROPORTIONALITÄT"

S. 161: **7 a)** $y = 3x$ **b)** $y = 0{,}5x$ **c)** $y = 8 - x$ **d)** $y = 8 - 0{,}5x$
S. 167: **4** Bei **a), b)** und **f)** liegt Proportionalität vor. Die Beziehung **e)** ist unter idealisierenden Annahmen ebenfalls proportional. Die Zuordnungen in **c), d)** und **g)** sind nicht proportional.
S. 168: **8** Proportionalität bei **a), c), e), g), h);** keine Proportionalität bei **b), d)** und **f)**
10 a) Proportionaliätsfaktor für 6a): 2, für 6b): 3 **c)** Proportionalitätsfaktor 0,6
S. 170: **13 a)** 2,97 € **b)** 6 € **c)** 129 kcal
S. 177: **5 a)** und **c)** sind indirekt proportional, **b)** und **d)** sind nicht indirekt proportional.
S. 179: **3** $y = \frac{10}{x}$; $Q(1|10)$; $R(5|2)$; $S(10|1)$
S. 185 Teste dich! **1** proportionale Zuordnung: *Anzahl der Kilogramm → Preis pro Kilogramm*
indirekt proportionale Zuordnung: *Anzahl der Apfelpflücker → benötigte Zeit*
2 13,00 €
3 a) Drei Gärtner brauchen zwei Arbeitstage à 8 Stunden. **b)** 6 Gärtner

S. 185: **4 a)**

x	1	2	3	4
y	2	3	4	5

b) $y = 11$; $y = 1$

c) Es ist keine proportionale Zuordnung, da die Quotientengleichheit nicht gegeben ist.

5 a) siehe Seite 173, Nr. 5 **b)** siehe Seite 179, Wissenskasten

6

x	2	5	7	14	20	100
y	10	25	35	70	100	500

x	2	5	7	14	20	100
y	122,5	49	35	17,5	12,25	2,45

7 proportionale Zuordnung

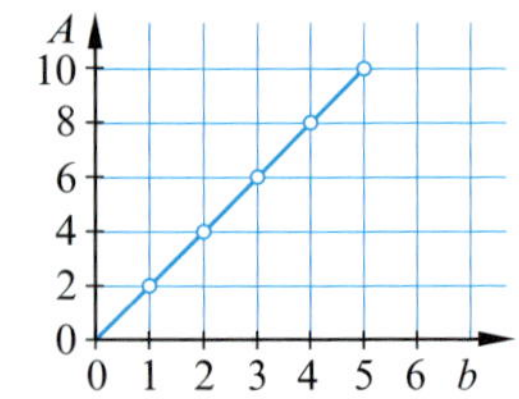

KAPITEL „SPIEGELUNG, VERSCHIEBUNG UND DREHUNG“

S. 197: **5 a)** 3-Eck: 120°; 8-Eck: 45°; 10-Eck: 36°; 12-Eck: 30°

c) 4-Eck: 4; 5-Eck: 5; 8-Eck: 8; 9-Eck: 9; 10-Eck: 10; 12-Eck: 12 Symmetrieachsen

S 202 **10** A' (5 | 3), B' (8 | 3), C' (10 | 3), D' (7 | 4), E' (6 | 5), F' (4 | 4)

S. 204 **18 b)** Die Symbole in der unteren Reihe erhält man so: Man schreibt die darüberstehende Ziffer auf (z. B. die 1). Die Ziffer spiegelt man dann an einer links neben ihr gedachten senkrechten Geraden. Wenn die Ziffer und ihr Spiegelbild einander berühren, entsteht die gesuchte Figur.

S. 210 **7 a)** $\overline{SJ} = \overline{S'J'} = 4{,}5$ cm; $\overline{MJ} = \overline{M'J'} = 4{,}5$ cm; $\overline{MS} = \overline{M'S'} = 2{,}8$ cm;

$\sphericalangle JSM = \sphericalangle J'S'M' = 71{,}5°$; $\sphericalangle MJS = \sphericalangle M'J'S' = 37°$; $\sphericalangle SMJ = \sphericalangle S'M'J' = 71{,}5°$

S. 213: Teste dich! **1** **2**

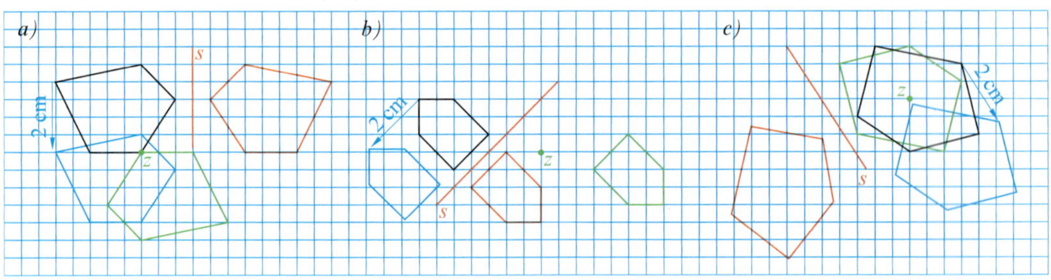

3

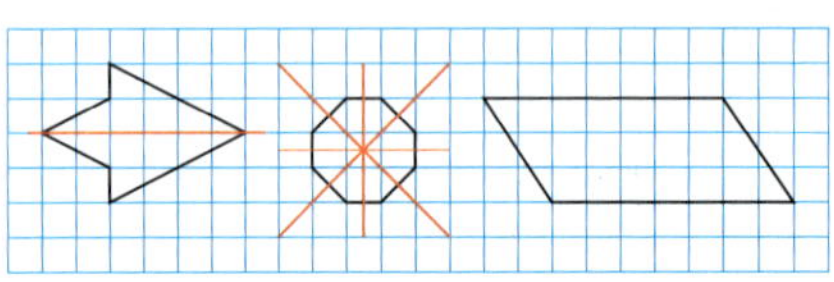

Die mittlere und rechte Figur sind drehsymmetrisch. Die mittlere um 90°, 180° und 270°, die rechte um 180°.

4 a) Achsensymmetrie, Punktsymmetrie und Drehsymmetrie

b) Die Figur ist achsen- und drehsymmetrisch.

c) Die Figur hat noch zwei Symmetrieachsen. Sie ist noch drehsymmetrisch (Drehung um den Mittelpunkt um 180°.

zu **4 b)** z. B. zu **4 c)**

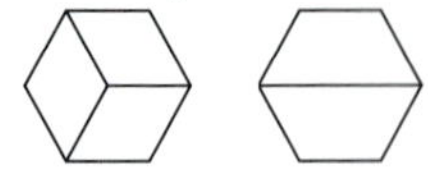

5 a) Ein Kreuz

b) Achsenspiegelung (wenn sich das Muster wiederholt), Verschiebung (in mehrere Richtungen), Drehung um 180°, Punktspiegelung

c)

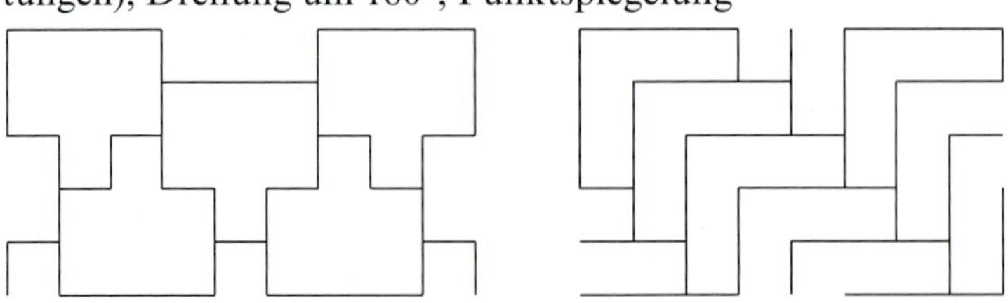

KAPITEL „ZUFALL UND WAHRSCHEINLICHKEITEN“

S. 217: **6** Gesamtfläche: 891 km²; Anteile: Landwirtschaft 0,05; Gebäude- und Freifläche 0,40; Betriebsfläche 0,01; Erholungsfläche; 0,12; Verkehrsfläche 0,15; Waldfläche 0,18; Wasserfläche 0,07; sonstige Flächen 0,02

S. 218: **12**

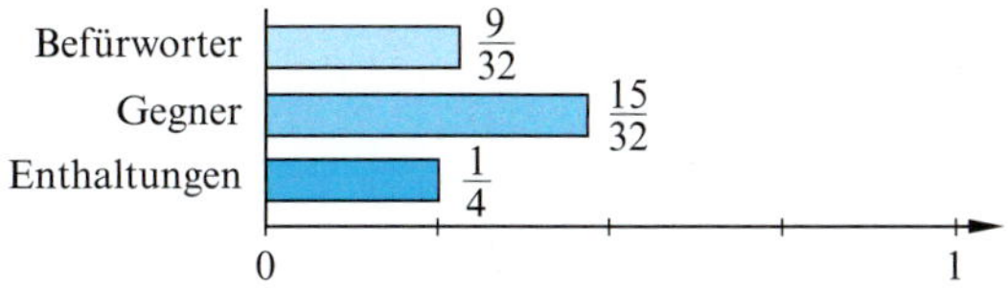

S. 219: **15** Der Wert für die Augenzahl 3 ist 0,16.

S. 223: **5 b)** Zum Beispiel $\Omega = \{$Gewinn; Niete$\}$ oder $\Omega = \{$Niete; Freilos; einfacher Gewinn; Hauptgewinn$\}$ oder $\Omega = \{$Niete; 1 Punkt; 2 Punkte; 3 Punkte; 4 Punkte$\}$ oder $\Omega = \{$Nr. 001; Nr. 002; …; Nr. 300$\}$

e) Zum Beispiel $\Omega = \{$w1/g1; w1/g2; …; w2/g1; w2/g2; …; w6/g6$\}$ oder $\Omega = \{$w ungerade/g ungerade; w ungerade/g gerade; w gerade/g ungerade; w gerade/ g gerade$\}$

S. 224: **12 a)** $A = \{gg; rr; bb\}$ $B = \{gr; gb; gw; rb; rw; bw\}$ $C = \{gb, rb, bb, bw\}$
$D = \{gr, rb, rw\}$ $E = \emptyset$

S. 227: **4** $P(A) = \frac{1}{6}$, $P(B) = \frac{1}{3}$, $P(C) = \frac{2}{3}$, $P(D) = \frac{1}{2}$, $P(E) = \frac{1}{4}$

S. 229: **8** Gleich wahrscheinlich sind die Ergebnisse bei folgenden Zufallsexperimenten: Münze werfen; Glücksrad 1 drehen; Ermitteln der ersten Lottozahl.

S. 231: **1**
Teste dich!

a)

	A	B	C
relative Häufigkeit	$\frac{1}{30} \approx 0{,}033$	$\frac{1}{30} \approx 0{,}033$	$\frac{7}{200} \approx 0{,}035$

b) Bei Bude C bestehen die besten Gewinnchancen.

2 a) ja; $\Omega = \{1; 2; 3; 4; 5; 6\}$ **b)** nein
c) $\Omega = \{$alle Kombinationen aus 6 Zahlen zwischen 1 und 49$\}$.
d) ja; $\Omega = \{$Wappen; Zahl$\}$ **e)** ja; $\Omega = \{0; 1; 2; \ldots; 36\}$

3 a) $\Omega = \{WWW; BBB\}$ **b)** $\Omega = \{123; 234; 345; 456; 567; 678; 789\}$
c) $\Omega = \{GR; WR; BR\}$ **d)** $\Omega = \{246; 248; 268; 468\}$
e) $\Omega = \{179; 279; 379; 479; 579; 679; 789\}$

4 In einem Gefäß befinden sich eine rote (R), eine gelbe (G) und eine blaue (B) Kugel. Insgesamt wird zweimal eine Kugel gezogen, die Farbe notiert und wieder zurückgelegt.

5 a)

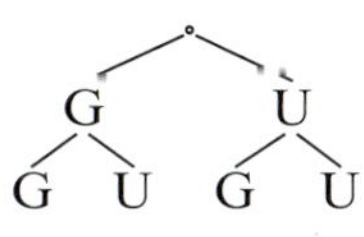

b) $\Omega = \{GG; GU; UG, UU\}$
c) $P(GG) = P(GU) = P(UG) = P(UU) = \frac{1}{4}$ **d)** $\frac{1}{2}$

Bildnachweis akg-images: 601, 60/3; argum: 215; Banse, S., Berlin: 229; Bilderbox/Erwin Wodicka: 29, 159; Birnbaum, Dr. P., Berlin: 132; Blümel, H., Mücka: 188, 220/2; Döring, V., Hohen Neuendorf: 41, 43, 75, 90, 94, 145, 176, 191, 211, 222, 226; Elschenbroich, H.-J./Seebach, G.: Dynamisch Geometrie entdecken, Klasse 5/6: 111/2, 114/2, 114/3, 198/2; Peter Hartmann, Potsdam: 206/1; Heintz, G., Jüchen: 110/1, 110/2, 111/1, 112/1-7, 113/2-4, 198/1, 198/3, 199/2-3; Hoffmann, G., Berlin: 20, 30, 42, 96/4; Kasten, I., Nottuln: 84; Keute, J., Frankfurt/Main: 21, 96/2, 96/3; Klaeber, W., Berlin: 48, 162, 184; Marek Lange, Berlin: 230; Mauritius, Berlin: 96/1, 198/4(TCL); Mittenzwei, K., Berlin: 53; OKAPIA KG, Frankfurt am Main: 117/2; picture-alliance/dpa: 9(dpaweb/Nietfeld), 83, 206/2(Gil Galvin); Katharine Schachtner: 207/1; Superbild, Berlin: 95(E. Bach), 220/1(Loewen); © The M. C. Escher Company – Baarn – Holland 2005: 205, 206/3-4; Theuerkauf, H., Gotha: 80; Trek Bicycle GmbH, Langen: 60/2, 60/4; Verlagsarchiv: 15, 71/2, 79, 137, 160, 199/1, 207/3-5, 219, 228, 233, 237, 238; Daimler-Chrysler, Stuttgart: 236/2; zefa visual media gmbh: Titelbild (Bill Brooks), 5(Benno de Wilde), 117/1; Peter Widmann, Starnberg: 187; www.brandybaver.com: 207/2; Zörner, G., Berlin: 71/1
Die Screenshots auf den Seiten 180/181 entstanden unter Verwendung verschiedener Versionen von Microsoft® Excel.
Wir danken allen Inhabern der Bildrechte für die Druckerlaubnis. Da es uns leider nicht möglich war, alle Rechteinhaber zu ermitteln, bitten wir bei berechtigten Forderungen sich an den Verlag zu wenden.

Register

Vierecksarten

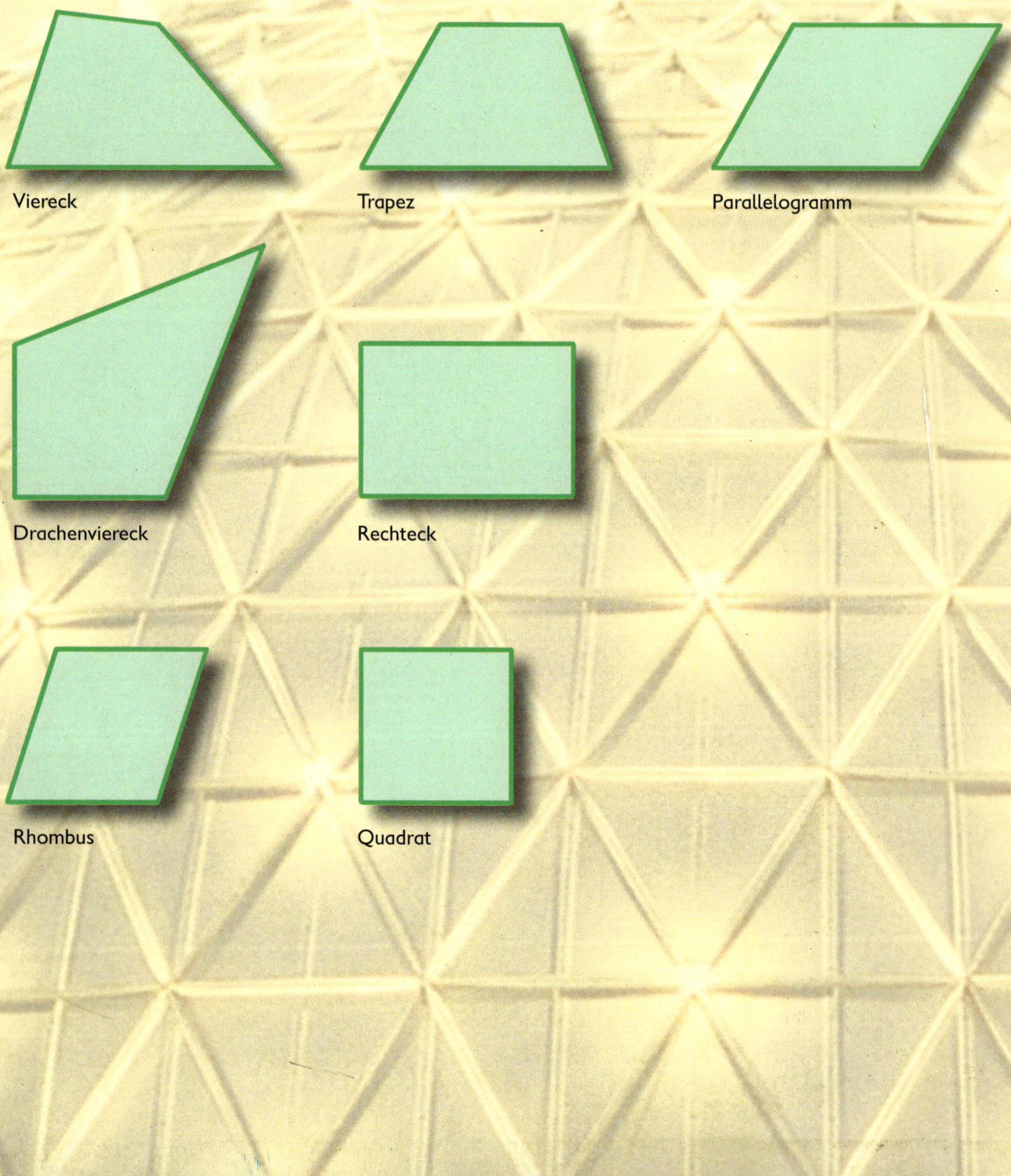